Jetzt helfe ich mir selbst

Start-Schwierigkeiten

Dieser Wegweiser soll Ihnen helfen, bei streikendem Motor den Fehler einzukreisen. In Frage kommen fast immer nur zwei Störungsursachen: Zünd- oder Kraftstoffanlage. Der aussichtsreichste Weg: Von beiden Gruppen die Anfangsfrage beantworten und falls diese bejaht werden können, mit dem Wegweiser für die Zündanlage beginnen. Entsprechend unserer Tabelle

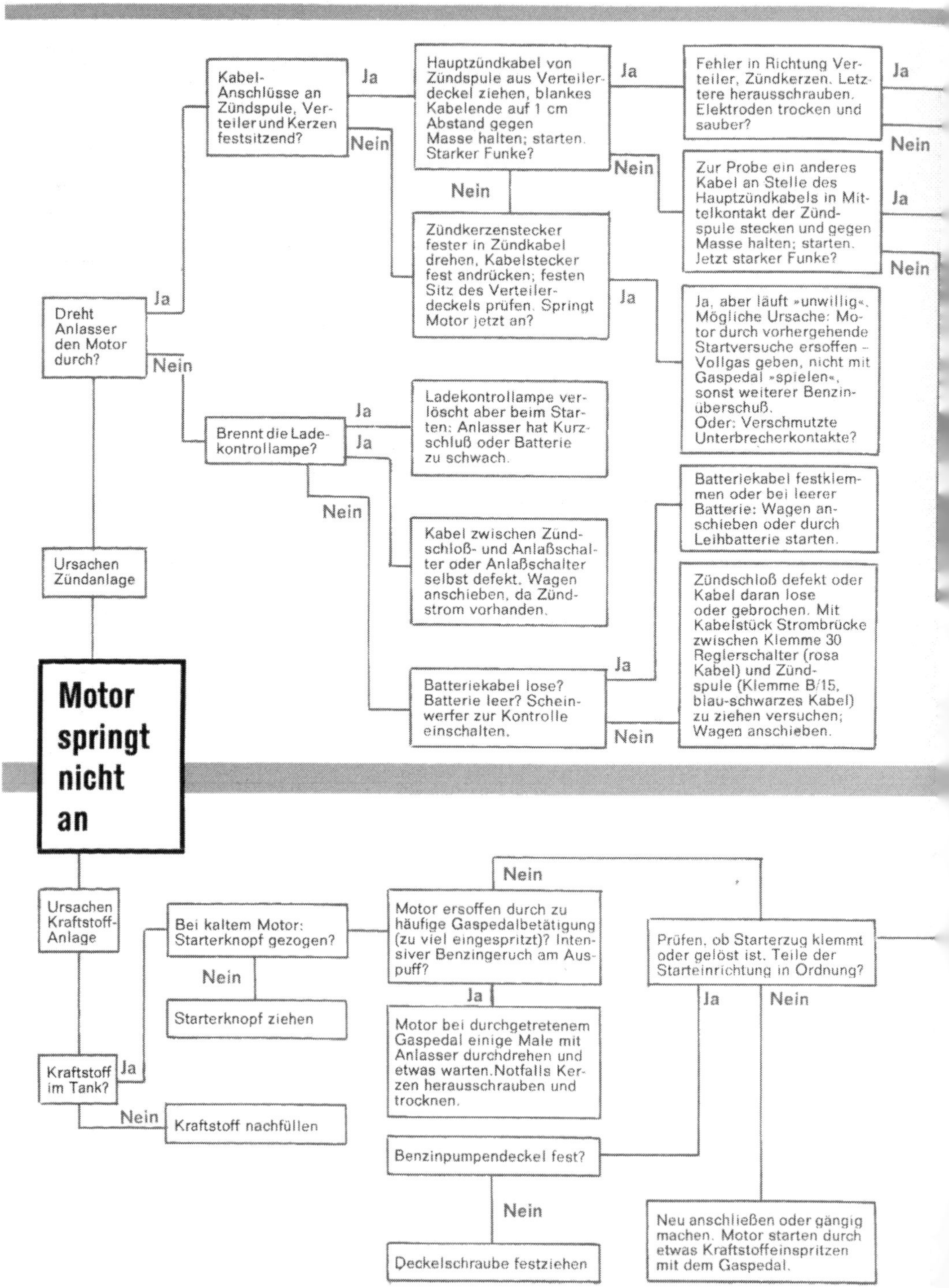

läßt sich der Motor auch bei Störungen, die während einer Fahrt auftreten, durchprüfen. Man beachte auch die näheren Ausführungen zu den einzelnen Punkten in den Kapiteln und die damit verbundenen speziellen Störungshilfen, die auf den rechts unten angegebenen Seiten zu finden sind. Dieses Schema gilt sinngemäß auch für die meisten anderen Automobilfabrikate.

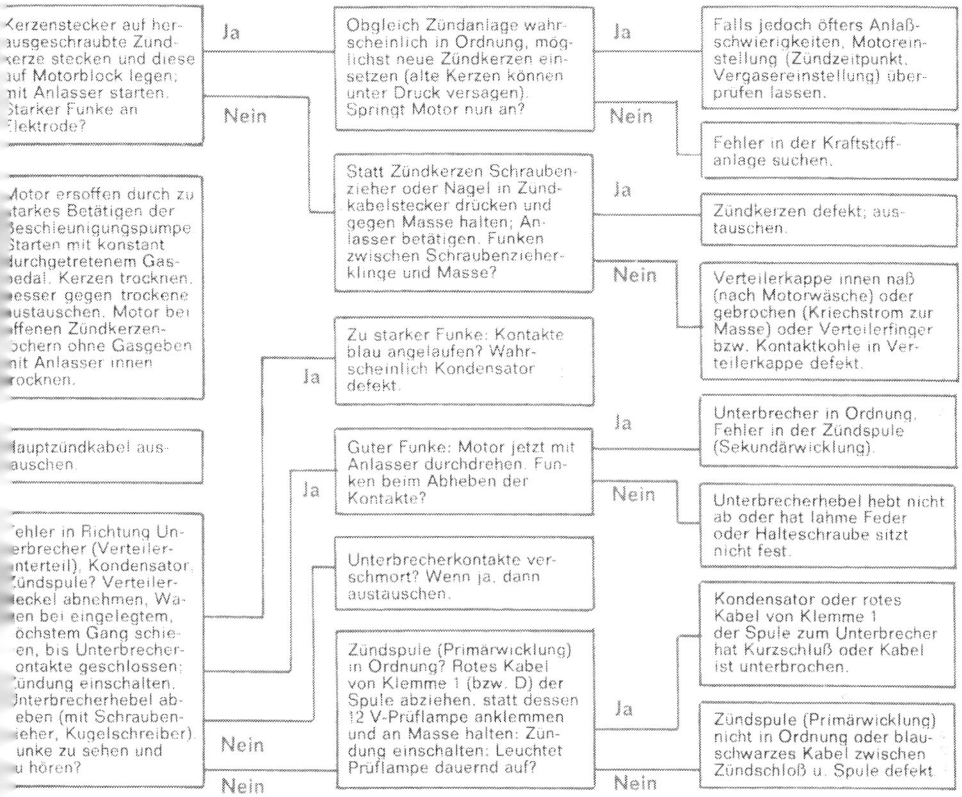

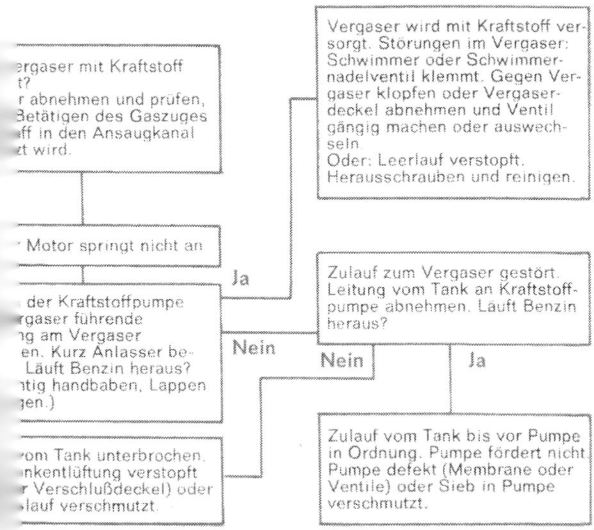

Eingehende Störungstabellen finden Sie auf den Seiten

17 Hoher Verbrauch
76 Kraftstoffpumpe
94 Vergaser
110 Batterie und Lichtmaschine
117/118 Sicherungen
151 Öldruckanzeige
160 Kupplung
183 Bremsanlage

Dieter Korp

Fiat 124
Fiat 124 Special

Jetzt helfe ich mir selbst

Unter Mitarbeit von
Wolfgang Schmarbeck

Motorbuch Verlag Stuttgart

Umschlagentwurf und Buchgestaltung: Peter Werner/Siegfried Horn
Titelbild: Albrecht G. Thaer

1. Auflage 1971

Idee und Gestaltung des Störungsfahrplanes in der vorderen Buchklappe: Verfasser.
Fotos: Schmarbeck 74, Thaer 5, Archiv Verfasser 5; Zeichnungen: Schmarbeck 2;
Werkfotos und -zeichnungen: Fiat 29, Solex 2, Continental, Holert je 1.
Den Schaltplan in der hinteren Buchklappe zeichnete Wolfgang Schmarbeck nach Werksunterlagen.
Buchherstellung: Staib & Mayer, Stuttgart.
Buchbinderische Verarbeitung: Verlagsbuchbinderei Wilhelm Nething, Weilheim/Teck.
Printed in Germany.

Sie finden in diesem Buch

Antrieb und Fahrwerk

Pflege der Karosserie

Dies und jenes

Vorher gesagt

Angenommen, Ihr sonst so treuer Fiat 124 versagt gerade während einer wichtigen Fahrt – es bockt und will nicht mehr. Nur, weil es plötzlich heftig regnet? Hat die eingedrungene Feuchtigkeit unter der Motorhaube die Reise nun beenden lassen? *) Nicht immer ist eine hilfreiche Werkstatt sofort in der Lage oder überhaupt in der Nähe, um die Nöte des Autofahrers abzustellen. Obwohl der Fiat 124 inzwischen zu einem ausgereiften Auto wurde, können – wie an anderen Wagen auch – Defekte auftreten, die nur mit dem berühmten »Gewußt wo« und mit wenigen Handgriffen zu beseitigen sind.

Fiat ist es gelungen, im nicht gerade dünn gesäten Reigen der Wagen oberhalb der Einliter-Klasse mit spritzigen und praktischen Autos mitzumischen, die sich einen ansehnlichen Freundeskreis erworben haben. Mit dem Fiat 124 Normal trat das Turiner Werk 1966 in einen Konkurrenzkampf, der in den ersten beiden Produktionsjahren mit Waffen geführt wurde, die noch mit einigen Mängeln behaftet waren. Als die bei einem ganz neuen Modell unvermeidlichen Kinderkrankheiten geheilt waren und sich dem Normaltyp als Bundesgenosse der 124 Special dazugesellte, zeigte sich der Wert dieser gebrauchstüchtigen Autos.

Innerhalb dieser Selbsthilfeserie wurden schon die Fiat-Modelle 500, 600 und 850 behandelt, und nun ist auch den Besitzern des Fiat 124 die Möglichkeit gegeben, sich mit ihrem rollenden Freund näher zu befassen. Der Wagen bietet dazu die günstigsten Voraussetzungen: Der Motor ist mit allen seinen Aggregaten gut zugänglich (was nicht von jedem anderen Fabrikat gesagt werden kann), und der ganze Wagen ist unkompliziert im Aufbau, er ist pflege- und wartungsfreundlich.

Auch ein Fiat-Motor ist irgendwann einmal lustlos. Kommt es nun zum unvermeidlichen Werkstattbesuch? Die Fiat-Werkstätten haben in den letzten Jahren an wünschenswerter Kapazität gewonnen, doch auch sie sind oft überlastet und auch ihnen macht die Modellvielfalt zu schaffen. Allein die Umstände, die mit den regelmäßigen Durchsichten des vierrädrigen Familienmitglieds verbunden sind, rauben nicht nur Nerven und gute Laune, sondern auch Geld.

Einen Reparatur-Leitfaden erwirbt man mit dem vorliegenden Handbuch nicht. Vielmehr ist es eine ganz erheblich erweiterte Betriebsanleitung, die der Eigenhilfe, Störungsbehebung und Werterhaltung dient. Sie hilft zugleich auch dem Autofahrer, der sich weniger praktisch betätigt, durch notwendiges Wissen über den richtigen Betrieb und Unterhalt seines Wagens das Rüstzeug zu besitzen, um gegen allzeit mögliche Probleme gewappnet zu sein, und um Werkstätten gegenüber sachkundiger aufzutreten.

Dieses Handbuch ist den beiden Fiat 124-Typen, dem Normal und dem Special, gewidmet, wobei alle Konstruktionsänderungen berücksichtigt wurden, die seit Beginn der Modellserie zur Vervollkommnung beitrugen.

Allen freundlichen und hilfsbereiten Leuten, die beim Entstehen dieses Buches direkt oder indirekt mitgewirkt haben, sei bei dieser Gelegenheit ein herzlicher Dank gesagt.

Dipl.-Ing. Dieter Korp

---

*) Tatsächlich dürfte bei dem Fiat 124 das Spritzwasser an die Zündspule – links im Motorraum – gedrungen sein. Umgehende Hilfe: Zündung ausschalten, Zündspule und angeschlossene Kabel trockenwischen, provisorisch mit Kunststoffbeutel oder Butterbrotpapier umwickeln, weiterfahren. Wie dem auf die Dauer abgeholfen wird, lesen Sie auf Seite 122.

Vieles kann man mit dem Fiat 124 unternehmen, aber alle Versuche, mit ihm dem Luftverkehr Konkurrenz zu machen, scheitern ebenso wie ein Start in Richtung Mond. Trotzdem ist es verständlich, daß dem flinken Auto mit seinem südländischen Temperament schon einmal etwas mehr zugemutet wird – man läßt sich einfach von ihm mitreißen. Und dabei offenbart sich noch eine weitere Eigenschaft, nämlich seine Gutmütigkeit. Wenn Sie, lieber Leser, Ihren Fiat nicht nur strapazieren, sondern sich auch ab und zu um sein Wohlbefinden kümmern, dann wird er mit Ihnen gerne »große Sprünge« unternehmen.

Übrigens: Das Bild ist keine Fotomontage, sondern stellt die Prüfung der Radaufhängung durch einen qualifizierten Testfahrer des Werkes in Turin dar.

Selbst geholfen - Geld gespart

Haben Sie schon die Seiten dieses Buches durchgeblättert, ehe Sie hier zu lesen beginnen? Nein? Dann sollten Sie es aber tun, wenn Sie dieses Kapitel beendet haben. Dieses Buch will nicht von vorn bis hinten durchgelesen werden wie ein Roman. Sie wüßten nämlich, wenn Sie über die Zündung lesen, gewiß nicht mehr viel von dem, was da über den Vergaser und seine Behandlung stand. In diesem Buch - obgleich es zur Kategorie der »Sachbücher« gehört - sollen Sie »naschen«, wenn Sie das eine oder andere wissen wollen und wenn Sie sich überlegen: »Wie ist das eigentlich an meinem Auto?«
Deshalb finden Sie auch im Stichwortverzeichnis am Ende des Buches einen sehr aufschlußreichen Wegweiser zu den »Geheimnissen« Ihres Fiat 124. Wenn Sie in oder neben Ihrem Auto sitzen, mit einer alten Hose und einer ausrangierten Jacke bekleidet, um schnell einmal unters Blech schauen zu können, dann liest sich das Buch am besten. Man kann sofort vergleichen, was hier geschrieben steht.

Erste Pannenhilfe

Dazu noch ein gewichtiger Tip: Im Bücherschrank nimmt sich dieses Handbuch zweifellos recht schmuck aus. Was nützt es jedoch dort, wenn man sich unterwegs neben dem nicht-mehr-weiter-wollenden Auto die Haare rauft und sich nicht zu helfen weiß? Darum ist des Buches bester Platz der Handschuhkasten im Armaturenbrett, immer griffbereit. Jeden Wagen trifft nämlich einmal unterwegs eine Panne, auch bei sorgfältigster und regelmäßiger Pflege. Deshalb nehmen in diesem Handbuch die Hinweise zur planmäßigen Störungsuche bei überraschenden Pannen (besonders wichtig: »Entstörungs-Fahrplan« in der vorderen Buchklappe) einen breiten Raum ein. Denn Hilflosigkeit unterwegs kommt meist teuer zu stehen. Ganz abgesehen von den Abschleppkosten, die schnell 50,- bis 80,- DM oder noch mehr betragen und die sich mit einem »Gewußt wie« so oft vermeiden lassen. Mit einiger Sachkenntnis läßt sich fast immer ein Weg finden, bis zur nächsten Werkstatt mit eigener Kraft zu rollen - wenn nicht gerade ein Unfall die weitere Fortbewegung hemmt.

Ein Hobby pflegen

Vielen Autofahrern wächst ihr »fahrbarer Untersatz« ans Herz, und es ist mehr als nur eine tote Maschine zur Fortbewegung. Sie freuen sich am Anblick ihres Autos, fahren es mit Genuß, möchten es mit viel Sorgfalt pflegen und hegen, kurzum, sie sehen in ihm sozusagen ein vollwertiges Familienmitglied. Aber bisweilen fehlt es doch an der rechten Sachkenntnis und an der geeigneten Wahl der Hilfsmittel, und ein so liebevoll umhegtes Auto kann unter Umständen im wahrsten Sinne des Wortes zu Tode gepflegt werden.
So erweist sich dieses Buch auch als Berater zur Pflege, die sich nicht nur in der Selbstpflege durch Autowaschen und Lackkosmetik erschöpft - wie schnell ist hier zu viel Eifer ungesund! -, sondern auch die regelmäßigen

technischen Wartungsarbeiten sind erklärt, die, bei Licht besehen, keinesfalls große Mühen bereiten. Ihr Selbstvertrauen wird ebenso gesteigert, wie die Zuverlässigkeit Ihres Wagens erhalten bleibt, und ganz nebenbei sparen Sie sich noch Umstände oder Unannehmlichkeiten, die oft mit dem Besuch der Werkstatt verbunden sind.
In der Werkstatt muß man sich anmelden – oft schon Tage oder Wochen vorher –, frühmorgens das Auto abliefern, danach ohne seine gewohnte Bequemlichkeit auskommen. Nach einer nicht immer festgelegten Wartezeit wird es wieder abgeholt und man trifft vielleicht die Feststellung, daß in der Werkstatt in der Eile der Abfertigung etwas übersehen wurde, das man dann für das nächste Mal aufschiebt, um es korrigieren zu lassen. Bei zunehmender Erfahrung erkennt man, ein »runder« Kilometerstand (für den sich ein Blatt im Kundendienstheft fand) muß keineswegs Anlaß zur Werkstattwartung sein, wenn dem Wagen eigentlich nichts fehlt.

Erleichterungen sind möglich

Der eine fährt seinen Fiat 124 nur bei schönem Wetter oder an Wochenenden, der andere muß ihn durch verstopfte Großstadtstraßen quälen. Regelmäßige Fahrten über schlechte Landstraßen sind ebenso gegensätzlich wie zügiges Fortkommen auf langen Autobahnstrecken, weshalb die oft einseitige Beanspruchung einmal Kupplung, Getriebe und Batterie, andererseits Federn, Fahrwerk und Stoßdämpfer belasten, im günstigen Fall den Wagen jedoch auch über weite Entfernung nicht strapaziert. Verständlicherweise muß das Herstellerwerk solche Eventualitäten in Erwägung ziehen, weshalb es Wartungsintervalle festgelegt hat, die immer nur »empfohlene« Mittelwerte sein können.
Ausreichende Erfahrung und sorgfältige Überlegung wird die Wartung des Wagens den Fahrverhältnissen anpassen, ohne an der Verkehrssicherheit etwas zu vernachlässigen. Man kann also die Zeitabstände im Kundendienstheft oder in der Betriebsanleitung als Sicherheitswerte annehmen, ohne Überschreitungen als Verstoß gegen »Vorschriften« zu sehen. In der Garantiezeit sollten jedoch die empfohlenen Fristen und Wartungen eingehalten werden, schon um eventuelle Garantieansprüche nicht zu verlieren.

Gezielte Inspektionsarbeiten

Es besteht durchaus die Möglichkeit, nach Ablauf der Garantiezeit zahlreiche Wartungsarbeiten in unterhaltsamen Hobbystunden regelmäßig selbst zu erledigen. Das muß nicht unbedingt in einer dunklen Garage sein, in der man sich nicht wohl fühlt; viele Handgriffe lassen sich bei etwas Planung im Grünen ausführen, das man zum gleichzeitigen Zweck der Erholung ansteuert. Es sind nicht wenige, durchaus gewissenhafte Autobesitzer, die so verfahren und tatsächlich nur noch aus zwei Gründen die Werkstatt aufsuchen: Wenn Störungen oder Schäden die Hilfe des Fachmannes erfordern, oder wenn wichtige Wartungsarbeiten notwendig erscheinen, die entsprechendes Wissen, Geschick oder spezielle Werkstatthilfsmittel voraussetzen, wie

- Einstellen des Lenkungsspiels
- Bremsbeläge wechseln
- Radlager einstellen
- Ventilspiel einstellen
- Zündzeitpunkt einstellen

Das sind gewissermaßen jene Wartungsarbeiten, die bei der Selbstpflegewartung »übrig« bleiben können, natürlich nicht versäumt werden dürfen und wesentlich schneller und preiswerter als ein kompletter Wartungsdienst von der Werkstatt erledigt werden. Denn solche, nur geringe Zeit in Anspruch nehmenden, einzelnen Wartungsarbeiten lassen sich oft zwischen die umfangreichen Inspektions- und Reparaturarbeiten an anderen Wagen einschieben.

Das spart Zeit und schont die Finanzen. Dem versierten und verantwortungsbewußten Praktiker bereiten freilich auch Arbeiten, wie die genannten, keine Schwierigkeiten.
Es kann sich noch aus einem anderen Grunde lohnen, die Inspektionen und anfallenden Wartungsarbeiten im mindesten überprüfen zu können. So legte einmal der ADAC Rechenschaft über eine Testreihe ab, in der mit verschiedenen Automarken eine Anzahl wahllos herausgegriffener Vertragswerkstätten angefahren wurde, um jeweils fällige Scheckheftinspektionen vornehmen zu lassen. Sei es, daß die Werkstätten überlastet waren, oder mag es an mangelndem oder ungeschultem Personal gelegen haben: Der Zustand der Kundenwagen war einer doch ziemlich großen Gruppe von Werkstätten nicht so wichtig, als daß sie die Fahrzeuge ordnungsgemäß wieder ausgeliefert hätten. Manche Wartungsarbeit wäre – verantwortungsbewußt selbst vorgenommen – besser erledigt worden.
Dieser Hinweis soll nicht verallgemeinern, Ihnen aber doch die Schwächen einer oft unter Hochdruck produzierenden Automobilwirtschaft und ihrer angeschlossenen, meist überlasteten Vertretungen vor Augen führen. Nur wenn Sie über Ihren Wagen nicht Bescheid wissen, werden Sie sich solchen Sorglosigkeiten aussetzen müssen. Inzwischen wird auch Ihre Fiat-Werkstatt von jenem Test erfahren und – falls nötig – mögliche Unvollkommenheiten abgestellt haben. Das Vertrauen, das Sie allein durch Ihren Auftrag der Werkstatt gegenüber ausdrücken, sollte darum von Ihren Kenntnissen untermauert sein. Kenntnisse, die Sie sich nicht zum geringen Teil mit Hilfe dieses Buches aneignen.

Verstärkte Eigenkontrolle

Die in unserem noch folgenden Pflegeplan mit »W« (= Werkstatt) bezeichneten Arbeiten bleiben demnach allenfalls übrig, hat man sich entschlossen, Kontrollen und Eigenhilfen selbst zu übernehmen. Die Einsatzbereitschaft Ihres Fiat hängt von Überprüfungen ab, die in wesentlich kürzeren Zeitabständen als die offiziellen Wartungsintervalle vorgenommen werden müssen:

- Motorölstand
- Batteriesäurestand
- Bremsflüssigkeitsstand
- Kühlflüssigkeitsstand
- Reifenluftdruck- und -zustand
- Wirkung der Bremsen
- Beleuchtung
- Leerlaufeinstellung

Nur wenige Minuten Zeitaufwand werden durch solche vorbeugende Wartungen schon weitgehend von einem wenig gestörten Betrieb des Wagens belohnt.

Der Spezialist macht's möglich

Manche Störungen und Schäden werden den Fiat-Besitzer natürlich in eine Fiat-Werkstatt dirigieren. Dort ist er gut bedient, aber der Weg zu ihr kann einmal recht weit sein, oder, und das ist nicht selten, führt die Arbeitsüberlastung der Werkstatt zu zeitlichen Verzögerungen. In manchen Fällen kann dann ein Spezialist gezielter helfen. Einer Karosserie- oder Reifenwerkstatt, einer Autolackiererei oder -polsterei ist es z. B. gleichgültig, welches Markenzeichen der Wagen trägt. Auf ihrem Spezialgebiet sind sie mit jedem Wagen vertraut und können zumeist besondere Wünsche leichter erfüllen. Allein schon die auf Elektro-Dienste speziell eingerichteten Werkstätten kommen in ihrem Aufgabenkreis sehr schnell zur Lösung anfallender Probleme, und wer sich im Branchenteil des Telefonbuchs die notwendigen Adressen heraussucht, kann nach vorheriger Rückfrage gewiß mit rascher Hilfe rechnen.
Das Anschriftenverzeichnis der Fiat-Vertragswerkstätten gehört unbedingt in das Ablagefach Ihres Autos wie auch die Adressen der Solex-Dienste, sofern

Ihr Fiat 124 mit einem Solex-Vergaser ausgerüstet ist. Hierüber erteilt die Deutsche Vergaser-Gesellschaft mbH, 404 Neuß/Rhein, Leuschstraße 1, gern Auskunft. Verfügt Ihr Wagen über einen Weber-Vergaser, müssen Sie sich an die Vertretung der italienischen Vergaser-Fabrik wenden: Nöldeke GmbH, 775 Konstanz, Theodor-Heuss-Straße 36.

Auch Tankstellen können helfen

Suchen Sie sich eine gut geführte Stamm-Tankstelle! Die wird nicht gleich an der nächsten Ecke liegen, aber nach einigen Erkundungen werden Sie herausfinden, wo man besonders höflich ist und Sie korrekt und schnell bedient. An solch einer modernen Tankstelle ist man gut aufgehoben und Sie erhalten mehr als nur das Benzin für Ihren Tank. Geräte zum Ölwechsel, zur Reifen- und Batteriepflege stehen zur Verfügung, die Sie – nach längerer Bekanntschaft mit dem Personal – als Vertrauensbeweis gelegentlich selbst bedienen dürfen. An ausgewählten Aral-Tankstellen finden sich sogar Motorprüfgeräte, mit denen sich Leerlauf und Zündung einstellen lassen.
Freilich darf man von einer Tankstelle in fahrzeugtechnischer Hinsicht auch nicht zu viel erwarten. Regelrechte Reparaturarbeiten wird ein vernünftiger Tankstellenhalter schon von sich aus ablehnen (er ist auch nicht entsprechend haftpflichtversichert), Arbeiten an der Bremsanlage darf er grundsätzlich nicht vornehmen, und die wirklich reparaturtechnischen Feinheiten Ihres Fiat kann verständlicherweise nur die Fiat-Werkstatt kennen.

»Hohe Schule« der Selbsthilfe

Der erfahrene Autopraktiker – es gibt viele auch in anderen Berufen außerhalb des Kraftfahrzeughandwerks – kann sich natürlich noch mehr selbst helfen. Allerdings muß dazu sein Werkzeugschrank schon recht gut ausgestattet sein. Unser Buch ist auch auf diese »Hohe Schule« der Eigenhilfe abgestimmt, wobei nicht verschwiegen wird, was Sache der Werkstatt bleiben muß. Wir denken dabei in erster Linie an Bremsanlage und Lenkung, also Teile, die für die Verkehrssicherheit des Fahrzeuges verantwortlich sind.
Wer nun Freude daran findet, sich aufmerksam mit seinem Wagen zu befassen, oder auch nur wissen will, was der Mann in der Werkstatt mit seinem Fahrzeug macht, wird in zahlreichen Kapiteln dieses Handbuches auch die theoretischen und praktischen Kenntnisse der Fiat-Intimitäten erfahren können. Diese Wissensvertiefung sollte nicht unterschätzt werden. Auch wenn zu Anfang der Kraftfahrzeugmeister etwas gequält das Gesicht verzieht, falls Sie Ihre neuen Kenntnisse anzubringen versuchen, mit der Zeit werden Sie schon bei der Reparaturannahme Ihre Sorgen und Wünsche präziser vortragen können. Andererseits lernt man auch Fachausdrücke der Werkstattsprache auf den Rechnungen verstehen und kann deren Betrag ins rechte Verhältnis zur Arbeit bringen.

Sparen helfen

Keineswegs an letzter Stelle der Wichtigkeit, wenn hier auch an den Schluß des Kapitels gesetzt, steht das Bestreben dieses Handbuches, Ihnen sparen zu helfen. »Erst unter dem Strich wird zusammengezählt«, sagten Sie bestimmt, als Sie sich zum Kauf Ihres Fiat entschlossen. Sie dachten dabei, abgesehen von der Anschaffung, an Benzin, Öl, Steuer und Versicherung, eventuell auch an die Garage. Doch wenn das gute Stück auch betrieben wird, dann kostet es Wartung, Reparaturen und Abnutzung. Verschwiegen sei auch nicht die Wertminderung, die Ihr Wagen bei jedem Kilometer an jedem Tag erleidet.
Kann man daran etwas sparen? Auf keinen Fall an der Steuer. Auch nicht an der Versicherung; eher legt man bei ihr noch einige Mark hinzu, um höher

haftpflichtversichert, kaskoversichert oder auch noch insassenversichert zu sein. Also hier ist nichts zu holen, abgesehen von den Schadensfreiheitsrabatten, die man sich bei der Versicherung durch schadenfreies Fahren während mehrerer Jahre erringt.

An Kraftstoff und Öl können Sie aber bereits sparen, das zeigen Ihnen verschiedene Kapitel dieses Buches. Die vielen Möglichkeiten, durch richtige Wartung und Pflege zur Werterhaltung des Wagens beizutragen sowie die Wartungskosten durch Selbsthilfe zu senken, wurden bereits erwähnt. Es ist unser ganzer Stolz, daß Sie bei weniger als einer eingesparten Werkstattstunde – mit Hilfe dieses Handbuches durch Selbsthilfe erspart – bereits den Kaufpreis dieses Buches »herausgewirtschaftet« haben. Fürwahr, so kann man sagen, guter Rat ist gar nicht teuer.

In vielen Kapiteln finden Sie zusätzlich Preisangaben, die Ihnen eine Vorstellung von Anschaffungs- und Reparaturkosten vermitteln. Dieses oder jenes Werkzeug, Pflegemittel oder Zubehör bekommt man nur selten geschenkt, aber das Zusammenleben mit Ihrem Wagen wird Sie veranlassen, manches Geld bei unumgänglichen Instandsetzungen oder auch zur Erfüllung Ihrer Wünsche auszugeben. So kann auch in der Vorausplanung dieses Buch eine Hilfe sein.

Für Autofahrer, die lieber unter berufener Anleitung selbst Hand anlegen möchten, gibt es auch spezielle Betriebe, so die Firma G. A. Röpke in Hamburg-Altona, Ruhrstraße, und die Auto-Hobby-Werkstätten in Frankfurt, Juliusstraße 17, und in Mainz-Mombach, Industriestraße 5.

Vielleicht sind Sie schon ein Experte und vermissen in unserem Handbuch noch dies und jenes, was Ihnen als Heimwerker wissenswert erscheint. Dann seien Sie bitte nicht gleich ungehalten; denn wollte man alles berücksichtigen, was jahrzehntelange Weisheit in Ihrem Auto vereinigte, hätten Sie jetzt einen Wälzer vor sich liegen, der Ihnen weder Freude machen noch in das immerhin recht große Ablagefach Ihres Fiat passen würde. Alsdann . . .

Prüfen ohne Werkzeug

Man muß kein Fachmann sein

Vielleicht ist es Ihr erstes Auto, vielleicht Ihr fünftes. In dem einen Fall sollte man Ängstlichkeit vermeiden, im anderen alte Gewohnheiten, um dem Auto und schließlich sich selbst einige Gefallen zu tun. Das fängt mit simplen Beobachtungen an, wobei Sie sich weder schmutzig machen noch Zeit verlieren. Letztere hat man höchstens gewonnen, wenn durch Aufmerksamkeit einem sich entwickelnden Schaden vorgebeugt werden konnte. Um Mängel an Ihrem Fiat zu entdecken, benötigen Sie keine Kraftfahrzeuglehre.

Prüfen im Stand

Freilich zeigt eine bewußt vorgenommene Probefahrt, ob sich die Technik des Autos in korrektem Zustand befindet. Aber diese Probefahrt fängt schon im Stand an. Bei Ihrer kritischen Beobachtung kommen Sie ohne Werkzeug aus. Besorgen Sie sich einen Bogen Packpapier, auf den Sie sich knien oder legen können. Praktischer ist ein nicht mehr verwendetes Kunststofftischtuch, das nachher im Kofferraum keinen Platz beansprucht und oftmals benutzt werden kann.

Vor dem Einsteigen gelegentlich um den Wagen gehen.

Am Tage:
- Neue Kratzer im Lack?
- Beulen?
- Rostansatz?
- Reifenzustand?

Bei Dunkelheit:
- Abblendlicht?
- Standlicht?
- Fernlicht?
- Rückleuchten?
- Bremslichter?
- Alle Lichtspender sauber?

Wie sieht es unter der Motorhaube aus bei stehendem Motor:
- Ölstand?
- Vergaser feucht?
- Keilriemenspannung?
- Zündkabel locker?
- Fehlt Kühlwasser?
- Scheibenwaschbehälter gefüllt?
- Stand der Bremsflüssigkeit?
- Batteriepole sauber?

Bei laufendem Motor:
- Ungleichmäßiger Leerlauf?
- Ventilgeräusche?

Wagenstandplatz: Neue Ölflecken? Wenn ja, woher?

Nun nehmen Sie die erwähnte Unterlage und betrachten Sie die Wagenunterseite (wenn Sie nicht bald Gelegenheit haben, z. B. anläßlich des Ölwechsels bei Ihrer Tankstelle, den hochgebockten Wagen von unten anzusehen):
- Rostansatz?
- Öl am Kurbelgehäuse, Getriebe?
- Stoßdämpfer ölverschmiert?
- Auspuff durchgerostet?
- Räder schwergängig?
- Radlager mit zu viel Spiel?
- Bremsleitungen verrostet?
- Bremsschläuche feucht?
- Handbremsseil locker?

Die Probefahrt
Pflegearbeit
Nr. 11

Eine Probefahrt gehört zum turnusmäßigen Inspektionsdienst, vorausgesetzt, daß trotz Verkehrsdichte und Zeitmangel Ihre Werkstatt dazu Gelegenheit hat. Auch auf dem Prüfstand wird man dort zu aufschlußreichen Schlüssen kommen. Eine eigene Probefahrt verhilft darüber hinaus zum Gefühl der Fahrsicherheit und läßt rechtzeitig eventuelle Mängel erkennen. Die Reihenfolge der Kontrollen sollte am besten nach folgendem Schema eingehalten werden:
Bremsen – Lenkung – Motor – Kupplung – Getriebe.

- Bremsen: Siehe Abschnitt »Bremsprobe« im Kapitel »Die Bremsen«.
- Wagen mit Gas und ohne Gas fahren und rollen lassen, Hände vom Lenkrad. Der Wagen darf nicht einseitig wegziehen (die Straße darf nicht gewölbt sein, gilt auch für den Bremsversuch). Lenkung kurz anreißen und loslassen: Kommt der Wagen von selbst in die Geradeausrichtung zurück? Stellt sich die Lenkung nach der Kurve ohne Nachhilfe zurück? Läßt sich das Lenkrad leicht drehen? Kein zu großes Spiel in der Lenkung?
- Rollt der Wagen leicht (Motor im Leerlauf, Schalthebel neutral) weiter? (Sonst zu schwergängige Räder.)
- Läuft der Motor im Leerlauf leise und gleichmäßig? Auch nach längerer Fahrt? Sauberer Übergang und ruckfreies Beschleunigen beim Gasgeben? Gaswegnehmen aus höherer Geschwindigkeit: Unübliche Geräusche von Motor, Getriebe, Auspuff? Patschen im Vergaser oder im Auspuff?
- Geräusche aus Richtung Hinterachse lassen sich lokalisieren: Wagen auf ca. 70 km/h beschleunigen. Gas wegnehmen und auf Geräusch achten. Dann Wagen wieder auf 70 km/h bringen und Schalthebel auf Neutral, Zündung aus (Vorsicht, daß Lenkrad nicht durch Lenkschloß blockiert wird) und Wagen ausrollen lassen. Wieder auf Geräusch achten. Sind bei beiden Proben Geräusche zu hören, ist es nicht das Differential. Ist nur bei der ersten Probe etwas zu hören, kann ein Defekt am Differential, an den Achswellen oder an den Radlagern vorliegen. Weiterer Versuch: Motor im Stand auf höhere Drehzahl bringen. Ein Geräusch, das auch bei der ersten Probe zu hören war, betrifft nicht das Differential, sondern kann an Motor oder Karosserie liegen. Endgültigen Aufschluß gibt Aufbocken des Wagenhecks. Motor anlassen, 4. Gang einlegen. Jetzt läßt sich feststellen, ob das Geräusch tatsächlich vom Differential stammt.

Prüfen vor der TÜV-Kontrolle?

Alle zwei Jahre muß man sein Auto den kritischen Augen des Technischen Überwachungsvereins vorführen. Wann genau, sagt Ihnen die farbige Plakette auf dem hinteren Kennzeichenschild Ihres Wagens sowie die Eintragung auf

Wer war das?
Der erste Kratzer im Lack kann einem schon die Stimmung verderben. Damit der Schaden sich nicht ausdehnt, wird man beizeiten mit Lackreiniger oder Schleifpolierpaste (siehe Kapitel »Die Lackpflege«) die Lackierung wieder glätten oder wenigstens Unterrostung verhindern. Die Tücken überfüllter Parkplätze mindert man durch korrektes Einparken seines Wagens.

der Rückseite des Kraftfahrzeugscheins. Dieser bisweilen gefürchteten Kontrolle können Sie gefaßt entgegensehen, wenn Sie Ihren Fiat anhand dieses Buches liebevoll gepflegt haben. Erkannte Mängel in Selbsthilfe abgestellt oder in der Werkstatt beseitigt, überzeugt den Prüfer von Ihrem Interesse und wird Sie diesen notwendigen Weg wieder schnell vergessen lassen. Es ist von Vorteil, wenn die Unterseite des Autos direkt vor der Fahrt zum TÜV gründlich gereinigt, d. h. bei einer Tankstelle saubergespritzt wurde. Fahrwerksteile und Bremsleitungen müssen für den Prüfer ohne Mühe – also ohne Dreckkruste – erkennbar sein.

Als selbstbewußter Heimwerker werden Sie natürlich Ihren Fiat auch noch einmal sorgsam unter die Lupe nehmen, alle nicht-serienmäßigen Anbauteile entfernen (fremde Auspufftöpfe, überlaute Signalhörner, Eigenbau-Schaltungen und was dergleichen Gegenstände mehr sind), den Auspuff auf Durchrostung sowie die Reifen auf Profiltiefe prüfen.

Teuer kann es für Sie werden, wenn Sie einer Werkstatt den Auftrag erteilen, den Wagen speziell für die TÜV-Kontrolle vorzubereiten. Solche Kunden sind sehr beliebt. Sie würden staunen, welche Ersatzteil- und Reparaturkosten manche geschäftstüchtige Werkstatt auf Ihre Rechnung setzen könnte.

Gewitzte Autobesitzer handeln genau umgekehrt: Sie säubern ihren Wagen nur und fahren erst einmal zum TÜV. Hier erklärt man, daß man sich über eventuelle Mängel informieren wolle. Der Prüfer überreicht nach der Kontrolle einen schriftlichen Untersuchungsbefund, nach der sich jetzt die Werkstatt richten soll. Mit dem ausdrücklichen Hinweis, nur die vermerkten Mängel zu beheben, erhält man ein preislich angemessen instand gesetztes Auto zurück, das danach ein zweites Mal dem TÜV vorgestellt wird, möglichst unter Vorlage der detaillierten Rechnung. Nun wird man seine neue Prüfplakette ohne Schwierigkeiten erhalten. Hat dieser erneute Besuch auch eine Nachgebühr – etwa 8,– DM – gekostet, sparte man doch letzten Endes wesentlich mehr ein.

Kraftstoffverbrauch messen

Wieviel Liter verbraucht Ihr Fiat? Ihre Fahrweise, die Belastung des Wagens, Verkehrsverhältnisse und Witterung sind Faktoren, die den Verbrauch beeinflussen. Zu hoher Verbrauch deutet auf ungünstigen Verlauf der genannten Bedingungen, kann aber auch Ursachen haben, die mit Ihrem Fahrzeug zusammenhängen. Die Verbräuche werden vor allem von Ihrer Fahrweise abhängig sein! Gleichmäßiges und aufmerksames Fahren ist immer rentabler als sehr flottes und nervöses Fahren. Durch sorgfältige Eintragungen in ein Bordbuch (erhältlich an Tankstellen) erhalten Sie das unverfälschte Bild des Durchschnittverbrauchs. Dabei sollte aber auch der Normverbrauch bekannt sein.

Was ist der Normverbrauch?

Diese Verbräuche kann man in der eigenen Fahrpraxis auch erreichen, wenn man so fährt, wie es die DIN-Vorschrift 70 030 für die Ermittlung des Kraftstoff-Normverbrauches vorschreibt: Der Wagen muß mit halber Nutzlast und gleichbleibend bei ¾ seiner Höchstgeschwindigkeit auf ebener Straße bei vorschriftsmäßigem Reifendruck gefahren werden. Zu der so ermittelten Verbrauchsmenge wird noch ein Sicherungszuschlag von 10 % gegeben. Nach diesen Richtlinien wurde folgender Normverbrauch errechnet:

Fiat 124 = 8,1 Liter, Fiat 124 Special = 9,6 Liter/100 km.

Unter sehr günstigen Bedingungen wird man diesen Wert sogar unterschreiten können, im allgemeinen sollten Sie jedoch damit rechnen, einen höheren Durchschnittsverbrauch zu erzielen. Bei dauerndem Stadtbetrieb wird die Angabe schließlich zwischen 10 und 11 Liter/100 km liegen.

Natürlich wird niemand sein Auto so ausdauernd wie hier testen, als 1966 zwei Prototypen des Fiat 124 Widrigkeiten und Messungen über sich ergehen lassen mußten. Aber mit nüchterner Überlegung sollte man doch selbst ermitteln, welche günstigsten (nicht höchsten) Leistungen vom eigenen Auto zu erwarten sind.

Messen durch Volltanken

Ihr Fiat verträgt wegen des relativ hohen Verdichtungsverhältnisses (siehe Kapitel »Vom Tank zur Kraftstoffpumpe«) des Motors nur Superkraftstoff. Lassen Sie den Tank immer gleich voll füllen. Der Wagen muß an der Tankstelle waagerecht stehen. Kilometerstand (am besten im Fahrtenbuch) notieren und nach der Meßstrecke wieder bis zur gleichen Höhe im Einfüllstutzen volltanken. Diese Menge wird durch die zurückgelegte Entfernung geteilt. Beispiel: km-Stand beim ersten Tanken 12708, beim zweiten 12953. Die Meßstrecke beträgt 245 km, 22,6 Liter wurden nachgefüllt. Also: 22,6 : 245 = 0,0922 Liter pro Kilometer oder 9,2 Liter auf 100 km.

Messen durch Nachtanken in gleichen Abständen

Volltanken, wie oben beschrieben, und dann alle 200 oder 300 km auffüllen lassen. Dann können Sie die Literzahl mit dem letztenmal vergleichen und sofort eine Zunahme oder Minderung feststellen. Wird die Literzahl durch die gefahrene Strecke geteilt, braucht man die getankte Menge nur durch 2 oder 3 zu teilen.

Zu hoher Verbrauch

Weder ist es möglich noch läßt es sich vertreten, dauernd möglichst sparsam zu fahren. Die heutigen Verkehrsverhältnisse verlangen fortwährendes Anpassen. Um nicht als rollendes Verkehrshindernis zu erscheinen, dessen Fahrer sich scheut, auf das Gaspedal zu treten, soll man ruhig den geizigen Blick zum Kraftstoffanzeiger gegen wohlwollende Behandlung des Motors eintauschen. Denn: Motoren, die ständig niedertourig und lahm gefahren werden, erreichen besonders auf kurzen Strecken kaum die günstigste Betriebstemperatur. Sie unterliegen – trotz scheinbar schonender Fahrweise – einem höheren Verschleiß und leiden unter Rückstandsablagerung aus der Verbrennung von Kraftstoff und Öl. Lieber also etwas mehr Benzin verbrauchen als Ihr Nachbar, dessen angebliche niedrigen Verbrauchszahlen vermutlich kaum einer Nachprüfung standhalten.

Fahrerursachen

- Unruhiger Gasfuß. Die Beschleunigungspumpe spritzt bei jedem leichten Pedaldruck bis zu einem Fingerhut voll Benzin zusätzlich in den Vergaser.
- Beschleunigen mit voll durchgetretenem Gaspedal. Man spart Benzin durch langsames Niederdrücken des Gaspedals in der Weise zunehmend, wie der Motor annehmen kann.

Der günstigste Verbrauch liegt im Bereich der höchsten Durchzugskraft des Motors (= günstigstes Drehmoment bei bester Zylinderfüllung). Das maximale Drehmoment liegt für den Fiat 124 Normal bei einer Motordrehzahl von

3400 U/min und beim Special bei 3200 U/min. Dem entsprechend sind dies folgende Fahrgeschwindigkeiten in den einzelnen Gängen:

	beim Normal-Modell	beim Special-Modell
im 1. Gang	20–25 km/h	20–25 km/h
im 2. Gang	30–40 km/h	30–35 km/h
im 3. Gang	50–60 km/h	50–55 km/h
im 4. Gang	80–90 km/h	70–80 km/h

Daraus ergibt sich beispielsweise, daß man bei der 50 km/h-Beschränkung im Stadtverkehr am sparsamsten im 3. Gang fährt.

■ »Bleifuß fahren.« Die Differenzgeschwindigkeit zwischen dauerndem Vollgas und leicht zurückgenommenem Gasfuß ist unwesentlich, der Benzinverbrauch sinkt aber bei besonnener Fahrweise spürbar.

■ Zugknopf der Startvorrichtung ist nicht hineingeschoben.

Ungünstige Fahrbedingungen

■ Vorwiegend Stadtverkehr: Der Motor dreht zu viel im Leerlauf. Notwendige Betriebstemperatur wird nicht erreicht. Beschleunigen an Kreuzungen läßt sich meist nicht vermeiden, steigert aber den Verbrauch erheblich.

■ Niedrige Außentemperaturen lassen den Motor nicht warm werden. Schmierstoffe in Motor, Getriebe und Radlagern bleiben länger steif und leisten Widerstand.

■ Schnee und Matsch, aber auch Kurven und schlechte Straßenoberflächen erhöhen den Rollwiderstand.

■ Gebirgsstrecken zwingen zum vielen Schalten und Beschleunigen.

Wagenursachen

■ Hohe Belastung (Urlaubsgepäck!) kostet mehr Verbrauch. Man soll sich merken: 100 kg Zuladung erfordern etwa 0,5–1 Liter auf 100 km mehr Benzin.

■ Zu niedriger Reifendruck erhöht den Rollwiderstand. Vor Autobahnfahrt Luftdruck prüfen und wenn nötig erhöhen.

■ Schwergängige Räder haben ihre Ursache in zu knappem Radlagerspiel oder in schleifenden Bremsbacken. Handbremse muß richtig eingestellt sein.

■ Radeinstellung der Vorderräder stimmt nicht, festzustellen an beidseitiger Abnutzung der Reifen und an unsauberen Lenkeigenschaften.

■ Reifenart beeinflußt den Verbrauch. Gürtelreifen verhelfen zur Sparsamkeit, M + S-Reifen sowie Eis-Reifen erhöhen den Rollwiderstand und damit den Verbrauch.

Motorursachen

■ Neuer Motor braucht bis zu 10 000 km, bis er die günstigsten Leistungs- und Verbrauchswerte erreicht.

■ Verschmutztes Luftfilter behindert eine optimale Zylinderfüllung.

■ Schwimmerventilnadel ist undicht oder Schwimmer klemmt oder ist porös. Siehe Kapitel »Vergaser«.

■ Vergaser-Startvorrichtung klemmt trotz eingerücktem Zugknopf. Siehe Kapitel »Vergaser«.

■ Zündung nicht in Ordnung. Zündzeitpunkt verstellt, verschmutzte oder locker sitzende oder verbrauchte Zündkerzen, verbrannte Unterbrecherkontakte. Siehe Kapitel »Zündanlage«.

■ Defekte Kraftstoffpumpe fördert nicht ordnungsgemäß. Siehe Kapitel »Vom Tank zur Kraftstoffpumpe«.

■ Kraftstoffleitungen haben sich gelockert, meist beim Blick unter den Wagen festzustellen, wenn kurz nach Abstellen des Fahrzeugs Benzin auf den Boden tropft.

■ Starker Motorverschleiß wie: schlecht schließende Ventile, mangelhafte

Kompression, verschlissene Kolben und Zylinder sowie Ablagerungen führen zu Leistungsverlusten und ansteigender Verbrauchskurve.

Die Höchstgeschwindigkeit

Obwohl sie in der Praxis nur selten erreicht wird, spielt die Höchstgeschwindigkeit bei Autofahrergesprächen eine wichtige Rolle. Doch sollte man hier Angaben, die lediglich auf dem Tachometer beruhen, mit Vorsicht genießen. Das optimistische Tachometer schwindelt immer einige Prozente dazu. Der Gesetzgeber erlaubt dies sogar: In den oberen beiden Dritteln des Anzeigebereiches darf das Tachometer bis zu + 7 Prozent zuviel anzeigen. 140 km/h auf dem Tacho sind also in der Regel nur 130 km/h.

Sie können die Voreilung auf einer ebenen, mäßig befahrenen Autobahnstrecke nachprüfen. Voraussetzungen: Beifahrer(in) mit Stoppuhr, notfalls Armbanduhr mit Sekundenzeiger. Bei Vollgas die Zeit für einen Kilometer messen lassen. Die Tachonadel darf dabei während der Messung nicht mehr ansteigen, was einen kilometerlangen Anlauf bedingt (Fenster schließen).

Die Geschwindigkeit in Kilometer pro Stunde (3600 Sekunden) ergibt sich, wenn Sie 3600 durch die gestoppte Zeit (in Sekunden) dividieren.

Übrigens läßt sich ähnlich auch das Tacho eichen: 3600 geteilt durch die zwischen zwei km-Markierungen auf der Autobahn gestoppte Zeit, während man genau nach Tacho ein bestimmtes Tempo fuhr. Beispiel: 3600 : 38 sec = 95 km/h (Tacho zeigte 100 km/h).

Die Höchstgeschwindigkeit wird bei Gegen- und Seitenwind nicht erreicht, und sie wird durch Rückenwind oder abgefahrene Reifen gleichfalls verfälscht. Ebenso haben Gürtel-Reifen einen kleineren Abrollumfang, und zu wenig Luftdruck bereitet Ihrem Auto zusätzliche Mühe.

Schließlich werden Sie gewisse Behauptungen von anderen Autofahrern, was deren erreichte Geschwindigkeiten angeht, bisweilen skeptischer beurteilen. Sachliche Beobachtungen schaffen mehr Überlegenheit als unkontrollierbare Aufschneiderei. Und da Sie an Ihrem Fiat sicherlich noch länger Freude haben wollen, werden Sie ihm ohnehin nicht dauernd das Äußerste abverlangen.

Damit Sie aber (auch wenn Sie nie so »schnell« fahren) mitreden können, wollen wir Ihnen ein paar Höchstgeschwindigkeitsangaben aus der Praxis verraten. Mit dem Fiat 124 Normal erreicht man zwischen 141 und 144 km/h, und besonders gute Exemplare mit Gürtel-Reifen schaffen es auf 147 km/h. Beim Kombiwagen liegen diese Werte um 2 km/h geringer; wegen der anderen Reifen hat er eine knappere Antriebsuntersetzung, die aber durch die bessere Aerodynamik seiner Karosserie im Bereich der Spitze wieder ausgeglichen wird. Der Special läuft normalerweise 152 bis 154 km/h, doch kommen auch hier besonders gute Stücke bis auf 157 km/h.

Einer für den anderen

Jeder muß einmal zum Arzt gehen, und auch Ihr Fiat wird eines Tages sachkundiger Hilfe bedürfen, die ihm nur die Werkstatt geben kann. Fieber messen und Pillen schlucken kann man ohne große Vorkenntnisse, aber schon ein kleiner Fremdkörper im Auge mag nach der Kunst des Sanitäters rufen, und wer nimmt sich schon selbst den Blinddarm heraus?
In unserer Wartungsliste (Kapitel »Wartung – wann und wo?«) haben wir darum die Pflege- und Wartungsarbeiten, die jeder ohne große Mühen selbst erledigen kann, mit einem »S« bezeichnet, doch dürfen die mit »W« gekennzeichneten Arbeiten auch nicht übersehen werden. Vor allem aus Gründen der allgemeinen Verkehrssicherheit sind die Arbeiten an Lenkung und Bremsen vordringlich Werkstattsache. Außerdem gibt es natürlich Handgriffe und Kontrollen, die man ohne geeignetes Werkzeug nicht verrichten kann und dann auch der Werkstatt überlassen muß.
Das fachliche Können, das man dann beabsichtigt in Anspruch zu nehmen, ist ein neuer, unbekannter Faktor. Da stellen sich zwei Fragen, die das schöne Autofahren plötzlich ein wenig überschatten: Was wird das wohl kosten? Und: Wie kommt man mit der Werkstatt am besten zurecht?

Umgang mit der Werkstatt

Innerhalb der Garantiezeit des neuen Fiat 124 – sie beträgt 10 000 km oder ein halbes Jahr – wird man in der Regel jene Werkstatt aufsuchen, bei der man seinen Wagen gekauft hat. Wer klug war, erkundigte sich schon vorher nach dem Ruf der erreichbaren Fiat-Werkstätten – sie sind ja nicht allzu selten – und kaufte sein Fahrzeug dort, wo er auch nach dem Kauf gerne gesehen und solide bedient wird. Gute Autowerkstätten sind aber oft überlastet, und selbst der hilfsbereiteste Werkstattchef kann einem Kunden nicht immer so schnell dienlich sein, wie dieser sich das wünscht. Um diese Probleme zu entschärfen, ein paar Ratschläge:

- Wartungsdienste und voraussehbare Reparaturen möglichst rechtzeitig persönlich oder telefonisch anmelden und Termin vereinbaren (Fristen von einer Woche sind nicht ungewöhnlich).
- Möglichst morgens zwischen 7 und 8 Uhr vorfahren; dann werden die Arbeiten für den Tag eingeteilt. Notfalls den Wagen am Vorabend hinbringen.
- Ganz klaren Reparaturauftrag geben (dieses Buch soll dazu helfen). Zum Beispiel Ölwechsel: ja oder nein? Wollen Sie das teuerste Öl? Es wird oft ungefragt beim Ölwechsel aufgefüllt. Zündkerzen austauschen: ja oder nein?
- Ausgebaute oder ersetzte Teile wandern auf den Schrotthaufen. (Rückgabe-Austauschteile natürlich ausgenommen.) Lassen Sie auf dem Auftrag vermerken, daß man die defekten Teile in den Kofferraum legt oder zur Hand hält. Dadurch haben Sie eine gewisse Kontrolle der Werkstattarbeit und lernen Ihr Fahrzeug besser kennen.
- Wenn Sie anderer Meinung als die Leute von der Werkstatt sind, toben

Sie nicht durch die Werkhalle – Sie erheitern dadurch nur die Lehrlinge –, sondern sprechen Sie sachlich und ruhig mit dem zuständigen Mann. Lassen Sie sich seine Gründe so erklären, daß Sie sie als Laie verstehen können.

■ Ein nettes Wort hellt auch verärgerte ölige Gesichter wieder auf; eine freundliche Stimmung der Leute, die an Ihrem Wagen arbeiten, überträgt sich auf die Qualität ihrer Arbeit.

■ Bei Reparaturen haben Sie Garantieansprüche, wenn die Arbeit unsachgemäß erledigt wurde oder sich ein Materialfehler herausstellt. Branchenüblich für die Werkstätten ist eine Reparaturgarantie von 8 Wochen bzw. 3000 Kilometer, je nachdem, was früher abgelaufen ist. Wußten Sie das? Bei der Nachreparatur haben Sie in diesem Falle allenfalls das zu bezahlen, was sich als zusätzlich erforderliche Instandsetzung herausstellt, aber nicht mehr den ganzen Reparaturumfang!

Bei grober Fahrlässigkeit der Werkstatt haben Sie sogar Anspruch auf Schadenersatz, falls Ihnen etwa kurz nach Verlassen der Werkstatt z. B. ein nachlässig montiertes Rad verlorengeht und dadurch ein Unfall passiert.

■ Bei Abnahme des reparierten Wagens sollten Sie noch auf dem Werkstatthof möglichst viele Funktionen Ihres Wagens prüfen und auch versuchen, ein kleines Stück hin und her zu fahren. Solange Sie noch im Bereich der Werkstatt sind, lassen sich Beanstandungen aller Art besser und überzeugender anbringen – einschließlich des eventuell notwendigen Hinweises, daß ein nachlässiger Monteur Ihnen die Polster mit Fett verschmiert habe – als an einem der folgenden Tage, wenn der Werkstattmann sich auf den Standpunkt stellen kann, das sei erst nach Verlassen der Werkstatt passiert.

■ Allgemeiner Werkstattbrauch: Wagenauslieferung nach der Reparatur nur gegen Barzahlung. Auch von Schecks will man in vielen Werkstätten nichts wissen, es sei denn, Sie sind dort gut bekannt.

■ Kleinere Fiat-Werkstätten fern der Großstädte haben oft mehr Zeit und arbeiten preiswerter, sind aber mit Ersatzteilen nicht so eingedeckt wie größere Betriebe.

■ Wagen möglichst nicht kurz vor Feiertagen oder großen Schulferien in die Werkstatt bringen – man ist dann oft überlastet.

■ Unterwegs sollten Sie immer einen kleinen Block und Bleistift mit sich führen, damit Sie nicht vergessen, was Sie dem Werkstattmann mitteilen wollten.

Neuwagen-Garantie

An Ihrem Kaufvertrag hing hinten eine Menge Kleingedrucktes, was Sie natürlich beim Erwerb Ihres Fiat 124 alles genau gelesen haben – oder? Wenn Sie klaglos über das »Allgemeine« gekommen sind, haben Sie hoffentlich auch den Preis und die Bedingungen der Zahlungsweise, der Lieferung und der Übernahme verkraftet. Falls nun Ihr Fiat noch im jugendfrischen Alter unter 6 Monaten steht und auch noch keine 10 000 km auf dem Zähler hat, bleibt der letzte Abschnitt, die Gewährleistung, für Sie interessant.

Gewährleistung

»Nach dem jeweiligen Stand der Technik«, wie es so dehnbar heißt, verpflichtet sich das Herstellerwerk zu gewissen Ersatzleistungen, sofern natürlich die bewußten 10 000 km oder das halbe Jahr noch nicht überschritten sind. Diese Gewährleistung kann sich auf Instandsetzungsarbeiten oder auf Ersatzlieferung von Teilen erstrecken, und zwar immer nur dann, wenn Fehler oder Schäden im Material oder in der Herstellung aufgetreten sind. Doch wird es Ihnen zum Verhängnis, wenn man Ihnen unsachgemäße Behandlung Ihres Wagens vorwirft; ob mit Recht, werden Sie nicht in jedem Fall widerlegen können. Ihre Verhandlungstaktik wird dann nicht nur solche Klippen umgehen müssen, sondern man kann auch mit Geschick seine (berechtigten!) Forderungen so formulieren, daß sich das Lieferwerk schon moralisch verpflichtet fühlt, einen Schaden innerhalb der Garantiezeit zu beseitigen, einschließlich der Porto-, Fracht- und Arbeitskosten.

Alle sogenannten »Verschleißteile«, seien es nun Zündkerzen, Reifen oder die Batterie, fallen nicht unter die Garantiezusage. Hier wird man sich bei auftretenden Mängeln an den Erzeuger dieser Teile wenden müssen. Doch gibt es auch Teile in Ihrem Auto, die zwar nicht von Fiat hergestellt wurden, dennoch in den Rahmen der Gewährleistung fallen. Hierzu gehören beispielsweise Vergaser und Teile der elektrischen Anlage.

Garantie-Ausschlüsse

Schon um den Garantieanspruch nicht zu verlieren, wird man die beiden ersten Gratis-Inspektionen (nur Material, Öl und Kraftstoff werden berechnet) termingerecht bei der Fiat-Vertretung vornehmen zu lassen. Die Gewährleistung erlischt jedoch, wie schon gesagt, nach unsachgemäßer Behandlung, wenn also die Betriebsanleitung unbeachtet blieb.

Böse sieht es aus, wenn fremde Teile nachträglich eingebaut wurden oder wenn eine nicht durch Fiat autorisierte Werkstatt Veränderungen vornahm, die im Zusammenhang mit dem reklamierten Defekt stehen. Das ist genauso schlimm, als wären Sie mit Ihrem Fiat eine Rallye gefahren – auch das schließt die Gewährleistung aus. Und schließlich ist auch der mögliche Zweitbesitzer (wer verkauft schon sein Auto innerhalb von 10 000 km?) alle Ansprüche gegen den Hersteller los.

Schadenersatz

Sollten Sie das Pech haben, daß Ihnen unterwegs beispielsweise durch den Bruch eines Teils der Zusammenstoß mit einem Baum oder gar einem anderen Verkehrsteilnehmer widerfährt, dann wird Ihnen nur das gebrochene Teil ersetzt. Für den angerichteten Schaden kommt die Haftpflichtversicherung auf, Ihre sonst noch entstehenden Kosten (Abschleppen, Schaden durch Abbruch der Geschäftsreise u. ä.) können Sie dem Herstellerwerk nicht aufrechnen.

Diese Einschränkung der gesetzlichen Haftpflicht wurde in den Gewährleistungsbedingungen juristisch fein formuliert. Bestrebungen, bei ausgesprochenen Konstruktionsfehlern den Kraftfahrzeughersteller auch für Folgeschäden verantwortlich zu machen, kommen allmählich in Gang, doch sind deren Ziele für eine Einzelperson heutzutage noch nicht erreichbar.

Die Fiat-Werkstatt wird in jedem Fall nach Beseitigen des Schadens von Ihnen Geld verlangen, als hätten Sie überhaupt keinen Anspruch. Allein das Werk entscheidet über den Anspruch, und erst danach wird Ihnen in der Regel der entsprechende Betrag zurückerstattet oder gutgeschrieben.

Kulanz als mildes Pflaster

Nun wird, Gott sei Dank, vieles, was in Verträgen steht, nicht so heiß gegessen, wie es juristisch gekocht wurde. Denn schließlich gefällt es keinem Automobilwerk, wenn es durch denjenigen landauf, landab schlecht gemacht wird, der ohne eigenes Verschulden draufzahlen mußte. Bei ganz eindeutigen Garantieansprüchen wird also der Vertragshändler den Rechnungsbetrag vielleicht stunden, bis das Werk entschieden hat, und die obere Grenze von 6 Monaten oder 10 000 km wird dann nicht so genau genommen, wenn es ein klarer Fall ist.

Wesentlich ist oft das persönliche Verhandlungsgeschick, das, mit zäher Liebenswürdigkeit gewürzt, bestimmt erfolgreicher als cholerisches Auf-den-

Tisch-Schlagen ist. Zudem wird Ihr Fiat-Händler zu Ihrem Bundesgenossen, wenn er in Ihnen einen zukünftigen Autokäufer sieht. Eines Tages trennen Sie sich doch von Ihrem jetzigen Wagen, und die Aussicht, Sie als Kunden behalten zu können, spornt die Werkstatt an, Ihre Ansprüche im Werk zu unterstützen.
Im übrigen brauchen Sie aber auch bei einem km-Stand über 10 000 keinesfalls ganz hoffnungslos bezüglich der Kulanz zu sein, wenn etwa die Kurbelwelle zum Teufel geht – vorausgesetzt, sie haben regelmäßig das Motoröl gewechselt.

Was wird das wohl kosten?

Die größte Scheu haben Autofahrer, wie wir immer wieder beobachten, vor der Frage nach den Kosten. Man will seine Unkenntnis nicht zugeben (obwohl unmöglich ein Mensch erwarten kann, daß man etwa als Assistenzarzt die Ersatzteilpreise für einen Kotflügel und die zugehörigen Montagekosten kennt), läßt sich etwas Unverständliches erzählen, erteilt dementsprechend verschwommene Reparaturaufträge und wartet dann mit banger Sorge auf die Höhe der Rechnung, wenn die Finanzreserven knapp sind.
Jene Leute, die mit fröhlicher Unbekümmertheit erklären, daß sie rein gar nichts vom Auto verstehen (obwohl sie vielleicht recht gut Bescheid wissen) und daher keine Ahnung hätten, wieviel Geld sie zum Abholen des Wagens in die Tasche stecken müßten (Reparaturen nur gegen bar! Wer kennt das Schild nicht?), sind oft besser dran. Machen Sie es wie letztere, Sie werden manche Sorge weniger haben und dazu manche Mark sparen, weil Sie diese oder jene eifrig angebotene Arbeit abweisen können, bevor sie auf Ihrer Rechnung erscheint.

Schriftlicher Kostenvoranschlag

Genauso, wie Sie sich vor dem Kauf Ihres Fiat über den Preis informierten, sollten Sie sich bei größeren Reparaturen – möglichst von verschiedenen Werkstätten – einen Kostenvoranschlag machen lassen. Dies kann durchaus in Form des Reparaturauftrages geschehen, auf dem zu den einzelnen Posten die Preise eingesetzt sind. Ein solcher Kostenvoranschlag darf nach Brauch der Branche nur um höchstens 15 Prozent überschritten werden, ohne daß deshalb um Erlaubnis nachgesucht wird. Entstehen jedoch höhere Kosten, muß die Werkstatt beim Auftraggeber rückfragen, ehe die Arbeiten ausgeführt werden und auf der Rechnung erscheinen. Deshalb ist die Angabe der eigenen Telefonnummer oder Anschrift so wichtig.
Entdeckt die Werkstatt Mängel, die sich auf die Verkehrssicherheit beziehen, muß man Sie auch fragen. Sie können ablehnen; der Werkstattbesitzer ist

1969 wurden allein 42 068 neue Fiat-Wagen vom Typ 124 in Deutschland gekauft. Für Service ist – wenn auch nicht immer gleich an der nächsten Ecke – gesorgt, und frische Fiat-Werkstätten entstehen an manchen Orten. Vermutlich sind gerade diese Vertretungen bestrebt, sich einen zufriedenen Kundenkreis zuzulegen und zu erhalten.

dann jedoch verpflichtet, Ihren Wagen als nicht mehr verkehrssicher der Polizei zu melden.
Achten Sie auch darauf, daß es in der Reparatur-Branche allgemein übliche »Geschäftsbedingungen für die Ausführung von Arbeiten an Kraftfahrzeugen« gibt. Sie hängen entweder irgendwo an der Wand, wo sie der Kunde lesen kann, oder sind auf der Rückseite des Reparaturauftrags gedruckt.

Austausch-Teile

Bei der Deutschen Fiat AG in Heilbronn kann man eine Preisliste für Austauschteile anfordern, die gleichzeitig über den Versand-Service informiert. Danach werden Bestellungen bis 19 Uhr entgegengenommen, noch am gleichen Tage bearbeitet und über die Deutsche Bundesbahn per Expreß aufgegeben. Auch an Sonn- und Feiertagen sind Bestellungen möglich: Telefon 0 71 31 (Vorwahl Heilbronn) 887 (Fiat) 395 (Hausapparat).
Fiat bietet für Ihren 124 ein reichhaltiges Programm an sogenannten Austauschteilen, auf die sich eine Gewährleistung von 3 Monaten nach Einbau bei einer Fahrzeit bis zu 10 000 km oder bis zu 6 Monaten nach der Lieferung erstreckt. Voraussetzung für den Austausch ist die Hergabe instandsetzungsfähiger Aggregate oder Teile, die riß- und bruchfrei sein müssen und weder Gewaltschäden noch Schweißungen aufweisen dürfen.
Qualitätsmäßig bieten die Austauschteile keinerlei Nachteil, da sie im Werk sorgfältig überarbeitet wurden. In der nachfolgenden Tabelle finden Sie die wichtigsten Teile des Austausch-Programms für den Fiat 124 mit den Preisen nach dem Stand Mai 1970:

Teilmotor	448,— DM	Kupplungsscheibe	17,80 DM
Kraftstoffpumpe	19,80 DM	Anlasser	72,— DM
Wasserpumpe	29,— DM	Scheibenwischermotor	29,80 DM
Verteiler	35,10 DM	Hinterachswelle	29,80 DM

Der Unterschied zwischen dem Baumuster 124 Normal und dem Typ Special macht sich auch bei einigen Austauschteilen bemerkbar, wie aus der Fortsetzung der Liste zu sehen ist:

	Normal	Special
Differential	239,—	259,— DM
Kurbelwelle mit Lagern	117,—	228,— DM
Vergaser	91,80	110,70 DM
Kupplung	43,80	48,— DM
Lichtmaschine	54,—	79,— DM
Regler	23,—	33,90 DM

Es wird also im Einzelfall zu überlegen sein, ob es wirtschaftlicher ist, einzelne Aggregate im Austausch zu besorgen oder beispielsweise einen kompletten Tauschmotor einzubauen, wenn Leistungsabfall und Ölverbrauch des alten Motors bedenklich stimmen. Erst bei hohem Kilometer-Stand – etwa 80 000 km – wird man mit einem kompletten Motor besser beraten sein, da die angebauten Teile wie Lichtmaschine, Vergaser usw. auch nicht mehr lange ohne Überholung auskommen dürften.

Ersatzteile

Im Vergleich zur obigen Liste sind die nicht im Austausch-Programm erwähnten Neuteile verhältnismäßig teurer, wie die nachfolgenden Beispiele zeigen:

Motor 124 Normal, fabrikneu, ohne Aggregate	998,— DM
Teilmotor, fabrikneu	598,— DM
Satz Kolben mit Zylinder	191,— DM
Wasserpumpe	71,— DM
Benzinpumpe	22,— DM

Da die Anzahl der übrigen Ersatzteile einen dicken Katalog füllt und sich ihre Preise auch von Zeit zu Zeit ändern, hat es wenig Sinn, hier eine Ersatzteilpreisliste zusammenzustellen. Auch ist es mit dem einfachen Preis allein zumeist nicht getan. Sehr oft müssen neben dem defekten Teil noch die anschließenden oder mit diesem in Zusammenhang stehenden Teile ausgewechselt (und bezahlt) werden. Das gilt nicht nur für Dichtungen, Schrauben und dergleichen, auch einzelne Bremsbacken lassen sich nicht ersetzen, sondern es müssen alle Bremsbacken zumindest einer Achse ausgetauscht werden. Ebenso kann man Zahnräder nur paarweise ersetzen. Wenn Sie sich bei Ihrer Fiat-Werkstatt Ersatzteile zum Selbsteinbau kaufen, sollten Sie nicht zu fragen vergessen, ob dann auch irgendwelche Nachbarteile mitersetzt werden müssen.

Werkstattkosten

Die Frage nach dem Stundenlohn, der zum Schluß in der Summe der Rechnung erscheint, ist nicht konkret zu beantworten. Regionale Gegebenheiten und der Umstand, ob Großstadt oder ländliche Gegend, spielen hierbei eine Rolle, doch wird man wohl kaum noch Werkstattstunden unter 15 DM antreffen. Der mittlere Durchschnitt für das Jahr 1970 beträgt etwa 18 DM, und in »Reparaturfabriken« wird man mit wenigstens 20 DM rechnen müssen. Bei größeren Arbeiten wird es sich also lohnen, aufs Land zu gehen, wo der Werkstattchef weniger Unkosten hat und weniger Geld pro Stunde fordert.
Grundlage für alle Reparaturrechnungen ist eine von Fiat herausgegebene Richtzeitenliste, in der die vom Werk ermittelten sogenannten Richtzeiten für die einzelnen Arbeiten festgelegt sind. Sie gelten als Maßstab ohne Berücksichtigung der tatsächlichen Arbeitszeit des betreffenden Monteurs und vereinfachen die Büroarbeit des Betriebs, zwingen jedoch die Werkstattarbeiter bisweilen zu überstürzter Ausführung ihrer Aufgaben. Wenn trotz der Richtzeiten die Reparaturkosten unterschiedlich hoch ausfallen, liegt es an der Kalkulation der Werkstätten, die eine Stunde Arbeitszeit nach eigenen Durchschnittslöhnen, Unkosten, Abschreibungen usw. und dem sich daraus ergebenden Werkstatt-Index errechnen.
Weil die Richtzeitenliste Berechnungsbasis jeder Fiat-Werkstatt ist und auch jedem Reparaturannehmer der Stundenarbeitspreis seiner Werkstatt bekannt sein muß, kann man Ihnen also ohne weiteres einen ziemlich genauen Kostenvoranschlag bei anfallenden Reparaturen machen. Der einzige Unsicherheitsfaktor bildet dabei die Möglichkeit, daß sich im Laufe der Reparaturarbeiten die Notwendigkeit zu zusätzlichen Instandsetzungen ergibt, die nicht ohne weiteres vorauszusehen waren. Da Sie aber bei der Auftragserteilung – falls möglich – Ihre Telefonnummer angegeben und erklärt haben, man müsse Sie bei weiterreichenden Reparaturen zuvor befragen – vergessen Sie das niemals! –, brauchen Sie keine Furcht vor umwerfend hohen Reparaturrechnungen zu haben.
Reparaturen, die im Interesse der Verkehrssicherheit erforderlich sind – etwa ausgeleierte Lenkungsteile –, können Sie allerdings nicht ablehnen, wenn sie die Werkstatt gelegentlich anderer Arbeiten als dringend notwendig feststellt. Sie können die Werkstatt nur wegen ihres Verantwortungsbewußtseins loben, wenn sie sich weigert, Ihnen den verkehrsgefährdeten Wagen unrepariert herauszugeben.
Die im Zweijahres-Turnus erfolgende TÜV-Prüfung kann auch von autorisierten Werkstätten vorgenommen werden. Nur sollte man bei entsprechendem Auftrag bedenken, daß die Werkstatt kein Wohltätigkeitsinstitut ist, sondern Geld verdienen will. Ein Blanko-Auftrag könnte also mit Arbeiten ausgenutzt werden, die mit der TÜV-Kontrolle wenig zu tun haben.

Handgreiflichkeiten

Ehedem waren die Automobile schon von der Fabrik aus mit einem umfangreichen Werkzeugsortiment ausgerüstet und es fehlte in der stets mitgeführten Werkzeugkiste weder Bindedraht noch Schrotsäge. Das hing nicht allein mit der Anfälligkeit jener Vehikel zusammen; auch heutzutage wünscht sich ein Autofahrer manchmal eine Federzange oder nur einen Meißel, um die Weiterfahrt zu ermöglichen oder um Werkstattkosten zu sparen. Recht kümmerliche Versorgung mit Bordwerkzeug ist vielen Kraftfahrzeugherstellern aus Kalkulationsgründen geläufig geworden, Fiat ist da eine der wenigen zu rühmenden Ausnahmen.
Immerhin können Sie an Ihrem Fiat 124 mit dem dazugelieferten Werkzeug verschiedene Handgriffe ausüben und Kontrollen vornehmen, aber es ist weder Sinn noch Zweck dieser Notausrüstung, dadurch eine Werkstatt zu ersetzen. Wer also Selbstpflegeabsichten hegt und bei Pannen nicht auf Fremde angewiesen sein will, wird recht bald bemerken, daß doch noch einiges in seiner Ausrüstung fehlt.

Empfehlenswerte Grundausrüstung

Beim Werkzeugkauf soll man sich von der Bedeutung guter Qualität leiten lassen, wobei das mitgelieferte Bordwerkzeug nicht als vorbildlicher Maßstab zu setzen ist. Denn nur mit wirklich gutem Werkzeug läßt sich leicht und zuverlässig arbeiten. Ein Werkmeister kann auch zur Not mit schlechtem Werkzeug hantieren – er weiß sich zu helfen. Aber ein Heimwerker, der den Umgang damit nur nebenbei und ungelernt betreibt, ist mit schlechten Schraubenschlüsseln und Schraubenziehern schnell am Ende seiner Kunst.
Gutes Werkzeug ist aber nicht billig. Um so wichtiger ist es, daß man sein gutes Geld zweckmäßig anlegt und nicht einfach aufs Geratewohl ganze Werkzeugsätze kauft. Denn mancher Schraubenschlüssel oder manches andere, so in Bausch und Bogen gekaufte Werkzeug wird nie benötigt; dagegen kann man für Fiat-Wagen verschiedenes Spezialwerkzeug gut gebrauchen, das in allgemeinen Werkzeugsätzen nicht enthalten ist. Aus diesem Grund erscheinen uns auch fertige Werkzeugsätze »für den Herrenfahrer« nicht empfehlenswert, denn ihre Zusammenstellung ist viel zu allgemein gehalten.
Die nachfolgende Liste gibt einen Überblick auf eine Ausrüstung für den heimischen Werkzeugschrank, mit der man sehr wesentliche Arbeiten am Auto durchführen kann. Die beigefügten Preise sind dem Katalog der Firma Hazet entnommen, die als renommierte Werkzeugherstellerin in allen guten Fachgeschäften bekannt ist. Die Verwendungsmöglichkeit einzelner Werkzeuge ist anschließend erläutert und Sie können danach entscheiden, welche entsprechenden Arbeiten Sie selbst ausführen wollen. Vielleicht möchten Sie sich erst zu einem späteren Zeitpunkt beispielsweise mit dem Einstellen des Ventilspiels befassen, dann brauchen Sie jetzt keinen Ringschlüssel SW 13

(SW = Schlüsselweite) für die Kontermuttern der Ventil-Kipphebel, den gleichfalls dazu benötigten Rohrsteckschlüssel SW 10 (zum Abnehmen des Zylinderkopfes) werden Sie aber auch bei anderer Gelegenheit vermissen.

Größen und Preise

	Preise in DM
1 Satz Doppel-Gabelschlüssel 7 x 8, 10 x 11, 13 x 17, 19 x 22 zus.	10,20
2 Ringschlüssel 8 x 10 und 13 x 17, hochgekröpft, zusammen	9,30
1 Gabel-Ringschlüssel SW 13	4,30
3 Rohrsteckschlüssel 8 x 10, 13 x 14, 17 x 19	11,60
1 Inbusschlüssel SW 12	3,60
2 Schraubenzieher Größe 2 und 6, für Querschlitzschrauben	5,50
2 Schraubenzieher für Kreuzschlitzschrauben, verschiedene Größen	8,90
1 Winkelschraubenzieher	3,30
1 Vergaser-Schraubenzieher, kurze Form, für Querschlitzschrauben	3,20
1 Rohrzange, 240 mm lang	7,70
1 Kombizange, isolierter Griff	10,10
1 Seitenschneider	10,10
1 Türfederzange (Hazet-Bestell-Nr. 799)	7,80
1 Schlosserhammer, 300 Gramm	4,80
1 Fühlerblattlehre, darin 0,10, 0,15, 0,20, 0,50, 0,60 mm	2,70
1 Flachmeißel und 1 Kreuzmeißel	je 3,10
1 Körner	2,50
1 Durchschläger, 3 mm	2,50
1 Satz Schlüsselfeilen, flach, dreikant, rund	8,40
Falls Bordwerkzeug nicht mehr vorhanden:	
1 Zündkerzenschlüssel SW 19	10,10
1 Radmutternschlüssel SW 19	7,00

Was die Größenangaben bedeuten

Bei der Aufzählung der Schraubenschlüssel ist beispielsweise von SW 13 oder 17 × 19 die Rede. Natürlich müssen Sie wissen, was das bedeutet; es ist schnell erklärt: Bei uns in Deutschland, wie in Frankreich und vielen anderen Ländern, werden Maschinenteile und Werkzeuge in der Regel nach dem metrischen Maß-System gemessen. In manchen Fällen ist jedoch auch noch das amerikanische oder englische Maß-System üblich. Im metrischen System werden alle Größen natürlich in Zentimeter und Millimeter angegeben, im amerikanischen Maß-System in Zoll. Das Kennzeichen für Zoll ist ein oben an der betreffenden Zahl stehendes Gänsefüßchen ("). 1 Zoll (") entspricht 25,4 mm. Zumeist kann man schon an den Zahlen selbst erkennen, welchem System sie

Das serienmäßige Bordwerkzeug im Fiat 124 kann nur für Notfälle ausreichen. Es ist auch nicht von Fiat beabsichtigt, daß man mit diesem Besitz auf Werkstätten verzichtet. Wer aber an seinem Fiat 124 selbst Hand anlegen möchte, sollte auf diesen Seiten einmal überprüfen, welche Werkzeuge und Hilfsmittel ihm bei seinen Bemühungen von Nutzen sein können.

zuzuordnen sind, denn Zollangaben werden in der Regel mit Bruchstrichen geschrieben, also ½″ (= 12,7 mm) oder etwa 2¼″ (= 37,5 mm), während metrische Angaben ein Komma haben oder vollständig in Millimetern geschrieben werden.

Bei Schraubenmuttern mißt man den Abstand der einander gegenüberliegenden Flanken in mm oder Zoll und schreibt auf den jeweils dafür passenden Schraubenschlüssel die entsprechende Schlüsselweite (Kurzbezeichnung SW). Ein Doppel-Gabelschlüssel (man nennt den Gabelschlüssel vielfach auch Maulschlüssel) mit der Bezeichnung 12 × 14 hat also auf der einen Seite eine Gabel oder ein Maul für eine 12 mm breite und auf der anderen Seite für eine 14 mm breite Schraube. Da an unserem Fiat 124 alle Schrauben in Millimeter gemessen werden, kommen Schraubenschlüssel mit Zollangaben nicht in Frage. Auch geschenkte Schraubenschlüssel mit Zollangabe soll man nicht benutzen. Sie passen nicht genau, so daß man sich nur die Flanken der Schrauben damit beschädigt.

Welches Werkzeug zu welchem Zweck

Zur Vereinfachung hat Fiat die am Fahrzeug notwendigen Schlüsselweiten auf wenige Normgrößen vereinigt. Mit den Schlüsseln SW 8, 10, 13 und 17 können die häufigsten Arbeiten erledigt werden, aber es ist zu überlegen, ob nun Maul- oder Ringschlüssel vernünftiger sind oder ob gar Rohrsteckschlüssel verlangt werden. Ringschlüssel sind den Maul- oder Gabelschlüsseln vorzuziehen, weil sie auf die Schrauben an allen sechs Kanten einen gleichmäßigen Druck ausüben und dadurch wirkungsvoller eingesetzt werden können. Ringschlüssel sollen hoch gekröpft und nicht zu lang sein, damit sie sich auch bei engem Raum handhaben lassen; die Hebelwirkung kann durch Hindurchstekken eines zweiten Werkzeugs in der Ringöffnung am anderen Ende vergrößert werden.

Maulschlüssel SW 8 werden für verschiedene Anschlüsse der elektrischen Anlage benötigt, aber auch für das Luftfilter und für Bodenbleche. Beim Abschrauben des Zylinderkopfdeckels, des Benzinpumpendeckels, der Batteriekabel, der Wasserpumpe und der Schelle am Benzintank beispielsweise wird SW 10 gebraucht, und Ringschlüssel SW 13 muß man zum Demontieren der Stoßstangen, des Vergasers, des Ansaugkrümmers und für den Auspuff haben. Getriebeöl-Ablaßschraube und Lichtmaschine verlangen SW 17, letztere zudem einen gleich weiten Steckschlüssel. Nur mit Steckschlüssel SW 13 läßt sich die Tankablaßschraube herausdrehen und die Benzinpumpe geht damit leichter ab, und wer das Motoröl ablassen will, ist auf einen Inbusschlüssel SW 12 angewiesen.

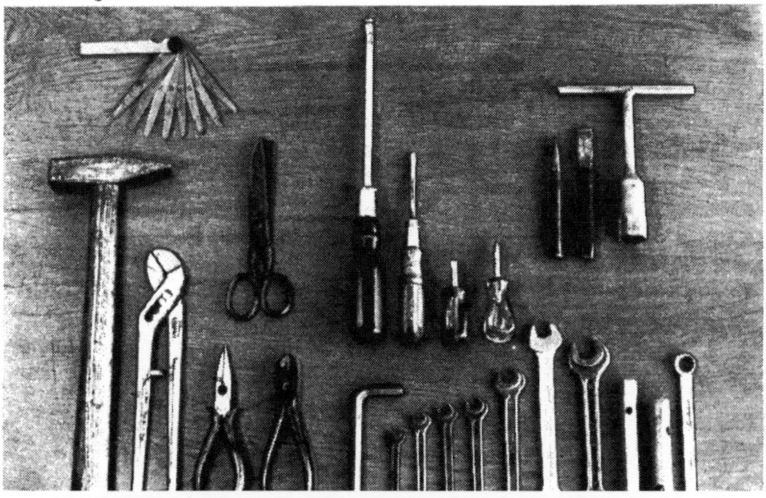

Werkzeuge, die wir als Grundausrüstung für den Fiat 124 vorschlagen. (Oben:) Fühlerblattlehre, Blechschere, 2 Schlitzschraubenzieher, Vergaser-Schraubenzieher, Kreuzschlitzschraubenzieher, Körner, Meißel, Kerzenschlüssel SW 19. (Unten:) Schlosserhammer, Rohrzange, isolierte Spitzzange, Seitenschneider, Inbusschlüssel SW 12, Maulschlüssel SW 7, 8, 9, 10, 13, Maulschlüssel SW 10/11, 14/17, Steckschlüssel SW 9/10, 13/14, Ringschlüssel SW 13/14.

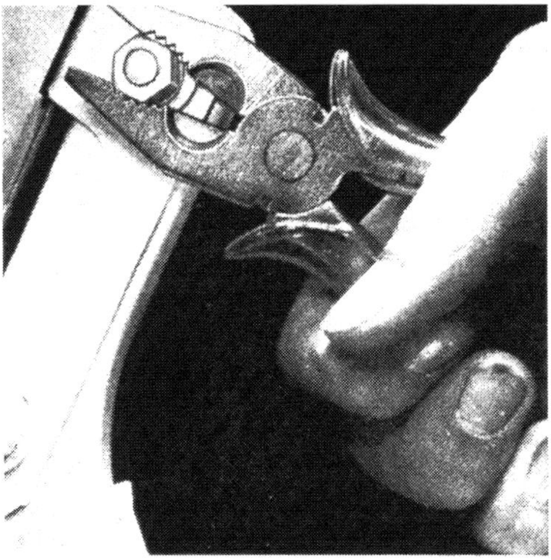

Nur mit Grausen wird ein echter Heimwerker dieses Bild betrachten. Das ist auch der Zweck für den Heimwerker-Nachwuchs: Jede Schraube fühlt sich zu Recht schwer mißhandelt, wenn sie mit einer Zange angefaßt wird. Ihre scharfen Zähne beschädigen die Ecken und Flanken einer Schraube rücksichtslos, so daß später jeder Schraubenschlüssel abgleitet. Eine Zange ist nur ein Haltewerkzeug. In gleichem Sinne ist auch ein Schraubenzieher nicht als Meißel und ein Schraubenschlüssel nicht als Hammer geeignet.

Statt der verschiedenen Schraubenzieher kann man sich auch einen Einsteckwerkzeugsatz mit entsprechenden Einsteckklingen für Querschlitz- und Kreuzschlitzschrauben zulegen. Den sogenannten Vergaser-Schraubenzieher, kurz und mit dickem Handgriff, braucht man oft für beengt sitzende oder für widerspenstige Schrauben, da er kräftig zu greifen ist. In gleicher Form gibt es ihn auch für Kreuzschlitzschrauben, zum Beispiel zum Justieren von Türschlössern. Rohrzange, Kombizange (mit isoliertem Griff) und der Seitenschneider zum Abschneiden von Kabeln dienen als allgemeine Hilfswerkzeuge, ebenso Hammer, Meißel, Körner, Durchschläger und die feinen Feilen in verschiedenen Ausführungen. Die Fühlerblattlehre wird zum Ventileinstellen, zum Messen des Unterbrecher-Kontaktabstandes und des Elektrodenabstandes der Zündkerzen gebraucht, wobei man zum Einstellen des Unterbrecher-Kontaktabstandes noch den in der Liste genannten Winkelschraubenzieher braucht.
Überlegen Sie sich also vor dem Werkzeugkauf, ob Sie diese oder jene Arbeit auch selbst machen wollen.

Ergänzung nach Wunsch

Die Vervollständigung der Werkzeugausrüstung kann natürlich einen sehr weiten Rahmen einnehmen und auch kostspielig sein. Andere Gabelschlüssel als die bisher genannten sind nicht notwendig, aber die Ergänzung des Ringschlüssel-Sortiments führt zu mehr Freude bei der Arbeit. Noch universaler lassen sich Steckschlüssel mit Zwölfkant-Einsätzen (sogenannte »Nüsse«) handhaben, weil man sie auf sechskantigen Schrauben vielseitig versetzen und bei geringem Bewegungsraum über ein dazugehöriges Gelenkstück abgewinkelt bewegen kann. Zu solch einem Schlüsselkasten gehören Gelenkgriff mit verschiebbarem Querhebel, Verlängerungsstücke und eine Knarre (Hebel mit Drehsperre, den man nicht absetzen braucht), alle Teile lassen sich über Vierkant-Verbindungen ineinanderstecken.
Der Wunsch nach weiterem Werkzeug wird dem inzwischen auf Geschmack gekommenen Heimwerker beim Besuch einer Werkstatt oder bei Bekannten sicher sein. Sie können Ihre Hobby-Werkstatt mit einem Drehmomentschlüssel zu 85 Mark vergrößern, können eine Bohrmaschine und Gewindeschneider anschaffen und schließlich einen Werkzeugschrank aufstellen, der selbst einen Werkstattbesitzer vor Neid erblassen läßt. Vorschläge wären hier fehl am Platze, denn die Neigung eines jeden ist individuell.
Nur vor einer Werkzeugsorte wollen wir warnen: vor sogenanntem Universalwerkzeug, mit dem man beispielsweise – wir übertreiben nur wenig – zugleich Schrauben anziehen, Draht abkneifen, die Gartenhecke scheren, Nägel ein-

klopfen und vielleicht noch Butterbrot schmieren können soll. Solches Werkzeug nützt in Wirlichkeit keinem seiner Zwecke wirklich richtig.

Umgang mit Werkzeug

Das Werkzeug hat – in den meisten Fällen – Ihr eigenes Geld gekostet, darum sollen Sie es richtig ausnutzen und sorgsam pflegen. Jedes Stück wurde nur zu einem einzelnen Zweck geschaffen, daher benutzt man einen Schraubenzieher genausowenig als Meißel wie einen Kaugummi zum Radieren. Wer mit der Zange einer Schraube oder Mutter zuleibe rückt, ist ein Rohling ohne Erfolg: Vielleicht hat sich die Mutter gelöst, aber die Kanten der Zange haben die Ecken und Flanken der Befestigung derart beschädigt, daß später jeder Schraubenschlüssel abgleiten muß. Eine Zange ist zum Halten da, nur mit der Rohrzange darf, ihrem Namen gemäß, an Rohren und Wellen gedreht werden, aber auch nicht an Schrauben.
Die Klingenspitze an Schraubenziehern soll sauber gerade, aber nicht scharf geschliffen sein, sonst dreht sie sich aus dem Schraubenschlitz, verdirbt diesen und bricht selbst aus. Hierbei sei gesagt, daß, um manches Werkzeug einsatzbereit zu halten, wiederum ein Werkzeug benötigt wird: der Schleifstein. An ihm können stumpfe Meißel geschärft, daneben noch manches Werkstück bequemer als mit einer Feile bearbeitet werden.
Wie der Besteckkasten eines Arztes dessen Wirken erleichtert, hat ein Werkzeugkasten mit Tragegriff den Vorteil des Zusammenhalts und der Übersicht. Freilich wird man anfangs mit einem Holzkasten oder mit der Tischschublade auskommen, doch sollte man diese Behältnisse wenigstens mit Holzbrettchen unterteilen, um Ordnung zu haben.

Hilfsmittel für die Wagenpflege

Zum eigentlichen Werkzeug der Grundausrüstung gehören noch einige Hilfsgeräte, die nicht vergessen werden dürfen. Wir nennen davon:

	Preise in DM
1 Ölspritzkännchen	etwa 3,30
1 Reifendruckprüfer	etwa 6,50
1 Prüflampe	etwa 4,50
1 Fensterleder, 1. Qualität	etwa 15,00
1 Waschpinsel ohne Metallfassung	etwa 2,50
1 Autoschwamm oder Waschhandschuh	2,50 bis 15,00
1 Waschbürste mit Stiel	etwa 4,50

Wie diese Hilfsgeräte benutzt werden, ist in den diesbezüglichen Kapiteln beschrieben.

Nützliche Dinge für die Wagenpflege. (Oben:) Scheibenreinigerflüssigkeit, Rostlösemittel, Isoliersprühmittel gegen Kurzschlüsse, Schnellreinigungsmittel, Rostumwandler, Ölspritzkanne, (darüber:) Luftdruckmesser, Handwaschpaste. (Unten:) Waschleder – kein Ersatz! –, großporiger Handschuhschwamm, feinporiger Schwamm für Polster, Kaltreiniger für Motor usw., Waschpinsel, Abschleppseil. (Mitte:) Prüflampe.

Flüssige Hilfen, vor allem gegen Rost

Im Regal an der Garagenwand, in welchem das Selbsthilfewerkzeug untergebracht ist, nehmen sich auch einige der modernen Sprühdosen ganz gut aus. Mit dem Rechenstift beurteilt, ist ihr Inhalt durch die aufwendige Aufmachung zwar recht teuer, da man aber als Selbstpfleger sowieso nur geringe Mengen braucht und die Handhabung der Spraydosen manche Arbeit sehr erleichtert, sind sie doch ganz praktisch.

Als Lösemittel für starken Rost und festsitzende Schrauben haben sich beispielsweise »Caramba Expreß« und »Ferex Rapid« sehr bewährt. Man muß nur ein wenig Geduld haben und die Flüssigkeiten lange genug einwirken lassen (Frühstückspause derweilen machen), bevor man dann den Ringschraubenschlüssel ansetzt. Damit die solcherart locker gemachten Schrauben nicht wieder anrosten, entweder vom Bleistift Graphit auf das Gewinde schaben (Graphit ist ein Festschmierstoff) oder mit einem graphitierten Öl (z. B. von BP, Aral, Teroson, Pingo oder Shell) einsprühen.

Als Schutz gegen Rost lassen sich einzelne Teile oder Werkzeuge sehr wirkungsvoll mit »Tectyl« von Valvoline, »Rostokal« von Teroson oder »Aral-Unterbodenschutz« überziehen. Diese wachsartigen Rostschutzmittel gibt es ebenfalls in Sprühflaschen. Dabei eine Zwischenbemerkung zum Rostschutz: Sie können dazu auch frisches Motoröl oder reine Vaseline nehmen, aber auf keinen Fall Altöl! Denn es enthält rostfördernde Säuren, bewirkt also das Gegenteil. Sehr gute Erfahrungen haben wir bei verrosteten Fahrwerksteilen, Fahrzeugböden, Ersatzradwannen usw. mit sogenannten Rostumwandlern (z. B. Bostik Antirost, Ferro-Bet von Dupli-Color, Aral Rostentferner, Caltex Anti-Rost usw.) gemacht. Das sind Flüssigkeiten auf Phosphorsäurebasis, die den Rost in Eisenphosphat umwandeln und dadurch weiteres Rosten verhindern.

Dieses »Antirost« usw. muß auf die Roststellen nach Abkratzen groben Rostes satt aufgepinselt werden, braucht je nach Verrostung Stunden oder Tage, bis aller Rost in lichtgraues Eisenphosphat umgewandelt ist, und wird nach dem Austrocknen am besten mit Lackfarbe, Unterbodenschutz oder Lackpflegemittel übersprüht. Besonders zu empfehlen bei Roststellen im Kofferraum und unter den Bodenmatten. Weniger brauchbar ist es auf der lackierten Außenhaut des Wagens, weil es durch seine starke Wirkung auch die dem Auge noch nicht erkennbaren Lackunterrostungen umwandelt und dabei den Lack rund um die Roststelle abhebt. Anders ist es jedoch, wenn anschließend die Schadenstelle lackiert werden soll. Dann bildet es einen rostsicheren Lackuntergrund.

Sollen fettverschmierte Motorteile, die Innenseiten der Felgen oder der ganze Motorraum gereinigt werden, dann gibt es hierzu, ebenfalls in Sprühdosen, besondere Motor-Reiniger (z. B. von Shell, Aral, Caltex, Teroson und Caramba). Damit wird das betreffende Teil eingesprüht und nach wenigen Minuten mit Wasser abgespritzt oder mit dem Pinsel abgewaschen. Selbst die dicksten Fettkrusten lösen die »Motor-Reiniger« und geben dazu den Teilen noch Glanz. Fahrbenzin ist demgegenüber zur Motorreinigung gar nicht zu empfehlen. Nicht nur, weil nach dem Trocknen die Teile grau und unansehnlich sind, sondern vor allem, weil das Fahrbenzin Bleiverbindungen enthält, die giftig sind.

Die zahlreichen Lackpflegemittel, Scheibenwaschwasserzusätze, Chromschutzmittel, Plastik-Reiniger usw. gehören eigentlich auch zu den »Flüssigen Hilfen«. Ihnen sind jedoch die Kapitel »Lackpflege« und »Winterschutz« besonders gewidmet. Hier wäre noch lediglich wegen eines besonderen Effekts der Chromschutzspray von Polifac, »Aqualieve« von Caltex und »Intact« von Aral zu nennen, denn diese Mittel haben die Eigenheit, Feuchtigkeit auf Metall zu unterwandern. So bewirken sie bei Zündungsstörungen durch Feuchtigkeit (etwa nach einer Motorwäsche oder nach einer taufrischen Nacht unter der Laternengarage), daß der damit eingesprühte Zündverteiler und die nässe-isolierten Kabel wieder willig funktionieren.

Hilfe unterwegs

Es gibt Autofahrer, die so sorglos drauflosfahren, daß in ihrem Wagen weder ein Reservekanister noch ein Abschleppseil zu finden ist, und der Ersatzreifen hat auch keine Luft. Andere dagegen führen aus Furcht vor Pannen ein ganzes Arsenal von Werkzeugen mit sich. Wie zumeist, ist hier der Mittelweg goldene Richtigkeit. Wir wollen aufführen, was man mitnehmen sollte, und wenn es nur dazu dient, anderen hilflosen und zu unbekümmerten Autofahrern unterwegs zu helfen. Wir nennen davon besonders:

- Reservekanister
- Abschleppseil
- Ersatzglühlampen
- Sicherungen
- Zündkerzen
- Rolle Draht
- Tesa-Film
- 2 m Elektrokabel (Zündkabel)
- 1–2 m benzinfesten Schlauch
- Alleskleber (Uhu-plus)
- Brettchen zum Unterlegen für Wagenheber
- Auto-Apotheke
- Warndreieck, Warnlampe

Ersatzteile bei Auslandsreisen

Der Fiat-Service ist auch in anderen Ländern recht gut organisiert, vor allem natürlich in Italien. Trotzdem beruhigt es, wenn man fern der Heimat einige Dinge bei sich führt, die man vielleicht gebrauchen kann. Neben sinnvoller Auswahl des Werkzeugs und den schon genannten Hilfen wird man noch folgende Ersatzteile in Lappen wickeln und im Kofferraum verstauen:

- 1 Kondensator
- 1 Verteilerläufer
- 1 Zündspule
- 1 Satz Unterbrecherkontakte
- 2 Schwimmer (rechts und links)
- 1 Membrane für Benzinpumpe
- 1 Keilriemen
- Schlauchstück für Kühlanlage
- Schlauchbinder
- 1 Reserveschlauch
- Reifenflickzeug
- Ventileinsätze
- 2 Reifen-Montierhebel
- 1 kräftige Fußluftpumpe
- einige Muttern, Schrauben und Sicherungsringe gängiger Größe

Außerdem kann man in Verlegenheit kommen und zusätzlich gebrauchen:

- Motoröl, Menge je nach geplanter Fahrtstrecke
- 1 Flasche mit destilliertem Wasser (Ostblockstaaten!)
- 1 Dose Handwaschpaste

Die genauen Typenbezeichnungen der empfohlenen Ersatzteile finden Sie zumeist auf den entsprechenden Originalteilen in Ihrem Fiat selbst, ebenfalls in den jeweils betreffenden Kapiteln dieses Buches. Doch kann durch technische Weiterentwicklung dieses oder jenes Ersatzteil eine Veränderung erfahren, weswegen wir raten, diese Möglichkeit bei Neukäufen zu überprüfen.

Blick unter die Haube

Was ist da im Motorraum?

Was alles unter der Motorhaube versteckt ist, erkennt man mit einem Blick nur, wenn die Motorhaube – wie hier – abgeschraubt wurde. Man kann sich dabei über die leichte Zugänglichkeit aller Teile – selbstverständlich auch bei montierter Haube – nur freuen. Die Zahlen bedeuten: 1 – Batterie, 2 – Masseanschluß an der Karosserie, 3 – Vergaser (ohne Luftfilter), 4 – Starterdeckel des Vergasers, 5 – Reglerschalter, 6 – Gaszug, 7 – Haubenverschluß, 8 – Lenkgehäuse, 9 – Hauptbremszylinder, 10 – Bremsflüssigkeitsbehälter, 11 – Scheibenwischermotor, 12 – Ausdehnungsgefäß des Kühlsystems, 13 – Benzinpumpe, 14 – Ölpeilstab, 15 – Zündspule, 16 – Behälter des Scheibenwaschers, 17 – zwei Hupen, 18 – Deckel des Zündverteilers, 19 – Ölfilter, 20 – Verschlußdeckel des Kühlers, 21 – Deckel des Öleinfüllstutzens mit zum (demontierten) Luftfilter ragenden Entlüftungsrohrstutzen, 22 – Keilriemenscheibe des (vom Kühler verdeckten) Ventilators, 23 – Ventilkammerdeckel, 24 – Lichtmaschine, 25 – Thermostat.

Fahrplan zur Werterhaltung

Wohlergehen und Lebensdauer Ihres Fiat hängen in großem Maße von regelmäßiger Durchsicht und Wagenpflege ab, die zur Erholung ebenso nötig sind wie die Schulferien für unsere Kinder. Es muß gewartet, geschmiert, kontrolliert und nachgesehen werden, und zwar in einem vom Werk ermittelten und festgelegten Rhythmus, der im Interesse eventueller Ansprüche gegen den Hersteller, besonders aber im Hinblick auf die erwartete ständige Fahrsicherheit und Dienstbereitschaft Ihres Autos weitgehend eingehalten werden soll.
Nun behandelt man solche Vorschriften im weniger reglementierten Italien nicht so, wie des Deutschen ordnungsliebendes Gemüt es sich vorstellt. Die Betriebsanleitung zum Fiat 124 legt (abgesehen von Ölstand- und Reifenkontrolle alle 500 km, Batteriekontrolle alle 2500 km) für alle übrigen Arbeiten einen sich wiederholenden Turnus von 10 000, 20 000 und 30 000 km fest. Beim Durchblättern des vom Kundendienst mitgelieferten Hefts der Gewährleistung entdeckt man Abschnitte, die für den Wartungsdienst alle 10 000 km und für den Kontrolldienst auch alle 10 000 km, letzterer jedoch um 5000 km nach den Wartungsdiensten eingeschoben, festgelegt ist. Daraus ergibt sich also eine aus der Betriebsanleitung nicht hervorgehende 5000-km-Kontrolle, die gleichzeitig einige im Wartungsdienst enthaltene Überprüfungen und eventuell sogar Wartungsarbeiten bestimmt.
Wir haben versucht, diese Überschneidungen zu entflechten, um zu einer einprägsamen Übersicht zu gelangen. Somit ergeben sich – die Betriebsanleitung ergänzend – alle 5000 km Kontrolldienste, die freilich in der Hauptsache in eigener Regie übernommen werden können.
Beim Blick auf unsere noch folgende Liste ist man vielleicht im ersten Moment erschrocken, derartig viele Arbeiten regelmäßig durchführen zu müssen. Doch man wird bei näherer Betrachtung schnell feststellen, daß viele Dinge mit wenigen Handgriffen zu machen sind, und einzelne Punkte erledigen

So wird der Wagenheber exakt angesetzt, damit er beim Hochkurbeln nicht so leicht umkippt: Schräg nach außen stehend, von der Seite gesehen, jedoch haargenau senkrecht, den Tragebolzen bis zum Anschlag in die Hülse der Quertraverse geschoben und auf dem Boden ein Unterlegebrettchen, damit sich der Wagenheberfuß nicht in den Boden drückt (anstatt den Wagen hochzuheben). Der schräg nach außen stehende Wagenheber kommt beim Hochkurbeln immer mehr in die Senkrechte.

sich bei etwas routinierter Beziehung zwischen Fahrer und Wagen im Laufe des Betriebs.
Es gibt manche Fahrer eines Fiat – vor allem in seinem romanischen Heimatland –, die das vom Werk aufgestellte Reglement der Soundsoviel-Kilometer-Intervalle mit Nichtachtung strafen. Sie fahren nur dann zur Werkstatt, wenn ein Mangel offensichtlich wird. Das setzt trotzdem eine gute Beobachtungsgabe voraus, die freilich die Wartungsliste weiter zusammenschrumpfen läßt. Gedankenlosigkeit andererseits kann teuer werden!

Was muß wann und wo gemacht werden?

Pflegearbeiten

		alle 500 km	Seite
1.	S	Reifendruck nachmessen	187
2.	S	Motorölstand prüfen	41
		alle 2500 km	
3.	S	Batteriesäurestand prüfen	99
		alle 5000 km	
4.	S	Wirkung der Fußbremse prüfen	172
5.	S/W	Wirkung der Handbremse prüfen, evtl. nachstellen	182
6.	S/W	Stärke der Bremsbeläge kontrollieren	177
7.	S/T	Bremsleitungen und -schläuche kontrollieren	174
8.	S/W	Lenkungsspiel prüfen	168
9.	S/W	Schutzkappen der Lenkungs-Kugelgelenke kontrollieren	168
10.	S/W	Ölstand im Lenkgetriebe prüfen	50
11.	S/W	Probefahrt. Kontrolle der Bremsen	11
		alle 10 000 km	
12.	S/W	Motoröl und Ölfilter erneuern	41
13.	S/W	Ölstand im Wechselgetriebe prüfen	47
14.	S/W	Ölstand in der Hinterachse prüfen	49
15.	S	Zündverteiler schmieren	49, 128
16.	S/W	Abstand der Unterbrecherkontakte nachmessen	126
17.	S	Zündkerzen prüfen, Elektrodenabstand korrigieren	131
18.	S/W	Zündeinstellung kontrollieren	127
19.	S/W	Ventilspiel überprüfen	59
20.	S/W	Kompression prüfen	61
21.	S/W	Vergaser reinigen	90
22.	S/W	Luftfilter auswechseln	90
23.	S	Kraftstoffsieb der Benzinpumpe reinigen	77
24.	S	Keilriemen spannen	106
25.	S	Bremsflüssigkeitsstand im Vorratsbehälter prüfen	173
26.	S	Batterie reinigen, Klemmen einfetten	100
27.	S	Flüssigkeitsstand im Kühlsystem prüfen	67
28.	S	Schlauchverbindungen des Kühlsystems kontrollieren	68
29.	S/W	Elektrische Anlage überprüfen	114
30.	S	Reifenzustand kontrollieren	188
31.	W	Spur und Sturz der Vorderräder kontrollieren	167
32.	S/W	Kupplungsspiel prüfen	160
33.	S	Radmuttern nachziehen	190
34.	S	Türschlösser kontrollieren	206
35.	S	Scharniere schmieren	49
		alle 20 000 km	
36.	S/W	Kurbelgehäuse-Entlüftung reinigen	93
37.	W	Vorderradlager nachstellen und schmieren	50
38.	S/W	Aggregate auf festen Sitz prüfen	203
		alle 30 000 km	
39.	S/W	Lichtmaschine reinigen, prüfen und schmieren (Normal)	109
40.	S/W	Anlasser reinigen, prüfen und schmieren	113
41.	T	Öl im Wechselgetriebe wechseln	47
42.	T	Öl in der Hinterachse wechseln	49, 164
43.	S/T	Schiebemuffe der vorderen Kardanwelle schmieren	49
		alle 60 000 km oder nach 2 Jahren	
44.	S	Kühlflüssigkeit wechseln	73
45.	S/W	Drehstrom-Lichtmaschine überprüfen (Special)	112

Legen Sie sich nie unter einen hochgebockten Wagen, ohne ihn mit Stützen (Pfeil) abzusichern, außerdem gehören hinter die auf dem Boden stehenden Räder Bremsklötze oder große Steine. Vorn den Wagenheber beim Fiat 124 nur unter der Quertraverse, hinten nur unter dem Differential ansetzen – falls ein solches Werkstatt-Utensil zur Verfügung steht. Und nicht vergessen: Holzbrett zwischen Wagenheber und Auto!

Was kann man selber machen?

In der Tabelle der Pflegearbeiten haben wir durch einen oder mehrere Kennbuchstaben angezeigt, wann man sich selbst helfen kann und wann nicht.

S = Selbstmachen. Das sind Arbeiten, die man ohne Fachkenntnisse und besonderes Werkzeug selbst ausführen kann, nachdem man den entsprechenden Abschnitt auf der betreffenden Seite dieses Buches gelesen hat.

S/T = Selbstmachen oder Tankstelle. Auch hier sind keine besonderen Fachkenntnisse notwendig, aber vielleicht fehlt Ihnen das entsprechende Gerät zur Ausübung dieser Arbeit und die Tankstelle besitzt es.

S/W = Selbstmachen oder Werkstatt. In diesen Fällen sind neben einfachen Fachkenntnissen etwas Geschick, Einfühlungsvermögen und zusätzliches, aber kein aufwendiges Werkzeug Voraussetzung.

T = Tankstelle. Der sparsame Mann überläßt diese Arbeit am besten der Tankstelle, obgleich er sie auch selbst ausführen könnte. Er spart dabei Zeit und Mühe, denn der Warenpreis, der bei dieser Arbeit entsteht, ist gleich, einerlei ob man die Ware – in der Regel das Öl – selbst verarbeitet oder von der Tankstelle verarbeiten läßt. Selbsthelfer mit Ehrgeiz werden sich jedoch auch diese Arbeit nicht nehmen lassen. Billiger wird es für den Selbsthelfer aber nur, wenn er die notwendige Ware besonders günstig einkaufen kann.

W = Werkstatt. Diese Arbeit erfordert spezielle Fachkenntnisse, teure Meß- und Arbeitsgeräte, die nur die Fachwerkstatt besitzt.

Festsitzende Radmuttern lassen sich lösen, wenn man den Bordwagenheber zu Hilfe nimmt und den Griff des Radmutterschlüssels damit nach oben dreht. Das kann auch eine zarte Frauenhand. Damit der Wagen nicht rollt: Gang einlegen. Mehr Hebelkraft als bei diesem einarmigen Steckschlüssel kann man mit einem Kreuzschlüssel anwenden, darum sei dessen Anschaffung empfohlen.

Natürlich ist eine Fiat-Werkstatt mit allen aufgeführten Arbeiten vertraut. Einzelne Arbeiten, die man nicht selber machen will, werden jedoch an einer guten Tankstelle oft schneller ausgeführt, als dies in überlasteten Werkstätten möglich ist. Es gibt allerdings auch einige Pflege- und Inspektionsdienste, die nur mit »W« gekennzeichnet sind. Sie bleiben »übrig«, wenn man selbst pflegt oder die Tankstelle einige Wartungen übernehmen läßt. Man braucht sich keineswegs zu scheuen, seiner Werkstatt nur diese Arbeiten gesondert in Auftrag zu geben, es ist immer noch billiger als ein kompletter Inspektionsdienst.

Ihre Werkstatt wird es schnell herausbringen, wenn Sie mit einem stets gut gewarteten Wagen aufkreuzen und nur vereinzelte Aufträge erteilen, die Sie offensichtlich nicht selbst ausführen können. Nach dem Zustand Ihres Fiat wird man Sie einschätzen und respektieren.

Der Pflegeplatz

Sie wollen also Ihrem Fiat 124 zur Eigenpflege zu Leibe rücken. Wo soll die Veranstaltung stattfinden? In Ihrer Garage? Nur selten wird eine Garage so geräumig sein, daß man von allen Seiten ungehindert an das darin abgestellte Fahrzeug heran kann. Besser ist es also im Freien – schon wegen des besseren Lichtes. Aber nicht jeder Platz im Freien ist für Pflege und Wartung eines Wagens geeignet. Auf einem Rasenplatz bleibt die versehentlich herabgefallene Schraube in der Regel unauffindbar. Ebenso »gefährlich« ist die Nähe eines Wasserablaufes. Er zieht herabfallende Schrauben oder Autoschlüsel geradezu magisch an. Gekiester Boden auf festem Untergrund ist schon besser, wenn vorher der Kies mit einem Drahtbesen geglättet wurde. Am besten ist natürlich ein ebener und glatter Zement- oder Asphaltboden. Zuvor wird er sehr sorgfältig gekehrt, damit man sich nicht im Schmutz herumwälzt und ohne Gefahr für den Hosenboden sich auch einmal hinsetzen kann.

Wenn Sie an die Unterseite Ihres Fiat heran wollen, werden Sie merken, daß zwischen Boden und Autobauch nicht viel Platz bleibt. Also muß das Auto hochgewunden und, wie in dem Bild der vorigen Seite gezeigt, unterbaut werden. Hüten Sie sich jedoch davor, unter ein Auto zu kriechen, das nur von dem Wagenheber einseitig hochgehalten wird. Der Wagenheber kann bei einem Rütteln am Fahrzeug oder bei nicht einwandfrei angezogener Handbremse abgleiten oder umknicken. Das ist lebensgefährlich für den, der darunter liegt!

Zeitvertreib für Mußestunden

In unserem vorangegangenen Wartungsplan haben wir mit »S« alle jene Pflege- und Kontrolldienste bezeichnet, die Sie selbst ausführen können und vollkommen unproblematisch sind. Dazu benötigen Sie weder Fachkenntnisse noch ausgefallenes Werkzeug, ersparen sich aber kleinere Unkosten und entlasten Ihre Werkstatt für echte Reparaturarbeiten.
Niemand wird nach genau 2500 km alle die kleinen Handgriffe und Überprüfungen vornehmen, die nachfolgend beschrieben sind. Schnell hat man zwischendurch einmal die Stopfen von der Batterie gezogen und nachgeschaut, ob der Säurestand noch stimmt, und der Griff zum Ölpeilstab ist eigentlich eine so geläufige Gewohnheit wie der Blick daheim in den Kühlschrank, ob noch genügend Wurst da ist. Reifendruck nachmessen oder die Lichtanlage kontrollieren wird man viel öfter als auf die Marke der 2500 km zu achten, bei der dies und jenes »fällig« ist. Gerade dann, wenn Sie – vielleicht im Winter – verhältnismäßig wenig fahren, sollten Sie das aufmerksamer überprüfen, was Sie im häufigen Betrieb Ihres Fiat schon beinahe unbewußt kontrollieren. Wer rastet – rostet; so geht es auch Ihrem Auto, wenn es einige Zeit gestanden hat.
Was bei diesem »kleinen Wartungsdienst« zu tun ist, haben wir nachstehend in Stichworten zusammengefaßt. Wer sich über das »Warum« der einzelnen Maßnahmen genauer unterrichten möchte, schlage jene Seiten auf, welche zusätzlich neben der Wartungstabelle auf Seite 35 angegeben sind.

1. Zustand der Bremsleitungen prüfen
Diese Kontrolle steht in direktem Zusammenhang mit der im »Kleinen Wartungsdienst« ebenfalls auszuführenden Prüfung des Bremsflüssigkeitsstandes (Nr. 6). Fehlt es nämlich an Bremsflüssigkeit, ist der Zustand der Bremsleitungen besonders sorgfältig zu prüfen, denn irgendwo muß ja die Bremsflüssigkeit ausgetreten sein.
Bei trockener Wagenunterseite Fahrzeug hochbocken oder über Pflegegrube fahren, Verlauf der Bremsleitungen und -schläuche verfolgen; sie müssen trocken und dürfen nicht aufgequollen sein. Anschluß- und Verbindungsstellen besonders beachten. Wo Schmutz schwarz wird, kann auf Undichtigkeit geschlossen werden. Feuchtdunkle Stellen an einem Schlauchstück oder einem Scheibenbremssattel? Radbremszylinder könnte undicht sein. In allen diesen Fällen nicht mit Schraubenschlüssel Anschlußstellen nachzuziehen versuchen (Verdrehen einer Bremsleitung kann gefährliche Folgen bei Notbremsung haben), sondern baldmöglichst Werkstatt aufsuchen! Scheuerstellen an den Schläuchen (durch zu große Reifen oder Schneeketten möglich!)?
Außerdem für die Wagenpflege: Bremsschläuche vertragen kein Benzin, Petroleum, Dieselkraftstoff oder Fett. Sie dürfen auch nicht lackiert (Lacklösungsmittel greifen an) oder mit Sprühöl eingenebelt werden.

2. Keilriemenspannung kontrollieren

Ein lockerer Keilriemen rutscht über die Riemenscheiben, wird heiß und verschleißt in kurzer Zeit. Außerdem werden Lichtmaschine und Wasserpumpe dadurch nur ungenügend betrieben. Zu stramm gespannter Keilriemen belastet die Lichtmaschinenlager einseitig und erhöht deren Abnutzung. Wie der Keilriemen gespannt wird, ist im Abschnitt »Keilriemenprobleme« auf Seite 106 geschildert. Jetzt ist es erst einmal nötig zu wissen, daß sich der Keilriemen in der Mitte zwischen zwei Riemenscheiben etwa 10–15 mm bei mäßigem Daumendruck durchdrücken lassen soll.

3. Motorölstand prüfen

Der Ölpeilstab ist im Motorraum auf der linken Seite des Motors zwischen Verteiler und Benzinpumpe zu finden und an der ringartigen Grifföse erkennbar. Der Ölstand ist nur genau zu ermitteln, wenn der Motor mindestens einige Minuten still gestanden hat, sonst zeigt der Peilstab zu geringen Stand an, weil sich noch zu viel Öl im Schmierungskreislauf befindet.

Zur Prüfung Ölpeilstab ganz herausziehen, mit sauberem Lappen abwischen (nicht mit Putzwolle, Watte oder faserigem Lappen, damit keine Fasern in das Öl gelangen!), noch einmal Peilstab bis zum Anschlag in den Motor stecken und wieder herausziehen. Peilstabspitze muß mindestens bis zur Marke »MIN« mit Öl benetzt sein.

Voraussetzung für ein exaktes Meßergebnis ist, daß der Wagen vollständig eben steht. Dies kann man erkennen, indem man die eventuell gezogene Handbremes löst oder den Schalthebel in Leerlaufstellung bringt: Der Wagen darf nicht wegrollen.

4. Säurestand der Batterie prüfen

Die 12-Volt-Batterie befindet sich unter der Motorhaube vorn rechts. Die sechs gelben Verschlußstopfen sind herauszuziehen. Inwendig müssen alle Zellen von Batteriesäure bedeckt sein. Stehen sie – auch nur teilweise – trocken, ergibt sich Leistungsschwund und vorzeitiger Verschleiß der Batterie. Da nur der Wasseranteil der Batteriesäure verdunstet, darf auch nur destilliertes Wasser – also kein Leitungswaser und keinesfalls Batteriesäure – nachgefüllt werden, bis die Säure etwa 10 mm über den Platten steht. Dieser Säurestand läßt sich sehr leicht mit 6 schmalen Pappestreifchen – für jede Batteriezelle eines – nachmessen. Auf keinen Fall mit Schraubenzieher oder Metallstift nachmessen wollen! Gibt Kurzschluß zwischen den Platten.

5. Bremsflüssigkeitstand kontrollieren

Zur Sicherheit sollte die Prüfung des Bremsflüssigkeitsbehälters öfter als alle 10 000 km vorgenommen werden, wie sie die Betriebsanleitung vorschreibt. Der Vorratsbehälter ist aus durchscheinendem Plastikmaterial hergestellt und sitzt hinten im Motorraum an der linken Seite der Spritzwand. Es bedarf nur eines Blickes, ob die meist blaue, manchmal auch bräunliche Bremsflüssigkeit noch gut über die Hälfte in dem Behälter steht. Zum Nachfüllen darf nur spezielle Bremsflüssigkeit genommen werden – unter gar keinen Umständen aber Öl!

6. Scheibenwascherbehälter auffüllen

Der Vorratsbehälter der Scheibenwaschanlage hängt links im Motorraum auf dem Radkasten. Im Winter ist sein Inhalt stark frostgefährdet. Aber gerade bei Matschwetter ist der Scheibenwascher wichtig (bis —15 Grad wirken die

Auftausalze) und ein wirksamer Frostschutz im Waschwasser ist unerläßlich. Die geeigneten Frostschutzmischungen sind im »Winterschutz«-Kapitel auf Seite 222 beschrieben. Sehr wichtig ist auf jeden Fall, daß die Frostschutzmischung vor dem Einfüllen oder im Scheibenwascherbehälter tüchtig durchgemischt wird – z. B. durch intensives »Kneten« des verschlossenen Plastikbehälters –, sonst trennt sich die Füllung und der Wasseranteil friert trotzdem ein. Im Sommer empfiehlt sich die Beimischung eines Windschutzscheibenreinigermittels gegen die »Schlierenbildung« auf verregneter Windschutzscheibe durch Silikon (ist in fast allen Lackpflegemitteln).

7. Reifendruck nachmessen

Ein Prüfen des Reifendrucks ist nicht bei jeder Tankung nötig, falls kein besonderer Verdacht auf Luftverlust besteht. Alle ein bis zwei Wochen genügt die Nachprüfung. Das Messen des Luftdrucks ist nur am kalten Reifen genau, da während zügiger Fahrt sich der Druck durch Erwärmung erhöht. Dieser gesteigerte Luftdruck darf nicht abgelassen werden, er ist für den Fahrbetrieb bereits »einkalkuliert«. Der richtige Luftdruck beträgt beim kalten Reifen des Fiat 124 Normal je nach Belastung vorn 1,4 und hinten 1,6–1,8 atü (siehe auch Kapitel »Räder und Reifen«). Hat Ihr Wagen Gürtel-Reifen, sollen vorn 1,7 und hinten 1,8 atü aufgepumpt sein. Beim Kombiwagen beträgt der Wert für vorn 1,5 atü und je nach Belastung für hinten 1,7–2,5 atü bei höchstzulässiger Ladung. Bei flotter Autobahnfahrt empfiehlt es sich, die Werte um 0,2 atü zu erhöhen.

8. Lichtanlage prüfen

Eigentlich vor jeder Fahrt sollte geprüft werden, ob alle Lampen funktionieren: Scheinwerfer-Fernlicht, Abblendlicht, Standlicht, Rücklicht, Nummernschildbeleuchtung, sämtliche Blinker, Lichthupe, Bremslicht. Am besten geht dabei ein Helfer rund um den Wagen, während alle Lampen nacheinander geschaltet werden. Andernfalls kann man sich vom Funktionieren der Lampen auch auf hellen Garagenwänden überzeugen. Ist eine Lampe gestört, suchen Sie am besten im Stichwortverzeichnis dieses Buches nach der zuständigen Seite, um feststellen zu können, woran der Fehler liegen mag und wie ihm abzuhelfen ist.

Schmiergelder erwünscht

Bewegliche Teile, die aufeinander gleiten, reiben sich. Reibung erzeugt Widerstand und ist mit Wärmeentwicklung verbunden. Das kostet Kraft und Material wird auch noch abgenutzt. Reibung ist also in unseren Autos weitgehend unerwünscht, wenn dabei nicht an Kupplung oder Bremse gedacht wird, die nur durch Reibung funktionieren.
Verschwendung von Kraft und Wärme müssen vermieden werden, damit die beweglichen metallischen Teile möglichst leicht aufeinander gleiten. Dazu dient eine Schutzschicht, die trennend wirkt, sich aber allen Bewegungen und den gegebenen Oberflächen anpaßt. Diese Schicht besteht zumeist aus Schmierstoffen, aus Öl oder Fett. Fett ist nur in festere Form gebrachtes Öl. Die Entscheidung, ob Fett, ob Öl, hängt von der Geschwindigkeit der gleitenden Teile und von den auftretenden Temperaturen und Drücken ab. Ebenso sind äußere Einwirkungen (Wasser, Schmutz) zu berücksichtigen und eventuell notwendige Kühlung heiß werdender Teile, Abdichtung gegen Gase, Beseitigung von Abriebteilchen und Verbrennungsrückständen kann erforderlich sein. Daher gibt es hunderterlei Sorten Fette und Öle, abgestimmt auf ihre unterschiedlichen Aufgaben.
Solche Vielfalt kann nicht allein von einer x-beliebigen Schmiere übernommen werden. Man putzt sich auch nicht mit Ata die Zähne, obwohl sie herrlich sauber würden, und Getriebeöl im Motor wäre eine vergleichbare Sünde. Auch mit feinstem Salatöl oder mit bester Butter wäre, weil keine mineralischen Substanzen, Ihrem Fiat kaum gedient.

Motoröl und Ölfilter wechseln

Pflegearbeit Nr. 2 und 12

Laut Pflegeplan ist das Motoröl und zugleich das Ölfilter alle 10 000 km oder spätestens nach je 6 Monaten zu wechseln. Wenn man also innerhalb eines halben Jahres nicht die genannten 10 000 km erreicht hat, soll das alte Öl aus dem Motor abgelassen werden. Es ist in dieser Zeit so weit »gealtert«, daß es seine Funktion nur noch mangelhaft erfüllt. Besonders bei häufigen Kurzstreckenfahrten (unterkühlter Motorbetrieb) bilden sich Verunreinigungen, versetzt mit Kraftstoffkondensaten und Wasserspuren. Günstig ist es natürlich, wenn man den Ölwechsel dem Wandel der Jahreszeiten anpassen kann, um die für Sommer und Winter geeigneten Ölsorten zu verwenden.
Wenn man oft längere Strecken fährt, braucht man sich um den Zustand seines Öls im Fiat nicht so große Sorgen zu machen; denn die schnelle Autobahnfahrt ist für den Motor – entgegen oft vertretener Ansicht – bei weitem nicht so strapaziös wie der Kurzstreckenverkehr, der viel rascher zu den schon erwähnten Verschmutzungen des Öls führt. Die 10 000 km-Angabe ist daher nur ein empfohlenes Mittelmaß. Wer den Fiat als Botenfahrzeug oder zum kurzen Arbeitsweg in der Stadt benutzt, wer ihn häufigem Kaltstart aussetzt, über staubige Feldwege fahren muß oder im Winter von Haus zu Haus fährt, sollte die 10 000 km-Intervalle keinesfalls überschreiten.

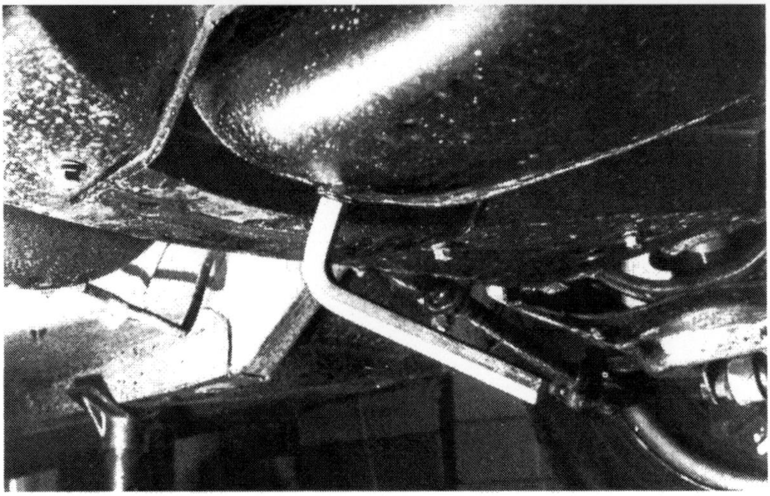

Hat man keine Grube zur Verfügung, muß der Wagen zum Ablassen des Motoröls allseitig gleichmäßig hochgebockt sein. Wagen zur Sicherung abstützen! Die Ölablaßschraube befindet sich hinten in der Mitte der Ölwanne, sie kann nur mit einem Inbusschlüssel SW 12 herausgedreht werden. Beim Hineindrehen der Schraube darf keine Gewalt angewendet werden, damit man das Gewinde nicht beschädigt.

Dagegen besitzen die heutigen HD-Motoröle derartige Qualitäten, daß ihre Lebensdauer auch 15 000 km erreichen kann, vorausgesetzt, der Wagen wird flott gefahren und quält sich nicht durch Bummelei mit unterkühltem Motor.

Ölwechsel-Probleme

Ölwechsel kann man in der Fiat-Werkstatt oder an einer Tankstelle vornehmen oder zu Hause machen. Wir ziehen im allgemeinen die Tankstelle vor. Das hat einige besondere Gründe:

1. Das Motoröl soll warm gewechselt werden, damit es restlos mit allem Schmutz gut abläuft. In Werkstätten muß der Wagen oft lange warten, und inzwischen wird der Motor wieder kalt. An Tankstellen hat man oft schon nach wenigen Minuten Zeit für diese Arbeit.

2. Beim Ölwechsel fällt Altöl an. Wohin damit? In die Kanalisation schütten oder im Garten vergraben darf man es nicht. Das kostet wegen des Grundwasserschutzes Strafen. Nicht mal zum Einpinseln der Wagenunterseite gegen Rost taugt das Altöl, da es rostfördernde Säuren enthält. Allenfalls können Sie es verbrennen oder zum Imprägnieren hölzerner Gartenpfähle verwenden, wenn Sie welche haben. Bei der Tankstelle ist das Altöl jedenfalls beser aufgehoben.

Wenn man jedoch den Ehrgeiz hat, es selber zu machen, dann werden benötigt:

- 3,75 Liter Motoröl (verwendbare Ölsorten siehe Tabelle auf Seite 44). Da es keine Dreiviertel-Liter-Dosen gibt, kauft man sich 4 Liter und hebt den überschüssigen Rest für späteres Nachfüllen auf.
- Ein Ölfilter, das man in Fiat-Werkstätten erhält (ca. 12,40 DM).
- Um das alte Ölfilter abzuschrauben, hilft man sich mit einem Lederriemen, der einmal um die Filterdose geschlungen wird und, an beiden Enden fest gepackt, in Schraubrichtung gedreht wird.
- Inbusschlüssel SW 12 zum Öffnen und Schließen der Ablaßschraube.
- Maulschlüssel SW 7 und SW 10 sowie Steckschlüssel SW 8 zum Lösen des Abdeckblechs unter dem Ölfilter.
- Gefäß zum Auffangen des Altöls.

Die Arbeit verläuft folgendermaßen: Hat man keine Grube, muß der Wagen alleitig gleich hoch aufgebockt werden, damit der Motor sich in waagerechter Stellung befindet und das Öl vollkommen auslaufen kann. Dann Wanne und sonstiges Gefäß zum Auffangen des Altöls unterschieben, Ablaßschraube öffnen (Vorsicht bei heißem Öl!) und Öl auslaufen lassen. Währenddessen Abdeckblech unter dem Ölfilter abschrauben (vorn zwei Blechschrauben SW 7, hinten zwei Schrauben SW 10 und seitlich eine mit Steckschlüssel zu ent-

Wie auf diesen Seiten beschrieben, kommt man an das Ölfilter, wenn man das Abdeckblech unterhalb des Filters abgeschraubt hat. Das neue Filter darf nicht verkantet festgedreht werden: grundsätzlich läßt sich das Filtergehäuse mit der Hand leicht anschrauben, ehe man es mit dem Ledergurt festzieht.

fernende Schraube SW 8), altes Ölfilter mit Hilfe eines Ledergurts, den man einmal fest um den Behälter schlingt, losdrehen. Nachdem alles Altöl ausgelaufen ist, wird die Ölablaßschraube wieder eingesetzt, aber nicht mit roher Gewalt »angeknallt«. Und schließlich wird das neue Filtergehäuse mit dem nicht auswechselbaren Filter aufgesetzt, mit Hilfe des Ledergurts festgeschraubt und das Abdeckblech wieder befestigt.
Nun wird das frische Motoröl oben in den Einfüllstutzen auf dem schwarzen Zylinderkopfdeckel eingefüllt. Dabei ist die etwas geringere Durchlaßfähigkeit der Kanäle innerhalb des Motors zu berücksichtigen: Bei zu raschem Nachfüllen läuft das Öl über den Einfüllstutzen daneben. Dies kann man gelegentlich bei eiligen Tankwarten beobachten, die mit auf die Öldose geklemmtem Gießaufsatz in die Lage versetzt sind, größere Mengen einlaufen zu lassen und bei Unachtsamkeit das Öl aus dem Stutzen überquellen lassen.
Ganz zum Schluß wird nach einigen Minuten noch einmal der Ölmeßstab gezogen, denn sicher ist sicher. Es soll nämlich schon vorgekommen sein, daß oben das Öl eingefüllt wurde und unten die Ablaßschraube noch gar nicht drin war. In diesem Zusammenhang ist es interessant zu wissen, wieviel Einfüllmenge die Differenz zwischen oberer und unterer Meßmarke am Ölpeilstab ausmachen. Es sind fast 1½ Liter.

Hauptstrom-Ölfilter

Ein Auswechseln des kompletten Filters ist auch ohne Ablassen des Motoröls möglich, weil es über dem Niveau des Ölstandes in der Ölwanne liegt. Dies wird in seltenen Fällen dann infrage kommen, wenn man unterwegs einen

So wird ein alter Ledergürtel um das Filtergehäuse geschlungen. Mit einer Rohrzange oder mit kräftiger Hand den Ledergurt gepackt, kann man mit seiner Hilfe das Ölfilter abschrauben bzw. so weit lockern, daß es sich dann mit der Hand unschwer losdrehen läßt.

Ölwechsel vornehmen mußte, aber kein Ölfilter zur Verfügung hat. Bei nächster Gelegenheit sollte dann das Filter ausgewechselt werden.
Der Umtausch geschieht, wie im vorangegangenen Abschnitt beschrieben. Ein kleineres Gefäß ist vor Abschrauben des alten Filters unterzustellen, da etwa die Menge einer halben Tassenfüllung aus der Zuleitung ausläuft. Hat man das Filter abgeschraubt, sieht man an dem Filteransatz die ovale Öffnung der Ölzuleitung. Der mittlere Kanal ist die Ölableitung, deren Öffnung zugleich Schraubgewinde für das Filter ist.
Im Hauptstromfilter sorgt ein eingesetztes Umgehungsventil für den ungehinderten Durchfluß der laufend geförderten Ölmenge, falls der Filtereinsatz verstopft ist. Da der gesamte Motorölvorrat durch dieses Filter geschickt wird, ist dessen Wirksamkeit von großer Bedeutung. Die für alle 10 000 km vorgesehenen Intervalle des Filterwechsels sind daher für das Wohlergehen des Motors Ihres Fiat sehr wichtig.
Nach Aufsetzen des neuen Filters ist der Ölstand im Motor um einen knappen halben Liter gefallen. Diese Fehlmenge muß, falls zuvor der Meßstab nicht auf »voll« gezeigt hatte, nachgefüllt werden.

Verwendbare Ölsorten

Jeder Metzger lobt seine eigene Wurst; das ist sein gutes Recht. Und deshalb ist auf dem Deckel des Öleinfüllstutzens »Olio Fiat« eingeprägt, auch dessen nachdrückliche Erwähnung in der Betriebsanleitung nicht vergessen. Daran muß man sich nicht unbedingt halten, es gibt auch gleichwertige Öle anderer Marken. Was Fiat als Olio Fiat der VS-Reihe oder Multigrado anbietet, entspricht den hochgesteckten, international anerkannten amerikanischen Prüfvorschriften der Klasse MS (= Motor severe = Motor schwer). Zumeist findet man diese Öle hierzulande nach der früheren amerikanischen Klassifizierung als »HD-Öle« bezeichnet. HD bedeutet »Heavy Duty« = schwere Beanspruchung. Auf der Öldose, die Sie erwerben, oder auf dem Faß, aus dem Sie sich Motoröl für Ihren Fiat abfüllen lassen, muß also irgendwo deutlich HD eingeprägt oder aufgemalt sein. Allerdings kann es auch sein – vor allem im Ausland ist dies möglich –, daß die Öldosen die neuere internationale Leistungs-Normbezeichnung tragen, die bis jetzt hierzulande nur von Aral verbindlich geführt wird. Dann muß auf der Öldose oder dem Ölfaß »Service MS«, »Service DG« oder »Service DM« zu lesen sein. Das sind die Qualitäten, die dem HD-Öl entsprechen, zumeist sogar noch darüber liegen.
Motoröl ohne diese Bezeichnung ist gewöhnlich »unlegiertes« Öl und für Ihren Fiat nicht das richtige. Es kann nicht, wie es HD-Öl vermag, Schmutzteilchen in der Schwebe halten. Motoren, die mit unlegiertem (billigem) Öl gefahren werden, haben inwendig Ablagerungen und Schmutzkrusten; bei Motoren mit HD-Öl-Betrieb sind alle inneren Winkel dagegen blitzsauber. Die nachfolgenden Ölsorten entsprechen den Fiat-Empfehlungen.

Bezeichnung	Viskosität	Eignungsbereich	Preis pro Liter
HD-Öl für Ottomotoren	SAE 20 W/20	Winter zwischen 0° C und —15° C	3,60 — 4,90 DM
HD-Öl für Ottomotoren	SAE 30	Sommer und Übergangs-Jahreszeiten über 0° C	3,60 — 4,90 DM
HD-Öl für Dieselmotoren	SAE 20 W/20	Winter zwischen 0° C und —15° C	3,00 — 3,60 DM
HD-Öl für Dieselmotoren	SAE 30	Sommer und Übergangs-Jahreszeiten über 0° C	2,95 — 3.40 DM
Mehrbereichs-HD-Öl (Multigrado)	SAE 10 W-30	ganzjährig	4,20—6,85 DM

Fiat empfiehlt bei Temperaturen unter −15° C ein Öl der Viskosität SAE 10 W und bei dauernden sommerlichen Temperaturen solches der Viskosität SAE 30. Fahren Sie im Sommer in den Süden, ist sogar Einbereichsöl SAE 40 zu nehmen; für beide Gegebenheiten eignet sich auch das Mehrbereichsöl 20 W - 40.

Temperaturbereiche

In der zweiten Spalte der nebenstehenden Aufstellung ist die Viskosität, die Zähflüssigkeit des Öls, durch Zahlenwerte angegeben. Sie ergibt sich aus der Fähigkeit des Öls, schneller oder langsamer aus einem Röhrchen gleichen Durchmessers zu fließen, und wurde von der amerikanischen **S**ociety of **A**utomotive **E**ngineers genormt. Die Bezeichnung der Zähflüssigkeitsklassen erfolgt deswegen mit »SAE« und einer vereinbarten Zahl. Je kleiner diese Zahl, desto dünnflüssiger ist das Öl.
Das »W« am Schluß bedeutet zusätzlich »Winter«, es gibt aber auch etwas dickflüssigeres Öl, das sich bei manchen Motoren im Winter und bei anderen im Sommer eignet und deshalb die gemischte Bezeichnung SAE 20 W / 20 trägt. SAE 30 und SAE 40 sind Sommeröle; allenfalls bei seltenen Autotypen erfüllen sie besondere Bedingungen.
Die dritte Spalte der Tabelle gibt die Temperaturbereiche an, in denen die einzelnen Ölsorten für Ihren Fiat am geeignetsten sind. Die Temperaturbereiche sind von der Ölsorte und der Viskosität, aber auch von der Motorkonstruktion abhängig. Dickflüssiges »30er«-Öl strengt im Winter den Anlasser an, wenn er den vom steifen Öl verklebten Motor durchdrehen soll, aber andererseits schadet es auch zu Ostern nicht, wenn noch das »Winteröl« SAE 20 W / 20 im Motor ist. Man muß nicht gleich zum nächsten Ölwechsel eilen, wenn das Thermometer in Bereichen schwankt, die dem Kalender vielleicht nicht angemessen sind.

Preisgünstig: HD-Öl für Dieselmotoren

Vielleicht wundern Sie sich, daß in der ersten Spalte der Tabelle auch »HD-Öle für Dieselmotoren« erscheinen. Betrachten Sie daraufhin die letzte Spalte: HD-Dieselmotor-Öle sind besonders preiswert. Sie haben aber alle guten Eigenschaften wie die HD-Öle für Ottomotoren. Sie sind nur aus marktpolitischen Gründen billiger, allerdings auch nicht an allen Tankstellen zu haben. Man bekommt sie jedoch bestimmt an Tankstellen mit Dieselzapfsäule. Ein-Liter-Dosen dieser Ölsorte gibt es auch nicht immer, sondern zumeist wird für 2,60 oder 2,80 DM pro Liter aus dem Faß abgefüllt.

Mehrbereichsöle

Bisher sprachen wir über »Einbereichsöle«. Eine Sonderstellung nehmen die Motoröle SAE 10 W - 30 und SAE 10 W - 40 ein, die ebenfalls HD-Öle sind. Sie haben den Vorteil, das ganze Jahr über im Motor Dienst tun zu können und heißen daher Mehrbereichsöle. Sie können immer dann verwendet werden, wenn Öle von SAE 10 W, SAE 20 W / 30 oder SAE 30 vorgeschrieben sind. Das Öl SAE 10 W - 40 schließt sogar die extremen Temperaturen, in denen SAE 40 genommen werden soll, mit ein. Tankstellen und Werkstätten bieten es wegen ihres höheren Preises gern an, denn es bringt den besten Verdienst.
Aber es ist Ihr Geld, das Sie in Mehrbereichsöl nur dann gut anlegen, wenn Sie mit Ihrem Fiat so wenig fahren, daß der nächste Ölwechsel bestimmt in jene Jahreszeit fällt, für welche eine andere Ölviskosität vorgeschrieben ist.
Genaugenommen handelt es sich bei den Mehrbereichsölen um dünnflüssige Öle, denen spezielle chemische Zusätze beigegeben sind. Diese »quellen« bei höheren Temperaturen, verhindern also, daß das Öl bei hohen Temperaturen zu dünnflüssig wird, wodurch es seine Schmierfähigkeit verlieren könnte.

Viele Autofahrer machen die Erfahrung, daß der Ölverbrauch mit Mehrbereichsöl etwas höher ist.
Alle bis hier besprochenen Öle, die mit den Fiat-internen Merkmalen »VS« für die verschiedenen SAE-Normen oder als »Multigrado« für die Mehrbereichsöle gekennzeichnet sind, unterliegen den international festgehaltenen Anforderungen über reinigende Öle mit niedrigem Aschegehalt. Diese Regelung fügt sich in die neuere Bezeichnung »MS« nach der Norm »MIL-L-2104 B«.

Unterwegs Öl nachfüllen

Sicher werden Sie regelmäßig den Ölstand in Ihrem Motor kontrollieren. Am besten, Sie tun das morgens: Das Öl hat sich über Nacht so weit abgesetzt, daß man noch nicht einmal einen Lappen benötigt, um den Peilstab abzuwischen (man behält saubere Hände). Wenn Sie wegen Ölverbrauch Motoröl nachfüllen müssen – das ist erst wirklich notwendig, wenn der Ölstand bis zur Minimum-Marke abgesunken ist –, dann nehmen Sie am besten die gleiche Marke, die Sie zum Ölwechsel gewählt haben. Sie haben dann das beruhigende Gefühl, bei einem überraschenden Motorschaden bei der treu beanspruchten Ölfirma anklopfen zu können, um feststellen zu lassen, ob vielleicht mit der Motorschmierung oder gar dem Öl irgend etwas nicht stimmte. Das ist allerdings nur wirklich selten der Fall, und in diesen seltenen Fällen zeigen die Mineralölfirmen auch zweifellos Kulanz.
Aber sonst lassen sich alle HD-Ölsorten und HD-Ölmarken fröhlich durcheinander mischen. Diese Mischbarkeit ohne schädliche chemische oder sonstige Folgen ist eine Grundforderung der internationalen Öl-Normen. An Tankstellen erzählt man es gerne anders. Glauben Sie uns trotzdem. Es empfiehlt sich sogar, beim eventuell notwendigen Nachfüllen bei hartem Frost das dünnere Winteröl SAE 10 W zum »20er«-Öl im Motor zu nehmen. Ein Mehrbereichsöl erhält man dadurch zwar nicht, aber die Ölfüllung ist doch besser den Starttemperaturen angepaßt.
Zu hoher Ölstand ist unnütz. Im Kurbelgehäuse kommt es zu Schaumbildung, die Zündkerzen verrußen, die Leistung fällt ab, das Öl wird sinnlos verbraucht.

Fingerzeige: *Echtes HD-Öl wird schon nach kurzer Laufzeit dunkel. Das beweist, daß es richtig »arbeitet« und allen anfallenden Schmutz in der Schwebe hält. Es ist jedoch kein Zeichen zum Ölwechsel und soll Sie nicht besorgt machen.*
Geld läßt sich sparen, wenn beispielsweise nach 1000 km der nächste Ölwechsel fällig wäre und der Ölspiegel steht an der Minimum-Marke. Anstatt nun einen Liter teures Öl in den Motor zu geben, das alsbald doch wieder

Wenn der Ölstand bis zur Minimum-Marke abgesunken ist, soll Motoröl nachgefüllt werden. Die Füllmenge zwischen Minimum- und Maximum-Markierung beträgt knapp 1,5 Liter (richtige Ölsorten siehe Seite 44). Über die Maximal-Marke hinaus zugefülltes Öl wird vom Motor verbrannt und führt zu Ablagerungen von Ölkohle. Ebenso erhöht ständiges Nachfüllen bis zur Maximal-Marke den Ölverbrauch, hat also keinen Sinn und schadet nur dem Geldbeutel.
Nach der Ölstandprüfung muß der Peilstab fest in das Peilstabloch am Motor gedrückt werden, sonst tritt dort bei Undichtigkeit am laufenden Motor Öl aus. Ergebnis: Ölverlust und ölverschmierter Motorraum.

rausfließen muß, ist es besser, den ganzen Ölwechsel einfach vorzuverlegen. Die fehlenden 500 oder 1000 km können Sie beim nächsten Ölwechsel dann wieder zulegen, denn im heutigen HD-Öl stecken noch durchweg gute Reserven. Von etlichen Firmen werden Zusatzmittel zum Motoröl angeboten. Sie kosten Geld – und bringen nichts. Fiat lehnt bei Verwendung solcher Zusatzmittel sogar ausdrücklich alle Garantieansprüche ab und steht auf dem Standpunkt, daß die Ölzusätze – zumeist Molybdändisulfit, das wir im Abschmierfett durchaus zu schätzen wissen – nutzlos wären. Die heutigen HD-Öle, ob von Fiat, Aral, Caltex, Shell oder sonst einer namhaften Mineralölmarke, sind so »konstruiert«, daß sie die Ansprüche der heutigen Motorenproduktion erfüllen. Behauptungen, daß Zusatzmittel zu diesen Ölen die Spitzengeschwindigkeiten erhöhten, den Benzinverbrauch herabsetzten oder Reparaturkosten sparten, hat uns noch niemand beweisen können. Fiat erklärt sogar bezüglich der Reparaturkosten das Gegenteil.

Tankstellen benutzen zum Ölwechsel gern ein Absauggerät, dessen Saugrohr in die Führung des Ölpeilstabs eingelassen wird. Mit dieser Methode gelangt jedoch nicht das ganze Altöl aus dem Motor. Zum Ablassen ist die Ablaßschraube da!

Die bei Tankstellen gebräuchlichen Ölwechselzettel, die mit Bindedraht irgendwo im Motorraum befestigt werden, sind Unfug. Der Draht kann Ursache zu Kurzschlüssen oder zu Funkenregen sein. Entsprechende Zettel sollten mit Bindfaden befestigt oder aufgeklebt werden.

Ölstand im Getriebe prüfen

Pflegearbeit Nr. 13

Auf der rechten oberen Seite des Getriebegehäuses sitzt die Öleinfüllschraube (SW 17), die jedoch nicht mit der im oberen seitlichen Drittel befindlichen Anschlagschraube für die Querverschiebung des Getriebeschalthebels zu verwechseln ist. Diese Schraube wird mit einem Ringschlüssel geöffnet und man beobachtet, ob etwas Öl aus dieser Kontrollöffnung austritt, also bis zur Unterkante der Öffnung steht. Der Wagen muß natürlich dazu waagrecht aufgebockt sein, sonst zeigt die nicht in der Gehäusemitte liegende Kontrollöffnung zuviel oder zuwenig an. Fehlt es an Öl, mit der richtigen Ölsorte – siehe Abschnitt Getriebeölwechsel – an der Tankstelle ergänzen lassen. Zugleich muß geprüft werden, ob der an sich ungewöhnliche Ölverlust durch ein fugenundichtes Gehäuse verursacht wird. In diesem Falle wäre Werkstattinstandsetzung notwendig.

Getriebeöl-Wechsel

Pflegearbeit Nr. 41

Wie der Motorölwechsel ist der alle 30 00 km fällige Getriebeölwechsel am bequemsten an der Tankstelle zu erledigen. Es kostet dort nur den Preis für das Getriebeöl (2,60 bis 4,– DM pro Liter). Denn man kann das Öl nicht einfach und gut zugänglich von oben einschütten, sondern es muß seitlich durch einen Schlauch mit einem passenden gebogenen Mundstück eingepumpt werden. Der Schlauch braucht in der Einfüllöffnung so viel Spiel, daß auch Luft entweichen kann. Wer also diese Arbeit selbst ausführen will, braucht zum Einpumpen noch eine Plastikflasche, auf die der Schlauch zu befestigen ist. Weil das Getriebeöl SAE 90 recht zähflüssig ist, stellt diese Prozedur einige Ansprüche an die Geduld des Bastlers.

Um das Altöl leichter abfließen zu lassen, muß der Wagen vorher warmgefahren sein. Das Fahrzeug wird waagerecht aufgebockt, damit alles Öl ausfließen kann. Gefäß für Altöl unterschieben, Bodenschraube am Getriebegehäuse und Einfüll-(Kontroll-)Schraube an der rechten Gehäuseseite lösen. Warten, bis Altöl abgelaufen ist und derweil die beiden Verschlußschrauben reinigen. Wer nun ein übriges tun will, kann die Bodenschraube wieder mit

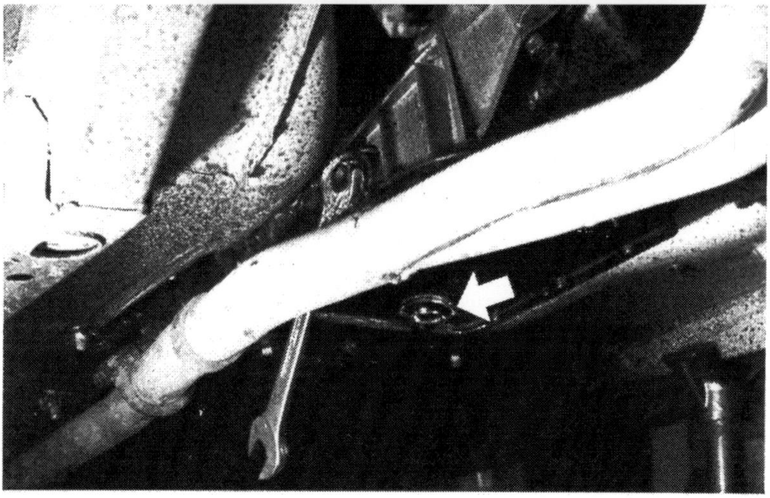

Die Ölstandkontroll- und Einfüllschraube des Getriebes sitzt am Fiat 124 (in Fahrtrichtung gesehen) auf der rechten Seite in halber Höhe des Getriebegehäuses. Zur Ölstandkontrolle wird die Schraube mit einem Ring- oder Maulschlüssel SW 17 herausgedreht und der Zeigefinger in die Kontrollöffnung gesteckt. Man fühlt, ob das Öl bis zur Unterkante der Kontrollöffnung oder wesentlich darunter steht. Zum Getriebeölwechsel muß die untere Ablaß-Schraube (Inbus SW 12 wie Ölwanne) herausgedreht werden (Pfeil).

der Hand eindrehen und etwa einen halben Liter Petroleum zur Getriebereinigung seitlich in das Gehäuse spritzen. Frei hängende Hinterräder von Hand drehen, damit Getrieberäder durch das Petroleum laufen und danach Petroleum ablaufen lasen, bis es auch bei Raddrehung nicht mehr tropft. Nun Ablaßschraube fest eindrehen, aber nicht zu fest »anknallen«, da das Gewinde sonst beschädigt wird. Getriebeöl behutsam einfüllen. Damit es leichter fließt, kann man es vorher erwärmen. Es kommt nicht so sehr darauf an, daß die vorgeschriebene Ölmenge genau eingefüllt wird, sondern daß das Öl gerade aus der Einfüllöffnung zu laufen beginnt, also bis zu deren Unterkante steht. Zuletzt Einfüllschraube eindrehen.

Fingerzeig: *Es gibt zwei grundsätzlich verschiedene Getriebeöl-Sorten: »normales« Getriebeöl und Hypoid-Getriebeöl. Keines davon ist besser oder schlechter als das andere, sondern beide sind jeweils für besondere Getriebearten bestimmt. Viele andere Fahrzeuge sind äußerst empfindlich dagegen, wenn die falsche Sorte eingefüllt wird; es führt oft zu Getriebeschäden.*
Die Vorschrift zu dem Hypoid-Getriebeöl beim Fiat 124 besteht mit Recht, weil Leistung und Geschwindigkeit des Wagens schon in einem Bereich liegen, die erhöhte Ansprüche an das Getriebe stellen. Außerdem sind die Getriebedichtungen beim Fiat 124 Hypoid-Getriebeöl-fest, was nicht bei allen Wagen der Fall ist. Sollte dennoch einmal »normales« Getriebeöl nachgefüllt werden, ist in jedem Fall die Viskosität SAE 90 zu verwenden, sonst ist das Öl zu dünn- oder zu dickflüssig.

Die Ablaßschraube am Ausgleichsgetriebe ist gegen Beschädigungen durch Wagenheber gefährdet. Man schützt sie beim Hochbocken, indem man ein Brett mit einem Astloch oder zwei kleinere Bretter in entsprechendem Abstand auf den Träger des Wagenhebers derart legt, daß die Schraube nicht gequetscht werden kann. Zum Wechseln des Öls im Differential braucht der Wagen nur hinten beiderseitig hochgehoben werden, da die Ablaßöffnung in jedem Fall sich im tiefsten Punkt befindet.
Die im Bild zur Sicherung der Vorderräder unterlegten Mauersteine liegen keinesfalls in der falschen Richtung: Das Auto befindet sich zum Betrachter hin auf abschüssigem Boden.

Auch das Ausgleichsgetriebe (Differential) in der Mitte der Hinterachse ist alle 10 000 km auf genügenden Ölvorrat hin zu überprüfen. Wiederum wird der Wagen in einer Ebene hochgebockt, und zur Kontrolle löst man die in der rechten Hälfte der rückwärtigen Abdeckung des Getriebes sitzende Verschlußschraube (SW 17).
Zum Wechsel des Öls, der alle 30 000 km stattfinden soll, ist auch die untere Ablaßschraube herauszudrehen. Bevor das alte Öl nicht restlos abgetropft ist, muß die neue Füllung unterlassen werden. Zur Anwendung kommt das gleiche Öl wie im Wechselgetriebe, und zwar sind 1,3 Liter dieses Hypoid-Getriebeöls SAE 90 einzufüllen.

Ölwechsel im Ausgleichsgetriebe
Pflegearbeit
Nr. 14 und 42

Zwischen Getriebe und Hinterachse überträgt die zweiteilige Übertragungswelle die Kraft des Motors, bekannt auch als Kardanwelle. Hinter der elastischen Gelenkscheibe, die mit der Getriebewelle verbunden ist, sitzt zur Kardanwelle hin die mit drei Halteschrauben an der Gelenkscheibe befestigte Schiebemuffe. Während die elastische Gelenkscheibe Belastungen in Drehrichtung aufnehmen kann, hat die Muffe die Aufgabe, Verschiebungen der Kardanwelle in Längsrichtung zu erlauben, die beim Beschleunigen, Abbremsen und Durchfedern des Wagens auftreten.
Die Schiebemuffe ist einem Rohr mit innerer Längsverzahnung vergleichbar, in dem sich die Kardanwelle auf passender Außenverzahnung hin und hier schiebt. Alle 30 000 km muß dieses Zusammenspiel geschmiert werden. In der Fiat-Werkstatt wird dazu das firmeneigene Fett Jota 1 genommen, das mit hochwertigem Radlagerfett vergleichbar ist.
Die Schmierung ermöglicht bei den ersten Fiat 124-Typen ein herausschraubbarer Stopfen, modernere Typen besitzen dafür einen Schmiernippel, durch den nur mit der Schmierpresse Fett zugeführt werden kann.

Schmieren der Schiebemuffe der vorderen Übertragungswelle
Pflegearbeit
Nr. 43

Alle 10 000 km soll die Verteilerwelle des Zündverteilers einige Tropfen Öl zur Schmierung erhalten. Fiat empfiehlt dazu das jeweils im Motor befindliche Öl. Das kann man wörtlich nehmen, den Ölpeilstab ziehen und das davon abtropfende Motoröl in die entsprechende Bohrung fließen lassen. Mehr als drei oder vier Tropfen Öl sollten es übrigens nicht sein. Auch die Nockenbahn der Verteilerwelle, welche mit ihren vier Nocken bei jeder Wellenumdrehung viermal den Unterbrecherkontakt abheben muß, ist für eine frische Schmierung dankbar, obwohl dies die Fiat-Betriebsanleitung nicht besonders erwähnt. Hier darf jedoch kein Öl, sondern muß Fett genommen werden, und zwar entweder ein echtes Mehrzweckfett, wie es zum Abschmieren der Achsschenkelbolzen benutzt werden soll, oder – noch besser – das Bosch-Spezial-Fett Ft 1 v 4 (Tube mit 45 Gramm zu 0,55 DM). Damit bestreichen Sie hauchdünn die Nockenbahn der Verteilerwelle außen, nachdem mit einem sauberen Läppchen das alte Fett abgewischt wurde. Bringen Sie dort zu viel Fett hin, kann es an die Unterbrecherkontakte gelangen und dort verkrusten und verbrennen. Das bewirkt schwer auffindbare Zündstörungen.

Zündverteiler schmieren
Pflegearbeit
Nr. 15

Haubenverschlüsse, Scharniere und Türschlösser, die nicht rosten, klappern oder klemmen sollen, brauchen ein wenig Fett. Sie können auch das Ölkännchen mit Motoröl dazu nehmen, es kommt nicht so genau darauf an, denn diese Schmierstellen sind anspruchslos. Wichtiger ist, daß Sie sich später nicht Hände oder Anzug beschmutzen, wenn Sie einmal an diese Schmierstellen streifen. Öl ist also vielleicht günstiger – es darf sogar Fahrradöl oder »Haushaltsöl« sein, wie man es in kleinen Spritzkännchen zu kaufen bekommt.

Türscharniere und Haubenverschlüsse pflegen
Pflegearbeit
Nr. 35

Vorher mit einem Läppchen alte Fett- und Ölreste um die Scharniere, Verschlüsse und an den Türschließkeilen wegwischen und danach das gleiche noch einmal mit überschüssigem Öl und Fett, sonst kann es später eine Anzugreinigung kosten.

Lediglich die Schloßzylinder, also die Innenteile der Türschlösser, sind etwas anspruchsvoller. Werden sie mit Fett vollgepreßt, ist der Türschlüssel stets schmierig und verschmutzt die Jackentasche. Besser ist Frostschutzmittel oder Chrompflegemittel (kein Chromschutzlack), den man mit einer Spraydose in das Schlüsselloch pustet. Das schmiert und hält das Schloß im Winter auch gleich frostfest.

Scheibenwischer- und Vergasergestänge schmieren

Dankbar sind auch die verschiedenen Lagerstellen und Gelenke des Scheibenwischergestänges und der Vergaserzüge für einige Tropfen Öl oder ein wenig Fett. Obwohl keine besonderen Pflegevorschriften bestehen, wird man sich doch von Zeit zu Zeit darum kümmern. Öl- und Fettsorten jeder Art sind gestattet, am praktischsten ist eine Graphitöl-Spraydose (z. B. von BP).

Schmierungshungrig sind vor allem die Scheibenwischerwellen und Gelenke der Scheibenwischerarme vor der Windschutzscheibe, sonst geht die Scheibenwischerwelle schwer und das Wischerblatt wird bei mangelnder Schmierung seines Gelenkes nicht fest genug an die Scheibe gepreßt. Dazu Scheibenwischerarm wie zum Reinigen der Windschutzscheibe wegkippen und bei laufenden Wischern etwas Öl in das Gelenk und an die Buchse des Scheibenwischerlagers sprühen.

Das Ölen der verschiedenen Vergasergestängegelenke bedarf keiner weiteren Erläuterung. Am Gaszug sollte an den Eintrittsöffnungen des Seilzuges in die Bowdenzughülle (am Gaszug-Haltelager auf dem Motordeckel) etwas Öl in den Bowdenzug getropft werden.

Radlager fetten

Pflegearbeit
Nr. 37

Alle 20 000 km müssen die Vorderradlager frisches Wälzlagerfett erhalten. Das ist jedoch eine Arbeit, bei der gleichzeitig das Radlagerspiel und die Rollenlager, außerdem die Bremsklötze und -zylinder überprüft werden und somit spezielle Kenntnisse verlangt, die am besten Ihre Fiat-Werkstatt erledigt. Hinzu käme die Anschaffung besonderer Werkzeuge, die sich allein für diesen seltenen Eingriff nicht lohnt.

Ölstand im Lenkgehäuse prüfen

Pflegearbeit
Nr. 10

Etwa alle 10 000 km könnte man nachsehen, ob im Lenkgehäuse die Ölfüllung bis zum unteren Rand der Kontrollfüllung steht, wenn auch Fiat hierfür keine besonderen Vorschriften erlassen hat. Das Lenkgehäuse befindet sich in Verlängerung der Lenksäule in der linken Seite des Motorraums vor der Spritzwand. Keinesfalls darf die mittlere Einstellschraube verdreht werden, sondern es wird die etwas aus der Mitte versetzte Vierkantschraube mit einem Maulschlüssel SW 8 herausgedreht. Fehlendes Öl wird mit Hypoid-Getriebeöl SAE 90 ersetzt. Falls am Lenkgehäuse dunkle Ölkrusten auf undichte Stellen hinweisen, vertrauen Sie sich Ihrer Fiat-Werkstatt an, die diesen Mangel beheben wird.

Temperament in vier Zylindern

Auch ein geschickter Koch wird ein neues, fremdländisches Gericht nicht arglos zubereiten, sondern zuerst das Rezept studieren, ehe er die fertige Speise auf den Tisch stellt. Genauso ist es mit Ihrem neuen Wagen: Wollen Sie sich mit ihm vertraut fühlen, müssen Sie sich etwas mit dem Motor beschäftigen. Dazu müssen Sie nicht gleich einen Schraubenschlüssel in die Hand nehmen – es genügt schon, wenn man sich über Funktion und Eigenart einiger Teile etwas klarer wird. Die ausgezeichnete Zugänglichkeit – heute sonst selten anzutreffen – zu fast allen Aggregaten unterhalb der Motorhaube fordert geradezu heraus, sich gelegentlich mit Einzelheiten zu befassen.

Als der Fiat 124 im März 1966 auf der Bildfläche erschien, wurde er begeistert aufgenommen. Mit Recht, denn das äußerlich kleine Auto hat nicht nur einen Innenraum, über den bis dahin nur größere Wagen verfügten, sondern auch der spritzige Motor wartet mit Leistungen auf, die bei seinem Debüt Vergleiche mit der nächsthöheren Klasse aufzwangen. Mit 60 PS aus 1,2 Liter Hubraum erfüllt er weitgehende Ansprüche; es gibt nicht viele andere Typen, die über eine Literleistung von 50 PS verfügen.

Reine Motorschäden sind wirklich sehr selten, doch die Kehrseite, die berühmten »Kinderkrankheiten«, müssen auch erwähnt werden. Vor allem bei der Bestückung mit Solex-Vergasern stellte man in der ersten 124-Bauserie schlechtes Gasannehmen nach Kaltstart fest, was meistens mit einem kleineren Lufttrichter – wie er ab 1967 serienmäßig war – behoben werden konnte. Bei den allerersten Modellen klagte man zudem über eine schwergängige

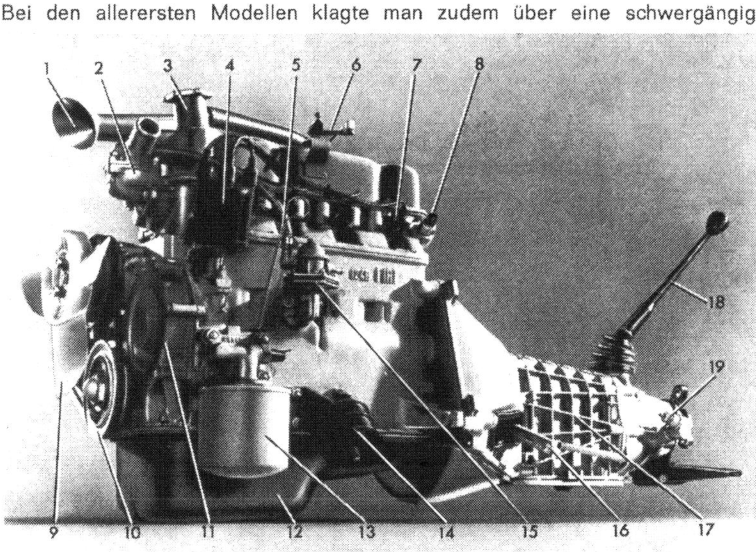

Der Motor des Fiat 124 Normal bei seinem Erscheinen, linke Seite. Es bedeuten: 1 – Luftfiltereinlaß vor Änderung 1967, als das Luftfilter verbesserte Ansauggeräuschdämpfung erhielt, 2 – Thermostat vor Verwendung des By-pass-Thermostats, 3 – Öleinfüllstutzen, 4 – Zündverteiler, 5 – Ölpeilstab, 6 – Hebel des Gaszugs, 7 – (vierter) Zündkerzenstecker, 8 – Thermofühler der Kühlwasseranzeige, 9 – Ventilator, 10 – Riemenscheibe auf Kurbelwelle, 11 – Steuergehäuse, 12 – Ölwanne, 13 – Ölfilter, 14 – Motoraufhängung, 15 – Benzinpumpe, 16 – Kupplungshebel mit Rückholfeder, 17 – Getriebekasten, 18 – Schalthebel, 19 – Tachowellenanschluß.

Gaspedalübertragung zum Vergaser, die allerdings schon im Herbst 1966 durch Kunststoffgelenke im Gasgestänge und durch einen Seilzug von der Gestängeanlenkung an der Rückwand des Motorraums zum Vergaser behoben wurde.
Schließlich war der Motor, der gerne auf Touren (höheren Drehzahlen) gehalten werden will, anfangs recht laut: Er ließ sein Arbeitsgeräusch durch das Luftfilter des Vergasers ertönen. Ebensfalls im März 1967 trat ein verbesserter Ansauggeräuschdämpfer in einem neuen Luftfilter in Funktion, erkenntlich an den zahlreichen Versteifungsrippen an seiner Außenseite.
Eine wesentliche Neuorientierung leitete Fiat mit dem Modell 124 ein: Die bis dahin geübten Einfahrvorschriften fielen fort. War vorher genau reglementiert, auf welche Weise ein neuer Motor eingefahren werden mußte, um keinen Schaden zu nehmen und um später auf seine volle Leistung zu kommen, handelt es sich nunmehr nur noch um Empfehlungen für entsprechend sinnvolles Fahren während der ersten 1500 km. Dieser scheinbare Vorteil kann jedoch Sorglosigkeit fördern und – aus Unkenntnis – manchen Kummer mit sich bringen.

Die Einlaufzeit

Moderne Herstellungsverfahren bieten die Gewähr, daß die Teile im Motor, die sich gegeneinander bewegen, schon von vornherein ausreichend zueinander passen. Einlauftoleranzen wurden von der Konstruktion her berücksichtigt, andererseits kamen dauerhafte Materialien in Anwendung, wie z. B. die speziell behandelten Laufflächen der Kurbelwelle beweisen. Hinzu kommt, daß auch die Chemie dazu beitrug, den Motorenkonstrukteuren größeren Spielraum zu lassen: Die heutigen Öle verkraften weit mehr Beanspruchung als noch vor einigen Jahren.
Diese Plus-Punkte schließen allerdings nicht aus, daß ein neuer Motor erst einmal laufen lernen muß. Fabrikfrisch in die Hand des neuen Besitzers gekommen, will das Auto bei weitem nicht so, wie es vielleicht der Vertreter bei der Probefahrt mit dem Vorführwagen demonstrierte. Und das hat seine guten Gründe, denn aller Theorie zum Trotz kommt den Einlaufbedingungen erhebliche Bedeutung zu. Dazu einige Ratschläge:
Quälen Sie das neue Auto nicht mit viel Gas bei wenig Drehzahl, solange es noch keine 2000 km auf dem Zähler hat. Fahren Sie die Maschine gemächlich warm (falls Sie wissen wollen, wann »warm« ist: Stellen Sie kurz die Heizung an, Sie werden es merken). Erst dann kann flotter beschleunigt werden, doch sollen die Markierungen auf dem Tachometer, die auf die erlaubten Höchstgeschwindigkeiten in den einzelnen Gängen hinweisen, nicht erreicht werden. Deswegen müssen Sie keinesfalls »schleichen«, und der Motor darf durch zu langsames Fahren in einem zu hohen Gang nicht geschunden werden. Lassen Sie den Motor ruhig drehen, denn er soll es ja später richtig können.
Günstig ist es, wenn man die ersten 1000–2000 km auf längeren Strecken »abspulen« kann, und zwar am besten auf der Landstraße. Benutzt man jedoch die Autobahn, dann ist eine Fahrweise, wie sie über Land mit Kreuzungen und Ortsdurchfahrten zwangsläufig ist, zu simulieren. Also: Wechselnde Geschwindigkeiten, keinesfalls längere Zeit mit Höchsttourenzahl fahren, zwischendurch – vielleicht bergab – auskuppeln und dem Motor für 500 m Leerlauf gönnen.
Die volle Motorleistung wird sich ohnehin frühestens nach rund 4000 km einstellen. Das war bei den ersten 124-Modellen der Fall. Bei neuesten Motoren muß man wegen engerer Toleranzen damit rechnen, daß es noch etwas länger dauert, ehe der Motor »frei« wird.

Steckbrief des Motors

Der lebendige kleine Vier-Zylinder-Motor, der da vor Ihnen in typisch südländischer Vitalität seine Arbeit verrichtet, ist im Grunde ein gutmütiges Serientriebwerk. Sein Motorblock besteht aus Grauguß und der Zylinderkopf aus Leichtmetall, wie es bei neuzeitlichen Motoren wegen besserer Wärmeableitung vielfach üblich ist. Sehr zuverlässig kann man die Robustheit bei den möglichen Drehzahlen beurteilen: Die fünffach gelagerte Kurbelwelle (jedes Pleuel mit Kolben ist rechts und links durch ein Lager gestützt) ruht in Dreistofflagerschalen und, wie schon angedeutet, die Laufflächen der Kurbelwelle sind nitriert (spezielle Oberflächenbehandlung), vier Gegengewichte sorgen für vibrationsarmen Rundlauf.

Vom Kurbeltrieb her handelt es sich also um eine Konstruktion, die auf Hochleistung angelegt wurde. Die Charakteristik des Fiat 124 fordert ja auch zu zügiger Fahrweise heraus, verlangt andererseits aber die Beachtung der Betriebstemperatur, da der Motor vor allem auf die klimatischen Verhältnisse seines Heimatlandes ausgelegt wurde und in unseren Breiten oft unterkühlt gefahren und somit ungesunden Bedingungen ausgesetzt wird. Im folgenden Kapitel »Kühlung und Heizung« wird noch auf dieses Problem hingewiesen.

Mit der seitlich unten liegenden Nockenwelle beschritt man bei Fiat konventionelle Wege des Motorbaus. Sie wird über eine Doppelkette angetrieben, die kurz ist und deswegen keine Spannvorrichtung besitzt. Die Möglichkeit ist aber vorhanden, daß sie sich längt und dadurch zumindest Geräusche verursacht.

Obwohl die Nockenwelle, wie meistens bei Vierzylindern üblich, nur dreimal gelagert ist und die – leicht gegen die Zylinderachse geneigten – Ventile ganz einfach über Stößel, Stößelstangen und Kipphebel betätigt werden, verträgt dieser Ventiltrieb mechanisch relativ hohe Belastungen, ohne daß das sogenannte »Ventilflattern« vorzeitig auftritt. Allerdings sind Fälle bekannt geworden, bei denen die Stößelsitze nicht exakt gefertigt waren und den Stößeln entweder zu viel Spiel ließen (was zu Kompressionsverlusten führt) oder so stramm die Stößel umschlossen, daß diese sich in ihrer Passung nicht drehen konnten (um einseitigen Verschleiß zu vermeiden). Beträgt das Stößelspiel in den Sitzen mehr als 0,08 mm, müssen sie gegen solche mit Übergröße ausgetauscht werden.

Rechte Seite des Fiat 124 Special-Motors. Es bedeuten: 1 – Unterdruckleitung zum Bremshilfegerät, 2 – Wasserleitungen des Heizgeräts (vorn Rückleitung zum Motor, hinten Zuleitung zur Heizung), 3 – Vergaser, 4 – Luftfilter, 5 – Ansaugkrümmer, 6 – Kraftstoffleitung von der Kraftstoffpumpe zum Vergaser, 7 – Öleinfüllstutzen, 8 – Wasserpumpe, 9 – Getriebe, 10 – Anlasser (darüber Abdeckblech), 11 – Auspuffkrümmer, 12 – Drehstrom-Lichtmaschine, 13 – Ölwanne, 14 – Keilriemen, 15 – Ölfilter (verdeckt), 16 – Ventilator.

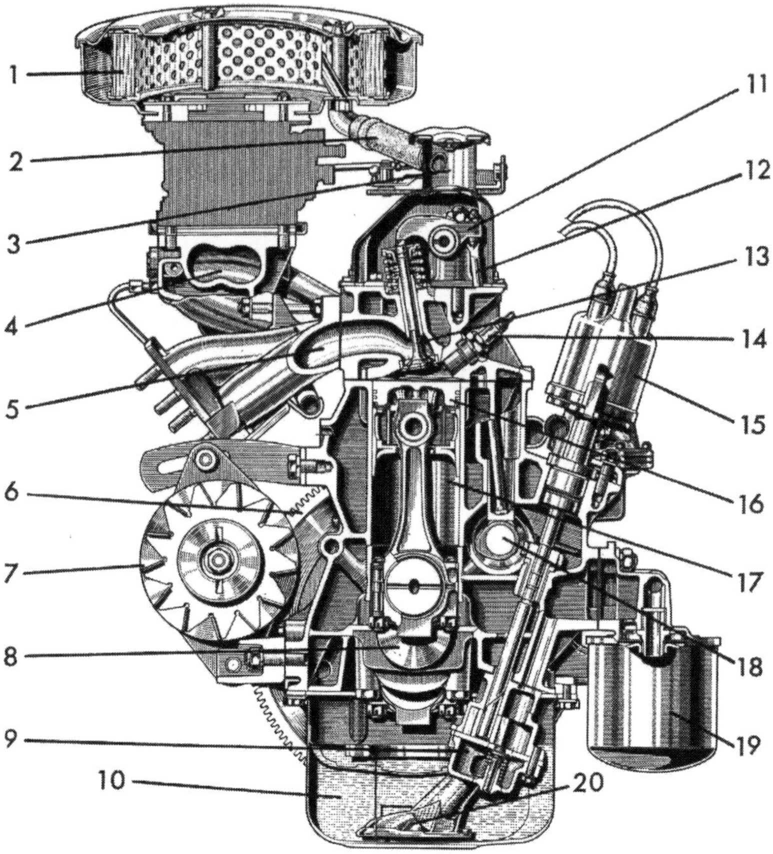

Das Innenleben des Motors vom Fiat 124 Normal und Special offenbaren diese beiden Schnittbilder. Bei der Ansicht von vorne bedeuten die Zahlen: 1 – Luftfilter, 2 – Entlüftungsleitung, 3 – Öleinfüllstutzen, 4 – Einlaßkanal, 5 – Auslaßkanal, 6 – Schwungrad (mit Verzahnung für Anlasser), 7 – Drehstrom-Lichtmaschine, bis Oktober 1970 nur beim Special, 8 – Kurbelwelle, 9 – Ölpumpe, 10 – Ölwanne, 11 – Kipphebel, 12 – Stößel, 13 – Ventil, 14 – Zündkerze, 15 – Zündverteiler, 16 – Kolben, 17 – Zylinder, 18 – Nockenwelle, 19 – Ölfilter, 20 – Saugfilter.

Nachlassen der Kompression in den Zylindern ist z. B. auch die Folge zu weiter Ventilführungen, die einmal die Ursache für nicht korrekt schließende Ventile sein können, außerdem auch das zur Verbrennung bestimmte Gemisch teilweise entweichen lassen. Solche Mängel fallen in den eben genannten Bereich von Herstellungsungenauigkeiten, die zum Glück selten blieben, wie das bis zum Frühjahr 1967 bisweilen auftretende Ventilticken bei höheren Drehzahlen. Das war ein Schönheitsfehler, der mit den seit März 1967 serienmäßigen Unterlegscheibchen für die Kipphebel auch nachträglich abgestellt werden kann.

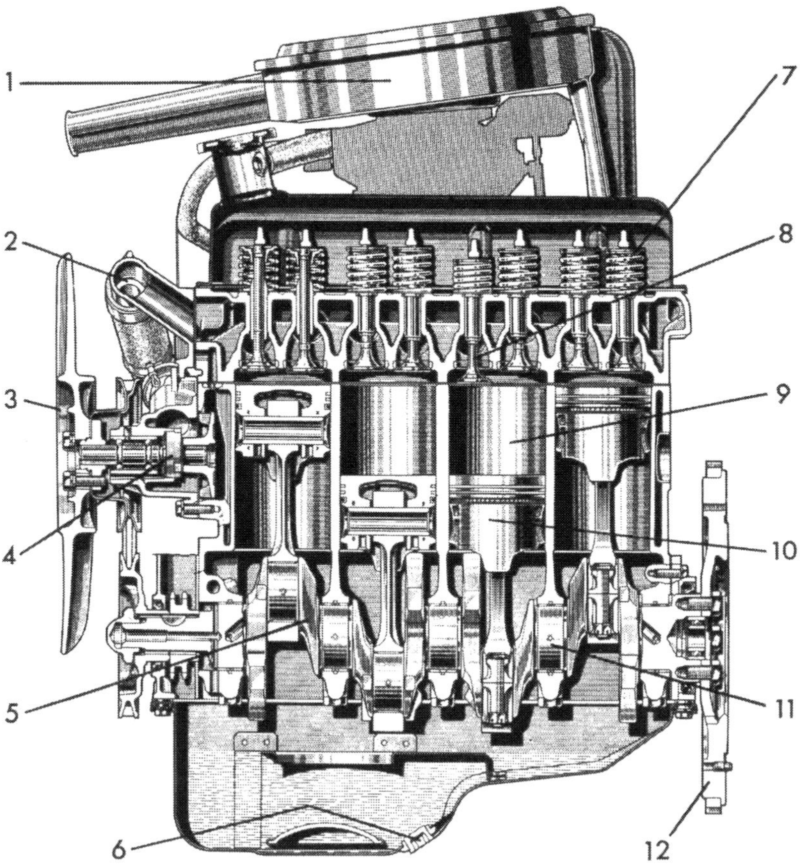

Beim gleichen Motor, von der linken Seite gesehen, bedeuten die Zahlen: 1 – Luftfilter, 2 – Kühlwasserkanal, 3 – Ventilator, 4 – Wasserpumpe, 5 – Kurbelwelle, 6 – Ölablaß-Schraube, 7 – Ventilfeder, 8 – Ventil (geöffnet), 9 – Zylinder, 10 – Kolben, 11 – Pleuellager, 12 – Schwungrad.

Die vier Kolben besitzen je drei Kolbenringe, die in dafür vorgesehenen Aussparungen im oberen Drittel des Kolben elastisch eingebettet sind. Federnd drücken die Ringe gegen die Zylinderwand: Der obere Verdichtungsring verhindert, daß das Gasgemisch aus dem Verbrennungsraum am Kolben nach unten vorbeidringt, und die beiden anderen Ölabstreifringe lassen das Schmieröl nicht aus dem Kurbelgehäuse nach oben steigen.
Die Pleuel sind aus Stahl. Im oberen Auge des Pleuels sitzt der Kolbenbolzen – eingeschliffener, hohler Bolzen aus Stahl –, der im Kolben gelagert ist. Interessanterweise ist die Bohrung für den Kolbenbolzen nicht in der Mittenachse

des Kolbens, sie ist nach außen versetzt (deachsiert), weil dadurch das Kolbenkippen (ergibt Geräusche und stärkeren Verschleiß) vermindert wird.
Zur Motorüberholung können die Zylinder ausgeschliffen werden und Kolben mit Übergrößen eingebaut werden, dabei erhöht sich der Hubraum bis zu 2 Prozent, weshalb dieser »Trick« bei Sportfahrern mitunter angewandt wird.
Im Zylinderblock, der aus Grauguß besteht, sind Zylinderlaufbüchsen eingelassen, die nicht mehr als 0,6 mm aufgebohrt werden sollen. Bei stärkerem Verschleiß müssen die Laufbüchsen ausgebohrt werden, wonach die neuen mit einer hydraulischen Presse eingesetzt werden.
Bis zum Grund der abnehmbaren Stahlblech-Ölwanne ragt das Sieb der Ölpumpe, die den fleißigen Bewegungen des Motors die wichtige Schmierung zuführt. Je schneller – bis zu einer bestimmten Grenze – die Kurbelwelle dreht, um so kräftiger ist das Schmierpolster in den Lagern. Unter schaltfaulen Fahrern leiden also die Kurbelwellenlager.
Ein weiteres Merkmal einer konventionellen Motorbauweise sind die Einlaß- und Auslaßkanäle auf einer Seite des Reihenmotors, die keine für sportliche Ambitionen erhoffte Querstrom-Charakteristik der Gasführung zulassen. Dennoch bieten die Ansaugkanäle und die doppelt geführt Abgaswege für diese Bauart optimale Gasstromführungen.
Beim Fiat 124 Normal beträgt der Hubraum 1197 ccm. Diese maßgebliche Größenangabe errechnet sich aus dem Durchmesser eines Zylinders (73 mm) und dem Weg – Hub –, den ein Kolben bei seinem Auf und Ab zurücklegt (71,5 mm). Im Verbrennungsraum wird das Gasgemisch durch den nach oben steigenden Kolben im Verhältnis 8,8 : 1 verdichtet, und die Kraft der Verbrennung entlockt dem Vier-Zylinder-Motor, wenn sich die Kurbelwelle mit 5600 Umdrehungen in der Minute bewegt, eine Leistung von 60 PS. Das ist für einen Gebrauchsmotor in dieser Größenklasse ein guter Wert.
Zum Unterschied davon besitzt der Special eine auf 80 mm vergrößerte Bohrung, wodurch der Hubraum auf 1438 ccm ansteigt. Zugleich verfügt der Special-Motor über eine auf 9 : 1 erhöhte Verdichtung, über eine andere Nockenwelle und über veränderte Ansaugwege. Aus dem um 25 Prozent größeren Motor machen sich jedoch nur 10 PS mehr frei als beim Normal-Typ, was der Lebensdauer des Special-Motors zugute kommt. Da sich beide Wagen gewichtsmäßig nicht unterscheiden, äußert sich die höhere Leistung des Special durch größeres Anzugsvermögen, durch bessere Eigenschaften am Berg und durch eine etwas vergrößerte Endgeschwindigkeit. (Die Unterschiede im Leergewicht sind nur scheinbar: Als die Normal-Ausführung Mitte 1968 das verbesserte Getriebe und im Herbst 1968 die Hinterachse erhielt, die auch der Special besitzt, wurde der Normal-124 keiner neuen Typ-Prüfung unterzogen. Deswegen ist die Gewichtsangabe amtlicherseits die alte geblieben.)

Motor-Lebensdauer

Wie man den beiden letzten Absätzen des vorangegangenen Abschnitts entnehmen kann, braucht sich der Special-Motor weniger anzustrengen, wenn er die gleichen Fahrleistungen wie sein kleinerer Bruder hervorbringt. Beträgt die Motordrehzahl beim Special im 4. Gang bei einem Tempo von 120 km/h ca. 4600 U/min (mit Gürtel-Reifen 150 SR 13), muß der 124 N-Motor unter gleichen Bedingungen schon etwa 4900 U/min drehen.
Für eine längere Lebensdauer des Special-Motors spricht auch seine niedrigere Literleistung. (Literleistung: PS-Leistung geteilt durch Hubraum.) Demnach beträgt seine Literleistung 48,7 PS gegenüber 50,1 PS des 124 Normal, und die also auf 1 Liter Hubraum bemessene Angabe macht deutlich, daß die Beanspruchungen in dem größeren Motor geringer sind.

Im Verkehr kann man immer wieder beobachten, daß die Normal-Ausführung annähernd ebenso flott gefahren wird wie der Special, und es dürfte aus den genannten Gründen verständlich sein, wenn mit dem kleineren Motor etwas weniger – etwa 70 000 bis 80 000 km – zurückgelegt werden können, ehe ein Austauschmotor oder ein neuer Teilemotor fällig wird. Bei häufigem Langstreckenbetrieb und unter Beachtung der richtigen Motortemperatur (nicht unterkühlt losjagen!) sollte man also mit dem Special – entgegen mancher Auffassung – höhere Laufzeiten erreichen. Allerdings, eine Einschränkung muß man machen: Der Special verlockt zu noch schärferer Fahrweise.

Lagerschäden

Durch Ölmangel, Überbeanspruchung oder zu hohes Motoralter können Lagerschäden entstehen. Dabei ist schaltfaules Fahren (viel Gas bei kleiner Drehzahl) genau so vom Übel wie lang anhaltendes Vollgasfahren oder dauerndes scharfes Ausfahren der Gänge.
Frühes Erkennen von Lagerschäden hilft viel Geld sparen, weil sonst auch noch die Kurbelwelle ersetzt werden muß. Lagerschäden kündigen sich mit wärmer werdendem Motor (Öl wird flüssiger) durch Klopfen an, das allmählich immer lauter wird. Ob überhaupt ein Lager (meistens Pleuellager) schadhaft ist und um welches es sich handelt, stellt man folgendermaßen fest: Bei Leerlauf vom Motor nacheinander die Kabel von den Zündkerzen abziehen und wieder aufstecken. Wenn das Klopfen bei einem der abgezogenen Kabel nachläßt, liegt an diesem Zylinder der Lagerschaden vor. Oder ein anderer Test: Mit langem Schraubenzieher oder Metallstab auf den Zylinderkopf nahe den Zündkerzen drücken und Ohr auf das Ende des Werkzeugs legen. Das Resonanzgeräusch des schadhaften Lagers läßt sich auf diese Weise lokalisieren.
Auch mit einem »ausgelaufenen« Lager kann man bei äußerst schonender Fahrweise noch die rettende Werkstatt, ja sogar den Heimathafen über Hunderte von Kilometern anlaufen. Vorkehrungen: Zündkerze des betreffenden Zylinders ausschrauben, womit die Gewißheit besteht, daß dieser Zylinder nicht mehr mitarbeitet und auch die weitere Beanspruchung durch Kompression fortfällt. Ölstand kontrollieren; falls Wasser im Öl (milchige Beschaffenheit): Öl wechseln. Während der Fahrt die Leistung der verbliebenen drei Zylinder keineswegs ausschöpfen, im 4. Gang nicht schneller als 60 km/h fahren. Das pfeifende Knallen aus dem offenen Kerzenloch, das von den entweichenden Kompressionsbemühungen des mitlaufenden Kolbens herrührt, ist unerheblich und stört höchstens die sich wundernde Umgebung.
Lagerschäden können auch entstehen, wenn Wasser durch eine schadhafte Zylinderkopfdichtung in den Ölkreislauf gelangt. Dies wiederum kann daran liegen, daß die Zylinderkopfschrauben nicht richtig angezogen wurden. Deswegen darf eine abgenommene Zylinderkopfdichtung nie (es sei denn im Notfall und dann nur in Verbindung mit hitzebeständiger Dichtmasse) ein zweites Mal verwendet werden.

Die Ventile

Der Vier-Zylinder-Motor hat acht Ventile, von denen jeweils vier in ihren Zylindern das Gemisch einlassen und vier für den Auslaß der verbrannten Gase sorgen. Je eins von ihnen ragt von oben in seinen Zylinder. Paarweise hängen sie nebeneinander, und zwar in der Reihenfolge (E = Einlaß, A = Auslaß): A – E, E – A, A – E und E – A.
Ein Ventil besteht aus Schaft und Teller, sieht also aus wie ein Pilz. Der polierte Schaft läuft in einer genau passenden Ventilführung und der Teller schließt in seinem Sitz den Zylinder dicht ab. Ein- und Auslaßventile sind

leicht unterschiedlich geformt, um die in verschiedener Richtung durchgehenden Gasströme möglichst günstig hindurchzulassen. Der Durchmesser des Ventiltellers beim Einlaßventil beträgt 34,5 mm, beim Auslaßventil 31 mm. Entsprechend unterschiedlich groß sind die Ventilsitzöffnungen.
In die Ausfräsung am Fuß des Ventilschafts werden zwei Kegelstücke durch eine darübergeschobene Tellerscheibe derart festgekeilt, daß die unterhalb der Tellerscheibe sich andrückenden Ventilfedern das Ventil nach oben und somit in seinen Sitz pressen. Eine starke äußere und eine schwächere innere Feder umschließen den Schaft; ist eine von ihnen gebrochen, hält auch die andere nicht mehr lange, und die Leistung auf dem betreffenden Zylinder fällt aus. Befinden Sie sich beispielsweise auf einer Auslandstour in einer Gegend, wo der Fiat-Service sehr fern ist, kann die Kraft einer gebrochenen Ventilfeder dennoch wieder nutzbar gemacht werden, indem zwischen die beiden (gebrochenen) Federteile eine Stahlscheibe gelegt wird, so daß die Windungen neuen Halt haben und sich nicht ineinanderschieben. Das setzt natürlich die Demontage des Zylinderkopfes voraus und vor allem, daß das betreffende Ventil noch nicht im Zylinder zerstört wurde.
Bruch einer Ventilfeder ist meist die Folge zu hoher Drehzahlen. Beim Fiat 124 Normal werden 6000 U/min etwas überschritten, wenn die Höchstgeschwindigkeit im 4. Gang von ca. 145 km/h erreicht wird. Das ist noch nicht bedenklich, kann es aber werden, wenn etwa auf einem Autobahngefälle »Volldampf« zu noch stärkerem Schwung beibehalten bleibt. Dann schwingen – wie bei zu weitem Ausfahren der Gänge – die Ventilfedern so stark, daß kein ordnungsgemäßes Öffnen und Schließen der Ventile möglich ist. Es kann vorkommen, daß die Ventile nach einer Betriebszeit von 40 000 bis 50 000 km erneuert werden müssen.
Es empfiehlt sich daher, die maximalen Ganggeschwindigkeiten laut Betriebsanleitung sich einzuprägen, um den sehr drehfreudigen Motor beider Typen nicht zu überdrehen. Eine noch bessere Kontrolle übt man mit einem Drehzahlmesser aus, der leider serienmäßig nicht vorhanden ist und nachträglich eingebaut werden muß. Drehzahlmesser zur Selbstmontage gibt es ab rund 50 DM.

Ventile einschleifen

Bei nicht ausreichend hohem Kompressionsdruck (nachlassende Leistung mit höherem km-Alter) bringt werkstattmäßiges Nachfräsen der Ventilsitze oder Ventileinschleifen wieder Besserung. Voraussetzung ist, daß die kegelige Ventilsitzfläche nicht zu große Verschleiß- oder Verbrennungsspuren aufweist. Beim Einschleifen wird der Ventilkegel mit Schleifpaste bestrichen und das Ventil in seine Führung im Zylinderkopf – dieser ist ausgebaut – gesteckt. Dann wird ein Spezial-Handgriff auf den Ventilschaft gesteckt und das Ventil unter leichtem Anziehen und wechselweisem Hin- und Herdrehen auf seiner Sitzfläche eingeschliffen.
Wer es sich zutraut, den Zylinderkopf und die darin befindlichen Ventile zu demontieren, kann diese Arbeit auch auf dem Küchentisch verrichten. Als Drehwerkzeug eignet sich gut die alte Handbohrmaschine, in deren Futter ein Ventilsauger gesetzt wird, mit dem das Ventil von unten gegen seinen Sitz gedrückt und dabei gedreht wird. Den ersten Arbeitsgängen mit grober Schleifpaste folgen sorgfältigere mit feiner Paste, wobei auf allseitig gleichmäßige Schleifwirkung am Ventil und am Sitz zu achten ist (zur Kontrolle ist auf den gesäuberten Sitzring Kreide oder Tusche aufzutragen, das gereinigte Ventil muß jetzt nach einer Umdrehung überall »tragen«, d. h. die Kennzeichnung gleichmäßig verschmiert haben).

Warum Ventilspiel?

Der Begriff Ventilspiel taucht bei allen technischen Daten und Anweisungen auf. Wie wichtig ist es eigentlich? Es ist von lebenswichtiger Bedeutung für die Ventile und damit für gleichbleibende Motorleistung. Zwischen den Teilen der Ventilbetätigung muß immer etwas »Luft« oder Spiel vorhanden sein, damit die unterschiedlichen Wärmedehnungen dieser Teile gegenüber der des Zylinderblocks und des -kopfes ausgeglichen werden können. Zu den wichtigsten Wartungsmaßnahmen gehört daher die Kontrolle des richtigen Ventilspiels. Man sollte sich dabei nicht auf sein Ohr verlassen, um etwa das Klappern bei zu großem Ventilspiel zu erkennen. Was man nicht hört, ist nämlich viel kritischer: Zu kleines Ventilspiel! Es bewirken:

Zu kleines Ventilspiel: Gefahr, daß die Ventile nicht satt auf dem Ventilsitzring aufliegen, wodurch die Ventilkühlung ungenügend wird. Dann verbrennen die Ventile und die Sitze, besonders wenn gar kein Spiel mehr vorhanden ist. In leichteren Fällen verziehen sich die Ventile nur, wodurch die Leistung absinkt (schlechtere Abdichtung).

Zu großes Ventilspiel: Schlechtere Zylinderfüllung, also geringere Leistung, Veränderung der Steuerzeiten in Richtung auf höheren Verschleiß an der Nockenwelle, größeres Geräusch.

Obwohl es im allgemeinen üblich ist, für die wärmemäßig höher beanspruchten Auslaßventile ein größeres Spiel vorzusehen als für die Einlaßventile, hat Fiat aus Gründen der einfacheren Kontrolle für beide Motoren das gleiche Maß vorgeschrieben, das allerdings so bemessen ist, daß es damit auch dem Auslaßventil gerecht wird.

Vergleichsweise sind die Fiat-Motoren einigermaßen anspruchslos in bezug auf Ventilspielkontrolle. Sind die Ventile einmal richtig eingestellt, bleibt das Ventilspiel verhältnismäßig lange Zeit richtig: Fiat sieht einen entsprechenden Wartungsabstand von 10 000 km vor.

Ventilspiel prüfen

Pflegearbeit Nr. 19

Bei kaltem Motor gemessen, hat das Ventilspiel beim Fiat Normal und Special 0,20 mm für Einlaß- und Auslaßventile zu betragen. Nur beim bis Frühjahr 1969 ausgelieferten Normal-Typ (Motor-Nr. 759 049) sind 0,15 mm vorgeschrieben. Prüfen und Einstellen wird bei den üblichen Kontrolldiensten alle 10 000 km von der Werkstatt vorgenommen. Wenn Sie nur ein wenig prakisch veranlagt sind, können Sie diese Arbeit auch selbst verrichten. Das bestärkt Sie in der Gewißheit, daß diese für das Gesamtbefinden Ihres Fiat-Motors wichtige Maßnahme – hoffentlich verantwortungsbewußt – ausgeführt ist.

Die Vorbereitungen sind nicht groß: Bowdenzug (Federklemme Richtung Seil drücken) und Gestänge zur Gasregulierung an ihren Kugelgelenken vom

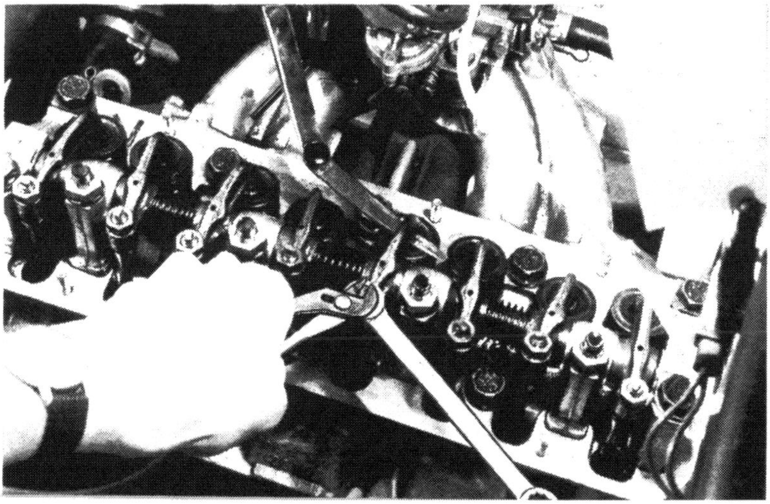

Für die Einstellschraube des Ventilspiels gibt es einen Spezial-Steckschlüssel, dessen Anschaffung jedoch wenig Sinn hat, weil die Arbeit auch einfacher geht. Mit Ringschlüssel SW 13 Kontermutter lockern und bei zwischengelegter Fühlerlehre Einstellschraube rechts herum leicht festdrehen, bis erster Widerstand zu spüren ist. Da die Gewinde der Einstellschrauben leichtgängig sind, geht es besonders feinfühlig mit Daumen und Zeigefinger. Nach leichtem Widerstand der Einstellschraube Kontermutter gut festziehen, wobei sich die Einstellschraube nicht mehr verdrehen darf, und zuletzt Ventilspiel noch einmal nachmessen.

vertikalen Hebel auf dem schwarzen Zylinderkopf aushaken, Entlüftungsschlauch vom Öleinfüllstutzen zum Luftfilter abziehen (er löst sich beim nächsten Mal leichter, wenn man beim späteren Wiederaufschieben etwas Öl aufträgt). Dann werden die sechs Muttern SW 10, die den Zylinderkopfdeckel festhalten, mit Steck- oder Ringschlüssel abgeschraubt und mit den Federringen und Beilegscheiben aufbewahrt. Die Leichtmetallmuttern werden häufige Schlüsselbekanntschaft nicht überdauern, darum sollte man sich rechtzeitig mit Ersatzmuttern besserer Qualität eindecken.

Wie man feststellt, ist die Demontage des Luftfilters nicht nötig: Jetzt kann man die Zylinderkopfhaube nach oben abziehen. Sollte sie festsitzen, muß man mit dem Hammerstiel ringsum etwas von unten gegenklopfen, denn bei Gewaltanwendung kann die Dichtung, die den Deckel gegen den Zylinderkopf abschließt, beschädigt werden. Um den Deckel ganz wegnehmen zu können, muß noch der Seilzug am Gasübertragungshebel ausgeklinkt und durch seine Öffnung herausgezogen werden. Das Luftfilter stört auch bei der nun folgenden Kontrolle des Ventilspiels nicht.

Sie sehen auf der Vergaserseite die Ventilfedern, von Tellerscheiben nach oben hin festgehalten, und in deren Mitte das Ende des Ventilschafts. Auf jedes Ventil drückt ein Kipphebel, geführt auf der viermal gelagerten Kipphebelwelle, und an seinem anderen Ende durch ein Stößel betätigt. Zwei oder drei Kipphebel drücken gerade auf die Ventile (öffnen sie), während die übrigen Kipphebel – entlastet – in Ruhestellung verharren, was die zugehörigen Stößel beweisen: Man kann sie in ihrem Sitz drehen im Gegensatz zu denen, die die Ventile öffnen. Lassen Sie Ihren Nachbarn jetzt einmal den Anlasser betätigen. Falls Sie es noch nicht gesehen haben, werden Sie fasziniert dieses achtventilige »Klavierspiel« beobachten und den Ölfluß erkennen, der den ganzen Mechanismus schmiert. Sollte der Motor nicht anspringen, weil er kalt ist, können Sie das am Vergaser noch hängende Gasgestänge zur rechten Wagenseite drücken; läuft der Motor, Gas sofort zurücknehmen, da Sie sonst voll Öl gespritzt werden. Und außerdem soll das Ventilspiel ja bei kaltem Motor eingestellt werden.

Die Kurbelwelle und mit ihr die Kipphebel müssen jetzt bewegt werden. Das war früher, als man die Autos noch mit Andrehkurbeln ausstattete, wesentlich einfacher. Nun muß man entweder mit einem Schlüssel SW 17 die Lichtmaschinenwelle drehen (und womöglich dabei auf den Keilriemen drücken, damit er nicht rutscht), oder den Wagen im vierten Gang schieben. Beides geht leichter, wenn man die Zündkerzen herausgedreht hat, um Kompression zu verhindern.

Falls der Motor demontiert war, müssen anschließend die Bezugsmarken auf beiden Steuerrädern genau zueinander zeigen. Dazu Nockenwellenrad so lange drehen, bis Bezugsmarke vor Kerbe auf (unterem) Kurbelwellenrad steht. Nockenwellenrad abnehmen, Steuerkette über beide Zahnräder legen und Nockenwellenrad in gleicher Stellung befestigen. Dazu Kurbelwelle und Nockenwelle blockieren; Nockenwellenrad muß mit 4,9 mkg festgezogen werden.

Die zu prüfenden Ventile müssen sich am Ende des Verdichtungshubes befinden, also geschlossen sein. Exakt läßt sich das bei den einzelnen Ventilen folgendermaßen einrichten: Die beiden Ventile des 4. (hinteren) Zylinders sind einzustellen, wenn sich die beiden Ventile des Zylinders Nr. 1 in entgegengesetzter Richtung bewegen (hier beginnt der Saughub) und sich »überschneiden«. Umgekehrt stellt man die Ventile des 1. Zylinders bei Überschneidung der Ventile des 4. Zylinders ein. Das Ventilspiel im 2. Zylinder ist einzustellen, wenn sich die Ventile des 3. Zylinders überschneiden, und ebenfalls umgekehrt. Zur Kontrolle: Die Stößelstangen der Ventile, die eingestellt werden sollen, sind entlastet und müssen sich mit den Fingern leicht drehen lassen.
Wie wird das Ventilspiel überprüft? Mit dem Blatt der Fühlerlehre fährt man zwischen Ventilschaft und Kipphebel. Der Zwischenraum muß so weit sein, daß das Meßblatt mit leichter Reibung hindurchgleiten kann.
Stimmt das Ventilspiel nicht, ist die Einstellschraube oberhalb des Stößels mit einer Flachzange von oben festzuhalten, falls man keinen Maulschlüssel SW 3 besitzt, und die Befestigungsmutter wird mit einem Ringschlüssel SW 13 gelockert. Dadurch wird die Einstellschraube gelöst und es kann jetzt durch entsprechendes Drehen bewirkt werden, daß sich der Kipphebel entweder weiter zum Ventil neigt oder dieses mehr freigibt.
Vor dem Einstellen der Ventile sollte man den festen Sitz der Kipphebelwellen-Befestigungsmuttern überprüfen. Beim Zusammenbau sind die Gelenke des Gaszuges einzufetten und der Bowdenzug zu ölen.

Kompressionsdruck prüfen

Pflegearbeit
Nr. 20

Mit dieser Kontrolle soll vorbeugend oder im Bedarfsfalle geprüft werden, ob Kolben und Ventile gut abdichten, ob also die Kompression in den Zylindern noch hoch genug ist. Voraussetzung: Ventilspiel richtig eingestellt.
Zur Prüfung wird von der Werkstatt ein Kompressions-Druckschreiber benutzt, in den Meßkärtchen eingelegt werden. Der Druckschreiber wird auf das Kerzenloch gesetzt. Der Motor sollte betriebswarm sein, doch sieht es in der Praxis oft so aus, daß er kalt ist, bis er zur Prüfung kommt. Ein Helfer drückt das Gaspedal ganz durch, damit die Zylinder ihre größte Füllung erhalten, und dreht den Motor mit dem Anlasser einige Male durch. Für jeden Zylinder zeichnet der Druckschreiber nach Weiterschalten eine flache Kurve auf das gewachste Papier, deren Endpunkt den höchsten Druck anzeigt. Wichtig für den gesunden Motor ist nicht die absolute Höhe des Druckes, sondern dessen Gleichmäßigkeit bei allen Zylindern. Druckunterschiede bis zu 0,5 kg/cm^2 sind unerheblich, sie sollen aber nicht mehr als 1 kg/cm^2 betragen. Der gemessene Druck bei warmem Motor liegt höher als bei kaltem Motor, da bei diesem die Abdichtung durch die Kolbenringe und das Öl nicht so hoch ist.
Zu niedriger Druck kann bedeuten: Schäden an den Ventilen, z. B. durch verbranntes Auslaßventil (durch zu knappes Ventilspiel) oder klebendes (»hängendes«) Ventil durch zu viel Rückstandsbildung am Ventilschaft und in dessen Führung, ferner Kolben- und Kolbenringverschleiß oder festsitzende Kolbenringe, unrunde Zylinder, Folgeerscheinungen von Kolbenklemmern. In den weitaus meisten Fällen liegt jedoch mangelnder Kompressionsdruck und damit verringerte Motorleistung an undichten Ventilen. Deren Einschleifen bringt Abhilfe, wenn sich nicht wegen zu hoher Motorlaufstrecke ohnehin ein Tauschmotor empfiehlt. Zusätzliche Kontrolle: Einträufeln von Öl ins Kerzenloch. Ist der Druck nach nochmaligem Motordurchdrehen immer noch mangelhaft, sind die Ventile undicht, insbesondere die Auslaßventile.
Ist die Motorleistung trotz hohem und gleichmäßigem Kompressionsdruck schlecht, liegt der Fehler vermutlich an der Zündanlage.

Um den demontierten Zylinderkopf wieder aufzuschrauben, sind die Zylinderkopfschrauben in der Reihenfolge der Zahlen nacheinander anzuziehen, und zwar hintereinander in zwei Arbeitsgängen. Beim ersten Mal alle Schrauben mit 4 mkg und beim zweiten Mal mit 7,7 mkg (Meterkilogramm nach Drehmomentschlüssel) festziehen.

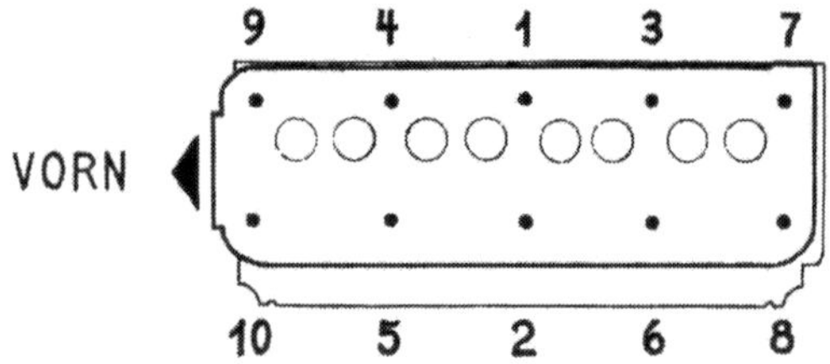

Vergleichbar sind nur Messungen, die mit demselben Meßgerät ausgeführt sind, da diese voneinander immer etwas abweichen. Lassen Sie sich das Meßkärtchen geben und schreiben Sie sich zu Vergleichszwecken Datum und km-Stand auf.

Hier die Werte für den Kompressionsdruck, die für beide Motoren gelten, gemessen bei warmem Motor, höchstmöglicher Anlasserdrehzahl durch gut geladene Batterie und ganz geöffneter Drosselklappe: Guter Wert 11 kg/cm^2, normaler Wert 9,5 bis 10,5 kg/cm^2. Unter 9 kg/cm^2 läßt auf schlechten Motorzustand schließen.

Zylinderkopf abnehmen

Für den Eigenpfleger ist die Demontage des Zylinderkopfes nur dann diskutabel, wenn praktische Erfahrung und ausreichendes Werkzeug vorhanden sind. Nötig ist der Ausbau des Zylinderkopfs zum Reinigen der Gaskanäle, zum Auswechseln von Ventilen oder Ventilfedern, zum Einschleifen von Ventilen und Sitzringen, zum Erneuern von Ventilsitzringen und Ventilführungen, zum Säubern der Brennräume und bei Frisierarbeiten.

Folgende Teile sind vorher auszubauen: Vergaser (Zuleitungen und Gaszug lösen), Ventilkammerdeckel, Wasserablaufstutzen (bzw. Thermostat bei älteren Wagen), Thermofühler, Zündkerzen und natürlich der Ventilkammerdeckel. Saug- und Auspuffkrümmer kann man abschrauben, nachdem der Kopf abgenommen ist. Die zehn Zylinderkopfschrauben werden gelöst und der Kopf vorsichtig angehoben.

Der Einbau ist nur dann vorzunehmen, wenn man über einen Drehmomentschlüssel verfügt. Dieser Schlüssel sichert ein korrektes Anziehen der Zylinderkopfschrauben, die in der ersten Phase mit einem Anzugsmoment von 4 mkg, beim zweiten Mal mit 7,7 mkg nachzuziehen sind. Wichtig ist die Reihenfolge, in der man die Schrauben festzieht. Sie ist aus der abgebildeten Skizze zu entnehmen.

Die Auspuffanlage

Zwar gehört der Auspuff auch zum Motor, doch erreicht er nie dessen Lebensdauer. Falls Sie sich über den zunehmend sportlichen Auspuffton freuen oder beim schiebenden Wagen (Gas wegnehmen bei schneller Fahrt) knallende Geräusche vernehmen, so sollten Sie diese akustischen Fahrgenüsse doch bald einmal untersuchen, denn die Polizei hört das nicht so gerne.

Beim nächsten Abschmieren des einzigen Schmiernippels auf der Hebebühne Ihrer Tankstelle werden Sie sich den Krachmacher einmal ansehen müssen. Rost durch Spritzwasser und Korrosion von innen und außen lassen das Blech schnell dünner werden, wozu das Streusalz im Winter erheblich beiträgt. Noch kürzer wird die Lebensdauer bei Kurzstreckenverkehr. Der Schalldämpfer unter dem Wagenheck ist am anfälligsten.

Eine komplette neue Auspuffanlage für Ihren Fiat kostet über 180 Mark, meistens werden Sie jedoch mit dem Ersatz des Schalldämpfers allein auskommen. Man kann den Schalldämpfer schon dann ausbauen, wenn man den Wagen einseitig mit dem Zubehör-Wagenheber anhebt, zur Sicherheit unterbockt und sich auf den Boden legt. Die hintere Gummiaufhängung am Endstück des Auspuffrohrs wird von zwei Sechskantschrauben SW 7 gehalten, von denen nur eine zu lösen ist. Danach sind die beiden am Schalldämpfer rechts und links eingehakten Gummiaufhänger auszuklinken, und schließlich muß die Rohrschelle vor der Hinterachse mit einem Maulschlüssel SW 13 gelockert werden. Die aufeinander gesteckten Rohrenden lassen sich, falls stark verrostet, nach Einwirken von aufgesprühtem Rostlösemitel (Caramba) voneinander trennen. Eine undichte oder auch nur leicht beschädigte Auspuffanlage begünstigt Auspuffgeruch im Innenraum des Wagens, der durch den bei der Fahrt entwickelnden Sog entsteht. Übelkeit von Fahrer und Fahrgästen kann davon herrühren und soll nicht unterschätzt werden, da die Auspuffgase bekanntlich giftig sind. Der Fiat 124 Kombi besitzt ein längeres Endrohr, das die Gase besser aus dem Luftsog der Karosserie herausleitet als das kurze, gerade Auspuffendrohr bei den beiden Limousinen.

Der Kenner stellt aus der Beschaffenheit der Auspuffgase seine Diagnose. Hier sei das Wichtigste aufgezeichnet:

- Schwärzliche Gase: Unvollständige Verbrennung durch Luftmangel oder Kraftstoffüberschuß. Oder der Leerlauf ist zu fett eingestellt.
- Bläuliche Gase: Verbranntes Öl durch undichte Kolben bzw. Kolbenringe oder verschlissene Ventilführungen. Oder zuviel Öl im Kurbelgenäuse.
- Weiße Gase: Das ist Wasserdampf als chemisches Verbrennungsprodukt, der bei Kälte kondensiert (unbedenklich).
- Gase, die man nicht sieht: Gift (Kohlenmonoxyd) bei geschlossener Garage.

Bei Stadtverkehr wird der Auspuffstutzen innen schwarz gefärbt sein, ein Zeichen, daß man – was sich freilich kaum vermeiden läßt – nicht die nötige Betriebstemperatur erreicht und durch viel Leerlauf Kraftstoffüberschuß vorliegt. Nach Überlandfahrten soll der Stutzen innen hellgrau sein.

Der Ölkreislauf

Im Kapitel »Schmieren aller Teile« wurden bereits die Ölsorten, die Ölwechselprobleme und die Funktion des Ölfilters beschrieben. Hier soll jetzt das Schmiersystem des Motors etwas näher betrachtet werden.

Unten vorn in der Stahlblechölwanne, die zugleich Sammeltank und Kühler für das Schmieröl ist, sitzt die Ölpumpe. Sie wird in Verlängerung der Verteilerwelle von der Nockenwelle angetrieben, und zwar über ein Schraubenzahnrad. Die Zahnradölpumpe saugt durch den dicht über dem Wannenboden hängenden Saugkorb (Grobfilter) das Öl durch einen hohlen Auslegerarm an und drückt es zu dem außen angebrachten und auswechselbaren Filter. In diesem Filter befindet sich ein Ventil, das den Weg durch das Filter versperrt, wenn es verstopft ist.

Schäden an der Ölpumpe kommen allgemein nicht vor. Sie ist wartungsfrei, sie schmiert sich selbst. Voll zugänglich ist sie nur bei demontiertem Motor, doch soll nicht verschwiegen werden, daß man nach Ablassen des Öls die Ölwanne entfernen kann, um die Pumpe und besonders ihr Überdruckventil zu kontrollieren. Denn der Öldruck, der 4,5 bis 6 kg/cm^2 betragen soll, kann durch Fremdkörper im Sitz dieses Ventils zum Schaden des Motors variieren,

außerdem ist eine Schwächung der Ventilfeder auf die Dauer möglich. Da die Kraft der Feder und ihre Belastbarkeit bestimmte Werte aufweisen muß, kann diese Kontrolle nur der Werkstatt überlassen werden.
Oberhalb des Ölfilters sorgt der elektrische Geber für warnende Anzeige im Kombi-Instrument, wenn der Öldruck zu niedrig ist, also auch, wenn das Filter verstopft ist, da sich der Geber an der direkten Ölleitung zu den einzelnen Organen befindet.
Der erste Abzweig des Ölstroms gelangt zum Ölpumpen- und Verteilerzahnrad sowie zur Steuerkette. Der Hauptstrom wird über fünf Ableitungen zu den Kurbelwellenlagern geführt, in der die beiden äußeren Zuführungen je rechts und links über entsprechende Bohrungen nicht nur die eigenen Lager, sondern auch die Pleuellager versorgen. Über die Zuführungen zum mittleren und den beiden äußeren Kurbelwellenlagern wird zugleich die hohl durchbohrte Nokkenwelle geschmiert, und von der Mitte steigt zudem eine Druckleitung zur Kipphebelachse. Auch diese ist hohl, und durch die Nebenbohrungen fließt das Öl über die Kipphebel einerseits zu den Ventilen, in der anderen Richtung zu den Stößeln, von wo es über die Nockenwelle wieder in die Ölwanne zurückläuft.
Bei laufendem Motor wird ständig Öl aus den Kurbelwellen- und Pleuellagern verspritzt. Ein Teil davon schmiert die Laufbahn der Kolben (die Ölabstreifringe verhindern weitgehend das Eindringen von Öl in die Verbrennungsräume).

Ölverbrauch

Es gibt kein Auto, das überhaupt kein Öl verbraucht. Derartige »Fachgespräche« gehören in das Reich der Sage. Wohl hat man Wagen, deren Ölkonsum sehr gering ist, und andere, deren Verbrauch großzügig zu nennen ist. Abgesehen von typenbedingten Konstruktionseigenheiten liegt der unterschiedliche Ölverbrauch im wesentlichen am Alter des Autos. Ein ganz frischer Wagen wird mehr Öl brauchen, denn sein Motor muß sich erst einmal einlaufen. Nach einer Laufzeit von etwa 7000 bis 10 000 km stabilisiert sich der Ölverbrauch zu den vom Werk angegebenen Werten, kann aber natürlich je nach Fahrbedingungen schwanken. Bei zunehmendem Alter (ab 50 000 km) steigt der Ölbedarf wieder allmählich an, weil durch den Verschleiß der Kolbenringe, der Zylinderwände und der Ventilführungen mehr Öl verbrennt.
Öl kann demnach nur unter Aufopferung seiner selbst schmieren, denn vor allem das Öl an den Zylinderwänden verdampft und verbrennt zwangsläufig beim Kontakt mit den Verbrennungsgasen. Außerdem verdampft heißes Öl und gelangt in die Kurbelgehäuseentlüftung. Hochtouriges Fahren (scharfes Ausfahren der Gänge und anhaltendes Fahren mit hoher Betriebstemperatur) steigert den Ölverbrauch.
Bei den Fiat 124-Motoren der ersten Serien erschien der Ölverbrauch oft kaum meßbar, und zwischen den vorgeschriebenen Ölwechseln kam man selbst bei ungünstigen Bedingungen (viel Kurzstreckenverkehr) mit höchstens 0,5 Liter Nachfüllmenge aus und ein höherer Konsum war ein betrübliches Zeichen. Die neueren 124 N- und Special-Motoren dagegen brauchen regelmäßiger Öl. Im Durchschnitt kann mit einem Verbrauch von 0,3 bis 0,5 Liter auf 1000 km Fahrtstrecke gerechnet werden.
Eventuelle Ölverluste können natürlich den Ölverbrauch höher erscheinen lassen. Allerdings sind undichte Motoren beim Fiat 124 selten. Man sollte, falls Verdacht auf Ölverlust besteht, folgende Dichtstellen nachprüfen: Ölwanne am Zylinderblock, hinteres Kurbelwellenhauptlager, Steuerkettengehäuse, Ventildeckel, Ölfilterflansch. Ölflecke unter dem abgestelten Wagen sind auffällige Warnungen, denen man nachgehen muß. Doch darf man sich

nicht durch verschmutzte Motoren irreführen lasen, die noch mit Rückständen der Konservierungsschicht für den Transport des fabrikneuen Motors bedeckt sind. Das Entfernen der Konservierung wird oft etwas oberflächlich gehandhabt.

Kurbelgehäuse-entlüftung

Durch Frisch- und Altgas, das an den Kolben vorbeibläst, sowie durch Öldämpfe, kann im Kurbelgehäuse ein starker Überdruck entstehen, der sogar das Kurbelgehäuse zersprengen könnte, wenn es nicht entlüftet würde. Früher wurde diese Entlüftung einfach ins Freie geführt, wo die Gase jedoch stark zur Verschmutzung der Atemluft beitrugen. Deshalb leitet man die Kurbelgehäusegase zum Luftfilter und somit zur Verbrennung im Motor.
Vom Öleinfüllstutzen zweigt ein Schlauch ab, der die vom Kurbelgehäuse durch den Zylinderkopf in den oberen Kipphebelraum gedrungenen Gase zum Filter leitet. Als Nachteil ergibt sich, daß die Vergaserluftbohrungen von klebrigen Ölrückständen verschmutzt werden, weshalb der Hinweis auf die Vergaserreinigung nicht übersehen werden sollte (Kapitel »Vergaser-Praxis«).
Bei Leerlauf saugt der Motor alle Entlüftungsgase über die Leitung zum Filter an, und bei Maximaldrehzahl wird ein Teil dieser Gase abgesaugt. Mit der Drosselklappe ist ein Entlüftungsventil verbunden, das beim Öffnen (Teillast) den größten Teil der Gase über einen Abzweig des genannten Schlauchs direkt dem Saugkanal zuführt.

Der 124 ST

Im Oktober 1970 wurde in Turin eine Weiterentwicklung des Fiat 124 S vorgestellt, der sich – bei gleichgebliebenem Hubraum – durch seine Leistung von 80 PS von seinem schon recht munteren Bruder unterscheidet: der 124 ST. Wesentliches Merkmal seines Motors sind die beiden obenliegenden, von Zahnriemen angetriebenen Nockenwellen und die damit verbundene Verlegung der Einlaßkanäle auf die linke Motorseite. Diese Anordnung gestattet einen ebenmäßigen Durchzug der Gase von der Einlaßseite zur Verbrennung und weiter in die rechten Auslaßkanäle, gesteuert von den entsprechend angeordneten hängenden Ventilen (links: Einlaßventile, rechts: Auslaßventile).
Der Veränderung gemäß ist der Vergaser ebenfalls links angebracht, und die Zündkerzen sitzen ober in der Mitte zwischen den beiden Nockenwellengehäusen. Geringfügig wurde die Verdichtung auf 8,9 : 1 verringert; die um 10 PS gesteigerte Leistung resultiert aus der beschriebenen Ventilanordnung, aus den völlig geänderten Steuerzeiten der Ventile und aus einem größeren Drehmoment.
Eine Umrüstung des 70 PS-Fiat S auf die ST-Version (durch Austausch der die beiden Motoren verändernden charakteristischen Bauteile) ist theoretisch möglich und dürfte von sportlich interessierten und handwerklich begabten Leuten ins Auge gefaßt werden. Vorerst erteilt Fiat/Heilbronn dazu noch nicht seinen Segen, und darum wird sich auch der TÜV kaum erweichen lassen, die Betriebserlaubnis zu dieser Veränderung zu geben. Es kann jedoch damit gerechnet werden, daß nach entsprechender Laufzeit des neuen Typs Fiat für derartige Umrüstungen das Unbedenklichkeitszeugnis ausstellt.

Wasserhaushalt mit System

Körperliche Arbeit läßt auch den tiefsten Winter milde erscheinen: Arbeit macht warm. Genauso geht es dem Motor. Die Kühlung unserer Verbrennungsmotoren erfolgt in der Mehrzahl durch Wasser, bei anderen durch Luft. Beiden Arten ist gemeinsam, daß die notwendige Kühlung Leistungsverlust mit sich bringt, der allerdings nur in geringen Prozenten der Gesamtleistung zu Buche schlägt und bei der »Wasserwirtschaft« sinnvoll in Heizungswärme umgewandelt werden kann. Dieses System »Kühlung-Heizung« ist auch in Ihrem Fiat von kleinen Geheimnisen umgeben und soll Ihnen hier nahegebracht werden.

Wie es funktioniert

Im Motor befinden sich miteinander verbundene Kammern und Kanäle, in denen das Wasser durch die Verbrennung erwärmt wird. Es steigt – heißes Wasser ist leichter! – durch eine Schlauchverbindung zum oberen Wasserkasten des Kühlers. Von dort sinkt es, kühler und schwerer, in den einzelnen Röhrchen im Kühler nach unten, abgekühlt vom Fahrtwind und vom erzeugten Luftstrom des Ventilators. Aus dem unteren Sammelraum des Kühlers wird das Wasser über eine weitere Schlauchleitung von der Wasserpumpe abgesaugt und erneut in den Motor gedrückt.

Diese Zirkulation wäre jedoch zu primitiv, um den veränderlichen Temperaturbedingungen der Außenluft und der bei ungleichmäßigem Betrieb auftretenden Wärmeschwankung des Motors gerecht zu werden. Arbeitsweise und Wohlbefinden des Motors sind am günstigsten, wenn die Wassertemperatur 90 Grad erreicht hat. Um diese Betriebstemperatur möglichst schnell und dann konstant zu erhalten, ist in den Kreislauf ein Thermostat zwischengeschaltet, der sich bei zunehmender Temperatur ausdehnt und bei etwa 87 Grad den eingangs beschriebenen Weg des Wassers zu öffnen beginnt. Bis zu dieser Temperatur durchfließt das Wasser einen verkürzten Kreislauf,

Der Kühlwasserstand soll bei kaltem Motor etwa 7 cm über der Minimum-Marke des Ausgleichgefäßes stehen. Damit je nach Motorwärme ungehindert Kuhlflüssigkeit in den oder aus dem Motor strömen kann, hat der Verschlußdeckel des Ausgleichgefäßes außen vier kleine Bohrungen und innen ein Gummilippen-Ventil, das Luft zu- und abströmen läßt, aber Verschmutzung verhindert.

der nicht durch den Kühler führt, sondern über den Wasseraustritt im Zylinderkopf, am geschlossenen Thermostat vorbei und durch die Wasserpumpe direkt in den Motor zurückfließt. Dieser Kurzschluß-Kreislauf wird bei Erreichen der genannten Temperatur vom Kühlerkreislauf abgelöst, doch schließt sich der Thermostat sofort bei sinkender Wassertemperatur (z. B. Bergabfahrt) und reguliert somit die Motortemperatur.
Im Fiat 124 ist dieser Kreislauf durch den Ventilverschluß auf dem Kühler und durch einen ähnlich wirkenden Deckel auf dem Ausdehnungsgefäß dicht verschlossen, daß weder kochendes Wasser noch Dampf entweichen können. Es handelt sich um ein Überdrucksystem, das notfalls auch Wassertemperaturen von 120° C aufnehmen kann. Die erwärmte Kühlflüssigkeit, die sich ausdehnt, kann in das Ausdehnungsgefäß entweichen und wird bei Abkühlung (wenn sie sich zusammenzieht) wieder in den Kreislauf Kühler – Motor zurückgesogen. Das verschlossene System hat den Vorteil, daß keine Luft eindringen kann, wodurch die Korrosion verringert wird.

Anschlüsse der Klimaanlage

Die Heizung ist an den Wasserkreislauf des Motors angeschlossen. Ihre Zuleitung zweigt hinten rechts vom Motor ab, und von dem daumenstarken Austrittsrohr gelangt das Wasser durch einen zum Wageninneren gewinkelten Schlauch zum Heizkörper. Er wird vom heißen Kühlwasser durchflossen. Ein elektrischer Ventilator beschleunigt die hindurchströmende Luft, wodurch die Heizwirkung im Wageninneren erhöht wird. Vom Heizgerät führt ein Rücklaufrohr unterhalb des Vergasers bis zum Anschluß an der Wasserpumpe.
Wichtig ist es im Winter, wenn der Wagen für längere Zeit abgestellt ist und das Kühlsystem keinen Frostschutz enthält, auch aus der Heizanlage das Wasser abzulassen. Dies geschieht, indem man den unteren der beiden Hebel der Bedienungsvorrichtung am Armaturenbrett ganz nach rechts schiebt. Die Heizung hat keine Ablaßhähne, um das Waser ins Freie zu entleeren.

Kühlwasserstand prüfen

Pflegearbeit
Nr. 27

Der Fiat 124 hat ein sogenanntes geschlossenes Kühlsystem, das mit einer Flüssigkeit gefüllt ist, die bis −35 Grad frostsicher ist. Bei zunehmender Temperatur dehnt sich die Kühlflüssigkeit aus, wobei dieser überschüssige Teil durch einen vom Kühlereinlaufstutzen abzweigenden Schlauch in einen aus durchsichtigem Kunststoff bestehenden Ausdehnungsbehälter fließt, der an der linken Seite des Motorraums aufgehängt ist. Kühlt der Motor ab, verringert sich auch wieder das Volumen des Kühlmittels, und der entstehende Unterdruck im Kühler saugt aus dem Ausdehungsbehälter Kühlflüssigkeit zurück. Die Höhe des Flüssigkeitsstandes ändert sich also mit der Temperatur.

Bei den Normal-Motoren stellt nur ein Thermofühler hinten links im Motorblock Überhitzung der Kühlflüssigkeit fest. Die Funktion der Kühlwasseranzeige ist auf Seite 152 beschrieben. Sie ist nur schwer zu prüfen, die elektrische Kontrolle ist jedoch kein Problem: Einfach Kabelklemme (Pfeil) vom links davon zu sehenden Thermofühleranschluß ziehen und Kabelende bei eingeschalteter Zündung auf Motorblock tippen. Rote Warnlampe im Kombi-Instrument muß aufleuchten. Andernfalls Anzeigegerät und Kabel überprüfen.

Das Lösen der Schlauchverbindungen ist unproblematisch: Mit einem spitzen Werkzeug greift man in die Öse des Schellensplints und dreht das Blechband auf, ohne den Schlauch zu beschädigen. Gebrauchte Schlauchschellen lassen sich mehrmals verwenden, wenn man eventuelle Knicke im Band mittels Flachzange glättet. Schlauchenden kann man leichter auf die Stutzen aufschieben, wenn man die Berührungsflächen leicht einfettet.

Man soll den Kühlwasserstand bei kaltem Motor prüfen. Das nach einiger Zeit dunkel gefärbte Kühlmittel hat im Ausdehnungsgefäß höchstens 6–7 cm über der Minus-Marke (»MIN« unterhalb des Haltebandes) zu stehen; was darüber ist, ist zuviel. Vor Fahrtantritt oder beim Tanken genügt ein Blick auf die Höhe des Kühlmittelniveaus, das bei warmem Motor, wie gesagt, natürlich etwas höher sein wird.

Schlauchverbindungen prüfen
Pflegearbeit
Nr. 28

Wasserverluste in größeren Mengen sind für den Motor bedrohlich, aber auch bei ständigen geringen Verlusten sind deren Ursachen zu erforschen. Die Anschlüsse der Kühlwasser- und Heizungsschläuche geben bisweilen Anlaß zu Schwierigkeiten, und undichte Schläuche, Wasserpumpe oder Kühler tragen zur Verminderung bei. Weitere Verlustquellen können sein: Zu heiß werdender Motor durch defekten Thermostat, verschmutzter Kühler oder lockerer Keilriemen, defekte Zylinderkopfdichtung, defekter Kühlerverschlußdeckel.
Reines Wasser soll nur bei starkem oder plötzlichem Flüssigkeitsverlust nachgefüllt werden, da es die auf Frostschutz präparierte Kühlflüssigkeit verdünnt. Beim Nachfüllen muß der Motor abgekühlt sein; wer es eilig hat, läßt den Motor im Stand laufen und gießt langsam Wasser nach, um durch den Kreislauf des nun immerhin warmen Wassers den Motor nicht zu »erschrecken«. Ein heißer Motor kann durch plötzlich eintretendes kaltes Wasser Sprünge bekommen wie ein Glas, das man zu großen Temperaturunterschieden aussetzt.
Beim Nachfüllen sind die Verschlüsse von Kühler und Ausgleichsbehälter zu öffnen, letzterer wird bis zu 7 cm über der »MIN«-Markierung befüllt.

Der auf Seite 70 in seiner Funktion gezeigte By-pass-Thermostat im eingebauten Zustand. Beim Defekt ist die Kühlflüssigkeit wenigstens bis zum unteren der drei Anschlüsse abzulassen, die drei Schlauchverbindungen sind zu lösen, und das Gerät kann ausgewechselt werden. Anschließend wieder Kühlmittel – oder Wasser – nachfüllen.

Der Kühler steht im vorderen Motorraum, durch die Grillöffnung dem Fahrtwind ausgesetzt. Dies macht ihn gegen Insekten und Schmutz anfällig. Mit Preßluft (an Tankstellen oder Werkstätten) wird die Verschmutzung der Kühlrippen im Bedarf weggeblasen, weil sonst die Kühlung unzureichend wird. Undichte Stellen können bei heißgefahrenem Motor im Standlauf festgestellt werden, sicherer werden sie in einer Werkstatt mit Druckluft beim »Kühlerabdrücken« entdeckt. Abdichtende Reparaturen sind in Eigenarbeit nicht möglich; im Handel erhältliche Kühlerabdichtungsmittel sorgen nur für vorübergehende Abdichtung. Ein neuer Kühler kostet 109 Mark.

Der Kühler

Beim Fiat Special schützt ein zweiteiliges, trichterförmiges Blech an der Innenseite des Kühlers vor Berührung mit dem rotierenden Ventilator. Der angesogene Luftstrom wird dadurch dem Motorraum besser zugeführt. Bei außermittig angebrachten Schutzblechen können Vibrationen des Motors (bei Überfahren von Bodenwellen) zu schnarrender Berührung mit den Ventilatorflügeln führen. In solchem Fall ist das Blech mit einer Zange etwas aufzubiegen.

Der Thermostat

Dieser für den geschilderten Wärmeaustausch wichtige Apparat sitzt bei den Wagen bis zur Motor-Herstellungs-Nr. 176 339 zwischen dem oberen zum Kühler führenden Schlauch und dem Wasseraustritt aus dem Zylinderkopf im daran befindlichen Gehäuse. Der Wachs-Thermostat ist durch Lösen der senkrechten Schrauben des Gehäusedeckels, der danach an dem angeschlossenen Schlauch nach oben geschwenkt werden kann, herausnehmbar.

Soll der Thermostat auf seine Wirkungsweise kontrolliert werden, ist nach seiner Demontage wie folgt zu verfahren: Das Gerät wird in eine Wanne mit Wasser gelegt und dieses langsam erwärmt. Mit einem geeigneten Thermometer ist die Temperatur zu kontrollierten, zwischen 85 und 89 Grad Celsius muß sich das Ventil zu öffnen beginnen. Bei 100 Grad muß das Ventil vollkommen geöffnet sein, was am zur Verfügung stehenden Hub festzustellen ist. Werden diese Werte nicht erreicht oder überschritten, ist der Thermostat zu ersetzen, da er nicht zu reparieren ist.

Ist der Thermostat kaputt, dann ist er geschlossen und der Kreislauf durch den Kühler unterbunden. Als Warnung dient das rote Kontrollicht im Kombi-Instrument (beim Fiat 124 Normal das obere rechts), und die Fahrt muß sofort unterbrochen werden. Darum: Ersatz-Thermostat mitführen.

Ab der genannten Motor-Nr. wurde zu Anfang 1967 ein By-pass-Thermostat in den dadurch feinstufiger regulierenden Kreislauf eingesetzt. Er befindet sich in der rechten Dreierverbindung des Schlauchsystems. Bei geschlossenem Thermostat gelangt das Kühlwasser aus dem Zylinderkopf in den nach rechts abzweigenden Schlauch und wird vor dem Thermostat zur Wasserpumpe und in den Motor geleitet. Öffnet sich der Thermostat allmählich bei steigenden Temperaturen, saugt die Pumpe das unten aus dem Kühler gelangende Wasser teilweise mit an, zugleich ergänzt sich der Kreislauf über den vom Zylinderkopf nach links abzweigenden Schlauch in den Kühler. Bei ganz geöffnetem Thermostat ist die »Weiche« nur für die Zuleitung vom Kühler geöffnet, das vom Motor direkt zum Thermostat führende Leitungsstück ist abgeschaltet.

Besorgt wird dieser Wechsel durch zwei Ventile im Thermostat, die jeweils für die von oben führende »Kurz-Leitung« und für die vom Kühler ankommende Gesamtumwälzung zuständig sind. Bei Öffnungstemperatur des Thermostats gestattet das untere Ventil den Durchfluß einer gewissen Menge Wasser, die sich mit der vom oberen Ventil noch durchgelassenen Menge

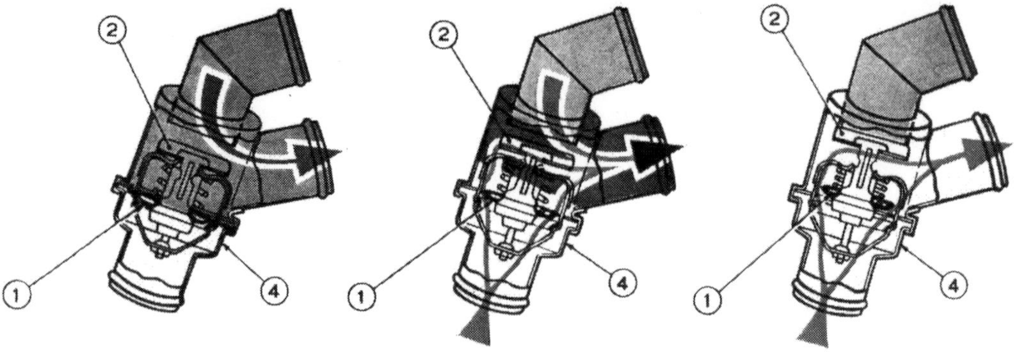

Wirkungsweise im By-pass-Thermostat ab 1967 (Motor-Nr. 176 399). 1 – unteres Thermostatventil, 2 – oberes Thermostatventil, 4 – Thermostatstutzen. Der Pfeil zeigt die Strömungsrichtung zum Ansaugrohr der Wasserpumpe. Von oben kommt das Kühlmittel vom Zylinderkopf, von unten aus dem Kühler durch den Thermostat und wird, wie umseitig beschrieben, von den beiden Ventilen je nach Temperatur reguliert.

mischt. Öffnen und Schließen wird demnach von der Temperatur vom Wasser im Motor und vom Wasser im Kühler reguliert.

Dieser Thermostat kann ebenfalls nicht repariert und muß bei Versagen ausgetauscht werden. Zum Ausbau braucht lediglich die Kühlflüssigkeit so weit abgelassen zu werden, daß die drei Schlauchschellen der Anschlüsse am Thermostat ohne Wasseraustritt gelöst werden können. Schläuche abziehen, und das Thermostatgehäuse ist frei.

Der Verschlußdeckel

Drehen Sie den Verschlußdeckel des Kühlers einmal ab! Sie werden bemerken, daß er fest aufsitzt, und tatsächlich schließt er nach außen vollkommen ab. Die tellerförmige Druckplatte am Fuß des Deckels preßt sich durch Federdruck auf den Innenrand des Stutzens. Diese Dichtplatte sorgt als Sicherheitsventil für Druckausgleich, wenn die Temperatur 100 Grad überschreitet und der Innendruck des Kühlsystems die Federkraft überwindet. Dann entweicht die Flüssigkeit oder deren Dampf durch den seitlich abzweigenden Schlauch zum Ausgleichsbehälter. Umgekehrt kann der durch Abkühlung entstehende Unterdruck den Weg vom Ausgleichsbehälter zurück in den Kühler freibekommen, da sich das in der Mitte der Platte befindliche Unterdruckventil öffnet. Es handelt sich also um einen speziellen Verschluß, daher darf ein zufällig passender Verschlußdeckel eines anderen Fabrikats auf keinen Fall verwendet werden, weil die Federspannung auf die Druckverhältnisse abgestellt wurde.

Auf dem Ausgleichsgefäß sitzt ein Verschlußdeckel, dessen eingelegte Gummiplatte einen lippenförmigen Einschnitt trägt. Durch die vier Bohrungen im Deckel kann das Kühlsystem »atmen«, falls durch Über- oder Unterdruck ein Ausgleich notwendig wird.

Der Kühlerverschlußdeckel ist vielseitiger, als man denkt. Seine große Feder drückt die Verschlußplatte auf den Stutzen, so daß sich im Kühlsystem Überdruck bilden kann. Über das Ausgleichsrohr kann bei etwa 0,7 atü Überdruck Dampf oder überschüssiges Wasser austreten. Umgekehrt kann bei Abkühlung Luft über Ausgleichsrohr und Ausgleichsventil nachströmen, wenn der Außendruck um etwa 0,05 atü höher liegt.

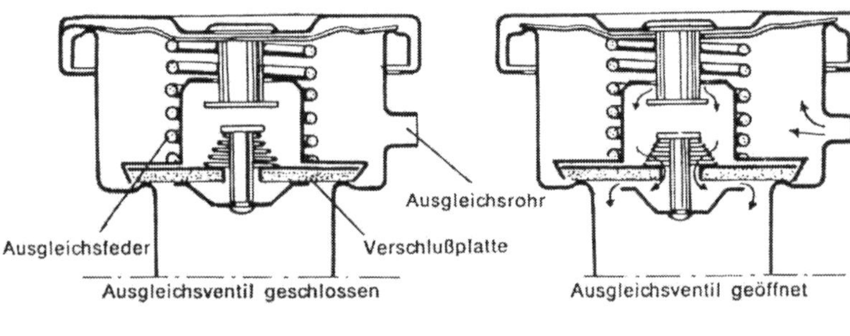

Die Wasserpumpe

Auf der gleichen Welle wie der Kühlerventilator sitzt die Wasserpumpe, die durch den Keilriemen angetrieben wird. Alles Wichtige über den Keilriemen erfährt man im Kapitel »Lichtmaschine und Anlasser«.

Normalerweise ist die Wasserpumpe nicht anfällig und bedarf keiner Schmierung oder sonstigen Wartung, da ihr Lager von beiden Seiten verschalt ist. Störungen können nur bei Durchlässigkeit der inneren Dichtung oder durch übermäßige Kalkablagerungen entstehen.

Zur Demontage wird der vom Kühler heraufführende Schlauch am Pumpeneinlaß gelöst, nachdem die Kühlflüssigkeit am Hahn des Kühlers links unten abgelassen wurde (Frostschutzflüssigkeit zwecks Wiederverwendung auffangen). Dann sind die vier Sechskantschrauben (SW 10) der Pumpe und zwei Muttern (SW 10) am Anschluß zum Rohr des Klimageräts zu lösen, und die Pumpe läßt sich samt Ventilator abnehmen.

Um die Pumpe auseinanderzunehmen, benötigt man einen Abzieher für das Flügelrad, das den Umlauf der Kühlflüssigkeit bewirkt. Dann wird die seitlich im Pumpengehäuse sitzende Wurmschraube mit dem Schraubenzieher gelockert: Die Pumpenwelle kann man nun mit dem Lager herausziehen. Im Gehäuse ist die Dichtung eingedrückt, sie wird mit einem Schlageisen entfernt. Eine Feder drückt den Dichtring ständig gegen die im Flügelrad eingepreßte Büchse, daß auch nach längerem Betrieb kein Nachstellen erforderlich wird.

Zeigt der Dichtring Verschleiß, muß er ersetzt werden. Bei übermäßigem Lagerspiel der Pumpenwelle ist auch die komplette Welle zu erneuern (das Axialspiel darf nicht mehr als 0,12 mm betragen). Das Pumpengehäuse muß an seiner Berührungsfläche mit dem Kurbelgehäuse des Motors vollkommen plan sein, außerdem ist auf Risse zu achten. Beim Zusammenbau wird zuerst der Dichtring in das Gehäuse gedrückt (breite Öffnung zeigt gegen das Flügelrad), dann führt man die Pumpenwelle samt Lager in das Gehäuse, wobei die Bohrung des Lagers mit dem Sitz der Halteschraube im Gehäuse übereinstimmen muß. Diese Sicherungsschraube wird durch Verstemmen zusätzlich gesichert. Mit einem Kunststoffhammer kann ein geschickter Eigenbauer das Flügelrad auf die Welle schlagen (in der Werkstatt geschieht das mittels Presse), doch muß zwischen Flügelrad und Pumpengehäuse ein Spiel von 1 mm frei bleiben.

Öl oder Fett ist keinesfalls an den Dichtring zu bringen, da es dem Material nur schaden würde.

Die Keilriemenspannung ist, wie im Kapitel »Lichtmaschine und Anlasser« beschrieben, zu regulieren.

Überhitzter Motor

Der kräftigere Motor des 124 Special hat zur besseren Überwachung der Betriebstemperatur ein Wasserfernthermometer, während der Motor beim 124 Normal durch eine Warnlampe seine Überhitzung anzeigt. Beide Geräte »fühlen« die Temperatur über dem Anschluß an der linken hinteren Seite des Zylinderkopfes.

Ab einer Wassertemperatur von 110 Grad löst der Kontakt das Aufleuchten des Warnlämpchens im 124 Normal aus. Leuchtet das Lämpchen auf, ohne daß der Motor zu warm geworden ist und sind die Kabelanschlüsse einwandfrei, muß der Thermoschalter ausgewechselt werden. Dieser Thermoschalter ist über ein Kabel zur Kühlwasser-Warnleuchte im Kombi-Instrument verbunden.

Zum nachträglichen Einbau im Fiat 124 Normal liefert die Firma Motometer ein Fernthermometer zum Preis von ca. 35 Mark, die Einbaukosten betragen etwa 20 Mark. Dieses wichtige Kontrollinstrument kann auf einer Halterung

links oder rechts vom Kombi-Instrument befestigt werden; es sollte in der Wahl einem Drehzahlmesser vorgezogen werden, weil die Beobachtung der oft unzureichenden Betriebstemperatur von großer Bedeutung ist.
Die günstigste Temperatur des Motors läßt sich besonders im winterlichen Kurzstreckenverkehr schnell mit einer Kühlerjalousie einregulieren. Über die Fiat-Händler erhält man die passende Jalousie von der zur Deutschen Fiat gehörenden Karosseriewerke Weinsberg GmbH. Die Bedienungszüge zur Jalousie müssen allerdings regelmäßig mit Öl versorgt werden, da sie leicht einrosten. Eine nicht rechtzeitig regulierte oder geöffnete Jalousie kann beim Motor zum Totalschaden führen, weil er durch mangelnde Kühlung sehr schnell überhitzt wird. Zur Jalousie gehört deswegen noch dringender ein Fernthermometer, um Überhitzung des Motors bei zu starker Abdeckung vorzubeugen. Kühlerabdeckung mittels Pappe höchstens bei strengem Frost und unter noch sorgfältigerer Beobachtung der Motortemperatur.
Im Special kann die jeweilige Temperatur im Zylinderkopf genauer verfolgt werden. Auch bei niedrigen Temperaturen ist die Anzeige von Bedeutung: Es kann sein, daß der Thermostat seine Aufgaben nicht mehr erfüllt und geschlossen ist, wodurch das Kühlmittel nicht mehr durch den Kühler fließt und gekühlt wird, so daß der Motor überhitzt ist. Aber auch bei einwandfreiem Motor mahnt die Temperaturanzeige vor übermäßiger Belastung, weil der Motor erst voll ausgedreht, also belastet werden soll, wenn er seine Betriebstemperatur erreicht hat. Natürlich ist die Anzeige von Übertemperaturen wichtiger. Man sollte es besser schon gar nicht zu einer möglichen Überhitzung kommen lassen und bei hohen Außentemperaturen Vollgas-Dauerfahrten anderen überlassen. Vernünftigerweise wird man ohnehin auf der Autobahn immer noch einer kleine Reserve im Gaspedalweg behalten. Mangel an Kühlwasser – aus Nachlässigkeit nicht beachtet – ist der Anlaß zum Tod des Motors.
Bei zu heißem Motor kann die Zylinderkopfdichtung durchbrennen. Das kündigt sich an durch Wasserverlust, schlechten Geruch und aufsteigende Luftblasen aus dem Überlaufgefäß. Ein untrügliches Kennzeichen ist die weiße, allmählich stärker werdende Dampfwolke, die der Wagen nachzieht (man sieht sie während der Fahrt im Rückspiegel). Dann ist ein Werkstattbesuch überfällig. Die defekte Kopfdichtung kann auch von nicht sachgemäß angezogenen Zylinderkopfschrauben verursacht sein oder von einem verzogenen Zylinderkopf kommen. Dann muß der Kopf plangeschliffen werden.
Noch ein Wort zur Überhitzung: Da durch die Heizung ein weiterer »Kühler« bei Bedarf zur Verfügung steht, kann eine momentane Übertemperatur (Paßfahrt im Sommer in Kolonne) durch »persönliche Opfer« gemildert werden. Heizungsklappen öffnen, Gebläse einschalten und Heizungsregulierung ganz öffnen. An der Temperaturanzeige sehen Sie die Wirkung dieses Tricks.

Frostschutz

Das dem Wasser beigefügte Frostschutzmittel hat einen Siedepunkt, der über dem des Wassers liegt, es verdunstet oder verdampft also auch bei Überhitzung nicht. Als Frostschutzmittel wird allgemein Äthylenglykol verwendet (Flüssigkeit auf Alkoholbasis), deshalb kann auch als Notbehelf Brennspiritus nachgefüllt werden, der jedoch verdunstet. Außer diesem Alkohol enthält das Frostschutzmittel noch einige wichtige Zusätze: Ein Korrosionsschutzmittel – dessen Vorhandensein ebenso wichtig ist wie der Frostschutz selbst – schützt den Kühler vor chemischen Anfressungen und Rost. Ein kalkbindendes Mittel verhindert die Bildung von Kesselstein, der die Kühlwirkung herabsetzt. Außerdem kann das Frostschutzmittel als Schmiermittel für die Wasserpumpe wirken.

Die Dauerfüllung im Kühlsystem besteht zu 50 Teilen aus Wasser und zu 50 Teilen aus Fiat-Spezialflüssigkeit »Paraflu 11«, die ein Gefrieren bis zu −35 Grad Celsius verhindert und auch durch andere handelsübliche Frostschutzmittel ersetzt werden kann. Sie ist über 2 Jahre oder etwa 60 000 km haltbar. Nach dieser Zeit ist das Kühlmittel gealtert und seine Zusätze sind verbraucht und unwirksam.

Kühlflüssigkeit wechseln

Pflegearbeit
Nr. 44

Die alle 2 Jahre oder nach 60 000 km zu wechselnde Dauerflüssigkeit wird wie folgt abgelassen:

- Heizungshebel ganz nach rechts stellen (öffnen).
- Hahn am Kühler links unten öffnen.
- Hahn an der rechten Zylinderblockseite öffnen (zwischen Lichtmaschine und Anlasser).
- Verschluß vom Ausgleichsbehälter lösen (Luftzutritt erleichtert Abfluß).

Nachdem alle Flüssigkeit abgelaufen ist, wird das Kühlsystem mit sauberem Wasser durchgespült, indem man – möglichst mit einem Schlauch – laufend Wasser hindurch- und abfließen läßt. Anschließend Hähne zudrehen.
Das Kühlsystem im Fiat 124 Normal faßt 7,3 Liter, im Special 7,5 Liter Flüssigkeit, wovon die Hälfte (3,65 oder 3,75 Liter) aus Frostschutzmittel besteht. Beim Einfüllen der neuen Flüssigkeit bleibt der Heizungshebel auf Öffnungsstellung, über den Ausgleichsbehälter wird aufgefüllt. Wird der Kühlerverschluß dabei geöffnet, kann man kontrollieren, wann der Kühler gefüllt ist, um nicht zuviel in den Ausgleichsbehälter zu gießen. Dann läßt man den Motor einige Minuten laufen – das ist wichtig –, damit Luftblasen ausgeschieden werden können. Eine eventuell nötige Restmenge wird aufgefüllt und die Einfüllstutzen werden geschlossen. Zusammen mit dem Frostschutz darf kein Korrosionsschutz aufgefüllt werden.

Fingerzeige: *Falls die Außentemperatur unter den vorliegenden Frostschutzwert sinkt, ist der Motor noch nicht gleich gefährdet. Es bildet sich eine gelatineähnliche Masse, die durch Standlauf wieder verflüssigt wird.*
Nie kaltes Wasser in einen überhitzten Motor nachfüllen. Dagegen kann unbedenklich warmes Wasser in einen kalten Motor gegossen werden.
Besonders im Winter kommt der Motor selten auf die günstigste Betriebstemperatur, seine Konstruktion ist mehr für das Klima seines Heimatlandes ausgelegt. Man behilft sich mit teilweiser Abdeckung des Kühlers (Pappe oder Kunststoff-Folie vor den Kühler binden), die mehrmals durchlocht ist, denn der Motor benötigt auch Frischluft.

Bild links: Gehäuse des Wärmetauschers im Heizgerät. Die Zahlen bedeuten: 1 – Ventilatorgehäuse, 2 – Klemme für das Betätigungskabel der Klappe, 3 – Stütze, 4 – Regelklappe für den Lufteintritt in den Wärmetauscher, 5 – Wärmetauscher, 6 – Wasserzuleitung zum Wärmetauscher, 7 – Wasserrückleitung aus dem Wärmetauscher, 8 – Betätigungshebel des Wasserhahns, 9 – Wasserhahn, 10 – Klemme für die Kabelführung des Absperrhahn-Betätigungskabels.

Rechts: Ventilatorgehäuse des Heizgeräts: Es bedeuten: 1 – Elastisches Motorlager, 2 – Haltefedern, 3 – Ventilatorgehäuse, 4 – Ventilatormotor.

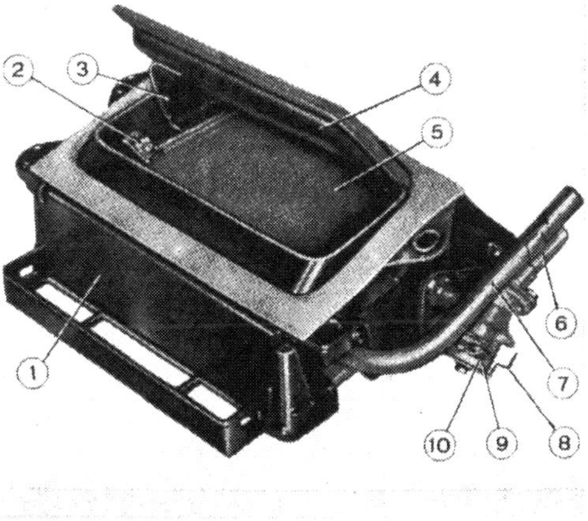

Vom Tank zur Kraftstoffpumpe

Lange Leitung

Man sollte meinen, solange noch ein paar Tropfen Benzin im Tank sind, wird der Motor schon laufen. Normalerweise ist das richtig. Aber dazu sollte man den Tank möglichst immer gefüllt halten, damit sich an dessen Innenwänden kein Kondenswasser absetzen kann und der dadurch entstandene Rost eventuell Ventile in der Kraftstoffpumpe oder Düsen im Vergaser verstopft. Wasser kann auch im Gehäuse des Vergasers Absonderungen hervorrufen, da es auf Zinkspritzguß das sogenannte »Zinkblühen« fördert, was ebenfalls zu Verstopfungen führt. Ferner kann auch bei ausreichender Tankfüllung die Zufuhr gestört sein. Um entsprechende Störungen beim Fiat 124 zu erkennen, soll die Laufbahn des Kraftstoffs auf den folgenden Seiten beleuchtet werden.

Der Tank

Rechts im Kofferraum ist der Kraftstofftank gut zugänglich untergebracht. Die Öffnung der Karosserie, in die der kurze Einfüllstutzen reicht, ist durch eine elastische Kappe gegen Eindringen von Schmutz und Nässe geschützt. Beim Tanken bereitet der Verschluß des Tanks bisweilen Verdruß. Die ersten Ausführungen waren noch mit einem Tankverschluß ausgestattet, der nach einer Vierteldrehung fest aufsaß. Nicht immer wird vom Tankwart der Deckel richtig aufgesetzt, so daß beim Fahren der Kraftstoff über das rechte Seitenteil der Karosserie läuft. Die Verschlüsse neueren Datums haben ein Gewinde. Man entschloß sich für diese, weil Fiat in Versuchen feststellte, daß Tankdeckel mit Bajonettverschluß bei Unfällen oft absprangen und das auslaufende Benzin die Fahrzeuge in Brand setzte. Doch kann auch ein solcher Tankdeckel – unachtsam – verkantet festgedreht werden, und wiederum läuft Kraftstoff aus. Darum ist es gut, wenn man bei Tankwarten, die man nicht kennt, deren Tatendrang kontrolliert, noch besser: selbst festschrauben.
Zwischen oberer Tanknaht und Kofferraumrandung ist eine Schutzkappe eingeklemmt, die sich leicht entfernen läßt. Dahinter zeigen sich verschiedene Anschlüsse. Die Kraftstoffleitung zur Kraftstoffpumpe besteht aus Leichtmetall und ist innerhalb der Karosserie zum Motorraum verlegt, zum Tank hin sitzt aus Gründen der Elastizität ein Schlauch, dessen Schellen sich mit einem Kreuzschraubenzieher lösen lassen.
Der Entlüftungsschlauch, der bei Temperaturschwankungen den Druckausgleich im Tank erlaubt, reicht bis zur Kappe am Einfüllstutzen. Im Sommer kann man beobachten, daß bei manchen vollgetankten Wagen Kraftstoff aus dem Tank dringt und auf den Boden tropft, vor allem wenn sie in der Sonne abgestellt sind. Das Benzin ist noch recht kühl, da es gerade dem Behälter an der Tankstelle entnommen wurde, der vor Wärme geschützt unter der Erdoberfläche liegt. Im Tank des Wagens dehnt sich der Kraftstoff unter der Wärmeeinwirkung aus – beim Fiat steigt er in den ausreichend lang bemessenen Entlüftungsschlauch. Also nie einen aufgetankten Wagen in der prallen Sonne parken.

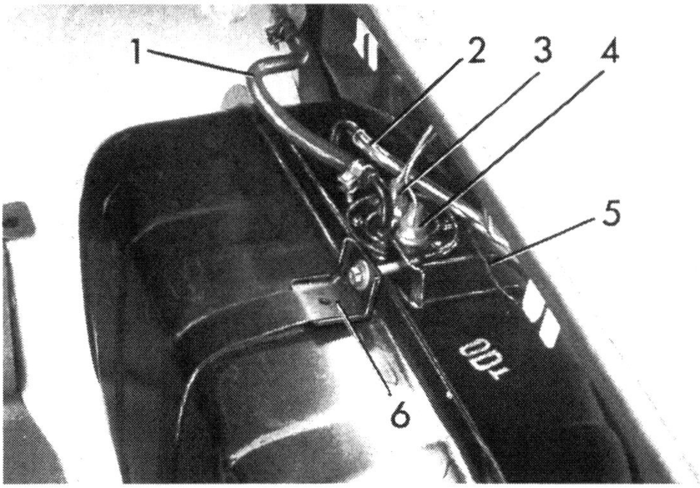

Unter der Abdeckung des Tanks im Kofferraum befinden sich folgende Anschlüsse: 1 – Leitung zur Kraftstoffpumpe, 2 – Entlüftungsleitung, 3 – Schutzkappe für die Klemme der Kraftstoffanzeige, 4 – Schutzkappe für die Klemme der Reserveanzeige, 5 – Massekabel der Kraftstoffanzeige, 6 – Haltebügel des Kraftstoffbehälters. Um den Tank auszubauen, müssen die genannten Verbindungen gelöst werden, und zwar das Massekabel zuerst.

Weiter erfüllt der Schlauch den Zweck, im Tank keinen Unterdruck aufkommen zu lassen. Ein vollkommen verschlossener Tank würde seinen Inhalt kaum abgeben, weil keine Luft nachdringen kann, um den entstehenden leeren Raum auszufüllen.

Die Kraftstoffleitung mündet aus dem von sechs Schrauben gehaltenen Geber der Kraftstoffanzeige. Er läßt sich ausbauen (Beschreibung im Kapitel »Instrumente und Geräte«). Von ihm gehen – in Fahrtrichtung gesehen – vorn das Kabel für Kraftstoffanzeige und hinten das Kabel für Reserveanzeige ab, außerdem ist noch das schwarze Massekabel befestigt. Da hier also Elektrizität im Spiele ist, muß bei allen Arbeiten am Tank das Minus-Kabel der Batterie abgeklemmt werden. Das ist das kurze dicke Kabel, das von der Batterie an die Innenwand des Motorraums läuft (SW 10).

Man kann den Tank ausbauen, beispielsweise um ihn zu reinigen. Ihn hält ein Schellenband fest, das mit einem Maulschlüssel SW 10 gelockert werden kann. Nachdem alle Anschlüsse gelöst wurden, läßt sich der Tank herausnehmen. Falls möglich, geht man damit zu einer Tankstelle und läßt sich mit kräftigem Strahl Benzin in den Tank spritzen, sodann wird der Tank gut geschüttelt. Man braucht das Benzin nicht fortzugießen, sondern es kann, durch ein Leinentuch gesiebt, in einem Behälter aufgefangen werden, um es später für den Betrieb zu benutzen. Dieser Vorgang wird mehrmals wiederholt. Wenn vorhanden, bläst man zum Schluß Preßluft in den Tank, nachdem man die Ablaßschraube gelöst hat.

Diese Ablaßschraube läßt sich auch bei eingebautem Tank (Steckschlüssel SW 13) herausschrauben. In der unteren Bodenblechverkleidung sitzt ein Gummistopfen, der so groß wie ein Fünfmarkstück ist. Hat man ihn herausgepolkt, ist der Zugang zur Ablaßschraube freigelegt.

Was man nicht sieht, ist das Stück der Kraftstoffleitung, die an der tiefsten Stelle des Tanks – durch ein Sieb geschützt – den Kraftstoff durch das Ansaugen der am Motor sitzenden Kraftstoffpumpe entnimmt. Außerdem befindet sich im Tank ein Schwimmer, der den Benzinstand mißt und über einen elektrischen Regelwiderstand zum Anzeigegerät am Armaturenbrett weiterleitet.

Mit 39 Litern Fassungsvermögen ist die Kapazität des Tanks leidlich ausreichend. Wenn man mit einem durchschnittlichen Verbrauch des Fiat 124 von 10 Liter auf 100 km rechnet, ergibt sich eine Reichweite von fast 400 km. Um jedoch nicht bis zum leitzten Tropfen Tankinhalt zu fahren, leuchtet im Instrumentenbrett die linke untere Lampe auf, wenn sich der Kraftstoffpegel im unteren Viertel des Tanks bewegt. Dieses »Erinnerungs«-Licht geht dem Fiat

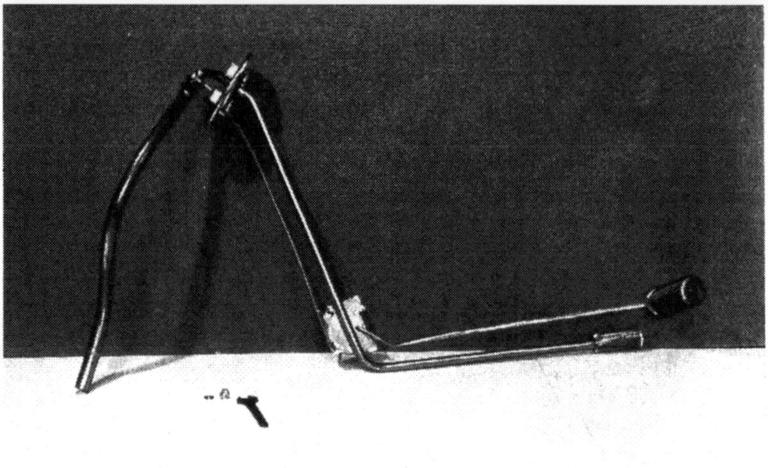

Tankschwimmer, ausgebaut. Links der Schlauch, der am gekrümmten Rohr auf dem Deckel des Gebers (oben) mit einer Schlauchschelle befestigt ist. Entlüftungsschlauch ist entfernt. Das Rohr ragt, in seiner Hälfte abgewinkelt, in den Tank und trägt an seinem Ende ein Sieb (rechts unten). Darüber der bewegliche Schwimmerhebel, dessen schwarzer hohler Schwimmer je nach Stand des Kraftstoffs die Kontakte im Gebergehäuse (Mitte) abtastet. Diese Nachricht wird über die beiden Schienen (rechts und links vom Benzinrohr zwischen Gehäuse und Deckel) zu den Anschlüssen auf dem Deckel weitergeleitet.

allerdings schon recht früh auf. Es kann sein, daß noch etwa 11 Liter im Tank sind und bei Kurvenfahrt – wenn das Benzin einseitig weggedrückt wird – die Lampe schon zu flackern beginnt.
Diese Warnung des allmählich versiegenden Benzinvorrats kommt über ein Kabel nach vorn, das mit dem Geber des Anzeigegeräts oben am Tank verbunden ist. Von ihm führt ein zweites Kabel zum Anzeigegerät im Armaturenbrett, das – bei eingeschalteter Zündung – laufend den effektiven Kraftstoffvorrat mißt. Und weiter geht noch ein Masse-Kabel (schwarz) vom Tank ab, das für den Stromkreislauf sorgt, da der elektrische Geber im Tank isoliert eingebaut ist.
In jedem Fall wird man sich einen kleinen Reservekanister zulegen, da erstens die Tankanzeige einmal ausfallen könnte und zweitens eine zielstrebig angesteuerte Tankstelle womöglich gerade dann geschlossen ist, wenn die letzten Tropfen im Tank bis zur nächsten nicht mehr reichen.

Die Kraftstoffpumpe

Da der Kraftstoff nicht von allein vom Tank zum Vergaser fließt, muß er zu diesem Weg gezwungen werden. Das besorgt die Kraftstoffpumpe, die beim Fiat 124 gut erreichbar an der linken Seite des Motors sitzt. Ihr Aufbau ist einfach, und wenn man sich ab und zu um sie kümmert, wird man kaum Ärger mit ihr bekommen, da Störungen ohnehin selten auftreten.
Der Antrieb der mechanischen Pumpe erfolgt über einen besonderen Nocken der fast in gleicher Höhe liegenden Nockenwelle. Dieser Nocken betätigt den Pumpenhebel, der in das Motorgehäuse hineinragt. Mit dem gabelförmigen anderen Ende des Hebels greift dieser an den Membranstößel der Gummimembrane und zieht ihn nach unten. Dabei wird Kraftstoff angesaugt. Hat die Nockenwelle den Hebel wieder freigegeben, drückt eine starke Feder die Membrane in ihre Ausgangsstellung zurück und fördert dabei den angesaugten Kraftstoff zum Vergaser. In der durchsichtigen Kunststoffleitung zwischen Pumpe und Vergaser kann man den Fluß des Kraftstoffs beobachten, zumal wenn eingeschlossene Luftblasen mit hinaufwandern. (Die Luftblasen sind ohne Bedeutung, sie entweichen im Vergaser.)
Zwei Flatterventile im Gehäuseoberteil der Pumpe ermöglichen den Pumpvorgang. Sie versperren als Saug- und Druckventile ihre jeweils angeschlossenen Leitungen. Würde die Pumpe allerdings unentwegt Kraftstoff zum Vergaser fördern, müßte der Vergaser schon nach den ersten Umdrehungen des Motors »versaufen«. Einerseits ist der Vergaser durch das Schwimmernadelventil vor zu kräftigem Zufluß geschützt, aber der von der Pumpe erzeugte Druck hätte

dennoch unliebsame Auswirkungen. Der Stößel der Pumpe ist deshalb gleitend in eine Führung der Membrane eingesetzt. Eine Feder drückt die Membrane nach oben, doch ist deren Kraft so dimensioniert, daß sie bei vollem Vergaser durch ihren in der Kraftstoffleitung sich fortsetzenden Druck das Schwimmernadelventil nicht öffnen kann. In der Membranführung ist ein »Freilauf« enthalten, daß der Kraftstoff unabhängig von den Stößelbewegungen durch sanften Druck gefördert wird. Dies kann nur geschehen, wenn der Motor läuft, also Kraftstoff verbraucht, und wenn das Schwimmernadelventil im Vergaser sich öffnet. Die Schubkraft der Membranfeder und der Gegendruck unter dem Nadelventil im gefüllten Schwimmergehäuse des Vergasers sind sorgfältig aufeinander abgestimmt.

Sieb der Kraftstoffpumpe reinigen
Pflegearbeit Nr. 23

Kraftstoffverunreinigungen werden an drei Stellen ausgesiebt: Am Einlaufsieb im Tank, am Sieb in der Kraftstoffpumpe und am Sieb im Vergaser. Die beiden letzteren sind leicht zugänglich. Das Sieb der Pumpe befindet sich unter dem halbkugelförmigen Deckel, der in der Mitte durch eine Sechskantschraube festgehalten wird. Mit einem 10 mm-Schlüssel löst man die Schraube.
Wenn der Tank ganz gefüllt ist, quillt Kraftstoff unter dem Deckel hervor, da dann das Niveau des Benzins im Tank höher als die Benzinpumpe ist. In dem Fall ist die rechte Zuführung der Kraftstoffleitung zu lösen (Kreuzschlitzschraube), und mit einem Dorn oder Bleistift wird die Leitung verstopft. Man kann sie auch nach oben winkeln und hinter dem hintersten Zündkerzenkabel gegen den Kerzenstecker lehnen.
Das Sieb liegt unter dem Pumpendeckel, je nach Hersteller besteht es aus Kunststoff oder Metall. Man bläst es mit einer Fahrradpumpe sauber – vielleicht können Sie auch so stark pusten! – und putzt eventuelle Schmutzpartikeln ab. Auch im Raum unter dem Sieb können sich Fremdstoffe aufhalten. Nach der Reinigung das Sieb wieder so einlegen, daß seine Löcher mit denen in der Pumpe übereinstimmen. Den Deckel wieder gut aufschrauben, weil sonst Benzin (hier unter Druck) entweicht. Bei dieser Gelegenheit sollte man auch mit einem Schraubenzieher die Flanschschrauben des Pumpengehäuses (dazwischen sitzt die Membrane) auf festen Sitz kontrollieren, ebenso mit einem Steckschlüssel die Befestigungsschrauben der Pumpe am Motor.

Zerlegen der Pumpe

Es können verschiedene Fabrikate von Kraftstoffpumpen eingebaut werden, doch sind ihre Unterschiede unwesentlich. Man wird die Pumpe zerlegen müssen, wenn sie undicht ist oder wenn sie nicht oder zu wenig fördert. Dann sind die Ventile nicht in Ordnung oder die Membrane ist defekt.

Vor dem Reinigen der gut zugänglichen Benzinpumpe im linken Motorraum sollte zuerst der vom Tank herführende Kraftstoffschlauch vor der Pumpe abgezogen und mit einem passenden Kreuzschlitzschraubenzieher oder Dorn verstopft (vorne im Bild) werden. Dann Deckelschraube der Pumpe mit einem 10er-Schlüssel lösen und Deckel abnehmen. Sitzt der Deckel fest, die Schraube in den letzten Gewindegängen lassen und den Deckel damit abhebeln.

Die zerlegte Benzinpumpe. Mitte: Gehäuseunterteil, aus dem der Pumpenhebel herausragt. Obenauf ist die Membrane zu sehen. Links liegt das Gehäuseoberteil, dessen Filtersieb an dem Pumpenausgangsrohr lehnt, nach vorne zeigt das Eingangsrohr. Rechts liegen Deckel und Befestigungsschraube SW 10.

Vor dem Ausbau der Pumpe werden die Kraftstoffleitungen abgezogen, die von Schlauchschellen gesichert sind. Die von rechts führende Zuleitung wird, wie schon erklärt, zweckmäßigerweise verstopft. Zwei Muttern halten die Pumpe an ihrem Flansch fest (Steckschlüssel SW 13). Nach Losschrauben kann die Pumpe, indem man sie leicht nach unten dreht, abgezogen werden. Hierbei ist zu beachten, daß die dicke Flanschdichtung mit den beiderseitigen dünnen Auflagen nicht abhanden kommen, da sonst nach erfolgtem Zusammenbau der Nocken auf das winklig abgebogene Ende des Pumpenhebels in falscher Höhe wirken würde und den Hub der Pumpe verändert.

Um Gehäuseober- und unterteil später richtig aufeinanderzusetzen, markiere man beide Teile an den Anschlußkanten mit einem gemeinsamen Kratzer. Sechs Schlitzschrauben halten beide Gehäuseteile zusammen. In dem Oberteil sitzen zwei Ventile, die nicht – wie ganz früher einmal üblich – ausgewechselt werden können, sondern eingepreßt sind. Mit einem Holzspan oder Bleistift lassen sich die Ventile auf Gängigkeit untersuchen, indem man leicht gegen ihre braune Fläche drückt. Kleine Federn hinter ihnen setzen diesem Druck leichten Widerstand entgegen. Bei schadhaften Ventilen muß das ganze Oberteil ausgetauscht werden.

Die Membranedichtung ist doppelteilig, zwischen ihrer Auflage am Gehäuserand liegt ein Distanzring aus Kunststoff, der auf den Pumpenhub bemessen ist und nicht entfernt werden darf. Erweist sich das Membranegummi defekt (brüchig oder eingerissen), muß die zentrale Mutter auf der Membrane gelöst und die obere Scheibe abgenommen werden. Neue Membranedichtung wird in umgekehrt erfolgtem Arbeitsgang wieder von der Scheibe festgeklemmt. Die sechs Schrauben der Gehäuseverbindung sind nach der endgültigen Montage, also wenn die Pumpe wieder an den Motor geschraubt ist, nochmals auf festen Sitz zu überprüfen. Diese Probe sollte auch gelegentlich vorgenommen werden, wenn an der Pumpe nicht gearbeitet wurde.

Streifzug durch die Gasfabrik

Überschlagen Sie diese Seiten nicht aus Furcht vor komplizierten Vorgängen und deren Erklärungen. Zwar benötigt man für das Kapitel etwas Ruhe (wie wäre es, wenn Sie es abends im Bett lesen?), doch wird Ihnen die in der Theorie gewonnene Erkenntnis manchen Handgriff erleichtern. Gewiß werden Sie später auftretenden eventuellen Störungen unerschrocken begegnen und sie beheben.

Ohne einige Vorkenntnisse über das Wesen eines Vergasers und über das Funktionieren der Gasanstalt Ihres Fiat werden Sie dabei nicht auskommen.

Die Motoren des Fiat 124 Normal sind in den ersten Jahren mit Flachstrom-Doppelvergasern ausgerüstet worden, doch verwendet man ab Motor-Nr. 759 049 (nach Erscheinen des Special-Modells) seit Anfang 1969 Fallstrom-Doppelvergaser, die eine günstigere Gemischzuführung gestatten. Ein Teil der Produktion erhält Vergaser der mit Fiat verbundenen Firma Weber (Bologna), die durch ihre Hochleistungsvergaser für Sportfahrzeuge bekannt wurde. Statt dieser können auch Vergaser der Marke Holley, die eine Weber-Lizenz besitzt, eingebaut sein. Zum anderen werden die 124-Motoren mit Vergasern der Firma Solex (Turin) bestückt, die auch mit der Deutschen Vergaser-Gesellschaft Solex (Neuß) Kontakt hat.

Welcher Vergaser ist eingebaut?

Bei Störungen und Ersatzteilbeschaffung ist es von Interesse, zu wissen, welcher Vergasertyp in Ihrem Auto eingebaut ist. Folgende Vergaserbezeichnungen sind anzutreffen:

- Flachstrom-Vergaser = Weber 32 DCOF oder
  Solex C 32 PHH/6
- Fallstrom-Vergaser = Weber 32 DHS 1 (-2, -3) oder
  Weber oder Holley 32 DHS 10 (-11, -13) oder
  Solex C 32 EIES (-2, -4)

Ersatzteile für alle Vergasertypen erhält man bei den Fiat-Vertretungen. Es gibt aber auch einen Importeur für Weber-Erzeugnisse (Firma Nöldeke GmbH, 7750 Konstanz, Postfach 117) und zahlreiche Vertragswerkstätten von Solex (Adressen über Deutsche Vergaser-Gesellschaft mbH & Co. KG, Solex-Vergaser, 4040 Neuß, Büdericher Straße 15), über die Ersatzteile bezogen werden und – bei Solex – zum Teil auch Einstellarbeiten erledigt werden können.

Welcher Vergasertyp in Ihrem Wagen eingebaut ist, ersehen Sie aus der oben oder seitlich am Vergaser eingeprägten Firmen- und Typenmarke.

Was sich im Vergaser tut

Die Aufgabe eines Vergasers ist die: Er soll Benzin und Luft so mischen, daß dieses »Gemisch« gut entflammbar ist. Das Verhältnis darf nicht zu fett (zu viel Benzin) und nicht zu mager sein. Die Menge und die Zusammensetzung des Gemischs und damit Geschwindigkeit und Leistung müssen deswegen reguliert werden können. Diesem Zweck dient die Drosselklappe im Vergaserdurchlaß, die direkt auf die Betätigung des Gaspedals anspricht. Außerdem verhindern verschiedene gesonderte Elemente im Vergaser eine Veränderung der Benzin-Luft-Menge durch äußere Einflüsse. Leerlauf und Vollast, plötzlicher Gaswechsel, Steigungen und Gefälle, niedriger Luftdruck (Gebirge) und große Hitze oder Kälte sind Faktoren, mit denen der Vergaser fertig werden muß.

Wichtige Vergaserbegriffe sind:

Schwimmergehäuse: In diesem »Behälter« wird die Höhe des Benzins reguliert, um jederzeit den erforderlichen Vorrat bereit zu haben. Der darin befindliche Schwimmer betätigt bei wechselndem Niveau ein Nadelventil und regelt dadurch den Zufluß des von der Kraftstoffpumpe geförderten Benzins.

Hauptdüse: Sie regelt mit genau bemessener Bohrung den Kraftstoffzufluß vor der Gemischbildung aus dem Schwimmergehäuse. Eingeschlagene Nummern geben die Düsengröße an.

Leerlaufdüse: Sorgt für einen gleichmäßigen Leerlauf.

Luftkorrekturdüse: Der von der Hauptdüse einströmende Kraftstoff wird hier mit einer bestimmten Menge Luft vorgemischt.

Mischrohr: Es nimmt Benzin und Luft entgegen und führt diese vorgemischt in den Austrittsarm im Saugkanal.

Lufttrichter: Der Lufttrichter sitzt im Saugkanal des Vergasers und beeinflußt durch seine maßlich festgelegte Einschnürung im Zusammenhang mit der Motordrehzahl die Luftgeschwindigkeit und gleichzeitige Luftmenge, die zur Bildung des Gemischs notwendig wird.

Beschleunigungspumpe: Zur Erzielung höherer Beschleunigung wird der Anteil des Kraftstoffs am Gemisch erhöht. Dies geschieht in einer kleinen Druckpumpe am Vergaser beim Durchtreten des Gaspedals. Ohne die Pumpe würde beim plötzlichen Gasgeben das trägere Benzin nicht schnell genug abgesaugt werden können, wodurch sich der Anteil der Luft ungünstig erhöhen würde.

Typenbezeichnung: Zum Beispiel Solex C 32 PHH/6. Der Name Solex weist auf die Herstellerfirma. Die Zahl 32 drückt in Millimeter den Innendurchmesser des Saugrohrs aus, das mit dem Lufttrichter verbunden ist. Die Buchstaben sind eine interne Typenmarkierung des Herstellers. Die gelegentlich anhängende Zahl (6) gibt Hinweis auf die vorgenommenen Konstruktionsänderungen.

Vergaser Weber 32 DCOF

Hier nun die Beschreibung der im Fiat 124 vorhandenen Vergaser. Zunächst der Weber-Vergaser:

Jeder der beiden Saugkanäle dieses Flachstrom-Doppelvergasers versorgt ein Zylinderpaar. Ein Verbindungskanal im Saugkrümmer sorgt für den Gemischausgleich zwischen den beiden Gruppen. Zwei Saugkanäle mit dem dazwischen angeordneten Schwimmergehäuse bilden das Vergasergehäuse. Jeder einzelne Saugkanal besitzt eine Leerlaufvorrichtung und eine solche für den Normalbetrieb. Zwei Drosselklappen sitzen auf einer Drosselklappenwelle, die zugleich das Abfangventil der Vorrichtung zur Rückleitung der Abgasreste trägt. Die Welle wird über den Betätigungshebel bedient. Das Nadelventil erlaubt das Eindringen von Benzin in das Schwimmergehäuse, in dem der Schwimmer über einen Hebel mit dem Gelenk verbunden ist, wobei das Öffnen der Schwimmernadel reguliert und der Kraftstoffspiegel auf gleicher Höhe gehalten wird. Vom Schwimmergehäuse gelangt der Kraftstoff anschließend durch die Hauptdüsen in den Mischraum. Hier strömt Luft durch die Luftdüsen in das mehrfach durchlöcherte Mischrohr und gelangt mit Benzin vermischt zum Spritzrohr in die Mischkammern, die aus Lufttrichtern und Nebenlufttrichtern

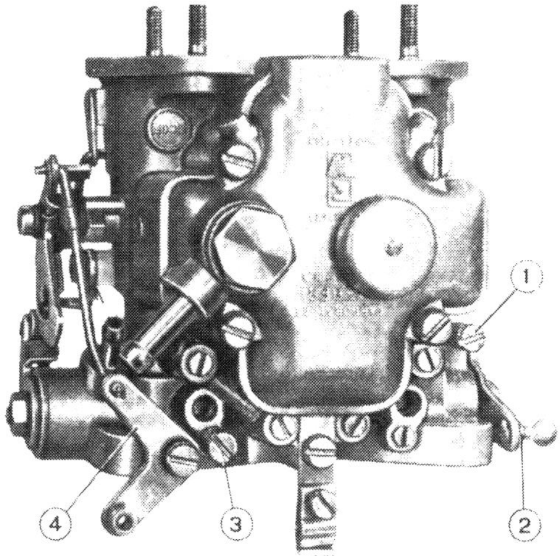

Zur Leerlaufeinstellung am Weber-Vergaser 32 DCOF des Fiat 124 Normal bis 1968 muß man diese Bauteile kennen:
1 – Einstellschraube,
2 – Drosselklappenhebel,
3 – Gemischregulierschraube,
4 – Starterhebel.

bestehen. Mit der Drosselklappenwelle ist zugleich eine Absaugvorrichtung für Gase aus dem Kurbelgehäuse verbunden. Solche Gase strömen bei geöffneter Drosselklappe durch ein Rohr und die jetzt öffnende Nut in die Lufttrichter, im Leerlauf nur noch durch eine geeichte Bohrung.
Bei höheren Drehzahlen tritt eine Anreicherungsvorrichtung in Funktion. Durch die Düsen kommt Kraftstoff aus dem Schwimmergehäuse und mischt sich mit Luft, die durch die Luftaustrittsdüsen gelangt. Dieses Gemisch saugt der beschleunigte Motorlauf durch weitere Düsen über Kanäle zusätzlich an.

Leerlauf und Übergang

Im Betrieb bei Leerlauf und bei sogenannter Übergangsvergasung fließt Benzin vor dem Mischrohr zu den Leerlaufdüsen, die auf Düsenhaltern montiert sind. Luft tritt wiederum durch Düsen ein, und das entstandene Gemisch wandert zu den Leerlaufdüsen, deren Stellung durch eine Schraube von außen regulierbar ist. Bei geschlossener Drosselklappe strömt das dosierte Gemisch direkt in die Vergaserkanäle, beim Öffnen der Drosselklappe vergrößert sich der Gemischzufluß durch Mitbenutzung der Übergangsbohrungen und gewährleistet ein regelmäßige Erhöhung der Motordrehzahlen.

Beschleunigen

Zwischen beiden Schwimmergehäusen befindet sich die Beschleunigungspumpe. Die Membrane saugt durch die Wirkung einer Feder über ein mit dem Schwimmergehäuse verbundenes Saugventil Kraftstoff an. Dies geschieht beim Schließen der Drosselklappen über den mit dieser verbundenen Hebel. Öffnet die Drosselklappe, preßt die durch den Pumpenhebel betätigte Membrane den

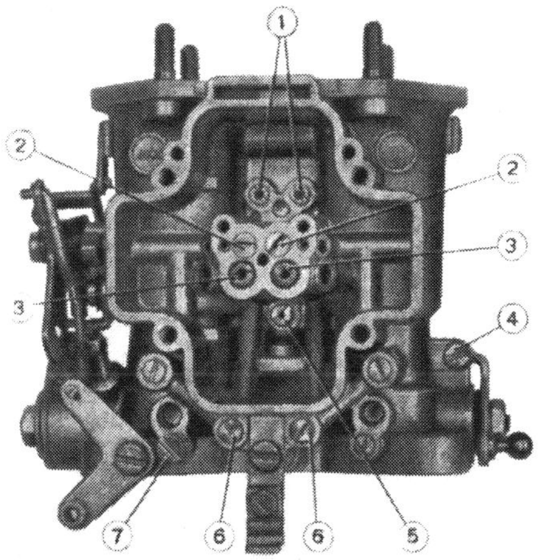

Im Gehäuse des oben abgebildeten Weber-Vergasers 32 DCOF bedeuten:
1 – Hauptdüsen, 2 – Leerlaufdüsenträger, 3 – Hauptluftdüsen, 4 – Einstellschraube,
5 – Pumpensaugventil,
6 – Schrauben zum Pumpenventil, 7 – Leerlauf-Einstellschraube.

aufgefangenen Kraftstoff zum Kugelventil und über einen weiteren Kanal durch die Pumpendüsen. Überschüssiges Benzin wird durch eine Bohrung unterhalb des Saugventils in die Schwimmerkammer zurückgeleitet. Die Feder verhindert zu starke Dosierung des Einspritzdrucks der Membrane.

Die Starteinrichtung

Sie hat die Aufgabe, das Anspringen des kalten Motors zu erleichtern. Bei geschlossenen Drosselklappen steht der Hebel in einer Position, die die zweiten Drosselklappen (Starterdrosselklappen) geöffnet hält. Der genannte Hebel bewirkt die Stellung über eine Stange, eine Nocke des Hebels und des mit der Drosselklappe verbundenen Hebels. Jetzt fördert das Spritzrohr reiches Gemisch in die Lufttrichter, und der Motor springt an. Der durch den Motorlauf bedingte Unterdruck im Lufteinlaßkanal öffnet die Starterdrosselklappen unter Überwindung der Federkraft. Die dadurch gesteigerte Luftzufuhr läßt das Gemisch magerer werden, was zu einem geregelten Lauf des Motors führt.

Vergaser Solex C 32 PHH/6

Von der Kraftstoffpumpe kommend, durchfließt das Benzin den mit dem Vergaser verbundenen Schlauch bis zum Nadelventil. Es gelangt ins Schwimmergehäuse, wenn der Schwimmer über die starre Verbindung mit dem Lagerstift nach unten schwenkt und diese Verbindung das Nadelventil öffnet. Somit reguliert sich ein ausreichender Benzinstand in der Schwimmerkammer.
Bei normalem Betrieb dringt die Luft durch den Filter in die Lufttrichter. Hier vermischt sie sich mit Benzin, das aus dem Spritzrohr tritt. Das Gemisch strömt durch die Verengung vom Lufttrichter an den geöffneten Drosselklappen vorbei zur Verbrennung in die Zylinder des Motors. Vorher hatte der Kraftstoff die Hauptdüse und das Mischrohr passiert. Die Vergasungszone besteht aus der Mischkammer und dem Lufttrichter.

Der Leerlauf

Ist die Drosselklappe geschlossen, entsteht bei laufendem Motor ein Unterdruck, der über die Bohrung auf die Leerlaufdüse wirkt und den Kraftstoff zum Mischrohr saugt. Hier mischt sich das Benzin mit der eingetretenen Luft. Das Gemisch wird zur Leerlaufgemischbohrung geschickt, deren Öffnung durch die Stellschraube reguliert werden kann. Danach tritt das Benzin-Luft-Gemisch in den Saugkanal unterhalb der Drosselklappe. Schon bei geringer Öffnung der Drosselklappe werden die zwei Übergangsbohrungen oberhalb der Drosselklappe in den Saugvorgang mit einbezogen und liefern zusätzliche Gemischmengen, um den Übergang bis zum Eintreten der Funktion der Hauptdüse bei sich langsam steigender Drehzahl störungsfrei zu gestatten.

Blick auf die Oberseite des Solex-Vergasers C 32 PHH/6 vom Fiat 124 Normal bis 1968. 1 – Kraftstoffzuführungsrohr, 2 – Filtersiebschraube, 3 – Stopfen für die Sitze der Pumpendüsen, 4 – Drosselklappenhebel, 5 – Drosselklappe, 6 – Rückholfeder des Starterhebels, 7 – Leerlaufgemisch-Einstellschraube, 8 – Ventil zum Absaugen der Abgasreste, 9 – Zugstange der Beschleunigungspumpe.

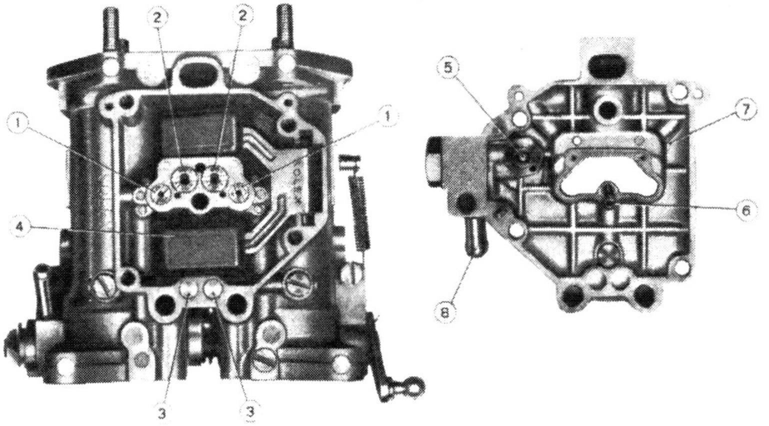

Im Gehäuse und im Deckel des Solex-Vergasers C 32 PHH/6 (Fiat 124 Normal bis 1968) sind von Bedeutung: 1 – Leerlaufdüsen, 2 – Luftkorrekturdüsen, 3 – Stopfen mit Dichtungen für Pumpendruckventile, 4 – Schwimmer, 5 – Sitz mit Nadelventil, 6 – Mischröhrchen der Starterdüse, 7 – Deckel, 8 – Kraftstoff-Eintrittstutzen.

Beschleunigen

Beim Gasgeben wird die Beschleunigungspumpe gleichzeitig mit dem Öffnen der Drosselklappe in Tätigkeit gesetzt. Von der Drosselklappenwelle führt ein Hebelmechanismus zur Membrane der Pumpe, die über ein Kugelventil den Kraftstoffvorrat angesogen hat, welcher zur Beschleunigung notwendig ist. Die Benzinreserve wird durch den Druck der Membrane über die Beschleunigungspumpendüse in den Lufttrichter geführt, wobei der Widerstand in dem Pumpendruckventil überwunden werden muß.

Starten

Wie der Weber-Vergaser besitzt auch der Solex-Vergaser eine Startvorrichtung, die den Kaltstart begünstigt und den Leerlauf bei noch nicht betriebswarmem Motor reguliert. Die Beeinflussung ist vom Fahrer abhängig, der den Starterzug zu bedienen hat. Das ist bei dem Fiat der Ziehknopf an der Unterkante des Armaturenbretts links vom Zündschloß. Beim Herausziehen des Starterzuges wird am Vergaser der Starterhebel geschwenkt und nimmt über die Drosselklappenwelle den Mechanismus mit.
Die dadurch erfolgte Gemischanreicherung (fettes Gemisch = viel Benzin, wenig Luft; mageres Gemisch = Verhältnis umgekehrt) sichert den Start des kalten Motors. Beim Warmlaufen des Motors wird der Zugknopf stufenweise eingerückt in dem Maße, wie der Motor einwandfrei arbeiten kann. Nach Erreichen normaler Betriebstemperatur soll die Startvorrichtung ausgeschaltet sein.

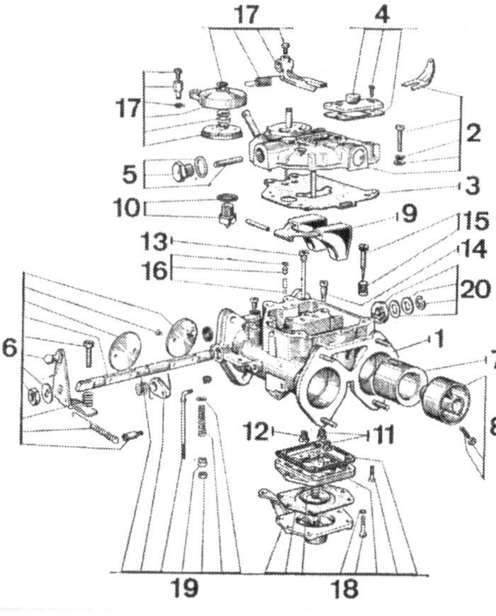

Der Solex-Vergaser C 32 PHH/6 (Fiat 124 Normal bis 1968) und seine Einzelteile:

1 – Vergasergehäuse, 2 – Vergaserdeckel, 3 – Dichtung, 4 – Abdeckplatte, 5 – Hohlschraube mit Sieb, 6 – Drosselklappenvorrichtung, 7 – Lufttrichter, 8 – Vorzerstäuber, 9 – Schwimmer, 10 – Schwimmernadelventil, 11 – Hauptdüsen, 12 – Starterdüse, 13 – Luftkorrekturdüse, 14 – Leerlaufdüse, 15 – Leerlaufgemisch-Regulierschraube, 16 – Pumpendruckventil, 17 – Startvorrichtung, 18 – Beschleunigerpumpe, 19 – Übertragungsteile zur Beschleunigerpumpe, 20 – Ventil der Absaugvorrichtung für die Motorgase.

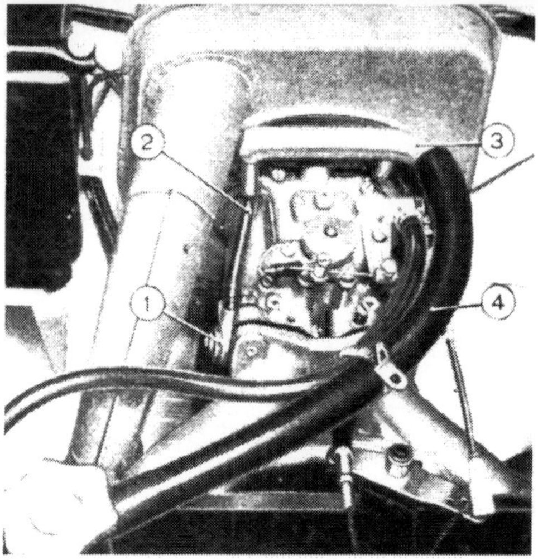

Der äußere Kreislauf der Entlüftungsgase und Öldünste werden beim Solex-Vergaser C 32 PHH/6 am Fiat 124 Normal bis 1968 durch folgende Bauteile gelenkt:
1 – Ventil der Absaugvorrichtung, 2 – Leitung vom Luftfilter zur Absaugvorrichtung,
3 – Luftfilterleitung, 4 – Leitung vom Motor zum Luftfilter.

Absaugen schädlicher Gase

Alle Entlüftungsgase und Öldünste, die sich im Kurbelgehäuse des Motors bilden, werden in den Saugkanal geleitet und in den Zylindern mitverbrannt. Über die Leitung zwischen Motor, Luftfilter und Vergaser (dicker schwarzer Schlauch) saugt der Motor die Dünste über die Luftfilterleitung an. Während des Leerlaufs bleibt das Entlüftungsventil in Verbindung mit den Drosselklappen geschlossen. Beim Gasgeben öffnen sich Drosselklappen und Entlüftungsventil, und die Dünste gelangen durch das winklig in die Luftfilterleitung einmündende kleinere Rohr, bedient von dem darunter sitzenden Absaugventil.
Im Vollgasbetrieb wird noch zusätzlich ein Absaugen der Entlüftungsgase des Motors über die größer bemessene Leitung vorgenommen. Die Verbrennung der sich im Kurbelwellengehäuse ansammelnden Gase ist notwendig, um die mit dem Kraftfahrzeugbetrieb verbundene Luftverschmutzung abzusenken.
Die eben beschriebenen Flachstrom-Vergaser sind in ihrem Aufbau den im Fiat 124 in jüngerer Zeit eingebauten Fallstrom-Vergasern sehr ähnlich, und beide Vergasertypen haben trotz teilweise unterschiedlichen Aufbaus wesensgleiche Merkmale. Auch als Neuling werden Sie, wenn Sie die eben beschriebenen Erklärungen verdaut haben, mit Störungen am Vergaser fertig werden. Zu dieser Fähigkeit soll Ihnen das nächste Kapitel verhelfen.

Umluft-Vergaser

Im Zuge der Maßnahmen zur Abgasentgiftung verwendet auch Fiat mehr und mehr sogenannte Umluft-Vergaser. Dabei wird bei geschlossener Drosselklappe (Leerlauf, Gaswegnehmen während der Fahrt = Schiebebetrieb) Luft und Gemisch in einem zusätzlichen Kanal unter Umgehung der Drosselklappe dem Saugrohr zugeführt. Damit erhält der Motor auch unter diesen Umständen ein verbrennbares Gemisch, wodurch sich weniger Gifte im Abgas bilden.
Wegen der besonderen Art der Leerlaufeinstellung siehe nächstes Kapitel.

Erst sehen – dann drehen

Mancher Autofahrer hat einen gewaltigen Respekt vor dem Vergaser. Dieses Kapitel soll Ihnen helfen, Ihre Scheu vor dem »komplizierten« Instrument ein wenig zu vergessen. Schon nach den ersten zaghaften Handgriffen werden Sie sehen, daß sein Mechanismus bestimmbaren Einflüssen gehorcht, die Sie ohne weiteres steuern können. Nehmen Sie sich etwas Zeit!

Sie werden Ihre verständlichen Hemmungen verlieren, wenn Sie beispielsweise folgendes tun: Motor anlassen, warmlaufen lassen (falls er nicht warm ist), Motorhaube öffnen und einen Schraubenzieher bereitlegen. Vergleichen Sie auf den Abbildungen, wo die Leerlaufeinstellschraube ist. Haben Sie diese auch bei Ihrem Fiat gefunden? Nun setzen Sie den Schraubenzieher auf die Schraube und drehen mal etwas nach rechts. Man hört, der Motor läuft schneller, je weiter man dreht. Dieser Handgriff könnte nötig werden, wenn der Motor im Leerlauf öfter stehen bleibt. Drehen Sie jetzt die Schraube wieder in die alte Position zurück (am besten, man hat sich gemerkt, um wieviel und wie oft der Schraubenzieher gedreht wurde), und der Motor läuft wieder im ursprünglichen Leerlauf.

Gehen wir gleich noch einen Schritt weiter. In Fahrtrichtung hinter dem Vergaser sitzt der Drosselklappenhebel, der die Drosselklappe bewegt, wenn man mit dem Fuß Gas gibt. Wenn Sie ihn nicht gleich finden, lassen Sie jemand im Wagen auf das Gaspedal treten und schauen Sie nach, was sich am Vergaser bewegt. Drückt man nun den Hebel mit der Hand in die gleiche Richtung, wie eben festgestellt, läuft der Motor schneller: Das ist Gasgeben mit der Hand. Mit einer Rückholfeder wird die Drosselklappe wieder in ihre Ausgangsstellung zurückgeholt. Bei Störungen läßt sich auf diese Weise der Motorlauf prüfen. Man soll aber den Motor im Stand nicht zu sehr hochjagen. Daß diese beiden Handgriffe keine Hexerei sind, wird man zugeben.

Dies ist der Weber-(Holley-) Vergaser 32 DHS 10 ohne Luftfilter (am Fiat 124 Normal ab Baujahr 1968), bei dem links (1) die Membranedose und rechts (2) das Schwimmergehäuse zu sehen sind. Der Finger zeigt auf den Drosselklappenhebel, der sich beim Betätigen aufwärts bewegt.

Leerlauf-Einstellung prüfen

Sie werden bemerken, daß die beiden eben beschriebenen Handgriffe nicht schwer waren. Auch als Laie kann man die Leerlaufeinstellung prüfen, wenn einem die Funktion des Vergasers etwas geläufig ist.

Warum ist diese Maßnahme notwendig? Der Leerlauf bleibt – auch wenn er richtig eingestellt war – selten konstant. Er ändert sich mit den Jahreszeiten, verstellt sich durch Motorvibrationen oder durch ein leichtes Einschlagen der Anschlagschraube, welche auf dem Drosselklappenhebel sitzt. Auch die federgesicherte Leerlaufgemisch-Regulierschraube verstellt sich mit der Zeit.

Es empfiehlt sich daher, zumindest zu Beginn der warmen und der kalten Jahreszeit, den Leerlauf zu überpüfen. Im Sommer kann man die Leerlaufdrehzahl geringfügig reduzieren, das spart Kraftstoff. Nicht unwichtig: Vor der Vergasereinregulierung sollte die Zündung geprüft und eingestellt werden (siehe Kapitel »Die Zündanlage«).

Die Leerlaufeinstellung ist nicht nur für einen einwandfreien Standlauf wichtig, sondern auch wegen des Einflusses auf den Gesamtverbauch. Liegt der Leerlauf zu hoch, so kann sich daraus ein Mehrverbrauch bis zu einem Liter auf 100 km Fahrstrecke ergeben. Aber auch andere Nachteile bringt ein zu hoher Leerlauf: Die Motorbremswirkung sinkt und mehr giftige Auspuffgase werden produziert.

Bei Einstellung des Leerlaufs wird die Drehzahl des Motors und die Kraftstoffzuteilung reguliert. Benötigt wird lediglich ein Schraubenzieher und ein gutes Gehör.

- Die Drehzahl des Motors wird durch Verstellen der Leerlaufeinstellschraube dosiert: Leichtes Öffnen oder Schließen der Drosselklappe.
- Die Kraftstoffzufuhr wird durch Hinein- oder Herausdrehen der Leerlaufgemisch-Regulierschraube dosiert.

Wo diese Schrauben sitzen, zeigen die Bilder in diesem und im vorhergehenden Kapitel. Zu beachten ist nur, daß der Motor betriebswarm sein muß, eine Erwärmung im Standlauf genügt nicht.

1. Handgriff: Leerlaufeinstellschraube mit Schraubenzieher so weit herausdrehen (Drosselklappe schließen), bis der Motor gerade noch rund läuft.

2. Handgriff: Durch Drehen der Gemischregulierschraube etwas nach links oder rechts eine Dosierung von Benzin und Luft finden, die (für diese Drosselklappenstellung) den schnellsten und gleichmäßigsten Leerlauf ergibt.

3. Handgriff: Leerlaufeinstellschraube, wenn möglich, noch etwas herausdrehen (also nach links) bis zur niedrigsten, gleichmäßigen Leerlaufdrehzahl.

4. Handgriff: Nun versucht man noch einmal mit der Leerlaufgemisch-Regulierschraube, ob sich durch geringfügiges Links- oder Rechtsdrehen ein noch

Noch einmal der Weber- (Holley-) Vergaser 32 DHS 10 des Fiat 124 Normal. Der Pfeil (1) zeigt auf die Umluftschraube, die nur zur Leerlaufregulierung verstellt werden darf. Es bedeuten weiter: 2 – Gemischregulierschraube, 3 – Anschlagschraube, die bei diesem Abgas-Vergaser grundsätzlich nicht verstellt werden darf, 4 – Beschleunigerpumpe, 5 – Anreicherungsmembrane, 6 – Gelenk des Gasgestänges.

Genau wie beim Weber-Vergaser sitzt die Umluftschraube des Solex-Vergasers C 32 EIES 4 beim Fiat 124 Special rechts von der Leerlauf-Einstellschraube, die nicht verdreht werden sollte.
1 – Leerlaufdüse,
2 – vom Werk eingestellte Anschlagschraube, die nicht verstellt werden darf (Abgas-Verordnung!).

gleichmäßigerer Leerlauf ergibt. Meistens wird man aber mit dem 3. Handgriff die Einstellung des Leerlaufes abschließen können.
Abweichend von der bei Praktikern üblichen Methode wird hier nicht zuerst die Leerlaufdrehzahl erhöht, weil nach unserer Methode geringster Kraftstoffverbrauch ermöglicht wird. Die Leerlaufgemisch-Regulierschraube soll nur mit »leichtem« Schraubenzieher behandelt werden und möglichst nie ganz hineingedreht werden, da sonst ihr spitz zulaufendes Ende beschädigt werden kann.
Achtung! Im Gegensatz zu der oben beschriebenen Methode darf wegen behördlicher Bestimmungen zur Abgasreinigung bei den neuen Vergasern Weber (Holley) 32 DHS und Solex C 32 EIES die Drehzahl nur noch an der Umluftdüse reguliert werden. Die Drosselklappe und die Luftregulierdüse dürfen wegen der abgestimmten Abgasentgiftungseinstellung nicht verstellt werden. Die Umluftdüse stellt man mit der dickeren Stellschraube rechts von der Luftregulierdüse ein. Es bedeuten: Hineindrehen (rechts herum) = langsamer, Herausdrehen (links herum) = schneller, also umgekehrt wie bei dem älteren System beschrieben.

Leerlauf und Kaltstart

Bei den Fiat 124 Normal-Motoren braucht man auch im Sommer zum Anlassen beim Kaltstart meist die voll gezogene Starthilfe. Nur wenige der 60 PS-Motoren springen kalt ohne Starthilfe zuverlässig an und laufen dann gleich rund. Die größeren Special-Motoren sind dagegen normalerweise weniger vom Starterzug abhängig. Bei ihnen kann man den Zug auch im Winter viel früher ganz hineinschieben.
Für die knappe und sparsame Vergaser-Grundeinstellung muß man die reichliche Betätigung des Starterzuges in Kauf nehmen. Es kann übrigens vorkommen, daß sich die Schraube, die am Vergaser den Schlauch des Zuges arretiert, lockert, wodurch sich der Zug samt Ummantelung verschiebt. Das kann – auch bei vollständig eingeschobenem Zugknopf – eine geöffnete Starthilfe und dadurch einen höheren Verbrauch ergeben. Man merkt das bei warmem Motor am unrunden Leerlauf, in extremen Fällen stirbt der Motor ab und springt nicht mehr an. Der Starterhebel am Vergaser muß dann mit der Hand ganz in seine Grundstellung gedrückt werden, wonach man die Befestigung des Zuges festschrauben kann.

Fingerzeige: *Stirbt der Motor (ohne die eben beschriebene Ursache) im Leerlauf ab, drehe man als vorläufige Maßnahme die Leerlauf-Einstellschraube etwas hinein (bei neueren Fallstrom-Vergasern die Umluftdüsen-Stellschraube*

Die andere Seite des am Fiat 124 Special montierten Solex-Vergasers C 32 EIES 4 zeigt: 1 – Dose der Membrane für die 2. Vergaserstufe, 2 – Beschleunigerpumpe, 3 – Unterdruckschlauch zum Bremsverstärker, 4 – Kraftstoffzuleitung, 5 – Leerlaufdüse.

heraus) – notfalls mit dem Taschenmesser –, um die Gaszufuhr zu erhöhen. Später sollte dann der Leerlauf neu einreguliert werden, wie weiter oben beschrieben.

Ändert sich die Leerlaufdrehzahl bei Verdrehen der Leerlaufgemisch-Regulierschraube oder der Umluftdüsen-Einstellschraube nicht, dann ist das Leerlaufsystem verstopft. Sind die Auspuffgase im Leerlauf schwärzlich, dann ist der Leerlauf zu fett eingestellt. Läuft der Motor nur mit sehr hohem Leerlauf und bleibt bei niedrigen Drehzahlen stehen, dann ist die Leerlaufgemisch-Regulierschraube verlorengegangen oder die Leerlaufdüse verstopft.

Im Leerlauf werden Verbrennungsgase der Kurbelgehäuseentlüftung durch den Vergaser angesaugt. Dadurch können sich eventuell die Leerlaufluftbohrungen zusetzen. In diesem Fall sollte der Vergaser gereinigt werden.

Vergaserzüge

Nur in den ersten, vor dem Herbst 1966 gelieferten Fiat 124-Wagen war die Übertragung vom Gaspedal zum Vergaser schwergängig, was mit teilweise unkorrektem Dosieren des Gasgebens verbunden war. Bald wurden Kunststoffgelenke im Gasgestänge und ein Seilzug von der Gestängeanlenkung an der Rückwand des Motoraums zur Hebelübertragung auf dem Zylinderkopfdeckel eingeführt. Diese Anordnung ist zuverlässiger und wenig anfällig.

Dennoch sollte man von Zeit zu Zeit die leichte Beweglichkeit des Vergaserzuges kontrollieren, indem man das Ende des Seilzugs aus seiner gabelförmigen Halterung an der Spritzwand aushakt, samt Umhüllung durch das Führungsloch zieht und mit der Hand betätigt. Einige Tropfen Öl lassen den Zug leichtgängig bleiben und ein schwergängiger Zug wird durch Caramba, das man am Seil in die Ummantelung fließen läßt, wieder leicht beweglich.

Die Rückholfeder, die am Übertragungshebel auf dem Zylinderkopfdeckel befestigt ist, darf nicht zu schwach sein. Eine gealterte Feder kann durch Kürzen (Abschneiden einiger Windungen mittels Kombizange) neue Zugkraft erhalten.

Ändern der Vergasereinstellung

Wie bei allen Gebrauchsautos ist die serienmäßige Vergasereinstellung (Düsengröße, Lufttrichterdurchmesser, Kraftstoffniveau, Funktion seiner verschiedenen Systeme) auch beim Fiat 124 ein Kompromiß, der in vielen Versuchen und langwieriger Feinarbeit zusammen mit den Vergaserherstellern erarbeitet wurde. Dieser Kompromiß stellt ein Optimum von Verbrauch und Leistung dar. Deshalb muß von einer Änderung der Serieneinstellung des Vergasers abgeraten werden, ein kleiner Gewinn einerseits bedingt ganz zwangsläufig einen größeren Verlust andererseits.

Nicht fachgerechtes Auswechseln der Düsen birgt Gefahren in sich. Die Verteilung des Gemisches ist bei Mehrzylindervergasermotoren nie ganz gleichmäßig, es gibt immer »reiche Zylinder«, die ein relativ fettes Gemisch erhalten, und »arme Zylinder«, die ein mageres Gemisch erhalten – und das zu gleicher Zeit aus dem gleichen Vergaser. Dieser Umstand ist dem Hersteller bekannt, die Vergasereinstellung wird so gewählt, daß auch die »armen Zylinder« ausreichend versorgt werden.

Grundsätzlich geschieht bei Veränderungen der Vergaserbestückung folgendes:

- Kleinere Hauptdüse – geringerer Verbauch, geringere Leistung
- Größere Hauptdüse – höherer Verbrauch, eventuell verbesserte Beschleunigung aus mittlerem Drehzahlbereich
- Kleinere Luftkorrekturdüse – höherer Verbrauch, bessere Innenkühlung
- Größere Luftkorrekturdüse – geringerer Verbrauch, geringere Leistung
- Größerer Lufttrichter – höhere Leistung bei hohen Drehzahlen, schlechte Beschleunigung bei unteren Drehzahlen
- Kleinerer Lufttrichter – besserer Anzug aus unteren Drehzahlen, verringerte Höchstgeschwindigkeit.

Es gibt sparwütige Kraftfahrer, die unbedingt durch kleinere Hauptdüsen weniger verbrauchen wollen. Das solcherart abgemagerte Gemisch (mageres Gemisch bringt eine schlechtere Innenkühlung, daher auch eine fettere Einstellung für Vollast) kann zu Überhitzung im Motor und zu hübschen Kolbenfressern oder durchgebrannten Ventilen führen. Aber auch eine Vergrößerung der Hauptdüse ist nicht zweckmäßig, sie erhöht den Verbauch, eine Steigerung der Leistung würde sie nur bei magerer Gesamteinstellung des Vergasers bringen, wie z. B. bei französischen Wagen üblich. Ein Auswechseln der Lufttrichter ist beim Fiat 124 nur an den Solex-Vergasern möglich.

Die Daten der Vergaserbestückung sind in den Technischen Daten am Schluß des Buches zu finden. Wer auf Grund ausreichender Erfahrungen an der Vergaserbestückung experimentieren möchte, weiß sicher, daß jeweils nur eine Änderung vorgenommen werden sollte, damit man die Übersicht über das neue Leistungsbild nicht verliert. Außerdem gehört dazu eine sorgfältige Kontrolle im Fahrbetrieb, wobei man sich aber nichts vormachen sollte. Sparfahrer sollten immer berücksichtigen, daß auch die beste Neueinstellung weniger bringt als eine vernünftige Fahrweise.

Schlechte Kaltstarteigenschaften bei Solex-Vergasern kann man mit etwas größeren Hauptdüsen beheben, und noch bessere Ergebnisse sind mit dem gleichzeitigen Auswechseln der Zündspule gegen eine solche vom Fiat 125 (Marelli-Hochleistungszündspule) erzielt worden. Bei älteren Modellen kann

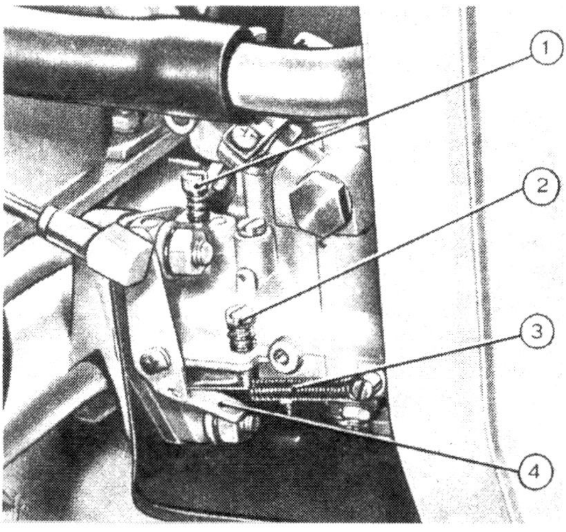

Die Leerlaufeinstellung beim älteren Solex-Vergaser C 32 PHH/6 am Fiat 124 N wird mittels der Gemischregulierschraube (1) und der Leerlauf-Einstellschraube (2) vorgenommen. 3 – Rückholfeder des Drosselklappenhebels, 4 – Drosselklappenhebel.

auch ein kleinerer Lufttrichter das zögernde Gasannehmen und die eventuell ruckende Beschleunigung aufheben, doch sollte man sich von den Fiat-Werkstätten – die über solche Schwierigkeiten informiert sind – beraten lassen.
Das eingangs dieses Abschnitts erwähnte Gasgestänge bei den ersten Modellen führte bei montierten Gürtel-Reifen (wegen der härteren Abrolleigenschaften) zu Durchrüttelungen der Vergasereinstellung, weshalb das Werk von der Benutzung von Gürtel-Reifen abgeraten hatte. Durch die bald erfolgte Änderung, die der flexiblere Seilzug mit sich brachte, fielen diese Beschwerden fort.

Luftfilter auswechseln

Pflegearbeit Nr. 22

Der angesaugten Verbrennungsluft soll das Luftfilter möglichst wenig Widerstand entgegensetzen, aber alle in dieser Luft enthaltenen Schmutzteile am Weg durch den Motor hindern. Gleichzeitig ist der schmutzauffangende Filtereinsatz zur Dämpfung der Ansauggeräusche da, wie man, läßt man den Motor einmal kurz probeweise ohne Filter laufen, deutlich hören kann. Fahren ohne Filter bedeutet aber Abkürzung der Motorlebensdauer, und außerdem gerät durch die Vergrößerung der Ansaugluftmenge die Vergaserabstimmung aus dem richtigen Verhältnis, das Kraftstoff-Luft-Gemisch wird zu mager. Das kann zu ernsten Überhitzungen des Motors führen. Der nur leicht gesteigerten Zugkraft steht ein verringertes Leistungsverhalten im unteren Drehzahlbereich gegenüber, und schließlich sind die lauten Ansauggeräusche vom Gesetzgeber verboten.
Die Geräuschdämpfung wurde ab März 1967 in einem neuen Luftfilter verbessert. Ebenfalls änderte man die Befestigung des Filterdeckels: Die zentrale Flügelmutter wurde durch drei außermittig angeordnete Flügelmuttern ersetzt. Der früher abgewinkelte und von einer Feder gehaltene Saugstutzen, der durch Verdrehen auf Sommer- und Winterstellung gebracht werden konnte, ist jetzt starr in Fahrtrichtung gehalten, der nur für den Sommerbetrieb dient. Im Winter bringt man durch Verdrehen des Filterdeckels, der inwendig eine entsprechende Abschirmung besitzt, einen zweiten, nach hinten zum Motor abgewinkelten Saugstutzen in Funktion, der vom Motor erwärmte Luft einströmen läßt. Die Einstellung läßt sich von außen erkennen: Der Buchstabe »E« auf dem Deckel, übereinstimmend mit dem Pfeil auf dem vorderen Saugstutzen, bedeutet »Sommer«, während der Buchstabe »I«, dem Pfeil am nächsten stehend, die »Winter«-Stellung anzeigt. Vergißt man im Frühjahr die Umstellung auf Sommerbetrieb, wird der Kraftstoffverbauch größer und die Motorleistung geringer.
Alle 10 000 km soll der Filtereinsatz ausgewechselt werden. Zu dem Zweck brauchen nur die Flügelmuttern des Filterdeckels abgeschraubt und der Dekkel abgenommen zu werden, danach kann man den Filtereinsatz herausnehmen. Das Filter darf nicht angefeuchtet werden. Man kann es bei grober Verschmutzung – und in momentaner Ermangelung eines neuen – vorsichtig mit einem von innen nach außen gerichteten Luftstrahl sauberblasen. Muß man öfter über staubige Straßen fahren, ist der Filtereinsatz eher, als in der Betriebsanleitung angegeben, zu ersetzen.

Vergaser reinigen

Pflegearbeit Nr. 21

Nun wird es ja einmal möglich sein, daß Sie eingehendere Arbeiten vornehmen wollen, als nur das Gemisch oder den Leerlauf zu regulieren. Um in die Eingeweide des Vergasers zu dringen, muß man das Filter abnehmen. Die eigentliche Befestigung des Filters ist unter dem Deckel, der mit drei Flügelmuttern gesichert ist. Nach Entfernung von Filterdeckel und Filtereinsatz sind vier Muttern SW 8 zu lösen und der die Ansaugöffnung umschließende Ring

Nachdem man die Flügelmuttern des Filterdeckels abgeschraubt hat, läßt sich darunter der locker im Filtergehäuse liegende Filtereinsatz herausnehmen. Um das Gehäuse ganz abzunehmen, sind vier Schrauben SW 8 und am Ende des rechts im Bild nach unten ragenden (Winter-) Lufteinlaßstutzens eine Schraube SW 10 zu lösen.

abzunehmen. Eine weitere Befestigung am hinten nach unten geneigten Saugrohr kann nur mit einem Steckschlüssel SW 10 abgeschraubt werden, wobei das Exemplar aus dem Bordwerkzeug sich als viel zu kurz erweist. Nun noch den schwarzen Schlauch vom Motor und den kleineren Kunststoffschlauch zur Absaugvorichtung abziehen, und das Filter läßt sich nach oben entfernen.

Der untereinander ähnliche Aufbau der beim Fiat 124 eingebauten Weber-Vergaser, Holley-Europa-Vergaser (Lizenz Weber) und Solex-Vergaser gestattet es, daß die Arbeiten hier allgemein beschrieben werden können. Zunächst soll das Reinigen des Siebes im Vergaser, wie es auch bei der Inspektion in der Werkstatt vorgenommen wird, erklärt werden.

Mit einem 19er- oder 21er-Schlüssel wird die nicht zu übersehende, in Fahrtrichtung vorne am Vergaser sitzende Sechskantschraube aus Messing herausgeschraubt. Innen in dieser Schraube befindet sich ein zylindrisches Metallsieb, das zur Reinigung durchgeblasen wird (aber ohne Feuchtigkeit oder gar Spucke!). Man kann das Sieb auch in Benzin mit einem Pinsel auswaschen. Beim Wiedereinsetzen den Dichtring und beim Weber-Vergaser einen Haltering für das Sieb nicht vergessen. Hin und wieder sollte man später die Filter-Verschlußschraube auf festen Sitz prüfen, damit hier kein Kraftstoff austritt. Das Sieb und die es verschließende Schraube sitzen bei allen Vergasern in der absoluten Nähe der Stelle, wo die Leitung der Kraftstoffzufuhr mündet.

Der Vergaser sollte innen sauber sein, um Störungen vorzubeugen. Deshalb schreibt Fiat im Inspektionsplan die Vergaserreinigung alle 20 000 km vor, das ist grob gerechnet die durchschnittliche Jahresfahrstrecke. Die Reinigung ist notwendig, weil sich in Düsen, Bohrungen und in der Schwimmerkammer Fremdstoffe (aus Benzin oder der Kurbelgehäuseentlüftung, insbesondere wenn aus unnötigem Sicherheitsbedürfnis immer zuviel Öl im Motor ist) abgelagert haben. Dabei sollte geprüft werden, ob das Schwimmernadelventil im Sitz ausgeschlagen ist (kann nur als Ganzes ausgewechselt werden). Unabhängig vom Reinigen des Vergasers empfiehlt es sich, die Vergaserbefestigung am Saugrohr, das Vergaseroberteil und die Anschlüsse am Vergaser gelegentlich auf festen Sitz zu überpüfen.

Darüber hinaus sollen alle 10 000 km die Düsen für sich durchgeblasen werden, weil besonders die Kurbelgehäuseentlüftung zur Verschmutzung der feinen Düsenbohrungen beiträgt. In gar keinem Fall darf in den Düsen mit Draht oder Nadeln herumgestochert werden, weil sich dadurch die Bohrung in dem verhältnismäßig weichen Metall verändern würde und die Düse wertlos machte.

Bei den in jüngster Zeit häufiger eingebauten Weber- und Holley-Vergasern, aber auch bei den früheren Flachstrom-Vergasern dieser Fabrikate kommt man an alle Düsen ohne größere Umstände. Dagegen sitzen bei dem – zu Anfang eingebauten – Solex-Vergaser C 32 PHH/6 die Hauptdüsen unterhalb der Beschleunigungspumpe, so daß man die Pumpe abschrauben muß, um an die Düse zu gelangen. In jedem Fall muß man den Vergaserdeckel abschrauben, um an alle Düsen herankommen zu können. Der Deckel wird bei allen Vergasern von Schlitzschrauben fixiert.

Falls der Deckel auf der Dichtung klebt, notfalls vorsichtig mit Hammerstiel oder Schraubenzieher abhebeln (Dichtung gehört zu Deckel). Eine beschädigte Dichtung muß unbedingt ausgewechselt werden. Besonders aufpassen, daß keine Dichtringe für Düsen verlorengehen.

Nachstehend der Sitz der einzelnen Düsen und Teile:

Flachstrom-Vergaser Weber 32 DCOF: Von außen zugänglich sind die Drosselklappeneinstellschraube, die Leerlaufeinstellschraube und die beiden Schrauben zum Pumpenventil. Nach Abnahme des Deckels: (Motorseite) Pumpensaugventil, (Filterseite) zwei Hauptdüsen, (Mitte) zwei Leerlaufdüsenträger und zwei Hauptluftdüsen. Im Deckel hängen die beiden Schwimmer, unterhalb des Eintrittstutzens sitzt das Nadelventil.

Flachstrom-Vergaser Solex C 32 PHH/6: Von außen zugänglich sind die Leerlaufgemischeinstellschraube, die Drosselklappengemischeinstellschraube, die Schraube für die Pumpendüse (unterhalb der Starterhebelrückholfeder und symmetrisch gegenüber), vorne rechts das Ventil der Abgasabsaugvorrichtung. Oben unter dem Deckel sitzen die Luftkorrekturdüsen und die Leerlaufdüsen, und von unten, nach Abschrauben der Beschleunigungspumpe (vier Schlitzschrauben) sind die Starterdüse und die beiden Hauptdüsen zugänglich. Im Vergaserdeckel sitzen das Schwimmernadelventil und das Mischrohr der Starterdüse. In der Dichtfläche zwischen Deckel und Vergaser (in Richtung Motor) befinden sich zwei Stopfen mit Dichtungen, unter denen die Pumpendruckventile sitzen.

Fallstrom-Vergaser Weber oder Holley 32 DHS: Zu der Luftregulierdüse kommt eine (direkt rechts daneben sitzende) Umluftdüse. Nur noch diese darf anstelle der sonst einzustellenden Drosselklappe und der Gemischregulierdüse reguliert werden, um die Werte der sorgfältig abgestimmten Vorkehrung zur Entgiftung einhalten zu können. Die übrigen Düsen sind ähnlich wie beim Flachstrom-Vergaser von Weber angeordnet.

Fallstrom-Vergaser Solex C 32 EIES: Einschließlich der Umluftdüse ist der Aufbau mit dem Weber-Fallstrom-Vergaser zu vergleichen.

■ Sämtliche Teile in Kraftstoff oder Spiritus reinigen. Die Teile auf sauberem Tuch (fusselfrei) ablegen. Eventuellen Schmutz aus der Schwimmerkammer entfernen (mit sauberem Läppchen um Holzspan austupfen).

■ Düsen, Bohrungen und Schwimmerkammer mit mäßigem Preßluftdruck ausblasen, auch Handluftpumpe ist geeignet. Notfalls mit dem Mund durchblasen, aber ohne Spucke! Im äußersten Fall mit einer weichen Borste aus einer Büste durchstoßen. Auch für die Bohrungen eignen sich Borsten oder ein Pfeifenreiniger. Da die Düsen aus Messing sind, sollen sie nicht zu fest eingeschraubt werden.

■ Die Drossel- oder Starterklappe auf zu großes Spiel an den Lagerungen untersuchen. Dort könnte Nebenluft eindringen und Start- und Leerlaufverhalten verschlechtern.

■ Die Leerlaufgemisch-Regulierschraube muß eine einwandfreie Spitze aufweisen, sonst auswechseln.

■ Die Flanschschrauben der Vergaserbefestigung auf dem Saugrohr müssen regelmäßig auf festen Sitz geprüft werden, sollen abwechselnd angezogen und nicht zu fest angeknallt werden, weil sich sonst der Vergaserflansch verzieht und Nebenluft eindringt.
Ist der Schwimmer auch kein Taucher? Dann erfüllt er seine Aufgabe nicht mehr zuverlässig. Zur Kontrolle kurz in heißes Wasser legen und auf Blasen achten. Liegt die Schwimmerhebelwelle gut in der Nut? Aufpassen, daß das dünne Blech des Hebels nicht verbogen wird. Ist die Schwimmernadelauflage noch einwandfrei? Notfalls lieber den Schwimmer auswechseln, damit die Ventilnadel nicht klemmt und den Vergaser überlaufen läßt.
Im Vergaserdeckel ist das Schwimmernadelventil von unten eingeschraubt. Die Nadel muß Spiel haben und federleicht beweglich sein.
Betätigt man bei abgenommenem Luftfilter den Drosselklappenhebel, so sieht oder hört man das Einspritzen des Kraftstoffes der Beschleunigungspumpe durch das nach unten gerichtete Röhrchen.

Kurbelgehäuse-Entlüftung reinigen

Pflegearbeit
Nr. 36

Mit der Reinigung des Vergasers ist auch das Säubern der Entlüftungsanordnung verbunden, die der Rückführung von Öldünsten und Abgasresten in den Ansaugkanal dient. Dazu gehören der Schlauch vom Öleinfüllstutzen zum Luftfilter, die Leitung vom Luftfilter zum Absaugventil und das Ventil, das von einer Sechskantmutter festgehalten wird. Die Verschmutzung läßt sich vermindern, wenn man in den zum Luftfilter führenden Entlüftungsschlauch einen Wasserabscheider (von Mercedes-Benz, Kunststoff, für 85 Pfennig) setzt. Der Einbau ist recht einfach, nur muß der Wasserabscheider fast wöchentlich geleert werden. Die verbesserte Sauberhaltung hat – auch bei Kälte – gute Starteigenschaften bei dem Motor zur Folge, und er Benzinverbauch kann sich verringern.
Der Vergaserverschmutzung kann noch mehr vorgebeugt werden, wenn man in die Benzinleitung zwischen Benzinpumpe und Vergaser ein Fram-Benzinfilter einsetzt. Es ist damit möglich, die vom Werk vorgeschriebene Reinigung des Vergasers zumindest auf die doppelte Kilometerleistung zu verschieben. Bei hoher Luftfeuchtigkeit im Winter kann es zu Vereisungen im Vergaser kommen, verursacht durch gefrorenen Wasserdampf aus dem Entlüftungsschlauch. Sofortige Abhilfe: Entlüftungsschlauch vom Öleinfüllstutzen abziehen. Diese Methode darf wegen der Vorschriften zur Abgasreinigung jedoch nur kurzzeitig angewandt werden, auch werden dabei Geruchsbelästigungen im Wageninneren auftreten.

Fingerzeige: *Warmlaufen im Stand bringt keine schnellere Erwärmung, weil der Motor nicht belastet wird. Auch durch wiederholtes Gasgeben erreicht man nicht, daß der Motor schneller warmläuft, man schadet dadurch nur dem Motor. Allenfalls bei strenger Kälte kann man den Motor kurzzeitig im Stand laufen lassen (während man die Scheiben reinigt), damit das steife Öl den ganzen Motor durchgespült hat, ehe er belastet wird. Keinesfalls darf der kalte Motor in dieser Phase hochgedreht werden, auch nach dem Anfahren sollen die Drehzahlen mäßig bleiben.*
Ist der noch warme Motor durch zu häufiges Durchtreten des Gaspedals oder durch gezogenen Startknopf »ersoffen«, hilft folgende List: Starterhebel in Ruhestellung, Gaspedal voll durchtreten und Motor mit Anlasser (länger) durchdrehen. Durch die ganz geöffnete Drosselklappe wird dann wegen zu geringen Unterdrucks nur wenig Kraftstoff angesaugt, dafür aber um so mehr Luft durch den Zylinder geblasen, wodurch das Gemisch abgemagert wird.

Notfalls müssen die Kerzen herausgeschraubt werden und deren Elektroden über einer Streichholzflamme getrocknet werden. Anlaßschwierigkeiten sind weit häufiger eine Folge von Unachtsamkeiten (nervöser Gasfuß, gezogener Starterhebel bei warmem Motor), die ein zu fettes Gemisch, oder bei Kraftstoffmangel ein zu mageres Gemisch, ergeben, als eine Folge von Motorstörungen.

Für stets guten Kaltstart sollte geprüft werden, ob der Starterzug hinten am Vergaser richtig funktioniert. Bei ganz niedergedrücktem Handhebel darf der Drahtzug nicht zu stramm stehen, sonst besteht die Gefahr, daß die Starterklappe nicht ganz geöffnet ist, wodurch der Durchfluß gestört wird und die Druckverhältnisse im Vergaser verstimmt sind. Bei abgenommenem Luftfilter sieht man im Vergaser-Einlaß die Starterklappe. Bei angezogenem Starterknopf muß die Klappe den Einlaß schließen, bei niedergedrücktem Starterknopf muß die Klappe genau senkrecht stehen. Der Starterzug kann leicht nachjustiert werden: Draht am Starterhebel nach Lösen der Klemmschraube neu befestigen. Auch die Halteschraube am Vergasergehäuse prüfen.

Es gibt Fahrer, die vor dem Abstellen des Motors noch einmal kurz und kräftig Gas geben. Das fette Kraftstoff-Luft-Gemisch verbrennt nicht mehr, da ja die Zündung abgeschaltet ist. Der Benzinnebel verdünnt die Ölschicht an den Zylinderwänden. Beim nächsten Kaltstart wäre eine gute Ölschicht sehr nützlich und verschleißmindernd, da saure Verbrennungsrückstände (schweflige Säure) die ungeschützten Zylinderwände angreifen können.

Störungsbeistand

Vergaser

In der folgenden Tabelle finden Sie Möglichkeiten angegeben, die zu Störungen am Vergaser Ihres Fiat 124 führen können. Das aufeinander abgestimmte Zusammenspiel der einzelnen Vergaserteile kann an verschiedenen Stellen (und durch unterschiedliche Ursachen) behindert sein, dennoch sieht die Praxis freundlicher aus als die etwas verwirrend erscheinende Theorie. Viel häufiger sind die Ursachen von Störungen an der Zündanlage zu suchen, deshalb überzeuge man sich vor Eingriffen am Vergaser, ob Zündzeitpunkt, Unterbrecherkontakte, Zündkerzen und Kabelanschlüsse in Ordnung sind.

Die Störung	— ihre Ursache	— ihre Abhilfe
A Kraftstoffverbrauch zu hoch	1 Fehlerhafte Flanschdichtung	Nachprüfen Eventuell auswechseln
	2 Undichter Schwimmer	Auswechseln
	3 Schwimmernadelventil schließt nicht Fremdstoffe aus Tank im Ventil? Beschädigt?	Säubern Eventuell auswechseln
	4 Düsen stimmen nicht	Herausschrauben, eingeschlagene Bezeichnungen mit Angaben in den Technischen Daten vergleichen. Evtl. korrigieren
	5 Leerlaufgemisch zu fett	Gemisch-Regulierschraube etwas hineindrehen, aber Leerlauf muß einwandfrei bleiben
	6 Leerlaufdüse locker	Kontrollieren Eventuell anziehen
	7 Leerlauf zu hoch	Einstellen
	8 Startervorrichtung bleibt geöffnet	Starterzug (Choke) einrücken, evtl. auf Spannung kontrollieren

Die Störung	— ihre Ursache	— ihre Abhilfe
B Motor springt nicht an (siehe auch vordere Buchklappe)	1 Zündung nicht einwandfrei	Kontrollieren (siehe Kapitel Zündanlage)
	2 Tank leer	Auftanken
	3 a) Kraftstoffweg nicht in Ordnung. Zuleitung am Vergaser lösen und Motor starten.	Tritt kein Kraftstoff aus, siehe unter Kraftstoffpumpe
	b) Leerlaufdüse verschmutzt	Herausschrauben, reinigen
	c) Bohrungen oder Kanäle im Vergaser verstopft	Vergaser zerlegen (Deckel abnehmen), reinigen
	d) Vergaser läuft über (Motor ersoffen durch zuviel Gasgeben oder Schwimmer klemmt oder undicht)	Gegen Schwimmergehäuse klopfen. Evtl. Vergaserdeckel abnehmen. Schwimmer überprüfen (schütteln), evtl. erneuern
C Leerlauf ungleichmäßig, Motor bleibt stehen	1 Leerlauf zu fett oder zu mager	Richtig einstellen
	2 Leerlaufsystem verstopft (Gemischschraube hat keinen Einfluß auf Drehzahl)	Leerlaufdüse herausnehmen, reinigen. Anschließend Leerlauf einstellen
	3 Drosselklappenwelle ausgeschlagen, Nebenluft	Drosselklappe oder Vergaserkörper erneuern
	4 Dichtungen defekt	Erneuern
D Motor stirbt aus höheren Drehzahlen, wenn langsam Gas gegeben wird	Hauptdüse verstopft	Herausschrauben, reinigen,
E Ungleichmäßiger Lauf und Auspuffrußen bei niedrigerLeerlaufdrehzahl, stärkeres Rußen bei höherem Leerlauf, Kerzen verrußen, deswegen Zündaussetzer	1 Zu hoher Druck auf Schwimmernadelventil	Kraftstoffpumpendruck prüfen lassen
	2 Schwimmernadelventil schließt nicht	Ventil prüfen, evtl. erneuern
	3 Schwimmer undicht	Auswechseln
F Ungleichmäßiger Lauf bei Vollgas, Aussetzer, Patschen, Leistung fällt ab	Nicht ausreichende Kraftstoffzufuhr	Hauptdüse reinigen, evtl. auch Kraftstoffpumpe und Schwimmernadelventil reinigen
G Schlechte Übergänge beim Gasgeben	1 Beschleunigungssystem arbeitet nicht	Luftfilter abnehmen, prüfen, ob eingespritzt wird, wenn Gasgestänge betätigt wird
	2 Pumpenkanal oder Einspritzrohr verstopft	Reinigen
	3 Membrane bzw. Pumpenkolben defekt (Vergaser patscht bei plötzlichem Gasgeben)	Auswechseln
	4 Falsch eingestellter Leerlauf	Richtig einstellen
	5 Drosselklappenbetätigung verstellt	Richtig einstellen
H Vergaser patscht	Leerlauf zu mager eingestellt	Regulierschraube etwas herausdrehen. Leerlauf muß aber einwandfrei bleiben. Ist Saugrohrflansch dicht?

Strom in Konserven

Jetzt wollen wir uns etwas mit der so gefürchteten Autoelektrik befassen, die selbst für manchen alten Autofahrer äußerst mysteriös ist. Ohne sie wäre aber das Auto überhaupt nicht denkbar. Eigentlich wird die Elektrik nur durch die immer größer werdende Zahl der installierten Anlagen, Geräte und Instrumente so verwirrend. Ursprünglich kamen die Automobile mit wenigen Leitungen aus, alle anderen auf elektrischen Strom angewiesenen Einrichtungen kamen schrittweise dazu. Genauso planmäßig müssen Sie sich in die einzelnen Anlagen hineindenken – und wir wollen Ihnen dabei helfen. Wahrscheinlich werden Sie schon nach kurzer Zeit feststellen, daß die Elektrizität in Ihrem Fiat keine großen Geheimnisse verbirgt, und was Sie hier einmal »durchschaut« haben, können Sie im täglichen Leben hundertfältig verwerten.
Schlagen Sie beim Studium der nachfolgenden Seiten in der hinteren Buchklappe immer einmal den Schaltplan auf, in dem Sie die Wege verfolgen können, die hier beschrieben sind. Und vergleichen Sie mit einem gelegentlichen Blick unter die Motorhaube, welche Probleme Sie theoretisch schon gemeistert haben.
Vielleicht haben Sie inzwischen eingewandt, daß man den elektrischen Strom ja doch nicht sehen könne. Es ist aber durchaus zutreffend, wenn man ihn sich durch die Kabel durchfließend vorstellt, denn umsonst spricht man nicht vom »Strom«. Bleiben wir gleich bei dem Bild, angewandt auf dieses Kapitel, und vergleichen die Batterie mit einem Stausee, dessen abfließendes Wasser über abzweigende Kanäle allerlei Maschinen antreibt. Wie kommt aber wieder neues Wasser in den See? Das besorgt eine Pumpe, in unserem Fall die Lichtmaschine, die der Batterie immer wieder zu neuen Reserven verhilft. Die Lichtmaschine ist, genaugenommen, also ein Stromerzeuger, auch Generator oder Dynamo genannt.

Was die Batterie leistet

Die Batterie ist im Fiat 124 rechts vorne unter der Motorhaube untergebracht. Sie hat sechs Zellen, von denen jede ungefähr 2 Volt Spannung hat, was 12 Volt Batteriespannung ergibt. Darauf sind alle Verbraucher, vom Anlasser bis zum Schlußlicht, ausgelegt. Der Vorteil zu manchen in anderen Wagen noch eingebauten 6-Volt-Batterien (und -Anlagen) ist der, daß bei großer Kälte leichteres Starten, bei hohen Drehzahlen kräftigere Zündfunken ermöglicht werden und zwischen den verschiedenen Anschlüssen weniger Spannungsabfall erfolgt.
Außer Markennamen und fabrikinterner Typenbezeichnung finden Sie auf der Batterie noch ihre wesentlichen Eigenschaften vermerkt: 12 V/48 Ah. Nach der bereits erwähnten Spannung (12 V) ist hinter dem Schrägstrich die Stromstärke, die in Ampère gemessen wird, in ihrer »Menge« angegeben. Das sind Ampère-Stunden (= Ah) und gleichzeitig die Batteriekapazität. Die für den Fiat vorgeschriebene Batterie kann also theoretisch 48 Stunden lang 1 Ampère

oder 1 Stunde lang 48 Ampère abgeben, sofern sie vollgeladen ist. Selten ist sie ganz aufgeladen, höchstens im Sommer nach langer Autobahnfahrt, so daß man praktisch nur mit zwei Dritteln oder der Hälfte ihrer Kapazität rechnen kann. Wie lange die Batterie die einzelnen Stromverbraucher im Fiat 124 N speisen kann, ersehen Sie aus nachstehender Tabelle.

Verbraucher	Leistungsbedarf (Watt)	Stromstärke (Ampere) bei 12 Volt	Betriebsdauer volle Kapazität (theoretisch)	Betriebsdauer etwa ⅔ Kapazität (praktisch)
Fernlicht, Standlicht, Schlußlicht, Kennzeichenleuchte mit Kontroll-Lampen	121 W	10,1 A	4 std 45 min	3 std 10 min
Abblendlicht und übrige Beleuchtung wie oben	111 W	9,2 A	5 std 10 min	3 std 30 min
Standlicht mit brennenden Lampen zusammen	28 W	2,3 A	26 std	17 std 20 min
Parkleuchte, angeklemmt	2,5 W	0,2 A	240 std	160 std
Scheibenwischer-Motor	14–50 W	2–4,2 A	11–24 std	7–16 std
Gebläsemotor	36 W	3 A	16 std	10 std 30 min
Zündspule	15 W	1,2 A	39 std	26 std
Transistor-Radio	10–20 W	0,8–1,5 A	32–60 std	21—40 std
Anlasser	1300–2100 W	130–175 A	—	—

Der Anlasser belastet die Batterie am meisten, denn er leistet immerhin fast 1 PS, und durch Reibungsverluste kommt er auf die genannten hohen Bedarfswerte, besonders im Augenblick des Einschaltens. Bei warmem Motor ist der Strombedarf des Anlassers geringer, weil er sich leichter durchdrehen läßt (Zähflüssigkeit des Öls verringert). Je tiefer die Temperatur sinkt, um so zäher sind die Schmierstoffe und um so mehr muß der Anlasser leisten. Die Betriebsspannung der Batterie sinkt sehr schnell auf etwa 9 und im Winter sogar auf 7,5 Volt ab. Denn zu allem Unglück ist die Batterie sehr temperaturabhängig, ihre Kapazität veringert sich im Winter erheblich – gerade dann, wenn am meisten von ihr erwartet wird.

Der Anlasser sollte jeweils nicht länger als 5 Sekunden betätigt werden. Dann muß der Batterie und dem Anlasser eine kleine Erholungspause gegönnt werden. Theoretisch könnte man bei einer zu zwei Drittel geladenen Batterie den Anlasser etwa 100mal je 5 Sekunden lang betätigen. In Wirklichkeit sieht es aber ungünstiger aus, da die Spannung schnell abfällt und dadurch den für den Anlasser notwendigen Strom nicht mehr zustande bringt. In der Praxis reicht es also oft nur zu 20 Startversuchen.

Bei allen Arbeiten an der elektrischen Anlage ist das Massekabel der Batterie zu lösen und nur zu Kontrollzwecken zwischendurch aufzustecken. Auch bei Kurzschlüssen und eventuellen Kabelbränden soll man mit ruhiger Überlegung zuerst dieses Kabel abschrauben. Deshalb: Schraubenschlüssel SW 10 griffbereit im Handschuhfach!

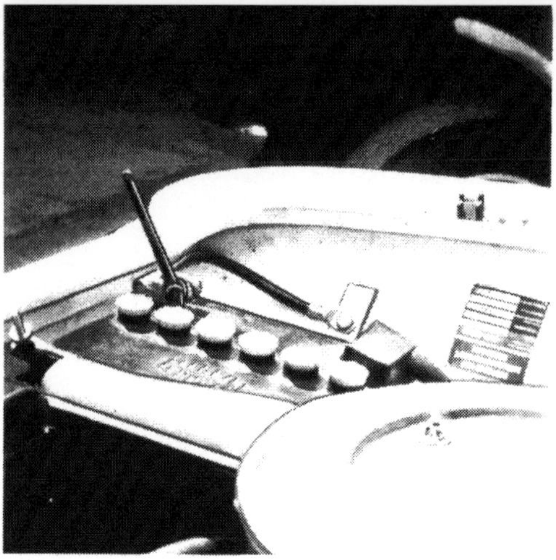

Auch am Ende einer langen Winternacht werden die am vorangegangenen Abend eingeschalteten Standlichter – nebst den gleichgeschlossenen Leuchten – kaum noch brennen, wenn man berücksichtigt, daß die Batterie zu dieser Jahreszeit an Unterernährung leidet. Es empfiehlt sich die Anschaffung einer kleinen Klemm-Parkleuchte mit sparsamer 2,5-Watt-Birne. Dazu benötigt man eine Steckdose, die man sich selbst am Armaturenbrett anbringen kann. Derartige Steckdosen, die auch für andere Geräte nützlich sind, schließt man mit dem Plus-Kabel an Klemme 30, damit auch bei ausgeschalteter Zündung Strom vorhanden ist. Diese Parkleuchte wird auf die Fensterscheibenoberkante der linken Tür geklemmt, und dann kurbelt man die Scheibe hoch. Böse ist es natürlich, wenn bei Nebel mit Abblendlicht geparkt werden muß. Dann sucht man doch lieber einen Abstellplatz, wo man kein Licht eingeschaltet haben muß.

Die Tabelle erklärt auch, weshalb bei nächtlichen Verkehrsstauungen auf der Autobahn bisweilen die Batterie leer wird und der Motor nicht mehr in Gang gesetzt werden kann. Volles Scheinwerferlicht, dazu noch Autoradio und Scheibenwischer und Heizgebläse können nämlich von der Lichtmaschine nicht versorgt werden, wenn der Motor im Stand nur im Leerlauf dreht. (Würde man im Stand dauernd genügend Gas geben, um diese Versorgung aufrechtzuerhalten, hätte die Kühlwassertemperatur bald eine kritische Höhe ereicht, weil der Fahrtwind fehlt.)

Im Kapitel über die Lichtmaschine ist erläutert, warum die rote »Ladekontroll-Leuchte« hierbei versagt, obwohl man glaubt, sich darauf verlassen zu können. Bei Verkehrsstockungen und kriechender Kolonnenfahrt ist deshalb auf Standlicht umzuschalten und im kleinen Gang bei höherer Motordrehzahl zu fahren, damit die Lichtmaschine Stromverbaucher und Batterie speisen kann. Die Drehstrom-Lichtmaschine des Fiat 124 Special wird mit solchen Situationen weit besser fertig, wie im nächsten Kapitel beschrieben ist.

Fingerzeige: *In kalten Nächten ist es von Vorteil, die Batterie auszubauen (beim Fiat 124 unproblematisch), um sie in der Wohnung in Heizungsnähe aufzustellen. Der Wagen springt am nächsten Morgen mit einer warmen Batterie überraschend schnell an, die kleine Mühe hat sich gelohnt.*

Der Ausbau der Batterie bei scharfem Frost hat einen weiteren Grund: Eine tief entladene Batterie (versehentlich nicht ausgeschaltete Scheinwerfer) kann schon bei $-10°$ C gefrieren; bei einer halb geladenen Batterie reicht es allerdings für $-27°$ C Frost. Eine gefrorene Batterie platzt und wird wertlos.

Unter »Experten« grassiert ein Geheimtip, man solle im Winter bei tiefen Temperaturen vor dem Starten für kurze Zeit das Standlicht einschalten. Die Batterie beginne dann zu arbeiten und bringe sich damit gewissermaßen selbst in Trab und werde daraufhin mit dem Anlasser viel leichter fertig. Das ist so unsinnig wie Batterie-Heizkissen, die der Batterie Wärme spenden sollen. Alle Stromentnahme bei nicht laufendem Motor entzieht man aus der Batterie und magert dabei ihre Kapazität noch weiter ab. Solche Versuche kommen dem vergeblichen Bau eines Perpetuum mobile gleich. Niemand wird sich in ein Segelboot setzen und anfangen zu pusten – dadurch kommt man nicht von der Stelle.

Säurestand der Batterie prüfen

Pflegearbeit Nr. 3

Gemäß der Betriebsanleitung (siehe Kapitel »Wartung – wann und wo?«) soll alle 2500 km der Säurestand in der Batterie geprüft werden. Der zu niedrige Säurestand kann Schuld daran sein, wenn sich beim Starten der Motor nur noch müde dreht. Zwar ist es möglich, daß eine Störung in der Zündanlage vorliegt, doch gilt der erste Blick dem Säurestand der Batterie. Probe: Zündung und Scheinwerfer einschalten, brennen diese nur schwach, fehlt es der Batterie meist an Kraft, weil ihr das Wasser mehr oder weniger ausgegangen ist. Im Laufe der Zeit verdunstet es, besonders im Sommer ist hier häufige Kontrolle notwendig.
Zum Nachfüllen darf nur destilliertes Wasser, nie Batteriesäure, nachgefüllt werden, wobei auf völlige Reinheit der Nachfüllung zu achten ist. Leider bekommt man an einigen Tankstellen alles andere als saubere Nachfüllungen in die Zellen der Batterie, darum macht sich ein eigener Vorrat an destilliertem Wasser bezahlt (aus der Drogerie, kostet nicht viel).

Fingerzeig: *Zum Nachladen braucht man eine Batterie, deren Säurestand gefallen ist, nicht in die Werkstatt zu bringen, wenn sie sonst gesund ist. Auffüllen mit destilliertem Wasser – nur dieses ist verdunstet! – und eine längere zügige Fahrt am Tage, also ohne Scheinwerferbeanspruchung, können die Batterie wieder in Ordnung bringen.*

Ladezustand prüfen

Sofern die Batterie den Anlasser flott durchdreht und die Scheinwerfer beim plötzlichen Gasgeben nicht wesentlich heller aufstrahlen – das ist ein Zeichen, daß die Batterie irgendwie »müde« ist –, braucht man außer dem Säurestand den Ladezustand der Batterie nicht unbedingt zu prüfen. Es regelmäßig bei der 10 000-km-Wartung zu tun, ist jedoch kein Fehler. Wenn sich aber Müdigkeit zeigt oder sich die vorschriftsmäßig mit destilliertem Wasser aufgefüllte Batterie gar nicht erholen will, auch ihr Dienstalter von 2 bis 3 Jahren schon überschritten ist, muß die Säuredichte jeder einzelnen Batteriezelle zur Kontrolle des Ladezustandes nachgemessen werden. Da in diesem Falle zumeist ein Nachladen der Batterie in der Werkstatt oder bei einem Autoelektrik-Dienst notwendig ist (ein Garagen-Kleinladegerät reicht dazu meist nicht aus), kann man den Ladezustand gleich dort prüfen lassen. Mit einem Hebesäuremesser läßt sich der Batteriezustand messen. Die Meßergebnisse bedeuten:

Batterie voll geladen Batterie halb geladen Batterie entladen	spez. Gewicht 1,285 kg/l spez. Gewicht 1,21 kgl spez. Gewicht 1,14 kg/l	Anm.: Die Messung ist auf +20° C bezogen. Je 14° C Temperaturunterschied ändern das spez. Gewicht um 0,01 kg/l.

Es muß noch kein schlimmes Zeichen sein, wenn alle sechs Zellen eine gleichmäßig niedrige Säuredichte zeigen. Dann kann es, wenn die Batterie noch

Zum Aufladen der Batterie gibt es einfache Garagengeräte, die für 12 Volt etwa ab 60 DM kosten. Beim Laden, das mehrere Stunden in Anspruch nimmt, sollen die Verschlußstopfen der Batteriezellen geöffnet werden.

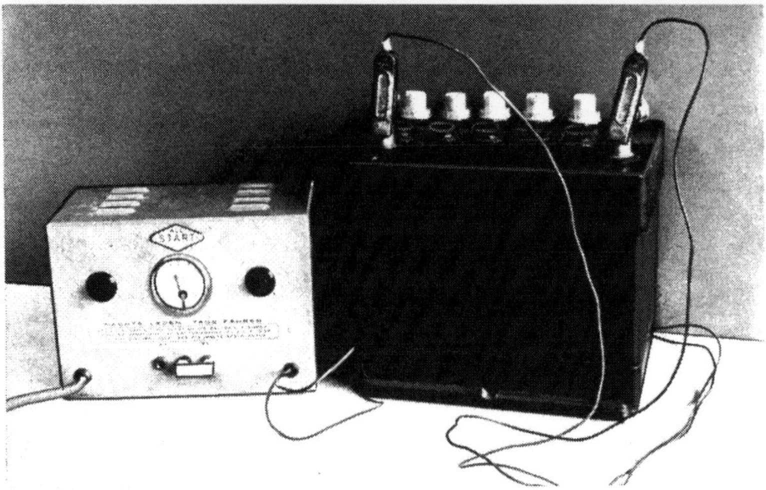

nicht zu alt ist, mit Nachladen getan sein. Bedenklich wird es jedoch, wenn eine einzelne Zelle entladen ist: In der Fachwerkstatt nachprüfen lassen, ob die Batterie noch brauchbar ist oder ersetzt werden muß. Stark verbrauchte Batterien erkennt man übrigens auch daran, daß sich die Plattenblöcke in den Zellen hochdrücken. Dann wird es höchste Zeit, eine neue Batterie zu kaufen.

Batterie sauberhalten

Pflegearbeit
Nr. 26

Lose und oxydierte Polanschlüsse oder Batteriepole schaden der Batterie. Von Zeit zu Zeit muß man die Oxydationskristalle und den Schmutz entfernen, wozu man warmes Wasser und eine alte Bürste benutzt. Nach Trocknen mit einem Lappen fettet man die Polköpfe und Anschlußklemmen mit Säureschutzfett ein (z. B. von Bosch: Ft 40 v 1).

Durch längere ungehinderte Oxydation können die Kabelklemmen so fest auf den Polköpfen verankert sein, daß man sie nur mit Gewalt abbekäme. Es ist aber grundverkehrt, jetzt mit irgendeinem Zwangsmittel vorzugehen, da die Polköpfe abbrechen oder das Batteriegehäuse springen würde. Kochendheißes Wasser oder besser Sodalösung rettet diese »verklemmte« Situation.

Dem Ausbau der Batterie hat stets das Abschrauben des Minus-Kabels vorauszugehen (Gabelschlüssel SW 10), um Kurzschlußfunken beim versehentlichen Berühren des Plus-Pols mit Metallteilen zu vermeiden. Umgekehrt wird beim Einbau das Minus-Kabel zuletzt angeschlossen.

So wird geladen

Im Laufe der Zeit entlädt sich die Batterie auch im unbenutzten Zustand. Im Winter geht die Selbstentladung etwas langsamer als im Sommer vor sich. Sie beträgt pro Tag ½ bis 1 Prozent ihrer Kapazität. Eine vollgeladene Batterie kann also in 100 Tagen leer sein. Da eine Batterie im entladenen Zustand Schaden leidet, müssen Batterien stillgelegter Fahrzeuge ausgebaut und etwa jeden Monat nachgeladen werden. Oder man gibt sie bei einer Elektrikerwerkstatt in »Pension«, wo sie dauernd an ein Frischhaltegerät mit schwachem Ladestrom angehängt wird.

Bei tiefer Entladung oder gründlicher Batterieüberholung muß die Batterie an ein leistungsstarkes Ladegerät angeschlossen werden. Das besitzen nur Werkstätten. Vor dem Laden – und das gilt grundsätzlich – darf destilliertes Wasser nur bis zur Bedeckung der inwendigen Platten eingefüllt werden, damit die Säure bei der Aufladung nicht »überkocht«. Der Anfangs-Ladestrom soll nicht mehr als 10 Prozent betragen, bei der Fiat 124-Batterie demnach knapp 5 Ampère. Mit zunehmender Batteriespannung wird die Ladestromstärke verringert, was automatische Ladegeräte gewöhnlich selbst regulieren, sonst

bekommt man eine überladene und geschädigte Batterie zurück. Eigentlich ist es richtig, wenn die Werkstatt die Batterie zuvor völlig entlädt. Der Gesamtvorgang dauert 10 bis 15 Stunden.
Während der ganzen Zeit bilden sich Gasblasen, darum müssen die Verschlußstopfen der Bateriezellen geöffnet sein. Das Gas besteht aus Wasserstoff und Sauerstoff, ist also gefährliches Knallgas, in dessen Nähe man nicht mit Feuer hantieren darf. Die Batterie ist geladen, wenn eine Zellenspannung von 2,6 bis 2,7 Volt erreicht ist und innerhalb von 2 Stunden die Säuredichte nicht mehr ansteigt. Beim Nachmessen der Säuredichte nach 2 Stunden muß noch einmal der Säurestand überprüft werden.

Schadet die Schnelladung?

Oft reicht die Zeit nicht, stundenlang das Laden der Batterie abzuwarten. Wesentlich flotter geht es durch Schnell-Laden. Dies ist eine Roßkur, die nur ganz gesunde Batterien ohne weiteres überstehen, denn es wird mit fast 40 Ampere dabei geladen. Wenn sich eine einwandfreie Batterie beispielsweise über Nacht durch einen versehentlich eingeschalteten Stromverbraucher entladen hat, darf man sie ohne weiteres an einem Schnelladegerät wieder aufputschen lassen, damit man mit seinem Auto wieder davonfahren kann. Aber zur Regel soll man das nicht machen. Bei älteren Batterien heben sich beispielsweise die Plattenblöcke, und die Batterie ist hinüber. Fabrikneue Batterien dürfen auf gar keinen Fall an ein Schnelladegerät gehängt werden. Viele Batteriehersteller laden heute ihre Batterien trocken vor. Bei der Inbetriebnahme wird nur noch Säure eingefüllt und nach kurzer Wartezeit kann der Motor mit dieser Batterie gestartet werden. Allerdings muß sich sogleich eine längere Fahrt anschließen, damit die Lichtmaschine die neue Batterie langsam aufladen kann.
Beim Fiat Special (wegen der Drehstrom-Lichtmaschine) und bei angeschlossenem Transistoren-Radio müssen vor der Schnelladung die Batteriekabel gelöst werden, Spannungsspitzen würden sonst die Dioden bzw. die Transistoren zerstören. Weitere wichtige Hinweise über die Drehstrom-Lichtmaschine im Kapitel »Lichtmaschine und Anlasser«.

Fingerzeig: *Batteriesäure und auch die Oxydationskristalle zerfressen Kleider und Polster. Nur sofortiges Auswaschen der Spritzer mit Sodalösung rettet Ihre Hose!*

Starten mit leerer Batterie

Irgendwann passiert es jedem einmal: Man will starten, doch die Batterie ist leer. Wahrscheinlich war irgendein Stromverbraucher eingeschaltet, der hoffentlich nicht tage- oder wochenlang von der Kapazität der Batterie zehrte. Früher half man sich da mit der guten alten Andrehkurbel, aber die hat Ihr Fiat nun leider nicht mehr. Darum braucht man nicht verzagen, denn, ist die Batterie an sich gesund, wird man doch vom Fleck kommen.

Mit fremder 12-Volt-Batterie (nur bei Gleichstrom-Lichtmaschine!)

Eine leere Batterie kann recht gut vom eigenen Motor wieder aufgeladen werden, dazu muß sich der Motor aber erst einmal selbst drehen. Doch gilt der nachfolgende Tip nur für den Fiat Normal, da der Special serienmäßig eine Drehstrom-Lichtmaschine besitzt, die hierbei Schaden nähme. Bei der Gleichstrom-Lichtmaschine wird der Motor einfach mit einer Fremdbatterie gestartet. Vielleicht läßt sich der Nachbar darum bitten, so er auch einen Fiat, Peugeot, NSU oder Opel mit 12-Volt-Batterie hat. Denn auf die 12 Volt kommt es allein an. Einerlei ist es jedoch, wieviel Ampere-Stunden die betreffende Batterie hat.

Die Sache geht dann so vor sich: Kabel an der eigenen Batterie lösen, Batterie herausnehmen. Fremdbatterie einsetzen, Kabel anschließen (auf die richtigen Polanschlüsse achten!), bei anderer Batteriegröße notfalls Kabel verlängern. Motor starten. Gaspedal von Helfer bedienen lassen, so daß Motor in höherer Drehzahl läuft. Batteriekabel bei laufendem Motor lösen, zuerst das Minus- (Masse-), dann das Plus-Kabel (nicht Masse damit berühren!), Fremdbatterie herausheben, eigene Batterie einsetzen, anschließen und Motor weiterlaufen lassen, während die Fremdbatterie zurückgebracht wird. Bei der folgenden Fahrt, die mindestens 15 km weit führen sollte, Motor ständig auf Touren halten und möglichst keine weiteren Stromverbraucher einschalten. Nach etwa 15 km Fahrt ist eine gesunde Batterie wieder so weit aufgeladen, daß sie den nächsten Motorstart alleine schafft, wenn es nicht gerade kalter Winter ist oder mehrere Stromverbraucher in Aktion treten müssen.

Anschleppen oder Anschieben

Hat man nicht gerade das Glück, auf einem Berg zu stehen, von dem man hinunterrollen und durch diesen Schwung den Motor in Gang setzen kann, wird man sich – bei Verzicht auf fremde 12 V-Batterie – anschleppen lassen müssen. Befestigen Sie Ihr Seil vorschriftsmäßig, wie im Kapitel »Schleppen und Abschleppen« beschrieben, und achten Sie nachher beim Schleppen auf plötzliche Hindernisse, die Ihren Vordermann zu plötzlichem Halten zwingen.

Ist alles startklar, tun Sie folgendes: Zündung einschalten, Kupplung treten, 2. Gang einlegen, Schleppseil allmählich straff ziehen und anrollen lassen. Bei kaltem Motor Starterknopf (Choke) ziehen. Bei genügend Fahrt: Kupplung langsam kommen lassen, rechte Hand an der Handbremse, Fuß aufs Gaspedal lehnen. Springt der Motor an, sofort Kupplung treten und Gas geben, Handbremse sanft ziehen (sie haben nur zwei Beine und können nicht auch noch auf die Fußbremse treten), damit Sie dem Vordermann nicht ins Hinterteil fahren, und dem Schleppfahrer Hupsignal geben. Jetzt den Gang heraus und Kupplung loslassen, immer noch etwas Gas geben (damit der Motor nicht stehen bleibt und Sie von vorne anfangen müssen), und zusammen mit dem Schleppwagen langsam abbremsen.

Mit einigen kräftigen Männern ist der Fiat 124 auch durch Anschieben bei leerer Batterie ohne große Schwierigkeiten in Gang zu setzen. Dazu muß allerdings die Zündanlage in guter Verfassung sein, sonst wird es schwierig. Weil man die notwendige Drehzahl durch Anschieben im 3. Gang – im allgemeinen auch nicht im 2. Gang – erreicht, wendet man einen Trick an: 1. Gang einlegen, Kupplung durchgetreten halten, Wagen anschieben lassen, bis er in Schwung ist, dann Kupplung schnell kommen lassen. Der Wagen macht einen

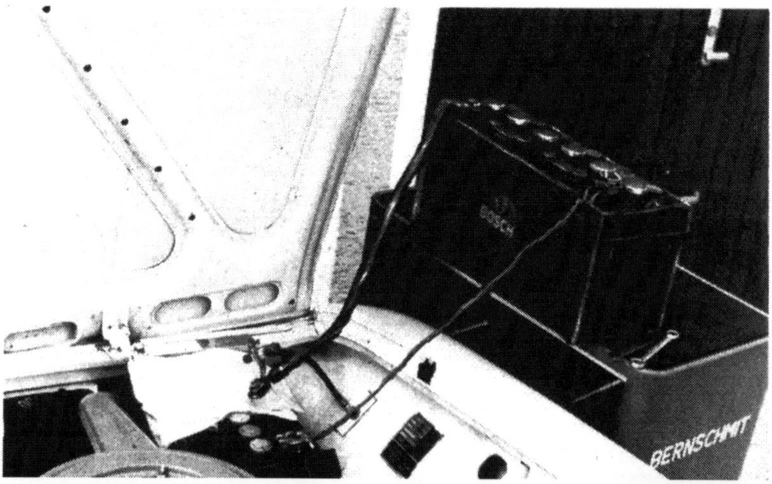

Starthilfe mit fremder Batterie, bei der die eigene nicht ausgebaut wurde. Nur das Massekabel lösen und dieses mit dem Minus-Pol der Hilfsbatterie verbinden. Der Plus-Pol der Hilfsbatterie kann an die Kabelklemme der eigenen Batterie angeschlossen werden, aber nicht, wie hier absichtlich demonstriert, mit einem zu dünnen Kabel, da dieses zu heiß wird und zumindest die eigene Isolierung zerstört. Die Batterie im Wagen sollte man wegen Kurzschlußgefahr abdecken.

Hopser, bei dem der Motor plötzlich schnell genug durchgedreht wird, um in der Lichtmaschine genügend Strom für den Zündfunken zu erzeugen. Springt der Wagen an, sofort Kupplung treten und Gas geben. Wagen mit der Handbremse anhalten, denn die Füße braucht man, wie schon gesagt, für Kupplung und Gaspedal.
Sind Sie allein auf weiter Flur, geht es auch. Wagen so hochbocken, daß beide Hinteräder vom Boden gehoben sind. Vorderräder durch Steine sichern. 3. Gang einlegen, Zündung einschalten und Starterknopf ziehen, Tür offen lassen. Sodann dreht man an einem Hinterad kräftig in Abrollrichtung und wirft auf diese Weise den Motor an. Sowie er läuft, sofort um den Wagen rennen und mit der Hand aufs Gaspedal drücken. Ist der Motor warm gelaufen, Gang herausnehmen, Motor im Leerlauf weiterdrehen lassen und Wagen herablassen. Viel Glück!

Fahren ohne Batterie (nur bei Gleichstrom-Lichtmaschine)

Man kann den Fiat 124 Normal auch ganz ohne Batterie fahren, was leider mit dem Special, der die Drehstrom-Lichtmaschine hat, nicht möglich ist. Versuchen Sie einmal, durch einen Helfer den Motor auf Touren halten zu lassen, während Sie vorne an der Batterie das breite, metallgeflochtene Minus-Kabel mit dem Schraubenschlüssel SW 10 lösen. Keine Angst, Sie bekommen keinen Schlag. Wenn das Minus-Kabel lose ist, läuft der Motor unbekümmert weiter, auch wenn Sie, um ganz sicher zu gehen, auch noch das Plus-Kabel lösen. (Vorsicht! Mit dem Plus-Kabelende nicht das Karosseriemetall berühren. Das gibt Funken und Kurzschluß.) Dieses Wissen, daß Ihr Auto auch ohne Batterie läuft, ist bei defekter Batterie sehr wertvoll, denn Sie brauchen sich in diesem Falle nicht gleich abschleppen zu lassen (bei Drehstrom-Lichtmaschine ist es allerdings unvermeidbar; siehe das betreffende Kapitel), sondern lassen sich bei gelöstem Minus-Kabel, wie oben beschrieben, anschieben oder abschleppen. Das funktioniert einwandfrei. Ist die Batterie ganz heraus, muß das Plus-Kabelende dick mit trockenem Zeitungspapier behelfsmäßig gegen Kurzschluß isoliert werden. Mit erhöhter Drehzahl rollen Sie ohne weiteres zur nächsten Werkstatt.
Eine defekte Batterie mit Kurzschluß darf übrigens nicht angeschlossen werden, denn in ihr kann die Lichtmaschine keinen Strom speichern, sondern die überlastete Lichtmaschine und der Reglerschalter schmoren in kürzester Zeit durch. Dann wäre »der Ofen aus« und nur noch Abschleppen könnte helfen.

Kauf einer neuen Batterie

Müdigkeitserscheinungen künden es dem aufmerksamen Fahrer bereits an, wenn eine neue Batterie fällig wird. Das ist ein bitterer Tropfen, denn die Batterie kostet 121 DM. Wenn Nachladen nichts mehr hilft, die Scheinwerfer beim Gasgeben wesentlich heller werden, die Plattenblöcke der Zellen sich hochdrücken, dann ist es soweit. Zumeist ereignet sich das jährliche Batteriesterben bei den ersten Nachtfrösten.

Zwei Zaubertrommeln

In der Normalausführung des Fiat 124 arbeitet ein sogenannter »Gleichstrom-Generator«, der vor allem für die Erzeugung kräftiger Zündfunken zur Verbrennung des Kraftstoff-Luft-Gemischs sorgen soll. Außerdem muß er Gleichstrom erzeugen, um der Batterie wieder Strom zuzuführen (Wechselstrom kann nicht gespeichert werden), der im wesentlichen Maße beim Anlassen, aber auch durch andere Stromverbraucher jenem Elektrizitätsspeicher entzogen wurde. Und wenn Sie des Nachts Ihre Scheinwerfer eingeschaltet haben, wird das Licht ebenfalls von dem Generator (wie von einem Fahrraddynamo) erzeugt. Daher der Name Lichtmaschine. Beim Special – und ab Oktober 1970 auch beim Normal – ist statt dessen eine Wechselstrom erzeugende Drehstrom-Lichtmaschine eingebaut (Beschreibung auf Seite 111).

Die Lichtmaschine

Rechts unten am Kurbelwellengehäuse ragt die Lichtmaschine so weit nach vorn, daß sie von der auf dem Kurbelwellenende sitzenden Riemenscheibe über den Keilriemen angetrieben werden kann. Der Riemen bewegt gleichzeitig die Wasserpumpe und den Ventilator. Da die Riemenscheibe der Lichtmaschine kleiner als die der Kurbelwelle ist, bewegt sie sich schneller, und zwar im Verhältnis 1 : 1,86.

Die Lichtmaschine trägt die Typenbezeichnung D 90/12/16/3 E (Special siehe auf Seite 111). Diese Typenbezeichnung gibt über die Eigenschaften der Lichtmaschine Auskunft, wobei D 90 die allgemeine Modellbezeichnung darstellt; mit der Zahl 12 wird auf die Nennspannung von 12 Volt hingewiesen und aus der Zahl 16 ersieht man die Stromstärke von 16 Ampere, die die Lichtmaschine ohne Schaden dauernd abzugeben vermag. In der Schule wurde erklärt, daß die elektrische Leistung in Watt gemessen wird, wozu Volt mit Ampere zu multiplizieren sind. Hier sind 12 x 16 = 192 Watt, jedoch ist in der Betriebsanleitung die Dauerleistung mit 230 Watt verzeichnet. Das ist nicht falsch, denn

Auf dem – abgenommenen – Deckel des Reglerschalters vom Fiat 124 N, seitlich gehalten von zwei Kreuzschlitzschrauben, sieht man die eingestanzten Kabelnummern: 51 – Lichtmaschine und Ladekontrollampe, 67 – Lichtmaschine, 30 – Batterie und Zünd-Anlaß-Schalter.

die Lichtmaschine mit der Nennspannung von 12 Volt gibt eine Betriebsspannung von 14,5 Volt ab, so daß man doch auf 230 Watt kommt. Bis zu 15 Minuten kann die Lichtmaschine sogar eine Maximalleistung von 320 Watt abgeben (= 22 Ampere bei 14,5 Volt Betriebsspannung). Mit einer Höchstdrehzahl von 10 000 Umdrehungen pro Minute erreicht sie die Grenze ihres Vermögens, wenn man weiß, daß die Drehzahl bei maximaler Dauerstromabgabe von 16 Ampere zwischen 2550 und 2700 U/min liegt und daß bei Stromabgabe von 22 Ampere erst 3050 bis 3200 U/min stattfinden. Ohne Schaden zu nehmen, wird sie also höhere Touren nicht lange aushalten.
Wen es interessiert: Im Austausch kostet die Lichtmaschine rund 60 DM.

Der Reglerschalter

Je schneller sich die Lichtmaschine dreht, desto mehr Strom liefert sie. Die Batterie als Stromsammler und die Stromverbraucher werden dagegen mit solchen schwankenden Leistungen nicht ohne weiteres fertig. Besonders die Batterie muß gegen ein Überladen geschützt sein, und das Licht der Scheinwerfer wäre je nach Geschwindigkeit einmal schwach und einmal hell. Zur Maßhaltung des Lichtmaschinenstroms ist der Reglerschalter an den Generator angeschlossen, der auf den jeweiligen Lichtmaschinentyp genau abgestimmt wurde. So gehört der Reglerschalter Fiat GN 2/12/16 zur Fiat-Lichtmaschine D 90/12/16/3 E.
Der Reglerschalter verbindet die Lichtmaschine nach Erreichen der Einschaltdrehzahl von 985 Umdrehungen pro Minute der Motor-Kurbelwelle, was einer Geschwindigkeit von 24 km/h im 4. Gang gleichkommt, wobei als Bestätigung die Ladekontrollampe erlischt. Bei dieser Einschaltdrehzahl ist die Lichtmaschinenspannung bis zur Batteriespannung angestiegen, so daß in diesem Moment die Lichtmaschine die Stromlieferung für Zündanlage, sonstige Stromverbraucher und zum Wiederaufladen der Batterie aufnehmen kann. Der Reglerschalter trennt ebenso wieder Lichtmaschine und Batterie voneinander, wenn diese Drehzahl unterschritten wird, wodurch verhindert ist, daß sich die Batterie über die dann schwächer wirkende Lichtmaschine entlädt. Bei schnell laufender Lichtmaschine sorgt schließlich der Reglerschalter dafür, daß weder die angeschlossenen Stromverbraucher – Zündspule, Scheinwerfer usw. – zu hohe Spannung erhalten, noch die Batterie überladen wird.
Fertigungstechnische Abweichungen des Reglers können bei einigen Normaltypen bewirken, daß die rote Ladekontrolle auch im Leerlauf blaß brennt, das ist jedoch bedeutungslos.

Reparaturmöglichkeiten am Reglerschalter?

Selbst kann man an einem Reglerschalter nichts reparieren, wenn er schadhaft ist. Reparaturversuche, etwa Abschleifen der Kontakte oder Andrücken der Schaltfedern machen die Sache zumeist noch schlimmer, denn bereits kleine Federspannungsänderungen verändern seine Schalterei vollkommen. Defekte im Reglerschalter sind in krassen Fällen an »überkochender« oder ständig entladener Batterie, am Nichterlöschen oder Durchbrennen der Ladekontrollampe und grellem Aufleuchten der Scheinwerfer bei schnellem Gasgeben erkennbar. Leichtere Unstimmigkeiten des Reglerschalters sind mit elektrotechnischen Meßgeräten, wie sie gut ausgestattete Fiat-Werkstätten, vor allem die Reparaturwerke der Fiat-Niederlassungen, zur Verfügung haben, feststellbar.
In den Deckel des Reglerschalters sind für jeweils einen der drei Kabelanschlüsse Zahlen eingeprägt, wie an nebenstehendem Bild zu erkennen ist; sie decken sich mit den dahinter verborgenen Anschlüssen. Auch im Schaltplan der hinteren Buchklappe erscheinen diese Zahlen, deren Sinn im folgenden Kapitel erläutert wird. Sie bedeuten:

- 51: braunes Kabel für den Plus-Strom zum Lichtmaschinenanschluß (SW 10) und schwarzes Kabel zur Ladekontrollampe am Armaturenbrett.
- 67: weißes Kabel für den Minus-(Masse-)Anschluß an der Lichtmaschine (SW 8). An die Lichtmaschine können die Kabel wegen der verschiedenen Stärke der Anschlußschrauben nicht verwechselt werden. Ein Lösen der Kabel bei laufendem Motor oder ein Verwechseln der Kabel am Reglerschalter bewirkt sofortige Zerstörung des Schalters, der Lichtmaschine oder beider Teile!
- 30: zwei stets Strom führende rosa Kabel, eins zur Batterie, das andere zum Zündanlaßschalter neben der Lenksäule.

Keilriemen-Probleme

Um den größten der hier folgenden Sorgen von vornherein aus dem Wege zu gehen: Beschaffen Sie sich einen Ersatzkeilriemen, den Sie im Kofferraum so lange verstecken können, bis Sie ihn brauchen. Serienmäßig ist der Antrieb durch einen Pirelli-Riemen mit der Bezeichnung 2003-4041 402 OA gewährleistet, doch können auch Keilriemen anderer Hersteller mit 785 mm Länge und 9,5 mm Breite verwendet werden.
Man muß es nicht unbedingt hören, wenn der Keilriemen abfliegt. Aber man sieht es beim Fiat am Aufleuchten der Ladekontrollampe bei laufendem Motor sofort (weil die Lichtmaschine nicht mehr angetrieben wird). Ebenso kann die Lampe brennen, wenn der Keilriemen nicht die nötige Spannung hat und auf den Riemenscheiben durchrutscht. Der gleiche Verdacht auf einen gerissenen oder nicht genügend stramm sitzenden Keilriemen besteht, wenn plötzlich die rote Warnlampe in der Armaturentafel anzeigt, daß die Temperatur der Kühlflüssigkeit ihren Siedepunkt erreicht.
Halten Sie sofort an, wenn die besagten Lampen plötzlich brennen! Schäden, die durch unbedachte Weiterfahrt auftreten, wenn der Keilriemen nur noch wenig oder überhaupt nicht seine Aufgabe erfüllt, treten unweigerlich am Motor auf. Der Umlauf des Kühlwassers wird unterbrochen, weil die Wasserpumpe nicht mehr fördert, und durch die Hitzeausdehnung im Motor kommt es zu Kolbenklemmern, die unreparierbare Zerstörungen zur Folge haben können (z. B. Abreißen der Pleuel). Im günstigsten Fall, wenn der Keilriemen gerade noch »mitnimmt«, ladet die Lichtmaschine zu wenig.
Andererseits, wenn zu stramm gespannt, beansprucht der Keilriemen die Lager der Wasserpumpenwelle und der Lichtmaschine zu sehr. Vorzeitiger Verschleiß oder Zerstörung der Lager ist die Folge.

Keilriemenspannung prüfen

Pflegearbeit Nr. 24

Es ist recht einfach, die Spannung des Keilriemens am 124 zu regulieren. Man lockert die obere Befestigungsmutter am Spannbügel und die beiden Gelenkschrauben unterhalb der Lichtmaschine (alle drei SW 17) und drückt die Lichtmaschine nach außen. Aber Vorsicht, wenn Sie den Motor gerade erst abstellten: der Auspuffkrümmer ist heiß! Der Keilriemen soll sich zwischen Ventilator und Lichtmaschine unter mäßigem Daumendruck (10 kg) 10–15 mm durchbiegen lassen. Geraten Sie bei laufendem Motor nie mit der Hand oder mit dem Rockärmel in die Nähe des Keilriemens!
Die Lichtmaschine beim 124 Fiat Normal wird, um den Keilriemen zu erneuern, wie folgt abgenommen. Die Demontage ist leider etwas umständlich und sie ist eigentlich nur dann möglich, wenn man über »Nuß« und »Knarre« verfügt; mit einem Steckschlüssel wird man kaum erfolgreich sein.
Zuerst löst man die beiden Kabel (SW 10 und SW 8, beide sind wegen unterschiedlicher Kabelschuhe nicht zu verwechseln). Danach lockert man die obere Befestigungsmutter am Spannbügel, ohne sie ganz abzunehmen. Beide unte-

ren Halteschrauben (SW 17) sind ganz auszuschrauben, und zwar gelingt es bei der linken mit einem Maulschlüssel, bei der rechten nur mit der erwähnten Nuß, auf die man die Knarre ohne Zwischenstück setzt. Diese beiden Schrauben haben ihren Halt in zwei Winkelstücken, die wiederum am Motorblock festgeschraubt sind; die linke davon ist mit Nuß (SW 17) und kurzem Zwischenstück abzuschrauben. Jetzt läßt sich die Lichtmaschine so weit verkanten, daß der neue Keilriemen über alle drei Riemenscheiben gelegt werden kann.
Um den Schwenkbereich etwas gängiger zu machen, feilt man – ist die Lichtmaschine schon einmal ab – ihre beiden Träger an den Innenflächen glatt. Späteres Nachspannen des Keilriemens erleichtert sich somit, da man die Lichtmaschine jetzt leichter nach außen schwenken kann.
Das Winkelstück ist wieder fest anzuschrauben und die beiden unteren Halteschrauben werden vorerst locker aufgedreht. Jetzt ist die Lichtmaschine so weit nach vorn zu drücken (Schraubenschlüssel hinter Lichtmaschine als Hebel!), bis der Keilriemen in der erforderlichen Spannung sitzt. Zum Schluß werden alle Schrauben und Muttern angezogen. Obacht, daß die Lichtmaschine sich nicht wieder nach hinten versetzt!
Was machen wir, wenn unterwegs kein Reservekeilriemen zur Hand ist? Eine anwesende Dame, nylon- oder perlonbestrumpft, mildert das Unglück sehr rasch. Ein solcher Strumpf (unwiederbringlich entliehen, weswegen ritterlicherweise Ersatz versprochen werden muß) hält trotz eventueller Laufmaschen wenigstens bis zum nächsten Ersatzteillager, wenn er stramm genug aufgezogen wird. Vorher ist der Strumpf in die Länge zu ziehen und kräftig zu verdrillen, weil er sich sonst im Betrieb weitet und abfliegt. Möglichst zweimal über alle drei Riemenscheiben ziehen und bei jeder Wicklung so fest wie möglich anzurren, zum Schluß gut verknoten und die Enden nicht zu kurz abschneiden, sonst löst sich der Knoten. Selbstverständlich muß man nach der Montage solcher Behelfskeilriemen sowohl die Ladekontrolle wie auch die Warnlampe für die Kühlwassertemperaturanzeige scharf im Auge behalten und eventuell einen doch nicht stramm aufgezogenen Damenstrumpf ersetzen.
Fehlen aber Ersatzkeilriemen oder die besagten strumpftragenden Damenbeine, bleibt nichts anderes übrig, als sich abschleppen zu lassen. Und das sollte man im Interesse seines Motors doch ohne Zögern tun.

Fahren ohne Lichtmaschine

Leuchtet die rote Ladekontrollampe auf, obwohl der Keilriemen in Ordnung ist, liegt der Fehler irgendwo in der Lichtmaschine oder im Reglerschalter. Unterwegs danach zu suchen, ist meist nicht möglich. Man kann trotzdem bis zur nächsten Werkstatt weiterfahren, wenn man die Lichtmaschine elektrisch abschaltet. Dies geschieht, indem die zwei rosa Kabel von dem Anschluß 30 des Reglerschalters gelöst und beide mit den Kabelschuhen bewehrten Kabelenden blank miteinander verbunden werden. Dazu nimmt man am besten eine Schraube mit Mutter, die durch die Löcher der Kabelschuhe hindurchpassen, es geht auch mit einem durchgezogenen und festumwickelten Drahtstück oder – zur Not – mit einem Bindfaden. Aber diese Notverbindung muß mit Isolierband oder Heftpflaster umklebt werden.
Das Trennen der Kabel ist nötig, weil Lichtmaschine oder Reglerschalter einen Kurzschluß haben können, über den sich die Batterie in kürzester Zeit entladen würde, anstatt die Zündanlage zu speisen. Sie verfügt aber normalerweise über Reserven, die bis zur anvisierten Werkstatt reichen.
Weil die Zündspule einen Mindeststrom zum Aufbau der Zündfunken braucht, funktioniert dieses Fahren auf Batteriestrom nicht bis zur völligen Entladung

Die aus dem Fiat 124 N herausgenommene Gleichstrom-Lichtmaschine wird an drei Punkten am Motor gehalten. An den unteren beiden Stützträgern ist sie schwenkbar auf zwei Winkelstücke geschraubt (hier nur das linke zu sehen), die wiederum mit Schrauben SW 17 am Motorblock sitzen. Die obere Schraube führt durch den Schwenkträger und braucht wie die beiden unteren zum Spannen des Keilriemens nur gelockert zu werden.

der Batterie. Praktisch kommt also bei einer üblicherweise zwischen ½ und knapp ⅔ geladenen Batterie eine Zeitspanne von rund 12 Stunden (ohne sonstige Stromverbraucher!) heraus. Im Winter, bei Frost, ist es allerdings durch die geringere Leistungskraft der Batterie wesentlich weniger, ebenso nachts, wenn Licht gebraucht wird. Es kann aber trotzdem reichen, wenn

- die Fahrt nicht unterbrochen werden muß,
- kein Radio eingeschaltet ist,
- nachts nur mit Abblend- oder Standlicht gefahren wird,
- das Heizgebläse nicht läuft,
- der Scheibenwischer nicht in Aktion tritt,
- und nicht gehupt wird.

Muß die Fahrt doch unterbrochen werden, den Motor möglichst nicht mit Anlasser starten – das verbraucht zu viel Strom –, sondern, wenn sich das machen läßt, anschieben oder, noch besser, so abstellen, daß man zum Start den Berg hinunterollen und dabei den Motor anlaufen lassen kann.

In gar keinem Fall darf der Keilriemen abgenommen werden, um die Lichtmaschine außer Betrieb zu setzen, da dann auch Ventilator und Wasserpumpe ausfallen.

Was sagt das rote Licht?

Auf die rote Ladekontrolleuchte, die in dem Kombi-Armatureninstrument sitzt und die Aufschrift »G« (= Generator) trägt, kann man sich nur bedingt verlassen. Sie trügt nämlich insofern, als man glaubt, wenn sie verloschen ist, würde auch die Batterie aufgeladen. Das geschieht nur bedingt, da das Lämpchen durch sein Verlöschen lediglich anzeigt, daß die Spannung jene der Batterie erreicht und der Reglerschalter umgeschaltet hat. Ob die Leistung der Lichtmaschine zum Laden der Batterie ausreicht oder ob diese noch für weitere Stromverbraucher – Licht, Radio, Heizgebläse, Scheibenwischer usw. – Strom aus eigener Kapazität hinzuliefern muß, ist nicht durchschaubar. Will man solches ganz genau wissen, hilft nur die nachträgliche Installation eines Amperemeters, dessen Skala auf der Minus-Seite ebenso weit wie auf der Plus-Seite reichen muß (ein Gerät nur mit Plus-Anzeige taugt nicht viel).

Wenn Sie einmal den Schaltplan in der hinteren Buchklappe prüfen, können Sie erkennen, daß das Kabel der Ladekontrolleuchte im Anzeigeinstrument einerseits am allgemeinen Plus-Anschluß für die Instrumente und andererseits an Klemme 51 durch ein dünneres schwarzes Kabel zusammen mit dem braunen dicken Plus-Kabel der Lichtmaschine hängt. Steht die Lichtmaschine oder läuft sie nur wenig, dann hat dieses Plus-Kabel der Lichtmaschine keinen oder nur wenig »Plus«-Strom, ist praktisch also »Minus«, so daß die rote Lampe brennt, weil sie über den allgemeinen Armaturenbrett-Anschluß von der Batterie her Plus-Strom erhält. Liefert die Lichtmaschine jedoch genügend Strom, liegt an beiden Kabelenden der Ladekontrolleuchte »Plus«, sie kann also nicht mehr leuchten. Ob es aber soviel Strom ist, daß die Baterie geladen werden kann, ist keineswegs damit erwiesen. So kann es vorkommen, daß bei nächtlichen Verkehrsstockungen trotz gemächlich laufendem Motor die Autobatterie plötzlich leer ist, obwohl die Ladekontrolle niemals brannte.

Lichtmaschine pflegen

Pflegearbeit Nr. 39

Die Lichtmaschine macht in der Regel keinen Kummer, weil sie über lange Zeit ohne Aufsicht ihren Dienst versieht. Aber die Verschleißteile, Kohlebürsten und Kollektor, müssen nach 30 000 km überpüft und bei Bedarf ersetzt oder nachgearbeitet werden. Dies sieht der Pflegeplan vor. Mehr als 40 000 km sollte nach unserer Erfahrung die Überprüfung nicht hinausgezögert werden. Nach langer Betriebszeit haben sich die Kohlebürsten derart abgeschliffen, daß ihre Metallsockel Rillen in den Kollektor graben und ein Abdrehen des Kollektors unvermeidbar machen. (In einer Bosch-Werkstatt ist das billiger als eine neue Lichtmaschine. Aber Ihr Wagen steht dann ein paar Tage still.)
Arbeitet die Lichtmaschine schon vor Erreichen der 30 000 km unzureichend, und der Fehler liegt nicht am Reglerschalter, sind Kollektor und darauf schleifende Kohlebürsten natürlich umgehend zu kontrollieren. Zwar kann man diese Überprüfung der Werkstatt überlassen, aber – so sind nun mal die Zeiten – schnell baut man da vielleicht eine neue Lichtmaschine ein. Und die kostet für den Fiat 124 immerhin rund 55 DM, dabei hätte womöglich ein Satz neuer Kohlebürsten für etwa 2,– DM noch eine ganze Weile ausgereicht.
Da die Lichtmaschine in Ihrem Fiat recht tief angeordnet ist, hätte es wenig Sinn, die Kontrolle im montierten Zustand zu versuchen. Vor ihrem Ausbau wird das Minus-Kabel der Batterie gelöst, um Kurzschlüssen aus dem Wege zu gehen, und anschließend sind die Kabel der Klemmen 51 und 67 von der Lichtmaschine abzuschrauben. Danach werden die obere Befestigungsmutter und die beiden unteren Gelenkschrauben (alle SW 17) gelöst, wobei darauf zu achten ist, daß die Lichtmaschine nicht abrutscht und herunterfällt. Durch leichtes Anwinkeln nach hinten hängt man den Keilriemen aus – die Lichtmaschine läßt sich abheben.
Bei dieser einfachen Überprüfung kommen Sie nicht an das vordere Wellenlager, dessen Kugellager nach 30 000 km Fahrtstrecke mit frischem Fett versehen werden sollte. Aber in aller Regel hält die Schmierung dieses Kugellagers doch so lange aus, bis eine komplette Überholung der Lichtmaschine notwendig wird.
Die beiden Kohlebürsten lehnen sich an Spiralfedern, von denen sie in Führungshülsen gegen den Kollektor gedrückt werden. Dies spielt sich verdeckt von dem hinteren Lagerschild (gegenüber der Riemenscheibe liegende Rückwand) ab, das von zwei Schrauben festgehalten wird und abgenommen werden muß.
Zur Reinigung des Kollektors eignet sich Tetrachlorkohlenstoff (als Fleckenreinigungsmittel in Drogerien und Apotheken erhältlich). Von einem damit angefeuchteten sauberen Lappen lassen sich Kohlestaub und Ölverkrustungen abwischen. Hat der Kollektor Rillen, muß er auf einer Präzisionsdrehbank abgedreht werden.
Feinfühlige Heimbastler entfernen die Riefen, wenn sie noch nicht sehr tief sind, durch Abschleifen selber, doch ist davon abzuraten, sofern man sich nicht das nötige Fingerspitzengefühl zutraut. Sie lösen die Ankerwelle samt

Kollektor aus dem Polgehäuse und spannen diese mit Vorsicht in einen Schraubstock, so daß der Kollektor frei überhängt. Feinstes Schleifleinen (Körnung 600) wird der Länge nach in schmale Streifen geschnitten, und mit einem über die Rundung des Kollektors geführten und in beiden Richtungen nach unten gezogenen Schleifstreifen wird der Kollektor gleichmäßig poliert. Wegen der feinen Körnung setzt sich das Leinen schnell zu, weswegen die Streifen öfter erneuert werden müssen. Außerdem ist die Ankerwelle in regelmäßigen Abständen zu verdrehen, damit der Schleifgang alle Felder des Kollektors gleichermaßen abträgt. Wurde die Ankerwelle einmal um 360 Grad umrundet, ist die Arbeit einzustellen oder nochmals in der gleichen Folge auszuführen, damit der Kollektor nicht einseitig an Substanz verliert.

Die Kohlebürsten müssen immer paarweise ersetzt werden, auch wenn nur eine gebrochen und die andere anscheinend noch in Ordnung ist. Da ein Satz der passenden Kohlebürsten nur etwa 2,– DM kostet, ist das auch kein Problem, aber im Interesse der Leistungsgleichheit der Kohlebürsten wichtig. Zeigt sich unterwegs ein plötzlicher Leistungsschwund der Lichtmaschine, der auf abgeschliffene Kohlebürsten zurückzuführen ist (eine Ermüdung der Spiralfedern kommt nicht vor), und besteht auch nicht die Aussicht auf Werkstatthilfe, läßt sich für die nächsten 1000 km doch helfen. Man hinterlegt in die Führung zwischen Kohle und Federangriffspunkt ein passend geschnittenes Stück Holz, keinesfalls stärker als 5 mm, das eine Verlängerung der Kohlebürste simuliert. Das funktioniert natürlich nur so lange, wie die Metallsockel der Kohlebürsten mit dem Kollektor nicht in Berührung kommen.

Störungsbeistand

Batterie- und Lichtmaschine

Die Störung	— ihre Ursache	— ihre Abhilfe
Rote Ladekontrolllampe brennt nicht bei Motor-Stillstand und eingeschalteter Zündung	Anzeigelampe durchgebrannt	Neue Lampe einsetzen
	Batterie entladen	Batterie aufladen
	Batteriekabel lose oder defekt	Batteriekabel kontrollieren
	Zündschloß defekt	Instandsetzen (Seite 121)
	Kabelunterbrechung zwischen Klemme 51, Lichtmaschine und Anzeigelampe	Kabelverbindung über Reglerschraube prüfen
Ladekontrollampe erlöscht bei höherer Drehzahl nicht	Keilriemen gerissen	Nachspannen oder erneuern
	Reglerschalter defekt	Austauschen
	Lichtmaschine defekt	Instandsetzen
	Kabel 51 oder 67 zwischen Lichtmaschine und Reglerschalter unterbrochen	Kabel überprüfen und instandsetzen
Ladekontrollampe flackert bei mittlerer und hoher Drehzahl	Keilriemen locker	Nachspannen
	Klemmen gelockert oder Kabel defekt (Wackelkontakte)	Kabel und Anschlüsse zwischen Lichtmaschine, Regler und Batterie prüfen.
	Reglerschalter defekt	Austauschen
	Batterie defekt	Gegenprobe mit zuverlässiger Batterie
	Kurzschluß in der Lichtmaschine	Instandsetzen
Ladekontrollampe verlöscht erst bei hoher Drehzahl	Lichtmaschine nicht in Ordnung	Prüfen lassen
	Reglerschalter arbeitet falsch	Auswechseln
Ladekontrollampe erlischt, leuchtet aber wieder schwach auf	Oxydierte oder verschmutzte Kontakte bewirken Spannungsabfall	Kontakte der Kabel säubern Reglerschalter überprüfen lassen

Im Fiat 124 Special – und ab Oktober 1970 im Normal – sitzt die Drehstrom-Lichtmaschine so, daß man ihre Kabelanschlüsse gut kontrollieren kann. Zum Ausbau siehe unteres Bild und Beschreibung auf Seite 113.

Drehstrom-Lichtmaschine am Fiat 124 Special

Für einen anderen Lichtmaschinentyp als bei der Normalausführung entschloß man sich beim Special. Der mit einem um 10 PS stärkeren Motor ausgestattete Wagen hat Doppelscheinwerfer und einige zusätzliche Stromverbraucher, mit denen die Gleichstrom-Lichtmaschine nicht anstandslos über die Runden kommt. Auch der Fiat 124 Normal besitzt seit Oktober 1970 eine Drehstrom-Lichtmaschine; deshalb trifft das Vorangesagte für dieses Modell nur in bezug auf Wagen älterer Bauart zu.

Äußerlich ist eine Drehstrom-Lichtmaschine an ihrer kurzen gedrungenen Walzenform zu erkennen. Diese Fiat-Drehstrom-Lichtmaschine trägt die Typenbezeichnung A 12 M 124/12/42 M. Daraus ist ersichtlich, daß die Lichtmaschine eine Nennspannung von 12 Volt hat und dauernd 42 Ampere Strom abgeben kann. 42 Ampere multipliziert mit der tatsächlichen Betriebsspannung von 14,5 Volt ergeben über 600 Watt Dauerleistung, mehr als das Doppelte der Gleichstrom-Lichtmaschine. Als Höchstleistung vermag die Drehstrom-Lichtmaschine sogar 770 Watt abzugeben, was 53 Ampere entspricht. Als Höchstdrehzahl sind für dauernd 13 000 Umdrehungen pro Minute angegeben, und kurzzeitig (15 Min.) schafft sie sogar 15 000 Umdrehungen. Wen es interessiert: die Maschine dreht rechts herum (von der Antriebseite aus gesehen).

Schon bei geringerer Drehzahl, nämlich ab etwa 950 Umdrehungen pro Minute, gibt sie Leistung ab, während das die Gleichstrom-Lichtmaschine erst ab 1830 Umdrehungen tut. Demnach genügt die sehr mäßige Leerlaufdrehzahl des Motors von ca. 500 Umdrehungen, um die Drehstrom-Lichtmaschine in Funktion zu versetzen.

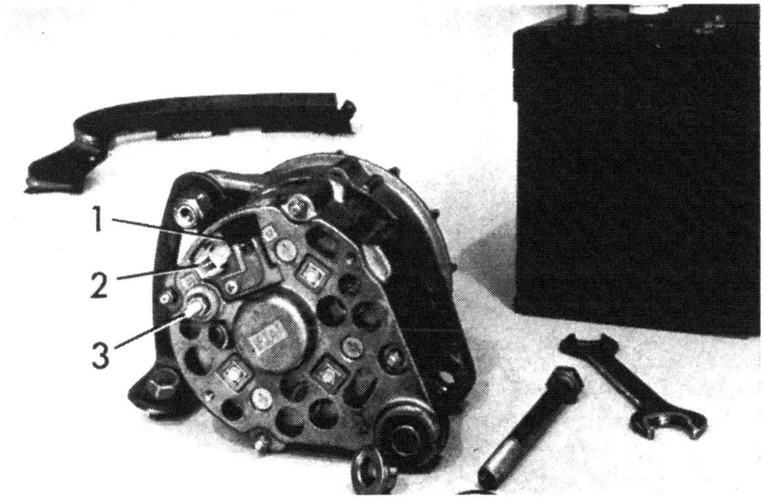

Ausgebaute Drehstrom-Lichtmaschine. Rechts Bolzen und Mutter (SW 19) mit Federring und Tragring der schwenkbaren unteren Halterung. Links an der Maschine der vom Motorblock gelöste Haltearm, der das Ausschwenken und Arretieren erlaubt.
1 – Klemme 67 graues Kabel zum Reglerschalter, 2 – Klemme 85 gelbes Kabel zum Ladekontrollrelais, 3 – Schraubenanschluß der Klemme 30 mit zwei braunen Kabeln zum Plus-Pol der Batterie und zum Zünd-Anlaß-Schloß. Im Hintergrund links der untere Teil der inneren Kühlerverkleidung, die zugleich Schutz vor dem Ventilator ist.

Der dreiphasige Wechselstrom (Drehstrom), den diese Lichtmaschine erzeugt, wird durch dauerhafte Dioden (Halbleiter-Elemente) in den für Batterie und Zündanlage notwendigen Gleichstrom umgewandelt. Diese Dioden unterliegen zwar keinem mechanischen Verschleiß, aber sie sind gegen Spannungsspitzen, d. h. gegen hochgespannte Stromstöße, empfindlich. Sie können durch diese Spannungsspitzen, die sich beispielsweise beim Einschalten von Stromverbrauchern ergeben, zerstört werden. Deshalb hat bei der Drehstrom-Lichtmaschine die Batterie die Aufgabe, eine Art Strom-Puffer zu spielen, ist darum mit der Lichtmaschine direkt durch Kabel (und nicht erst über den Reglerschalter) verbunden. Diese Kabelverbindungen zwischen Lichtmaschine, Batterie und Reglerschalter dürfen niemals bei laufendem Motor voneinander getrennt werden, was bei einer Gleichstrom-Lichtmaschine völlig harmlos ist. Batterie, Lichtmaschine und Reglerschalter bilden in diesem Falle also eine fest zusammengehörende Einheit. Darum ist auch der Reglerschalter der Drehstrom-Lichtmaschine von einem anderen Typ. Er trägt zur Lichtmaschine A 12 M 124/12/42/M die Typbezeichnung RC-1/12 B.

Nicht nur Vorteile

Größere Betriebssicherheit, längere Wartungsfreiheit, höhere Leistungsabgabe und größerer Leistungs-Drehzahlbereich (weil ohne Kollektor) sind die Vorzüge der Drehstrom-Lichtmaschine. Sie müssen allerdings mit gewissen Umständlichkeiten erkauft werden, falls einmal »der Wurm drin ist«. Tut die Ladekontrolle durch Aufleuchten kund, daß an Regler oder Lichtmaschine etwas nicht in Ordnung ist, reicht es nicht aus, Kabel 67 am Regler zu lösen, um nur mit Batteriestrom weiterfahren zu können. An der Lichtmaschine sind das dünne gelbe Kabel und das graue Kabel Klemme 67 zu lösen und einzeln zu isolieren. Die beiden braunen Kabel 30 sollen den Batteriestrom in das Bordnetz weiterleiten und müssen daher miteinander verbunden werden.

Auch am Reglerschalter sind sicherheitshalber die Kabel der Klemmen 15 und 67 zu lösen und einzeln zu isolieren. Ohne diese Vorkehrung könnte sich die Batterie über ein defektes Teil schnell entladen, oder Spannungsspitzen richten noch mehr Schaden in der Lichtmaschine an.

Ist die Batterie leer, ist es nicht wie bei einer Gleichstrom-Lichtmaschine möglich, mit einer vom Nachbarn entliehenen Batterie den Motor in Gang zu bringen. Die im vorangegangenen Kapitel beschriebene Methode des Batteriewechsels bei laufendem Motor übersteht die Drehstrom-Lichtmaschine wegen der beim Kabellösen auftretenden Stromstöße nicht. Bei leerer Batterie muß man sich also anschieben oder anschleppen lassen. Das ist nicht so schwer, weil die Drehstrom-Lichtmaschine mit niedrigeren Umdrehungen auskommt, um den notwendigen Zündstrom zu liefern. Ganz ohne Batterie darf man den Fiat mit der Drehstrom-Lichtmaschine auf keinen Fall anschleppen.

Wartung der Drehstrom-Lichtmaschine

Pflegearbeit
Nr. 45

Ein neugieriger Heimwerker kann es sich durchaus leisten, die normale Gleichstrom-Lichtmaschine auf dem Tisch säuberlich in ihre Einzelteile zu zerlegen und das Ganze wieder zusammenzubauen. Bei der Drehstrom-Lichtmaschine möchten wir jedoch davon abraten, denn die Lager sind nur mit entsprechenden Abziehvorrichtungen zu lösen und vor allem sind etliche Bauteile sehr empfindlich gegen Hitze (beim unvermeidlichen Löten), gegen Verdrehen, ungenauen Zusammenbau und gegen das Berühren mit nicht zusammengehörenden Kontakten. Da kann der Heimwerker-Instandsetzungsversuch teuer werden. Also besser: Drehstrom-Lichtmaschine Werkstattsache.

Sollte einmal die Batterie im eingebauten Zustand am Schnelladegerät aufgeladen werden, muß der Ladestromkreis von der Batterie abgeschlossen wer-

den. Das bedeutet, daß zumindest die Kabelklemme am Plus-Pol der Batterie abgenommen wird.
Eine Schmelzsicherung, die die Feldabwicklungen in der Drehstrom-Lichtmaschine und den Reglerschalter schützt, sitzt in der Sicherungsdose als erste von rechts. Es ist eine 8 Ampere-Sicherung.
Die Demontage der Drehstrom-Lichtmaschine ist umständlicher als der beschriebene Abbau der Normal-Lichtmaschine. Zuerst muß die Batterie herausgenommen werden, damit man von oben an die Befestigung des Generators heranreicht. Außerdem sind von unten die beiden Abdeckbleche zu entfernen (SW 7, 8, 10), wozu der Wagen nicht hochgebockt werden muß. Ferner hat man vom Kühler das untere Ventilatorschutzblech abzuschrauben (je rechts und links eine Schraube und eine Mutter SW 10) und die beiden Befestigungsschrauben des Kühlers an der Karosserie sind zu lösen. Der Kühler ist vorsichtig – mit allen Anschlüssen – aus den Schraubenbolzen herauszuheben und mit seinen Halteösen auf diese Bolzen zu lehnen. Dadurch wird der Kühler um ca. 1 cm angehoben, was das Lösen und Herausziehen des unteren Schwenkbolzens (SW 19) der Lichtmaschine ermöglicht. Ferner muß die obere Halterung der Lichtmaschine (SW 17) abgeschraubt werden.
Diese geschilderte Prozedur ist immer noch einfacher als die Demontage der beiden Auspuffrohre, wenn man die Drehstrom-Lichtmaschine nach oben herausnehmen wollte. Man brauchte zudem noch neue Dichtungen. Die Lichtmaschine kann nach unten weggenommen werden, wenn man sie verwinkelt, den unteren (angeschlossenen) Kühlwasserschlauch abknickt und eventuell – falls die Fertigungstoleranzen im Motorraum zu gering sind – den Motor, der ja in Gummi gelagert ist, etwas nach links drückt.
Vorher mußten natürlich die Kabelanschlüsse von der Lichtmaschine entfernt werden. Die zwei braunen Kabel zur Klemme 30 sind mit einer Mutter SW 10 befestigt, das graue Kabel der Klemme 67 hat einen Kunststoffstecker und das gelbe Kabel zur Ladekontroll-Relaisklemme 85 ist auch nur aufgesteckt.

Der Anlasser

Pflegearbeit
Nr. 40

Der Anlasser des Fiat 124 trägt die Typenbezeichnung E 84–0,8/12, wobei 0,8 auf die Nennleistung und die Zahl 12 auf die Betriebsspannung hinweisen. Es ist ein Schub-Schraubtrieb-Anlasser, der beim Schließen des Stromkreises sein Antriebsritzel (Zahnrad) auf den Zahnkranz des Schwungrades vom Motor schiebt und dieses erst dann zu drehen beginnt. Ein Freilauf am Ritzel verhindert Belastungen des Anlassers, wenn der schnell startende Motor das Ritzel noch nicht gleich freigegeben hat, also auf dem Schwungrad noch mitdreht. Natürlich schiebt sich das Anlaßritzel selbsttätig zurück, sowie der Zündschlüssel aus der Stellung »Starten« zurückgedreht wird. Der Anlasser hat Dauerschmierung, Störungen kommen selten vor.
Genau wie bei der Lichtmaschine sind die Kohlebürsten und der Kollektor dem Verschleiß unterworfen und sollen alle 30 000 km überprüft werden. Der Aufbau des Anlassers ist dem der Gleichstrom-Lichtmaschine sehr ähnlich, theoretisch also kaum höhere Ansprüche stellt, praktisch aber wegen der damit verbundenen Demontage besser von der Werkstatt kontrolliert wird. Ist Ihr Fiat-Motor ein guter Starter, wird der Anlasser wenig beansprucht; sollte jedoch ein Kurzschluß auftreten (Anlasser dreht sich nicht, Ladekontrolle leuchtet nur schwach), ist der Defekt im Anlasser oder zugehörigen Magnetschalter zu suchen und die Werkstatt muß helfen. Bis dorthin kommen Sie, wenn Sie sich anschieben lassen.
Beim Fiat 124 N beträgt der Stromverbrauch des Anlassers rund 160 Ampere, der sich in der sogenannten Losbrech-Prüfung auf 325 Ampere erhöht.

Planwirtschaft

Da Strom nur in einem geschlossenen Kreislauf fließen kann, muß er vom Verbraucher zu der Batterie oder Lichtmaschine wieder zurückgeleitet werden. Die übliche Methode, elektrische Geräte mit zwei Kabelanschlüssen zu versehen, hat man sich beim Auto aus Ersparnisgründen geschenkt. Hier ist nur ein Kabel für den »Hinweg« des Stromes vorgesehen, während der »Rückweg« über leitende Metallteile von Motor, Fahrgestell und Karosserie erfolgt, die ja alle miteinander irgendwie verbunden sind. Darum führt das Minus-Kabel von der Batterie direkt an das rechte Innenblech des Motorraums: Es hat »Masse«.
Solche Einsparung setzt freilich voraus, daß bei Ihrem Fiat alle Stromverbraucher auch einwandfreien Massekontakt haben und nicht durch Rost oder Lockerung vom Rückfluß abgeschnitten sind. Bei älteren Wagen hilft nur ein zusätzliches Massekabel zur Überbrückung von Korrosionsstellen vom Verbraucher zur nächsten günstigen Fahrwerks- oder Karosserieschraube.

Die »Masse-Kur«

Pflegearbeit Nr. 29

Wie die verschiedenen Masseverbindungen zwischen Motor, Fahrgestell und Karosserie mit der Zeit unwillig werden können, die Verbindung zum Minus-Pol der Batterie aufrechtzuerhalten, so wächst auch der Spannungsabfall in den Leitungen mit dem Alter des Wagens. Das ist nicht die Schuld der Leitungsdrähte, sondern hat vielmehr in den Steckverbindungen der Kabel, den Anschlußkontakten der einzelnen Aggregate und den Schalterkontakten seine Ursache. Die Kabelklemmen, Anschlüsse usw. schabt man mit Feile, Taschenmesser oder mit Sandpapier blank, und die Umgebung der Klemme muß gleichfalls gereinigt werden. Zum Schluß sind die Kontaktstellen mit Isoliersprühmittel einzusprühen, das eine Isolierschicht über die blanken Stellen legt und besonders Kurzschlüsse durch Wasserdunst verhindert.
Falls man Verdacht auf oxydierte Schalterkontakte hat, die in dem betreffenden Schaltergehäuse nicht erreichbar sind, hilft eine einfache Probe: Verbraucher mit dem betreffenden Schalter einschalten und anschließend Stromaus- und -eingang des Schalters direkt mit einem kurzen, dicken Kabelstück überbrücken. Zeigt sich beim Antippen der beiden Schalterklemmen eine bessere Leistung des Verbrauchers, liegt die Schuld eindeutig im korrodierten Schalter. Dann müssen Sie einen neuen Schalter montieren.

Normung der Anschlüsse

Seien Sie unbesorgt, anfangs hat noch jeden die bunte Kabelei im Auto sehr verwirrt. Schnell kommt man aber dahinter, daß nicht nur die Farben der Kabel offensichtlich »Wegweiser« sind, sondern die meisten von ihnen auch noch an numerierten Anschlüssen sitzen. Die Numerierung ist in Deutschland genormt und stimmt bei den meisten Anschlüssen Ihres italienischen Fiat mit hiesigen Gebräuchen überein. So trägt das stromführende Kabel von der Batterie zum Zündschloß immer die Anschlußklemmen 30, und Klemme 56 beispielsweise sorgt für das Licht in den Scheinwerfern. Die genaue Aufstellung der Kabelbezifferung, soweit sie im Fiat 124 zu finden sind, ersehen Sie aus der letzten Textseite vor dem Schaltplan in der hinteren Buchklappe.

■ Es muß beachtet werden, daß die werksseitig angegebenen Kabelfarben nicht grundsätzlich über die ganze Fertigung bei Fiat verteilt sind. Gelegentliche Änderungen sind möglich, und bei der Fehlersuche ist diese Eventualität zu berücksichtigen.

Der Stromverbrauch ist von der Stärke (Querschnitt) des zuführenden Kabels, aber auch von dessen Länge abhängig. Zu der Scheinwerferlampe mit 45 Watt Aufnahmemöglichkeit läuft ein Kabel mit größerem Querschnitt als zum 5 Watt-Schlußlichtbirnchen. Wie eine Dorfstraße nicht den Rückflutverkehr vom Fußballstadion verkraften kann, zwängt sich der elektrische Strom nur ungern durch dünne Drähte, wenn er am anderen Ende etwas leisten soll. Dies führt zu Spannungsabfall, und statt der planmäßigen 12 Volt kommen dort nur 11 oder gar 10 Volt an, und außerdem heizt sich ein schwaches Kabel auf, es kann zu einem Kabelbrand kommen. Bei selbständiger Elektrobastelei ist zu beachten, daß der Querschnitt (nach deutschen Norm-Vorschriften) für 4,5 bis 5,5 Ampere Dauerstrom je 1 mm^2 zu betragen hat.

Einziehen neuer Kabel

Soll eine elektrische Leitung ersetzt oder ein ganz neues Kabel verlegt werden, dann greife man nur nicht zum Haushaltskabel, das daheim im Schuhkarton herumfliegt. Denn die im Auto benutzten Kabel sind benzin- und ölfest, sie sind scheuer- und weitaus hitzebeständig. Am besten kauft man Kabel in der Fiat-Werkstatt oder im Zubehör-Handel und verlangt auch gleich die genormte Farbe, um späteren Ratespielen vorzubeugen. Die passenden Flachstecker, Endverbinder, Kabelschuhe usw. bekommt man dort gleichfalls, damit entfällt deren Festlötung, wenn man die abisolierten und blankgeschabten Kabelenden in die entsprechenden Verbindungsstücke einführt und mehrmals kurz nebeneinander mit einer Kombizange festklemmt. Mit dem Schneideteil dieser Zange kann man vorsichtig solche Verbindungen zusammenquetschen, ohne sie natürlich zu zertrennen. Fachwerkstätten besitzen eigens dafür vorgesehene Quetschzangen.

Zunächst wird man vor der Kabelverlegung das Masse-(Minus-)kabel der Batterie lösen, damit Kurzschlüsse vermieden sind. Um Spannungsabfall zu verhindern, soll das neue Kabel auf möglichst kurzem Wege verlegt werden, es darf jedoch auch nicht zu straff gezogen sein, daß es bei Vibrationen nicht abreißt. Mit Isolierband oder Tesafilm wird das neue Kabel an schon vorhandenen Strängen befestigt, jedenfalls darf es nicht lose herumhängen.

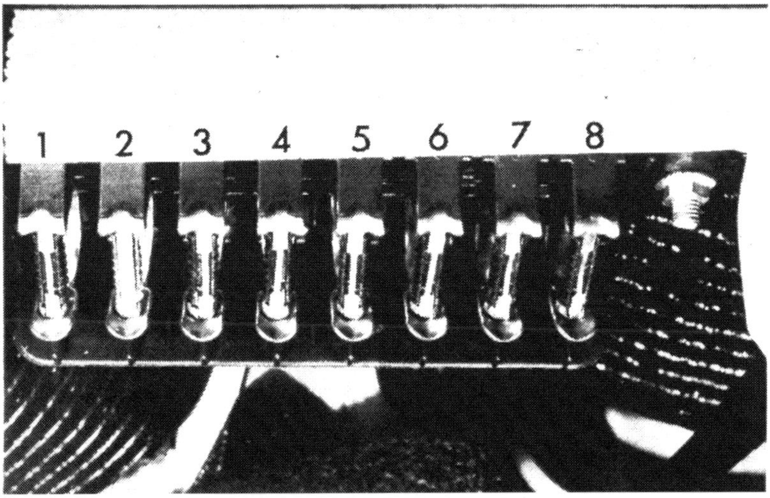

Links unter dem Armaturenbrett befinden sich die Sicherungen, hier die des Fiat 124 Normal. Welche Bedeutung den einzelnen Sicherungen zukommt, ist der Tabelle auf Seite 117 zu entnehmen (Special siehe Seite 118).

Die Sicherungen

Der »Elektrohaushalt« im Fiat 124 ist, was die einschaltbaren Stromkreise anbelangt, weitgehend über Sicherungen geschützt, die bei Kurzschluß oder Überlastung der betreffenden Leitung durchbrennen müssen, bevor das Kabel zu schmoren beginnt. Aus diesem Grunde darf eine durchgebrannte Sicherung niemals durch einen Nagel oder sonstwie ungesichert überbrückt werden. Nicht durch Sicherungen überwacht sind die Schaltungen zwischen Batterie, Lichtmaschine, Anlasser und Zündschloß. Bei Zündstörungen hat es also überhaupt keinen Sinn, nach einer defekten Sicherung zu suchen.

Wenn aber ein anderes elektrisches Aggregat, das in unserer nachfolgenden Sicherungstabelle aufgeführt ist, einmal nicht funktioniert, gehört der erste Blick der zuständigen Sicherung. Ist sie durchgebrannt, gilt dies als Alarmzeichen.

Das Einsetzen einer neuen Sicherung wird unter Umständen wenig nützen: Die neue Sicherung brennt ebenfalls sofort wieder durch. Deshalb müssen Sie erst nach der Ursache forschen. Eines der an der Sicherung hängenden Kabel oder ein Stromverbraucher muß es ja gewesen sein. Das beste Prüfgerät ist in diesem Falle ein Amperemeter – wenn man eins hat. Das wird dann an Stelle der Sicherung zwischen die Kontakte des Sicherungskastens geschaltet, darauf dann nacheinander die daran hängenden Stromverbraucher einschalten und ablesen, wann der Zeiger plötzlich über die erlaubten 8 Ampere springt.

Alle Sicherungen bis auf eine im Fiat 124 sind auf 8 Ampere ausgelegt. Eine Störung kann oft kurzzeitig durch Einstecken einer 16 Ampere-Sicherung überbrückt werden und man sollte im Werkzeugkästchen stets beide Sorten – 8 und 16 Ampere – vorrätig haben. Davon wird noch kein Kabel schmoren, aber die Fehlerquelle muß baldigst in einer Fachwerkstatt lokalisiert werden.

Der Fiat 124 Special hat, wie Sie vielleicht schon bemerkten, einen etwas anderen Schaltplan, basierend auf dem Betrieb mit Drehstrom-Lichtmaschine und einigen zusätzlichen Stromverbrauchern. Die Absicherung der einzelnen Stromkreise ersehen Sie aus den beiden folgenden Tabellen. In jedem Fall kann man sich merken, daß die Klemme 30 bei allen Wagen stets stromführend und nicht gesichert ist, auch bei ausgeschalteter Zündung, was bei manchen Arbeiten an der elektrischen Anlage recht dienlich ist zu wissen.

Im Schaltplan ist beim 124 Special zu beachten, daß die stromzuführenden Kabel von unten zu der Sicherung 1 kommen, im Gegensatz zu allen anderen Sicherungsanschlüssen. Sofern man nicht die Kabelfarbe beachtet, ist diese Schaltung bei eventueller Störungsuche zu berücksichtigen.

Fingerzeig: *Fällt ein Stromverbraucher aus, ohne daß die Sicherung durchgebrannt ist, kann es an oxydierten oder lockeren Halteklammern der Sicherungen liegen. Sicherung herausnehmen, Halteklammern enger zusammendrücken, Sicherung wieder einsetzen und mehrmals in den Halteklammern drehen, damit sich die Berührungsflächen gegeneinander blank reiben.*

Sicherungstabelle
Fiat 124 Normal

Sicherung Nr.	erhält Strom	Kabel-farbe	angeschlossene Stromverbraucher	Kabel-farbe
1	bei eingeschalteter Zündung von Klemme 15/54 Zündschloß	blau-schwarz	Instrumentenbeleuchtung, Scheibenwischerschalter. Scheibenwischer. Blinker und Kontroll-Licht, Bremslichter, Gebläsemotor, Handschuhfach-beleuchtung, Kraftstoffanzeige und Reserve-Warnlicht, Kühlwassertemperatur-Warnlicht, Öldruck-Warnlicht	blau-schwarz blau-schwarz gelb-schwarz
2 (16 Amp.)	stets stromführend von Klemme 30 Zündschloß	rosa	Innenbeleuchtung Signalhörner	weiß rot
3	von Sicherung Nr. 4	—	linkes Abblendlicht	grau-schwarz
4	bei eingeschal-tetem Abblend-schalter Klemme 56 b	grau-rot	rechtes Abblendlicht	grau
5	von Sicherung Nr. 6	—	linkes Fernlicht Fernlichtkontrolle	grün-schwarz, grün-schwarz
6	bei eingeschal-tetem Fernlicht Klemme 56 a	blau	rechtes Fernlicht	grün
7	von Sicherung Nr. 8 Klemme 58	—	Standlicht vorn links Standlicht hinten rechts Standlichtkontrolle, linkes Kennzeichenlicht, Motorraumbeleuchtung, Kofferraumbeleuchtung	gelb gelb gelb
8	bei eingeschaltetem Hauptlichtschalter Klemme 58	weiß-schwarz	Standlicht vorn rechts Standlicht hinten links, rechtes Kennzeichenlicht	braun braun

Sicherungstabelle
Fiat 124 Special

Sicherung Nr.	erhält Strom	Kabelfarbe	angeschlossene Stromverbraucher	Kabelfarbe
1 (16 Amp.)	stets stromführend Klemme 30 Anlasser	schwarz	Innenbeleuchtung, Zigarrenanzünder	violett
			Signalhörner	violett
2	bei eingeschalteter Zündung Klemme 15 Zünschloß	hellblau-rot	Scheibenwischer	blau-schwarz
			Scheibenwischerschalter	braun
			Gebläsemotor	blau
3	bei eingeschaltetem Fernlicht über Relais Klemme 30	braun	linkes Fernlicht	grün-schwarz
			Kontroll-Lampe für Fernlicht	grün-schwarz
4	von Sicherung Nr. 3	—	rechtes Fernlicht	grün
5	bei eingeschaltetem Abblendlicht über Zündschloß	grau-rot	linkes Abblendlicht	grau-schwarz
6	von Sicherung Nr. 5	—	rechtes Abblendlicht	grau
7	bei eingeschaltetem Hauptlichtschalter Klemme 58	weiß-schwarz	linkes Standlicht, rechtes Schlußlicht, linke Kennzeichenleuchte, Gepäckraumleuchte	gelb-schwarz
			Kontroll-Licht der vord. und hint. Leuchten, schwarze Instrumentenbeleuchtung, Lampe im Zigarrenanzünder	gelb-schwarz
8	von Sicherung Nr. 7 Klemme 58	—	rechtes Standlicht, linkes Schlußlicht, Motorraumleuchte, rechte Kennzeichenleuchte	gelb
			Rückfahrleuchte	hellblau-weiß
9	bei geschalteter Zündung Klemme 15	rosa	Kontroll-Lampe für Öldruck, Ladeanzeigeleuchte und Relais, Kühlwasser-Fernthermometer, Kraftstoffanzeige und Reserveleuchte, Handschuhfachbeleuchtung	blau
			Blinker mit Anzeigeleuchte, Bremsleuchten	weiß
			Relais der Thermo-Heckscheibe mit Warnlampe	orange
10	von Sicherung Nr. 9	—	Spannungsregler, Erregerwicklung der Drehstrom-Lichtmaschine	orange
(a. Wunsch) 16 Amp.	von Sicherung Nr. 1	—	Thermo-Heckscheibe	orange

Feuerwerk im Vier-Viertel-Takt

Wer sich pflegenderweise mit seinem Auto beschäftigt, den dürfen auch ein paar Fachbegriffe nicht stören. Verbrennungsmotor z. B. heißt das Ding, das Sie da vorn im Auto haben. Das Benzin-Luft-Gemisch, wie es vom Vergaser produziert wird (und wie es im Kapitel »Vergaser-Beschreibung« erklärt ist) soll in diesem Motor verbrannt werden und damit letzten Endes Ihr Auto bewegen. Aber wer schürt nun das kräftige Feuerchen, das unermüdlich und gleichmäßig für eine wirksame Verbrennung sorgt?
Für die Entflammung sind die Zündkerzen da, die in jeden Zylinder hineinragen und an dessen Elektroden (Drahtstifte) immer rechtzeitig dann ein Funke überspringt, wenn das Gemisch am brennfähigsten ist. Den Strom für den Funken liefert beim Start die Batterie und während der Fahrt die Lichtmaschine. Allerdings würden die kümmerlichen 12 Volt der Batterie niemals genügen, um gegen den Druck des zusammengepreßten Kraftstoff-Luft-Gemischs einen so kräftigen Zündfunken überspringen zu lassen, wie er notwendig ist. Das läßt sich nur mit Hochspannung erreichen, also mit mehr als 10 000 Volt, und außerdem muß auch noch irgendwie gesteuert werden, wann und an welcher Zündkerze der Zündfunke überzuspringen hat.

Wie entsteht der Zündfunke?

Ein elektrischer Strom kann nur fließen, wenn der Stromkreis geschlossen ist. Im Auto bedeutet dies, daß vom Plus-Pol der Batterie oder Lichtmaschine ein Strom zum Stromverbraucher und durch diesen zur »Masse« der Fahrzeugkarosserie fließen muß, von wo er wieder zum Minus-Pol der Batterie gelangt. In der Zündanlage gibt es einen doppelten Stromkreis, zwei Stromkreise sind gewissermaßen ineinander verschlungen. Im ersten, dem Primärstromkreis, fließen die 12 Volt Spannung von Batterie oder Lichtmaschine und im zweiten, dem Sekundärstromkreis, der hochgespannte Strom für den kräftigen Zündfunken. Fangen wir mit dem Primärstromkreis an. Der Strom fließt vom Plus-Pol der Batterie über das Zündschloß zur Zündspule, darin durch eine Wicklung aus dickem Draht – die Primärwicklung – weiter von der Zündspule zum »Untergeschoß« des Verteilers, der den Primärstrom über den Unterbrecher, solange dieser geschlossen ist, wieder an »Masse« leitet. Damit wäre der Primärstromkreis geschlossen. In der dicken Drahtwicklung der Zündspule entsteht dabei ein magnetisches Feld, das durch einen Eisenkern in der Mitte noch verstärkt wird. Wenn nun der Unterbrecher im »Untergeschoß« des Verteilers den Primärstromkreis unterbricht, fällt das Magnetfeld um die Primärwicklung der Zündspule schlagartig zusammen. Dabei entsteht in einer zweiten Drahtwicklung der Zündspule, der Sekundärwicklung, die aus vielen Lagen dünnen Drahtes gewickelt ist, ein plötzlicher Stromstoß von weit über 10 000 Volt für den Zündfunken. Diese Erzeugung elektrischer Spannungen wird auch Induktion genannt (Induktion = Entwicklung elektrischer Spannung durch Änderung des Magnetfeldes).

Wie dies in der Praxis Ihres Fiat 124 aussieht, erkennen Sie am besten, wenn Sie die nachfolgende Beschreibung mit spitzem Stift auf dem Schaltplan in der hinteren Buchklappe verfolgen und zwischendurch einen Blick in die Eingeweide Ihres Fiat werfen: Der Primärstrom fließt bei laufendem Motor und genügender Drehzahl vom Plus-Pol der Lichtmaschine (er ist mit Klemme 51 gekennzeichnet) durch ein braunes Kabel zur Klemme 51 des Reglerschalters, durch diesen hindurch und an Klemme 30 wieder heraus über ein rosa Kabel zur Klemme 30 des Anlassers (der dadurch auf kürzestem Weg am Starterstrom angeschlossen ist, aber erst durch eine zweite Schaltung in Gang gesetzt werden kann) über ein dickes schwarzes Kabel zum Plus-Pol der Batterie (das ist also zugleich der Weg des Stromes, wenn die Lichtmaschine die Batterie wieder aufladen muß).

Bei stehendem Motor gibt die Batterie aber direkt den ersten Primärstrom für die Zündanlage durch das rosa Kabel, das am Plus-Pol der Batterie einerseits und an Klemme 30 des Zündschlosses über den Weg an Klemme 30 des Reglers andererseits angeschlossen ist. (Mit Klemme 30 sind immer solche Kabelanschlüsse gekennzeichnet, die auch bei nicht eingeschalteter Zündung stets stromführend sind.) Im Zündschloß wird beim Herumdrehen des Zündschlüssels eine Verbindung zur Klemme 15/54 hergestellt, von der ein blauschwarzes Kabel (das zweite blau-schwarze Kabel versorgt zugleich die Instrumente mit Strom) zur Klemme B (oder bei deutscher Zündspule: Klemme 15) der Zündspule führt. Der Strom führt also über keine Sicherung! In der Zündspule geht der 12-Volt-Primärstrom durch die Primärwicklung nach außen zur Klemme D (deutsch: Klemme 1), von der ein dünnes rotes Kabel unten an den Verteiler führt.

Von diesem Anschluß führt einerseits ein kurzes schwarzes Kabel zu dem am Verteiler außen befestigten Kondensator (sieht aus wie eine Kleinbild-Filmspule) und andererseits innen vom Kontakt ein weißes Kabelstückchen zur Unterbrecherfeder, welche den Unterbrecherhammer an die Achse des Verteilers, eine vierkantige Welle, andrückt. Diese Verteilerwelle wird von der Nockenwelle des Motors angetrieben. Jedesmal, wenn eine der 4 Kanten der Welle, einer der Nocken, die Unterbrecherfeder beiseite biegt, wird ihr Kontakt an der Spitze, der »Hammer«, von seinem Gegenkontakt, dem »Amboß«, abgehoben, wodurch der Primärstromkreis unterbrochen wird. Der Amboß ist direkt mit »Masse« verbunden. Der kleine, außen am Verteilergehäuse befestigte Kondensator hat die Aufgabe, den beim Abheben des Unterbrecherhammers entstehenden Funken zu verhindern, denn dieser würde in Kürze die beiden Kontakte verschmoren. Man kann also bei oft verschmorten Kontakten einen defekten Kondensator als Ursache vermuten.

Der Sekundärstrom »beginnt« in der Sekundärwicklung der Zündspule, die den hochgespannten Strom über den mittleren Pol der Zündspule, die Klemme 4 (italienisch: Klemme +), durch das dicke Hauptzündkabel zu dem Verteilergehäusedeckel in das »Obergeschoß« des Verteilers schickt. Der Verteiler hat also zwei elektrisch völlig voneinander isolierte Ströme im »Untergeschoß« und »Obergeschoß«, wie wir es genannt haben, die miteinander nur mechanisch durch die Verteilerwelle verbunden sind. Im »Untergeschoß« hat diese Verteilerwelle den Primärstrom zu unterbrechen und im »Obergeschoß« den Verteilerfinger zu drehen, der nacheinander die Hochspannungsströme auf die Zündkerzen verteilt. So fließt zuletzt der hochgespannte Sekundärstrom aus den Buchsen des Verteilerkopfes durch die Zündkabel zu den Zündkerzen und springt dort als Zündfunke über die Elektroden-Brücke und bringt das Gemisch zur Verbrennung.

Das Lenk-Anlaß-Schloß

Batterie und Lichtmaschine sind die Stromquellen für die Zündanlage, und der Strom muß, um zum Motor zu gelangen, über das Lenk-Anlaß-Schloß, auch Zündschloß genannt, fließen. Dieses Schloß ist ein möglicher Störungsherd, will Ihr Fiat einmal nicht anspringen. Die Anleitung des Störungsfahrplans in der vorderen Buchklappe gibt Ihnen die Möglichkeit, einen Fehler einzukreisen. Der Fall, daß Sie das Zündschloß als Ursache entdeckt haben, soll zunächst hier untersucht werden.

Prüfen Sie zuerst (mit Hilfe eines Taschenspiegels) die Kabelverbindungen, ob das Kabel an Klemme 30 (beim Fiat 124 Normal: rosa) bzw. an 30/1 (beim Special: braun) überhaupt Strom liefert. Dazu Steckverbindung des Kabels abziehen und mit dem blanken Stecker kurz irgendwo an eine blanke Kante des Karosserieblechs, also an »Masse«, tippen. Es muß Funken geben. Ist das Kabel stromführend, Verbindung wieder zusammenstecken – sie war vielleicht locker und deshalb schuld am Versager – und nochmals prüfen, ob die rote Kontrollampe brennt, wenn Sie den Schlüssel herumdrehen. Dreht sich der Anlasser trotzdem nicht, prüfen Sie, ob die Steckverbindung des roten Kabels der Klemme 50 zum Anlasser am Zündschloß in Ordnung ist.

Fehlt anscheinend nichts daran, kann der Fehler im Anlasserschalter (dann Wagen anschieben) oder im Zündschloß liegen. Zur Probe stromführendes rosa bzw. braunes Kabel von seinem Stecker abziehen und damit kurz an den Stecker des roten Kabels (Isolierhülle zurückstreifen) tippen: Liegt's am Zündschloß, muß der Anlasser in diesem Augenblick anrucken. In diesem Fall Kabel wieder aufstecken, Zündschlüssel einschalten und mit kleinem Schraubenzieher Strombrücke zwischen Klemme 30 des gerade angesteckten rosa bzw. braunen Kabels und Klemme 50 des roten Kabels herstellen. Der Anlasser muß laufen; sowie der Motor anspringt, Schraubenzieher wieder wegziehen. Zur nächsten Werkstatt fahren und Zündschloß instand setzen oder austauschen lassen.

Das Zündschloß selbst ist ein elektrischer Schalter, der die von außen herangeführten Kabel durch Drehung des Zündschlüssels durch entsprechende Kontakte in seinem Inneren verbindet. Mit dem Schloß ist eine Diebstahlsicherung kombiniert, die bei Nullstellung die Lenksäule blockiert. Daher darf während der Fahrt niemals der Zündschlüssel linksherum bis zum Anschlag gedreht werden (z. B. beim bergab rollen lassen, um die letzten Tropfen Benzin zu sparen), weil der Wagen sich dann wegen des eingerasteten Verriegelungsbolzens nicht lenken läßt. In solchem Fall den Schlüssel bis zur vorletzten Stellung (»Garage«) drehen.

Am Schluß dieses Kapitels wird noch auf die Sicherung gegen Diebstahl eingegangen.

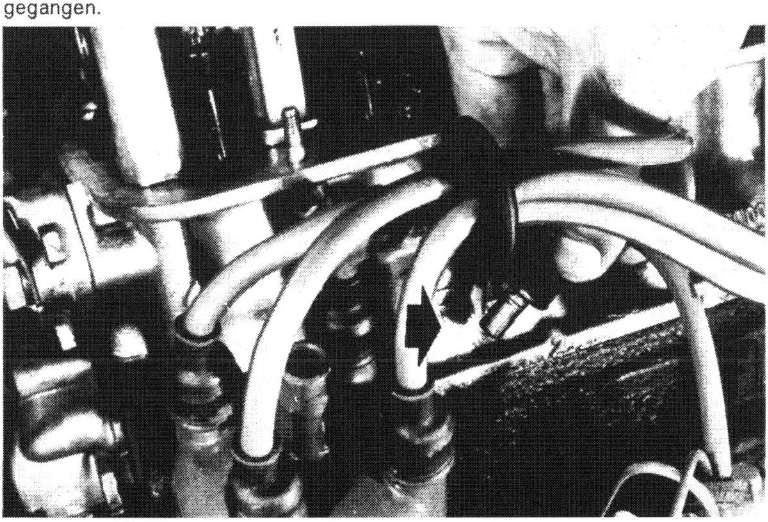

Will der Motor nicht anspringen, ist dies die erste wichtige Prüfung: Liefert das Hauptzündkabel Zündstrom an den Verteiler? Dazu Hauptzündkabel aus der Mittelbuchse des Verteilers ziehen (anderes Kabelende muß fest in der Mittelbuchse der Zündspule sitzen) und blankes Kabelende (Gummi-Regenschutzkappe zurückstreifen) auf etwa 10 mm Abstand gegen Motorblock halten (Pfeil). Durch Helfer Motor (ohne Gasgeben) starten lassen. Bei jedem Abheben der Unterbrecherkontakte (kann man bei abgenommenem Verteilerkopf beobachten) muß ein kräftiger Funke zwischen Kabelende und Motorblock überspringen. Kein Zündfunke bedeutet: Zündspule (oder Unterbrecher) defekt.

Die Zündspule

An ihr gibt es nichts zu warten und nichts zu reparieren. Ist sie defekt, so muß sie ausgetauscht werden. Man sollte sie jedoch sauber und trocken halten, damit Kurzschlüsse, Kriechströme und überspringende Funken vermieden werden.
Die Sekundärwicklung besteht, wie wir schon am Anfang des Kapitels erwähnten, aus sehr vielen Wicklungen dünnen Drahtes. In ihr kann, gewissermaßen als Alterskrankheit der Zündspule, ein Kurzschluß entstehen. Dadurch bekommt die Zündkerze zu geringe Spannung, es kann kein wirksamer Funke überspringen und das Gemisch im Brennraum kann von der Zündkerze nicht entzündet werden.
Eine genaue Kontrolle, ob die Zündspule einen solchen Defekt aufzuweisen hat, ist nur auf dem Prüfstand der Werkstatt möglich. Immerhin gibt auch die provisorische Prüfung im Wagen Anhaltspunkte:
Zündkabel von der Zündspule aus der Mitte des Verteilerdeckels herausziehen (es ist nur eingesteckt), Verteilerdeckel abnehmen (dazu Spannverschlüsse abklappen). Dann dritten oder vierten Gang einlegen und Wagen verschieben, bis die Unterbrecherkontakte geschlossen sind. Zündung einschalten, ohne zu starten. Zündkabelende mit einer Hand in etwa 10 mm Abstand gegen den Zylinderblock halten. Mit der anderen Hand Unterbrecherkontakt öffnen, indem man die Kontaktfeder mit einem Kugelschreiber oder Schraubenzieher (Klinge nicht an Masse kommen lassen) abhebt. Mehrmals wiederholen. Bei jedem Abheben muß zwischen Zündkabelende und Masse ein Funke überspringen. Kein Funke bedeutet: Zündspule auf jeden Fall defekt.

Fingerzeige: *Spritzwasser, das bis zur Zündspule dringen kann, hält man mit einer Abschirmung aus Plastik fern, die vor die Spule an das Blech des Radkastens geschraubt oder geklebt wird.*
Überspringende Funken (z. B. zum Wasserschlauchbügel) lassen sich durch Abwinkeln der Zündspule in Richtung Motor verhindern.

Primärwicklung prüfen

Läßt man die Zündung zu lange eingeschaltet, ohne daß der Motor läuft (wenn man es vergessen hat oder wenn man z. B. das Wageninnere mit dem Gebläse heizen will), so kann auch in der Primärwicklung ein Kurzschluß entstehen. Bleibt dabei der Primärstrom dauernd geschlossen, weil sich die Unterbrecherkontakte berühren, dann kann sich die Primärwicklung stark erwärmen, die Isolierung wird brüchig und es können nach einiger Zeit Kurzschlußschäden auftreten. Das macht sich entweder an schnell verbrauchten Kontakten im Unterbrecher bemerkbar, weil die Stromstärke im Primärstromkreis ansteigt, oder an nachlassender Zündleistung bei warmem Motor, weil die sich selbst erhitzende Primärwicklung höheren inneren Widerstand hat. Dagegen kann an der kalten Zündspule nichts zu bemerken sein, obgleich die Primärwicklung defekt ist.
Selten kommt eine Unterbrechung der Primärwicklung vor. Mit einer 12-Volt-Prüflampe kann man diesen Fehler feststellen, indem man das dünne Kabel, das von der Zündspule zur Verteilerunterseite läuft, an der Zündspule löst, dort das eine Kabelende der Prüflampe anlegt und bei eingeschalteter Zündung das andere Kabelende der Prüflampe an Masse hält. Dadurch wird der Stromweg über den Unterbrecher ersetzt. Die Prüflampe muß aufleuchten, anderenfalls ist die Primärwicklung defekt.
Eine weitere Störungsmöglichkeit: Durch Feuchtigkeit oder Staub kann eine Strombrücke von den Hochspannungssteckern der Zündspule zum Gehäuse der Zündspule entstehen, die den Zündstrom ganz oder teilweise vernichtet.

Der Kondensator

Der Kondensator, der unten am Verteilergehäuse in Richtung Kühler sitzt, hat die Aufgabe, Funkenbildung am Unterbrecher, der im folgenden Abschnitt besprochen wird, zu unterdrücken. Dadurch wird der Abbrand der Unterbrecherkontakte gehemmt und ein schnelles Zusammenbrechen des Magnetfeldes in der Zündspule gefördert (je schneller das Magnetfeld zusammenbricht, um so höher wird die Spannung im Sekundärstromkreis und um so besser ist der Zündfunke).

Ein schwacher Zündfunke, dessen Ursache man in erster Linie in einem Fehler der Zündspule sucht, kann auch an einem defekten Kondensator liegen, der ja mit dieser durch Kabel über Klemme 1 (D) der Zündspule verbunden ist. Eine genaue Prüfung des Kondensators auf »Durchschlag«, also Kurzschluß, Isolationsverlust und ausreichende Kapazität ist nur in der Fachwerkstatt mit einem entsprechenden Prüfstand möglich. Wenn der Kondensator allerdings total ausgefallen ist, läßt sich dies eventuell bei abgenommenem Verteilerkopf an überspringenden starken Funken zwischen den Unterbrecherkontakten erkennen. Dazu muß ein Helfer den Motor mit dem Anlasser in Bewegung setzen. Auch völliger Kurzschluß der Masse ist bei voll geöffneten Unterbrecherkontakten an einer Prüflampe erkennbar, die zwischen Klemme 1 (D) der Zündspule und das davon abgezogene rote Kabel geschaltet wird. Da die Unterbrecherkontakte geöffnet sind, besteht bei eingeschalteter Zündung kein legaler Weg des Batteriestromes zur Masse; die Prüflampe darf also nicht aufleuchten. Fließt der Strom jedoch über einen Kurzschluß im Kondensator zur Masse, leuchtet die Prüflampe auf. Auch bei stark verschmorten Unterbrecherkontakten, die noch nicht lange in Betrieb sind, besteht der Verdacht, daß der Kondensator defekt ist. Aber langes Prüfen des Kondensators rentiert sich zumeist nicht. Wenn er verdächtig ist: austauschen. Er kostet nur etwa 2 DM.

Es ist aber auch keine Schande, wenn man die Prüfungen auf einwandfreie Beschaffenheit der Zündspule, des Kondensators, des nachfolgend erklärten Unterbrechers und Verteilers der Kraftfahrzeugelektriker-Werkstatt überläßt, wenn einem der ganze »Elektrokram« nicht geheuer ist. In den Fachwerkstätten hat man raffinierte Apparate, mit deren Hilfe man durch Zeigerausschlag oder grünschimmernde Wellenlinien auf einer Mattscheibe (Oszillographen) schnell erkennt, wo in der ganzen Zündanlage der berühmte »Kupferwurm« steckt, den man mit seinen bescheidenen Heimbastlermitteln stundenlang suchen muß und vielleicht doch nicht findet.

Fingerzeige: *Um Kriechströme und Strombrücken zu vermeiden, muß man alle Teile der Zündanlage trocken und sauber halten. Besonders nach der Wagenwäsche achte man darauf. Vorhandene Feuchtigkeit, die auch bei starkem Regen zu Zündaussetzern führen kann, läßt sich heutzutage mit Hilfsmitteln »aus der Dose« auf einfachste Weise verdrängen (Kontakt-Spray, Zubehörhandel), indem man das Innere des Verteilers, elektrische Kontakte u. a. Stellen der elektrischen Anlage, die bei der Wagenwäsche feucht geworden sind, kurz einsprüht.*

Die von manchen Firmen angebotenen »Zündverstärker« sind trotz großer Versprechungen bisher den Beweis ihrer Nützlichkeit schuldig geblieben. Anders ist es mit den Transistor- und Hochleistungs-Kondensatorzündungen. Jedoch stehen ihre Vorteile, nämlich höhere Lebensdauer der Unterbrecherkontakte, kräftiger Zündfunken bei hohen Drehzahlen und besserer Kaltstart, noch nicht in einem angemessenen Verhältnis zu ihrem Preis.

Poröse, undichte oder durch Öl gequollene Gummikappen auf dem Verteilerdeckel müssen gegen neue ausgetauscht werden.

Sind Verteilerkappe und -läufer abgenommen, erkennt man am Fliehkraftregler die beiden Federn der Fliehgewichte (1 – die linke) sowie die beiden Führungslöcher für die Zapfen des Läufers (2 – das runde, gegenüber das viereckige). Auf dem Verteilerdeckel weisen aufgeprägte Zahlen 1 bis 4 auf die Zündfolge hin (hier »1« zu sehen).

Der Unterbrecher

In der Mitte des Verteilers rotiert der Unterbrechernocken – man sieht es bei abgenommener Verteilerkappe – und dieser Nocken hebt den Unterbrecherhebel ab. Damit bestimmt der Unterbrecher den Zündzeitpunkt. Er muß den Primärstrom in der Zündanlage unterbrechen, damit in der Sekundärwicklung der Zündspule hohe Spannungen entstehen (durch »induzieren«). Vom Überspringen des Zündfunkens im richtigen Augenblick – der Zündzeitpunkt – ist die Leistung des Motors abhängig.

Die beste Leistung hat der Motor, wenn der Druck des brennenden Benzin-Luft-Gemischs unmittelbar nach Beginn der Abwärtsbewegung des Kolbens am größten ist. Zum vollen Entflammen des Gemischs wird stets eine gleichbleibende Zeit benötigt, die zwar nur rund $^{1}/_{3000}$ Sekunde beträgt, bei der rasenden Geschwindigkeit des Kolbens aber eine nicht unwesentliche Rolle spielt. Deshalb muß bei steigender Drehzahl der Zündzeitpunkt immer früher gelegt werden.

Wird der Zündzeitpunkt allerdings zu früh gelegt, schlägt das bereits entflammte Kraftstoff-Luft-Gemisch dem noch aufwärts strebenden Kolben entgegen. Gibt man zu wenig Frühzündung, wird die Energie des Kraftstoffes nicht vollständig ausgenutzt und der Motor hat nur eine ungenügende Leistung. Zu Großvaters Zeiten mußte man diese Zündverstellung mit der Hand einstellen. Heute geht das automatisch.

Automatische Zündverstellung

Die Verstellung des Zündzeitpunktes bei steigender Motordrehzahl wird beim Fiat 124 durch einen Fliehkraftversteller besorgt, der im Verteiler sitzt. Sie finden ihn, wenn Sie den Verteilerdeckel (auch: Verteilerkopf) abnehmen und den scheibenförmigen Läufer (auch: Verteilerfinger, weil er früher länglich war) abschrauben. Die darunter liegende Scheibe ist mit der Verteilerwelle verbunden, diese wird von der Nockenwelle über ein Zahnrad mit halber Drehzahl des Motors angetrieben.

Bei zunehmender Drehzahl verschieben sich die Fliehgewichte auf der Scheibe der Fliehkraft-Zündverstellung durch ihr Eigengewicht und entgegen der Spannkraft ihrer Haltefedern nach außen. Bei dieser Ausdehnung wird durch eine kleine Übersetzung die Nockenwelle des Verteilers in ihrer Umlaufrichtung (rechtsdrehend) bis zu 20° vorgestellt. Verteiler-Nockenwelle und Verteiler-Antriebswelle sind nicht starr verbunden, sondern bis zu den erwähnten 20° drehbar gelagert.

Durch diese Verstellungsmöglichkeit der Nockenwelle in ihrer Drehrichtung werden die Unterbrecherkontakte mit zunehmender Drehzahl früher geöffnet und damit zunehmende Frühzündung erreicht. Bei abnehmender Drehzahl machen die kleinen Spiralfedern die Frühzündung wieder rückgängig. Die Fliehgewichte und deren Rückholfedern sind genau aufeinander abgestimmt. Eine fehlerhafte Veränderung oder eine Störung kann nur die Fachwerkstatt feststellen. Eine Störung kann man vermuten, wenn der Motor bei sonst einwandfreier Zündanlage in höheren Drehzahlbereichen nicht auf Leistung kommt, obgleich der Zündzeitpunkt bei stillstehendem Motor einwandfrei stimmt.

Die Unterbrecherkontakte

An den Kontakten des Unterbrechers, am Hammer und am Amboß, die eine sehr dünne Auflage von Wolfram-Metall haben, bewirkt das ständige Öffnen und Schließen des Stromkreises einen unvermeidbaren Verschleiß durch Abbrand, Verschmoren oder Metallwanderung, obgleich gerade Wolfram hierin sehr widerstandsfähig ist. Durch den Gleichstrom bilden sich am Hammer kleine Krater und am Amboß kleine Höcker, die sich in den Krater einfügen. Das stört zu Anfang nicht weiter, macht aber eine genaue Messung des Kontaktabstandes mit der Fühlerlehre unmöglich. Früher nahm man dann die speziell dafür geschaffene Kontaktfeile und feilte die Kontakte wieder flach. Das ist aber heute nicht mehr empfehlenswert, denn erstens können die abgefeilten Metallspäne Kurzschlüsse verursachen und zweitens ist der feine Wolfram-Belag zu dünn zum Feilen. Deshalb werden nach Verschleiß die Kontakte einfach ausgetauscht. Sie kosten mit allem Zubehör nur rund 3 DM.

Unterbrecherkontakte prüfen

Die Kontakte sollen alle 10 000 km geprüft und gegebenenfalls durch neue ersetzt werden. Es besteht demnach keine Vorschrift, sie grundsätzlich bei jeder 10 000-km-Inspektion herauszuwerfen, wie dies einige Werkstätten praktizieren. Bei einwandfreier Zündanlage müssen die Kontakte länger aushalten.
Zur Prüfung nimmt man den Verteilerdeckel und den darunterliegenden Läufer ab. (Übrigens ist ein abgezogener Läufer ein guter Schutz vor Diebstahl des Wagens!) Der Läufer kann nicht verkehrt herum aufgesetzt werden, da neben den beiden Halteschrauben je eine runde und eine eckige Führung in die darunter liegende Fliehkraftscheibe passen.
Dann Unterbrecherhammer abheben und die Kontakte ansehen.
Die Kontakte nicht mit den Fingern berühren. Aussehen der Kontakte bedeutet:
Kontakte silberartig, wie hell poliert: Zündanlage in Ordnung;
grauer Überzug durch Oxydation: zu kleiner Kontaktabstand oder zu geringer Kontaktdruck;
verbrannt, blau angelaufen: Kondensator oder Zündspule nicht einwandfrei;
verkrustet: Öl, Fett oder Schmutz zwischen die Kontakte geraten. Sind sie verschmutzt oder verkrustet, mit einem scharfkantigen Schraubenzieher oder Taschenmesser den Schmutz vorsichtig abschaben (keine Feile oder Schmirgelpapier verwenden!). Anschließend ein Läppchen um einen dünnen Holzstab wickeln und mit Tetrachlorkohlenstoff (Fleckenentfernungsmittel) tränken. Damit die Kontakte abwischen. Kein Benzin nehmen, Kontakte sind dagegen empfindlich.
Die Kontrolle und das nachfolgend beschriebene Einstellen der Kontakte ist mit ein wenig Akrobatik verbunden, da wegen der Neigung des Verteilers in Richtung Betrachter Zugänglichkeit und Sicht beeinträchtigt sind.
Bei allen Arbeiten am Verteiler ist die Zündung auszuschalten. Man schaltet die Zündung nur ein, wenn tatsächlich Kontrollen ihrer Funktion vorgenommen werden.

Unterbrecherkontaktabstand nachmessen und einstellen
Pflegearbeit
Nr. 16

Der Abstand zwischen Unterbrecherhammer und Unterbrecheramboß soll bei voller Öffnung 0,45 mm (genau 0,42 bis 0,48 mm) betragen. Vor dem Messen wird bei geöffnetem Verteiler und eingelegtem 3. Gang (Zündung jedoch nicht eingeschaltet) der Wagen solange hin- und hergerückt, bis der Verteilernocken die Kontakte auf größte Öffnung gebracht hat.
Dabei kann man zugleich feststellen, ob daß Gleitstück des Unterbrecherhammers, das von dem vierkantigen Nocken abgehoben wird, nicht verschlissen ist. Die Abnutzung darf nie so groß werden, daß sich in der Einstellung des Unterbrechers zum Verteiler eine Verstellung von mehr als 2° ergibt.
Die genaue Prüfung des Kontaktabstandes mit der Fühlerblattlehre (die auch zum Einstellen der Ventile benötigt wird) ist insofern schwierig, weil die üblichen Fühlerblattlehren das geforderte 0,45-mm-Meßblatt nicht haben. Eventuell lassen sich 0,2- und 0,25-mm-Blätter kombinieren oder es ermöglicht sich eine Zusammenstellung mit 0,4- und 0,05-Meßblättern. Andernfalls muß man sich mit den Blättern der Stärke 0,4 mm und 0,5 mm behelfen, indem man zuerst den Abstand mit der stärkeren Lehre ausrichtet, aber so stramm bemißt, daß die schwächere Lehre noch gut hindurchpaßt. Zur Genauigkeit trägt diese Methode nicht bei; für provisorisches Fortkommen hilft allerdings sogar eine Ansichtskarte, evtl. auch der Kfz-Zulassungsschein. Das einwandfreie Prüfen ist ohnehin nur bei neuen und daher ebenen Kontakten möglich.
Manche gut ausgestatteten Werkstätten und die Bosch-Dienststellen ersparen sich dieses ungenaue Nachmessen des Kontaktabstandes mit der Fühlerlehre, statt dessen stellen sie die Kontakte mit Hilfe eines Schließwinkelgerätes ein. Diese Messung ist genauer, weil unebene Kontakte und unpassende Meßblätter dabei nicht stören können. Der Schließwinkel besagt, um wieviel Winkelgrad sich die Verteilerwelle vom Schließen der Kontakte bis zum Öffnen weiterdreht. Je näher man die Kontakte aneinander bringt, um so größer muß der Schließwinkel werden, weil die dicht beieinander liegenden Kontakte länger geschlossen bleiben. Bei größerem Kontaktabstand ist der Schließwinkel dagegen kleiner. Beim Fiat 124 muß dieser Schließwinkel 48 bis 54° betragen.
Voraussetzung zum Einstellen der Unterbrecherkontakte ist, daß der Nocken von der Nockenwelle voll abhebt, wie schon erwähnt. Das Lösen der vorderen Querschlitzschraube (es können bei dem Marelli-Verteiler runde oder Sechskantschrauben sein), die die Halteplatte des Unterbrechers fixiert, ist nur mittels Winkelschraubenziehers möglich. Die Schraube wird nur etwas gelockert und mit dem Schraubenzieher möglichst festgehalten, während der Unterbrecheramboß ein wenig verschoben wird, bis der Kontaktabstand stimmt.
Wenn die Kontakte verbraucht sind, müssen sie durch neue ersetzt werden. Es sind dabei beide Teile, also Hammer und Amboß, gleichzeitig zu ersetzen. Sind die alten Kontakte verschmort oder blau angelaufen, genügt allerdings das Austauschen allein nicht, es muß auch nach dem verursachenden Fehler in der Zündanlage (Kondensator oder Zündspule) gesucht werden.
Zum Auswechseln der Unterbrecherkontakte Anschlußklemme des dünnen roten Kabels von der Zündspule außen am Verteilergehäuse lockern, so daß innen die Klemme des kurzen weißen Kabels herausgezogen werden kann. Dann die große Sechskant-Querschlitzschraube, die auch zum Einstellen des Kontaktabstandes gelockert werden muß, herausdrehen und Hammer mit Amboß von ihrer Drehachse abheben. Vor dem Einbau der neuen Unterbrecherkontakte Nockenbahn der Verteilerwelle sorgfältig reinigen und hauchdünn einfetten. Auch wenn der Verteiler während der Fahrt »pfeift«, schafft

Um den Zündzeitpunkt zu verändern, wird zuerst mit einem Schraubenschlüssel SW 13 die Sockelschraube (3) am Verteiler leicht gelockert. Die Krokodilklemme der Prüflampe (4) ist an das blanke Ende des angeschlossenen, von der Zündspule kommenden dünnen roten Kabels (1) oder an dessen Befestigungsmutter anzuklemmen, während die Prüflampennadel gegen »Masse« gedrückt wird. Nun ist der Verteiler, wie auf der nächsten Seite im Text beschrieben, zu verstellen. Weitere Zahlen bedeuten: 2 – Verteilerfinger, 5 – vorderer Klemmbügel für Verteilerdeckel, 6 – Unterbrecherkontakte.

man dadurch Abhilfe, und zwar eignet sich am besten etwas Bosch-Heißrollenlagerfett Ft 1 v 4.

Der Unterbrecherhebel mit dem Hammer muß leichtgängig auf der Unterbrecherachse sitzen. Abschließend muß natürlich der Kontaktabstand eingestellt werden und man wird auch nicht darum kommen, den Zündzeitpunkt neu einzustellen.

Zündzeitpunkt kontrollieren

Pflegearbeit
Nr. 18

Bei jedem 10 000-km-Dienst, beim Neueinstellen oder Auswechseln der Unterbrecherkontakte, nach dem Zusammenbau des Motors oder dem Aus- und Wiedereinbau des Zündverteilers muß der Zündzeitpunkt neu eingestellt werden. Man kann die Zündeinstellung selbst mit einer kleinen Prüflampe am stehenden Motor prüfen und einstellen.

Am zweckmäßigsten schraubt man zu der Arbeit die Zündkerzen heraus, damit sich der Motor, der dann ja keine Verdichtung hat, besser drehen läßt. Dann wird entweder der Schalthebel in Leerlaufstellung gebracht, um den Motor am Keilriemen bzw. an der Riemenscheibe drehen zu können, oder man legt den vierten Gang ein und schiebt den Wagen hin und her, bis die folgend geschilderte Stellung erreicht ist. Ruckartiges Schieben und dadurch sehr schwieriges Erreichen dieser Stellung erleichtert man sich auf etwas abschüssigem Gelände.

Natürlich müssen die Unterbrecherkontakte, wie im vorangegangenen Absatz beschrieben, den korrekten Abstand von 0,45 mm haben. Dann klemmt man die Prüflampe mit dem einen Pol an Masse, mit dem anderen Pol an die Klemme des dünnen Kabels seitlich am Verteiler. Die Verteilerkappe muß abgenommen sein, um den oberen Totpunkt (o. T.) des Kolbens im ersten Zylinder festzustellen.

Auf dem Verteilerdeckel ist angegeben, welche Zündkabel zu welchen Zylindern führen (der erste Zylinder ist der vordere, was nicht selbstverständlich ist, bei manchen Fabrikaten ist es der hintere). Der Motor wird so weit gedreht, bis der Verteilerfinger auf den Punkt zeigt, in dem bei aufgesetzter Verteilerkappe das Zündkabel des 1. Zylinders liegt. Nun hat man die Grobeinstellung für den oberen Totpunkt, in welchem der Kolben von der Aufwärtsbewegung in die Abwärtsbewegung übergeht.

Die Feineinstellung ist aus Markierungen am Steuerdeckel und an der Riemenscheibe zu ersehen. Auf dem Steuerdeckel (links vom Verteiler, Frontseite des Motors) verlaufen die drei Marken, schräg von oben betrachtet, gut sichtbar in Blickrichtung. Die Riemenscheibe besitzt zwischen ihren beiden Parallelprägungen am vorderen Rand eine radiale Verbindungsmarke, die mit der oberen Markierung am Steuerdeckel übereinstimmen muß. Dann ist die erforderliche Vorzündung von 10° festgelegt. Vorzündung ist nötig, damit der Zündfunke an der Zündkerze schon überspringt, bevor der Kolben den höchsten Punkt (oberen Totpunkt) erreicht hat.

Die eben genannten Markierungen in genaue Übereinstimmung zu bringen erreicht man, indem mit einem Schlüssel SW 17 die Ankerwellenschraube der Lichtmaschine langsam gedreht wird. Oder man dreht an der Riemenscheibe und drückt zugleich auf den Keilriemen, um dadurch die Riemenspannung zu verstärken, was zu wirksamerer Bewegung der Kurbelwelle führt. Bei dieser Feineinstellung muß jetzt die angeklemmte Prüflampe aufleuchten, wenn man die Zündung einschaltet.

Da alle Motorlager zwischen Keilriemenscheibe und Verteilerfinger ein wenn auch nur geringes Spiel haben, dieses aber zur Einstellungsgenauigkeit ausgeschaltet werden muß, ist die Feineinstellung so vorzunehmen, daß die letzten Zentimeter nur in Rechtsdrehung – in der Drehung der Kurbelwelle – erfolgen. Wenn Sie also mit Ihrem Schraubenschlüssel an der Lichtmaschine bereits über das Ziel hinausgeschossen sind, müssen Sie wieder ein gutes Stück – sagen wir eine viertel Kurbelwellenumdrehung – zurückdrehen und die Feineinstellung in behutsamer Rechtsdrehung noch einmal versuchen.

Stimmt die Zündzeitpunkteinstellung bei dieser Prüfung nicht, wird unten am Verteilergehäuse die Sockelschraube mit Schraubenschlüssel SW 13 etwas gelockert, so daß sich das ganze Verteilergehäuse drehen läßt. Dabei wird die Prüflampe brennen, falls die Unterbrecherkontakte offen sind, da der Primärstrom dann nicht über diese zur Masse fließen kann, sondern die Prüflampe dazu benutzen muß. Sind die Kontakte geschlossen, brennt die Prüflampe nicht, weil der Weg über die Kontakte zur Masse für den Primärstrom weniger Widerstand bietet (Glimmfaden der Prüflampe ist Widerstand). Wenn die Prüflampe brennt, müssen Sie nun das Verteilergehäuse ein wenig nach rechts drehen (weil Verteilerwelle des Fiat 124 rechtsdrehend ist) bis die Unterbrecherkontakte schließen und die Prüflampe erlöscht. Um zusätzlich das Zahnflankenspiel zwischen Verteilerritzel und Nockenwelle des Motors auszuschalten, Verteilerwelle am Verteilerfinger nach links bis zum Anschlag drücken und loslassen. Dadurch werden auch die Fliehgewichte der Fliehkraftverstellung auf Null gestellt. Nun den Verteiler ganz langsam nach links, im Gegen-Uhrzeigersinn, drehen, bis Prüflampe gerade aufleuchtet. Das ist der Öffnungsbeginn der Unterbrecherkontakte. In dieser Stellung muß die Klemmschraube am Verteilersockel wieder fest angezogen werden. Zündung ausschalten, Prüflampe abziehen und Verteilerdeckel wieder sorgfältig aufsetzen.

Der Zündverteiler

Pflegearbeit Nr. 15

Eigentlich besteht der Verteiler nur aus dem Verteilerläufer und dem Verteilerdeckel. Man bezeichnet jedoch im allgemeinen Sprachgebrauch das ganze Aggregat, also auch den Unterbrecher und den Fliehkraftversteller, als Verteiler. Der Antrieb des Verteilers geschieht über eine Welle, deren Zahnrad mit einem solchen der Nockenwelle in Eingriff steht. Die Verlängerung dieser Welle treibt die in der Ölwanne befindliche Ölpumpe an. Auf dem oberen Ende der Welle sitzt der Verteilerläufer, dessen Metallzunge in geringem Abstand an den Kohlekontakten der Hochspannungsanschlüsse im Verteilerdeckel vorbeidreht. Der Läufer hat also die Aufgabe, den im richtigen Zündzeitpunkt produzierten hochgespannten Stromstoß an die Zündkerzen weiterzuleiten. Diesen Stromstoß bekommt er über den Mittelanschluß im Verteilerdeckel von der Zündspule, und von der Metallzunge fließt der Strom zu dem in Drehrichtung des Läufers nächsten Kerzen-Hochspannungsanschluß. Bei einem Viertaktmotor leistet jeder Zylinder auf zwei Kurbelwellenumdrehungen nur einen Arbeitstakt, auf zwei Kurbelwellenumdrehungen entfallen also vier Zündungen, eine für jeden der vier Zylinder. Daraus geht hervor, daß die Drehzahl der Verteilerwelle und der sie antreibenden Nockenwelle gleich der halben Drehzahl der Kurbelwelle ist.

Alle 10 000 km sollen einige Tropfen Motoröl in die Bohrung unterhalb des Läufers geträufelt werden, wo die Welle durch das untere Verteilergehäuse nach oben führt. Außerdem kann gelegentliches Säubern der Deckelinnenseiten nicht schaden. Diese haben zuweilen Kratzer und sollen dann ausgewechselt werden. Auch soll die Kohle, die durch Federdruck gegen die Metallzunge gepreßt wird, in ihrer Führung leichtgängig sein.

Fingerzeige: *Es gibt Zündstörungen, die ihre Ursache in feinsten Haarrissen oder strichartigen Schmutzansammlungen im Verteilerdeckel haben. Das kann Stromüberschläge ergeben. Abhilfe schafft hier meist nur ein Austausch des Verteilerdeckels. Notbehelf unterwegs: Risse mit Fingernagellack überpinseln.*

Wasser bzw. Feuchtigkeit ist der Feind der Zündanlage. Deswegen prüft man gelegentlich auch die Gummikappen auf dem Verteilerdeckel, ob sie trocken sind.

Bei Ersatz des Verteilerläufers auf das Fabrikat des Zündverteilers achten (Marelli).

Beim Wiederaufsetzen der Verteilerkappe umgeht man Schwierigkeiten mit den beiden Halteklammern, wenn man sie vorher in ihren unteren Ösen nach außen zieht. Die Haltebügel stehen dann nicht so unter Spannung und rasten leichter am Rand des Deckels ein.

Die Zündkabel

Leider ist die Qualität der Zündkabel beim Fiat 124 nicht die beste. Diese dicken roten Kabel (es können auch hellblaue oder schwarze sein) haben nämlich keine massive Kupferlitze in der Mitte, sondern es handelt sich dabei um sogenannte Widerstands-Zündleitungen mit graphitierten Nylonfäden in der Mitte, sie haben also keine Metallseele. Mit solchen Zündleitungen kann man die Entstörstecker für die bei uns vorgeschriebene Radio- und Fernsehentstörung sparen, die bei Verwendung massiver Metallitzenkabel auf die Zündkerzen gesteckt sind. Diese Einsparung wird durch eine gewisse Heimtücke vergolten, weil die Widerstands-Zündleitungen auf die Dauer störanfällig und die durch sie verursachten Störungen nur schwer zu finden sind. Beispielsweise können sie kein Zerren und Knicken vertragen: Der graphitierte Nylonfaden bricht oder längt sich, der Widerstand steigt stark an und läßt keinen zündfähigen Hochspannungsstrom mehr hindurch.

Unsere Empfehlung: Werfen Sie bei passender Gelegenheit diese ganzen Widerstands-Zündkabel heraus. In der Kontaktklemme, die in den Verteilerkopf gesteckt wird, können Sie den Querschnitt des Kabels und somit die Beschaffenheit, ob Nylon oder Kupfer, feststellen. Zuverlässiges Kupferlitzenkabel kostet pro Meter noch keine Mark, und wenn Sie die jetzt notwendig werdenden Entstörstecker hinzurechnen, haben Sie für etwa 15 DM eine Kabelgarnitur, die keinen Kummer macht.

Nach eigenen Erfahrungen eignen sich sogar die gelben Kabel der Fassaden- und Neonreklame als Zündkabel (Abfälle davon sieht man oft an Baustellen und dort, wo Neonschrift montiert oder repariert wird). Sowohl der Querschnitt der Isolierung als auch der Metallseele ist der gleiche wie bei normalen Kerzenkabeln, wobei die Metallitze natürlich aus Kupfer bestehen sollte. Doch selbst, wenn es statt Kupfer andere Metallfäden sind, ist die Lebensdauer den Nylonkabeln überlegen. Lediglich das Festlöten der Kabelklemmen an der Litze dieser gelben Kabel erfordert etwas Routine, da die Isolierung aus Kunststoff besteht und schnell abschmilzt, daher muß rasch und zielstrebig gelötet werden.

Fingerzeig: *Die Gummitüllen um die Zündkabelenden sitzen sehr stramm. Sie können, wenn das Zündkabel an der Tülle und nicht am Kabel selbst in die Verteilerkopfbuchse gedrückt wird, zurückfedern und dabei das Zündkabel wieder so weit aus der Verteilerkopfbuchse drücken, daß der Stromweg unterbrochen ist. Deshalb vor dem Montieren der Zündkabel die Gummitüllen etwas zurückstreifen, Zündkabel in die Buchse drücken und erst zuletzt die Gummitülle (offizieller Name: Regenschutzkappe) nachschieben.*

Entstörung bei Radioeinbau

Mit den üblichen Entstörsteckern auf den Zündkerzen (es gibt auch Zwischenstücke zur Funkentstörung für die Kerzenkabel, die allerdings so dicht wie möglich am Verteilerkopf sitzen sollen) tut man nur anderen einen Gefallen, kaum aber sich selbst. Sie sind, wie schon gesagt, vorgeschrieben, um anderer Leute Radios oder Fernseher durch den Funkenregen an den Zündkerzen nicht knattern zu lassen. Das Radio im eigenen Auto wird durch solche Maßnahme kaum zur Zufriedenheit entstört.

Nun steht aber in der Betriebsanleitung extra dick gedruckt, daß kein Entstörkondensator zwischen Regler und Lichtmaschine an die Klemme 67 angeschlossen werden darf. Die handelsüblichen Entstörsätze für Gleichstrom beim Fiat 124 Normal und für die Wechselstromanlage beim Special sind unter Beachtung der stets mitgelieferten Einbauanleitungen zu installieren.

Falls sich ein etwa eingebautes Radio durch Störgeräusche unbeliebt macht oder ein Radio eingebaut werden soll, kann man sich sowohl von der Kundendienstabteilung der Robert Bosch GmbH, 7 Stuttgart W, Breitscheidstraße 4, wie auch von der Blaupunkt Werke GmbH, 32 Hildesheim, Robert-Bosch-Straße 200, eine Liste mit den zum Fiat 124 N oder 124 Special passenden Radio-Entstörmitteln schicken lassen.

Wer sich für Radiobasteleien an seinem Auto besonders interessiert, der sei auf das sehr anschauliche und leicht verständliche Buch von Klaus Kuhmann verwiesen. Es heißt »Telekosmos-Servicebuch Autosuper« und ist bei der Franckh'schen Verlagshandlung, Stuttgart, erschienen. Es kostet 14,80 DM im Buchladen.

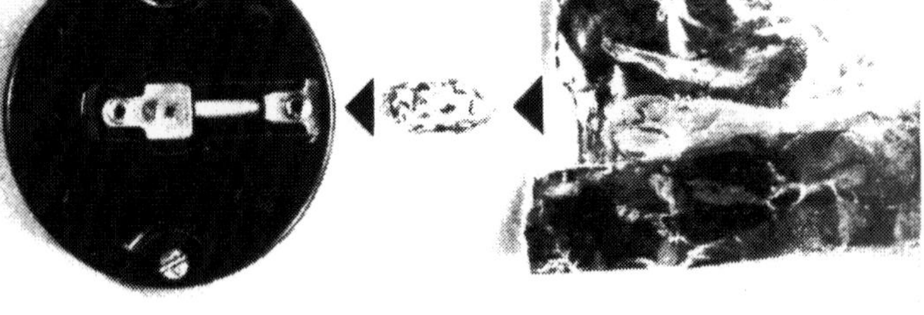

Wenn am funkentstörten Verteilerfinger plötzlich der Entstörwiderstand (kleine weiße Walze rechts auf dem Läufer) durchbrennt, ist der Zündfunken unterbrochen und der Motor bleibt stehen. Notbehelf unterwegs, links am defekten Verteilerfinger gezeigt: Die leere Widerstandsmulde wird mit Stanniolpapier fest ausgestopft (im Gegensatz zu einer durchgebrannten Sicherung darf man das), wodurch der Stromweg vom Mittelkontakt zur Verteilerzunge behelfsmäßig gesichert ist. Der Widerstand soll baldigst durch einen neuen ersetzt werden, um die Vorschriften zur Radio- und Fernseh-Entstörung einzuhalten.

Die Zündkerzen

Die Zündkerzen haben an sich die größten Leistungen zu vollbringen, sie arbeiten unter besonders ungünstigen Umständen. Trotzdem wird man mit ihnen die wenigsten Scherereien haben, soweit man den richtigen Wärmewert verwendet und der Motor in Ordnung ist. Natürlich kann eine fehlerhafte Zündkerze alle gute Vorarbeit der sonstigen Zündanlage zunichte machen. Daher die Empfehlung der Hersteller, alle 15 000 km die Kerzen zu wechseln, obwohl das in den meisten Fällen nicht einmal notwendig ist. Oft genügt eine Kontrolle und Nachprüfen des Elektrodenabstands. Er soll 0,5–0,6 mm betragen (bei Fahrzeugen, die vor 1969 gebaut sind: 0,6–0,7 mm).

Die älteren Fiat 124-Modelle wurden mit Zündkerzen von Marelli, Typ CW 240 L, oder von Champion, Typ N 4, ausgerüstet. Ab Baujahr 1969 können die folgenden Kerzentypen Verwendung finden: Marelli CW 240 LP oder Champion N 9 Y oder Bosch W 200 T 30, ferner die im Kapitel »Technische Daten« aufgezählten Fabrikate.

Zündkerzen prüfen
Pflegearbeit Nr. 17

Am besten läßt man die Zündkerzen, die sich mit einem Sechskantschlüssel SW 19 herausschrauben lassen, im Zündkerzenprüfgerät einer Werkstatt reinigen und kontrollieren. Zumeist sind diese Geräte mit einem Sandstrahlgebläse zur Zündkerzenreinigung kombiniert. Dies ist unter den Reinigungsverfahren das kleinste Übel, weil der scharfe Sandstrahl den Speckstein, das Isoliermaterial der Zündkerze, angreift und dadurch späterer Verschmutzung mit Strombrückenbildung Vorschub leistet. Auf der unbestrahlten Porzellanoberfläche des Specksteins setzt sich dagegen weniger Schmutz an.

Noch unvorteilhafter sind Reinigungsversuche mit dem Taschenmesser oder der Drahtbürste. Man sollte sie nur vorsichtig anwenden, wenn sich durch Verbrennungsrückstände, beispielsweise bei hochverbleitem Benzin, zwischen den Elektroden der Zündkerze eine Strombrücke mit Kurzschlußwirkung gebildet hat, die unterwegs beseitigt werden muß. Durch natürlichen Verschleiß, durch Abbrand, erweitert sich der Elektrodenabstand, so daß es dem Zündfunken schließlich nicht immer möglich ist, unter dem Kompressionsdruck von der Mittelelektrode zur Masseelektrode überzuspringen.

Mit einer Zündkerzenlehre, wie sie beispielsweise von Champion im Handel ist, kann man den Elektrodenabstand sehr genau nachmessen. Die keilförmige, sich verdickende Kante der Lehre wird zwischen die Elektroden der Kerze geschoben und an der Stelle, wo sie sich nicht weiter verschieben läßt, ist das Maß abzulesen. Bei Abweichungen wird die hakenförmige äußere Elektrode entsprechend nachgebogen (zu enger Abstand: vorsichtig mit Schraubenzieher oder Taschenmesser abwinkeln; zu weiter Abstand: mit dem Griff dieses Werkzeugs leicht gegenklopfen).

Die einwandfreie Funktion einer Zündkerze läßt sich nur im Zündkerzenprüfgerät mit ziemlicher Gewißheit prüfen. In diesem Gerät wird die Zündkerze unter etwa 8 atü Druck geprüft, denn die Funkenbildung ist in der freien Luft wesentlich leichter als bei dem Druck, der im Zylinder bei Beendigung des Kompressionstaktes herrscht. Deshalb sagt eine zur »Prüfung« herausgeschraubte und am Zündkabel auf den Motorblock gelegte Zündkerze gar nichts darüber aus, ob sie den dann gezeigten schönen Zündfunken auch im Zylinder zustande bringt. Im Zündkerzenprüfgerät läßt sich dagegen durch kleine Sichtfenster die Funkenbildung unter Druck beobachten.

Richtiger Wärmewert

Ob eine Zündkerze ihre Pflicht richtig erfüllen kann, ist nicht zuletzt von ihrem sogenannten »Wärmewert« abhängig. Da die verschiedenen Kraftfahrzeugmotoren sehr unterschiedliche Temperaturen in ihren Verbrennungsräumen entwickeln (es leuchtet ein, daß Motoren mit hoher Verdichtung und hoher Leistung mehr Hitze erzeugen als gemütliche Durchschnittsmotoren), kann man nicht jede Zündkerze in jeden Motor einsetzen. Sie muß auf die vom Motor erzeugte Hitze abgestimmt sein. Diese Eigenschaft wird durch den Wärmewert gekennzeichnet, der bei deutschen Zündkerzen einheitlich angegeben wird, z. B. mit 175 oder 225. Je höher diese Zahl ist, um so mehr Hitze kann die Zündkerze vertragen, d. h. ableiten, um selbst nicht zu heiß zu werden. Bei »kälter« arbeitenden Motoren darf man aber auch keinen zu hohen Wärmewert wählen, denn dann wird von der Zündkerze zu viel Wärme abgeleitet und sie hat nicht ihre günstigste Betriebstemperatur, die zur sogenannten »Selbstreinigung« von Verbrennungsrückständen notwendig ist und an den Elektroden bei 800° C liegt. Bei den ausländischen Zündkerzen ist dieser Wärmewert leider nicht immer angegeben.

Das Zündkerzengesicht

Aussehen und Färbung der Kerzenelektroden geben Rückschlüsse über Vergasereinstellung, Wärmewert der verwendeten Kerze sowie Einsatzbedingungen des Wagens (Fahrweise). So urteilt man über das »Kerzengesicht«:

- mittelbraun oder mittelgrau = gute Vergasereinstellung, Zündkerzen und Motor arbeiten richtig
- schwarz = Vergaser zu fett eingestellt oder Zündkerze ist im Betrieb durch vorwiegende Kurzstreckenfahrten zu kalt. Zündkerze mit nächstniederem Wärmewert probieren, wenn Vergasereinstellung stimmt
- hellgrau = Vergaser zu mager eingestellt
- silbrig = Zündkerze wird zu heiß, eventuell durch scharfe Langstreckenfahrten; Zündkerze mit nächsthöherem Wärmewert probieren. Oder Zündung zu früh gestellt
- verölt = Zündkerze setzt aus oder Kolbenringe undicht; wenn bei allen Zündkerzen, Fehler in der Zündanlage

Diese Zusammenstellung läßt erkennen, daß man unter Umständen den Wärmewert der Zündkerzen für Ihren Fiat 124 nach der vorherrschenden persönlichen Fahrweise abändern kann. Wer immer sehr verhalten fährt, wird vielleicht eine verrußte Zündkerze vorfinden und sollte es einmal mit dem nächstniedrigen Wärmewert versuchen. Und umgekehrt kann dem gleichen Motor bei hochsommerlicher Urlaubsfahrt – mit vollem Wagen – ein höherer Wärmewert besser tun. Es kommt auf den Versuch an, aber man sollte immer daran denken, daß das Werk die Kerzen, die am Anfang dieses Zündkerzenabschnitts aufgezählt wurden, nicht umsonst vorschreibt.

Von Champion gibt es eine praktische »Zündkerzenlehre« zum Nachbiegen und Prüfen des Elektrodenabstandes. Eine keilförmige Kante der Einstell-Lehre wird zwischen die Elektroden geschoben und der Abstand abgelesen. Unser Bild zeigt, daß der Abstand für die bis Baujahr 1968 vorgeschriebenen Zündkerzen stimmen würde, für die jüngeren Motoren die Seitenelektrode aber noch um etwa $^1/_{10}$ mm beigebogen werden müßte.

Fingerzeige: *Ist durch eine festgebrannte Zündkerze oder durch gewaltsames Eindrehen bei schief angesetzter Zündkerze das Gewinde im Zylinderkopf zerstört, hilft auf keinen Fall etwa ein Umwickeln des Zündkerzengewindes mit dünnem Draht vor dem Einschrauben. Die Zündkerze kann wie eine Gewehrkugel aus dem Zündkerzenloch schießen. Aber es muß auch nicht unbedingt ein neuer Zylinderkopf gekauft werden, sondern es läßt sich durch eine erfahrene Fachwerkstatt ein sogenannter »Heli-Coil«-Gewindeeinsatz in das ausgebohrte Zündkerzenloch montieren. Das kostet für ein Zündkerzenloch nach unseren Erfahrungen etwa 15 DM. Wenn Ihre Fiat-Werkstatt diese Heli-Coil-Gewindeeinsätze nicht kennt, kann die Hersteller-Firma Böllhoff & Co., 4812 Brackwede, Bunsenstraße 1, eine erfahrene Fachwerkstatt in der Nähe nachweisen.*

Bei heißem Motorblock niemals kalte Zündkerzen zu fest einschrauben. Nach Abkühlen des Motors oder Erwärmung der Zündkerze sitzt diese wie eingenietet fest.

Das Zündkerzengewinde darf vor dem Einbau keinesfalls geölt werden, um es besser gängig zu machen. Öl würde verkohlen und die Zündkerze im Gewinde festbacken. Statt dessen mit einem Bleistift Graphit auf das Gewinde schaben. Zündkerze läßt sich später spielend leicht herausschrauben.

Diebstahlsicheres Auto?

Dem Paragraphen 38 a der Straßenverkehrszulassungsordnung folgten die Automobilhersteller mit dem serienmäßigen Einbau von Sicherungen, die einen Diebstahl natürlich immer nur erschweren, nie aber ganz ausschließen können. Je länger ein Ganove braucht, ein Fahrzeug zu öffnen (um daraus Gegenstände zu stehlen oder um den Motor in Gang zu setzen), um so wirkungsvoller ist die Sicherung. Das gleiche gilt für die Zusatzsicherungen, von denen nur die mechanischen (Punktschloß für Türen mit 3 cm-Riegel) und die seismischen Sicherungen (bewegliche Pendel schließen bei Erschütterung Kontakt zur Alarmanlage) genannt seien. Es gibt auch Kontaktsicherungen für aufklappbare Karosserieteile.

Bosch vertreibt gepanzerte Zündspulen mit Panzerschlauch zum Zündschloß, womit ein Kurzschließen der installierten Zündanlage nicht möglich ist. Der Selvamat dagegen ist ein elektronisches Steuergerät, bei dem nach Öffnen der Türen nach einer bestimmten Zeit der richtige Zündschlüssel bedient werden muß, sonst schaltet sich der Alarm an. Und die Firma Büche in Radolfzell baut ein elektromagnetisches Ventil, das einfach zwischen Benzinpumpe und Vergaser geschaltet wird und ohne »Aufschließen« am Armaturenbrett keinen Kraftstoff hindurchläßt.

Eine einfache, aber wirkungsvolle Sicherung ist es, den Verteilerläufer abzuschrauben.

Der Begriff »Diebstahl-Sicherung« ist gewissermaßen irreführend, denn jedes Auto kann hochgehoben, abgeschleppt oder geknackt werden. Den zwangsläufig bestehenden Kompromiß können Sie nur zu Ihren Gunsten wandeln, wenn Sie

- alle Fenster schließen
- keine Wertgegenstände liegen lassen
- nie nachlässig sind
- über Ihre Sicherung keine falschen Vorstellungen hegen, denn sie erfüllt nicht alle Erwartungen
- die Versicherungsbedingungen (das Kleingedruckte) gut lesen, denn es wird nicht alles ersetzt, was gestohlen wird.

Es werde Licht

Es gibt auf einer nächtlichen Straße kaum etwas Schlimmeres als einen entgegenkommenden Wagen, der sich »einäugig« den Weg bahnt und dessen Fahrer die übrigen Verkehrsteilnehmer raten läßt, ob da wohl ein Auto oder ein Motorrad fährt. Wenn von zwei Scheinwerfern einer überhaupt nicht oder nur mit Standlicht brennt, können sich verteufelte Situationen ergeben, vor allem, wenn es sich bei dem ausgefallenen Scheinwerfer um den linken, also fahrbahninneren handelt.

Dazu schon ein Tip: Wenn keine Ersatzbirne zur Hand ist, sollte man die intakte Glühbirne des rechten Scheinwerfers in den linken setzen.

Ebenso muß die hintere Beleuchtungsanlage dauernd in Ordnung sein, da es auch hier bei Ausfall einer Leuchte zu Fehleinschätzungen kommen kann. Blinker, Rückleuchten und Bremslichter sind wichtige Verständigungsmittel zu den nachfolgenden Straßenbenutzern, genau wie auch Sie Ihre Reaktionen auf die Lichtzeichen der vorausfließenden Wagen einstellen.

Billigt man von industrieller Seite dem Abblendfaden der Hauptscheinwerferbirnen 150 Brennstunden zu und dem seltener beanspruchten Fernlichtfaden eine Brenndauer von 75 Stunden (Haushaltglühbirnen brennen rund 1000 Stunden!), ist es einleuchtend, daß man stets mit einem Durchbrennen dieser wichtigsten Birnen rechnen muß.

Der Austausch von Birnen und Sicherungen ist selbst für den Laien unproblematisch und kann jederzeit – falls nötig – unterwegs vorgenommen werden. Am vorteilhaftesten ist es, wenn man sich für jede der am Fiat 124 vorkommenden Beleuchtungseinrichtungen wenigstens eine Ersatzbirne kauft, die, in einem stabilen Kästchen in Schaumstoff, Watte oder Papiertaschentücher eingepackt, immer mitgeführt werden und griffbereit sind. Sollten Sie dann wirklich einmal von der Polizei wegen einer nicht funktionierenden Leuchte angehalten werden, sind Sie aus dem Schneider, wenn Sie sofort in der Lage

Die Doppelscheinwerfer des Fiat 124 Special sind im Aufbau untereinander gleich. Die Pfeile zeigen auf die Kreuzschlitzschrauben der Einsatzhalterung. Beim äußeren Scheinwerfer ist der Einsatz durch eine kurze Linksdrehung herausgenommen, die Halteschrauben verbleiben gelockert im Gewinde (siehe Schraubenzieher). Ebenfalls mit kurzer Drehung wird die Zweifadenbirne nach Wegklappen der Haltefedern an ihrem Sockel aus dem Reflektorgehäuse gezogen. Letzterer bleibt am Massekabel hängen (siehe Bild auf Seite 136), während Prüfen und Auswechseln der Birnen erfolgen kann.

sind, den Defekt zu beheben. In einem solchen Fall darf man gegen Sie keine Anzeige erstatten oder gebührenpflichtige Verwarnung erteilen. Ein vorsorglicher Autofahrer mit griffbereitem Ersatzlampenkasten ist nach gerichtlicher Meinung glaubwürdig, wenn er behauptet, die Lampe sei »gerade eben« durchgebrannt. Dafür kann man niemanden verantwortlich machen.

Ersatzlampen auf Vorrat

Im Autozubehörhandel gibt es auch praktische Ersatzlampenkästchen, die freilich selten den für einen bestimmten Wagentyp vorsortierten Ersatzbirnen-Vorrat besitzen. Um sicherzustellen, daß für den Fiat 124 die spezielle Ersatzlampenbestückung griffbereit ist, finden Sie hier die Aufstellung der Birnen aller äußeren Beleuchtungsorgane, wobei natürlich darauf zu achten ist, daß sie der vorhandenen 12-Volt-Spannung entsprechen:

	Normal	Special
Hauptscheinwerfer: Asymmetrische Zweifadenlampe	45/40 Watt	45/40 Watt
Standlicht: Kugellampe	5 Watt	5 Watt
Vordere Blinkleuchten: Kugellampe	20 Watt	21 Watt
Seitliche Blinkleuchten: Kugellampe	3 Watt	4 Watt
Hintere Blinkleuchten: Kugellampe	20 Watt	21 Watt
Brems- und Schlußlicht: Zweifadenlampe	20/5 Watt	21/5 Watt
Nummernschildleuchte: Kugellampe	5 Watt	5 Watt
Rückwärtsscheinwerfer: Kugellampe	—	21 Watt

Prüfen der Beleuchtungsanlage

Vor Antritt jeder Fahrt sollte man sich davon überzeugen, daß die Außenbeleuchtung einwandfrei funktioniert. Aber wer tut das schon? Dabei ist es während der Dunkelheit nicht schwer, auch wenn man allein ist, die einwandfreie Funktion der einzelnen Leuchten zu überprüfen. Im Stand hat man gute Kontrollmöglichkeiten, wenn man nahe an eine Wand heranfährt und die Lichtanlage betätigt: sind Reflektionen an zwei nebeneinanderliegenden Punkten vorhanden, brennen beide Scheinwerfer. In gleicher Weise hat man mit Hilfe des Rückspiegels die Möglichkeit, das Aufleuchten der Schluß- und Bremslichter sowie der rückwärtigen Blinker zu beobachten (z. B. in der Garage). Dieselbe Methode bietet sich innerhalb einer Parkreihe an, in der die Stoßstangen oder die Lackierung des vorderen und hinteren Wagens das Aufleuchten der Lampen und Leuchten widerspiegeln.
Während der Fahrt ist diese Kontrolle schon schwieriger; allenfalls erkennt man die Funktion beider Hauptscheinwerfer als Widerschein auf der Straßenoberfläche. Nur im dichten Stadtverkehr bieten die Vorder- und Hintermänner in der eben geschilderten Weise Reflexflächen für die eigene Beleuchtung, doch wird man sich meist mehr auf die Verkehrssituation konzentrieren müssen als beobachten können, ob das rechte hintere Schlußlicht brennt. Man kann sich aber nicht darauf verlassen, von Fremden auf das Nichtfunktionieren einer Leuchte aufmerksam gemacht zu werden.
Es lohnt sich noch aus anderen Gründen, gelegentlich die einzelnen Birnen zu überprüfen. Auch wenn die betreffende Lampe noch brennt, wird man nicht selten nach Abnahme der Lichtscheibe eine Verfärbung der Birne feststellen, die die Leuchtkraft beeinträchtigt. Am Lampenkolben hat sich von innen ein schwarzer Belag niedergeschlagen, der von der Verdampfung des Glühfadenmetalls herrührt. Bis der Faden ganz ausgebrannt ist, wird die Birne vielleicht noch viele Stunden brennen, aber der Lichtaustritt wird immer erbärmlicher und die Fahrsicherheit sinkt: Es ist Zeit, die Birne auszuwechseln.

Genauso sind gelblich oder bläulich angelaufene Birnenkolben kurz vor ihrem Lebensende, wenn sie nicht wegen der ursächlichen Luftzufuhr durch einen Haarriß, wegen Kaltschweißstellen (bei denen sich der Glühfaden an dem Fadenträger löst) oder wegen Sprödigkeit des Glühfadens bereits ausgefallen sind. Dagegen kann eine zu schwach brennende Lampe bisweilen durchaus zu besserer Lichtausbeute fähig sein, wenn ihre mangelnde Leuchtkraft von schlechten Kabelverbindungen herrührt oder ihr Sockel oxydiert ist, so daß der Strom nur noch mangelhaft durchfließen kann.

Daher soll man bei völlig »toten« Leuchten deren Birne, ehe man sie gleich wegwirft, etwas genauer ansehen. Sie kann noch selbst in Ordnung sein, aber die Stromzufuhr klappt irgendwo nicht. Lampenfassung, Kabelverbindung oder die dazugehörige Sicherung lassen keinen Strom durch, was besonders dann auffällt, wenn auch die neue Birne nicht brennt.

Abhilfe: Birne bei eingeschaltetem Strom leicht hin- und herdrehen, flackert sie auf, Strom ausschalten und Lampenfassung und inwendige Kontaktzungen mit Taschenmesser vorsichtig blank schaben. Gleiches Verfahren bei der entsprechenden Schmelzsicherung (welche Sicherung »zuständig« ist, kann im Kapitel »Elektrische Leitungen« nachgeschlagen werden). Bleiben beide Versuche erfolglos, kann nur eine Kabelverbindung lose oder oxydiert sein (die Kabelfarbe ist ebenfalls der Tabelle im Kapitel »Elektrische Leitungen« zu entnehmen, andernfalls gibt auch der Schaltplan im hinteren Buchrücken Aufschluß über den Verlauf der Zuleitung).

Schließlich sei noch vermerkt, daß das Auswechseln von Glühbirnen, von einer Werkstatt vorgenommen, von dieser auch – neben dem Glühbirnen-Neupreis – berechnet wird. Obgleich es geringe Beträge sein mögen, sollte doch der Umgang mit der Beleuchtungsanlage jedem Kraftfahrer vertraut sein, oder wollen Sie so ein Bösewicht werden wie der eingangs erwähnte »Einäugige«?

Scheinwerferbirnen auswechseln

In den Hauptscheinwerfern des Fiat 124 sitzen Zweifadenbirnen – auch Biluxbirnen genannt –, die gleichzeitig die Funktion des Fern- und Abblendlichts ausüben. Ist nur ein Faden einer solchen Scheinwerferlampe ausgefallen, wenn also nur das Fernlicht oder nur das Abblendlicht brennt, dann ist wohl mit Sicherheit der Faden durchgebrannt. Brennen beide Fäden nicht, ist der Verdacht begründet, daß die Masseverbindung zur Zweifadenlampe ausgefallen ist.

Der Fiat 124 verfügt über asymmetrisches Abblendlicht, das – wie in Europa üblich – so gestaltet ist, daß es auf der rechten Fahrzeugseite angehoben

Die Birnengläser dürfen nicht berührt werden, man kann die Birnen am breiten Sockelrand anfassen. Linker Pfeil zeigt auf eine der Halteschrauben des Scheinwerfereinsatzes am Fiat 124 Normal. Der Steckanschluß für die Zweifadenbirne (rechter Pfeil) läßt sich wegen seiner besonderen Form nicht verkehrt auf die Kontaktzungen der Birne drücken. Unten im Gehäuse hängt die Standlichtbirne, die aus ihrer mit dem Massekabel verbundenen Fassung herauszuziehen ist.

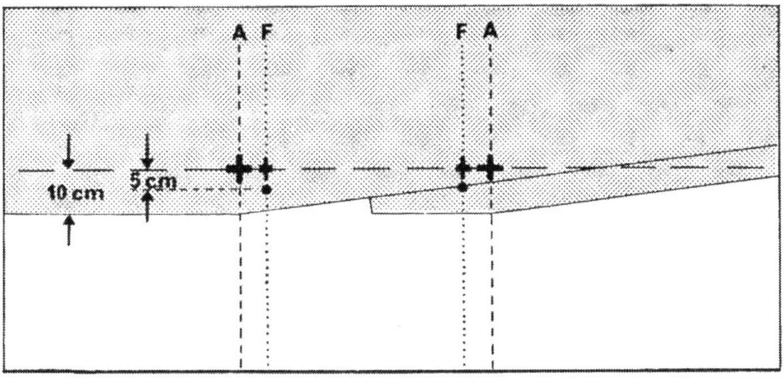

Vor der Wand, auf der Sie die im Text beschriebenen Markierungen zum Einstellen der Scheinwerfer anbringen, müssen Sie etwas über 8 m ebene Fläche haben, damit auch die Hinterräder des Wagens noch darauf stehen, wenn das Auto 5 m zurückgerollt wird. Die beiden äußeren senkrechten Linien A beziehen sich auf die Abblendscheinwerfer vom Fiat 124 Normal und Special, deren Knickpunkte der Hell-Dunkel-Grenze des eingeschalteten Abblendlichts in 5 m Entfernung 10 cm unter den Markierungskreuzen liegen müssen. Kreuze und Punkte auf den inneren senkrechten Linien F sind für die inneren Fernlichtscheinwerfer des Special gültig, hier liegen die entsprechenden Kontrollpunkte 5 cm unter den vorher angebrachten Kreuzen.

ist, wodurch die rechte Straßenseite besser ausgeleuchtet wird. Die Glühlampen für das asymmetrische Licht haben einen anderen (tellerförmigen) Sockel als die Lampen für symmetrisches Licht, womit ein Verwechseln beider Arten verhindert wird. Bei Scheinwerfern mit asymmetrischen Licht ist die Riffelung der Streuscheibe (des Scheinwerferglases) zudem anders gestaltet. Von den Doppelscheinwerfern des Special-Modells sind nur die äußeren (Abblend-) Scheinwerfer auf asymmetrisches Licht eingerichtet.

Zum Herausnehmen des Scheinwerfereinsatzes braucht man nicht unbedingt einen Kreuzschlitzschraubenzieher, denn die Kreuzschlitzschraube, die den Scheinwerferzierring hält, läßt sich auch mit einem bis zu 4 mm breiten normalen Schraubenzieher lösen. Danach kann man den Zierring leicht abnehmen, und darunter verbirgt sich die Halterung des Scheinwerfereinsatzes. Diese Halterung besteht aus einem Federhaken in der oberen Hälfte des Befestigungsrandes, dessen Feder etwas nach innen zu drücken ist, und aus einem gegenüberliegenden Befestigungsbolzen in der unteren Hälfte des Randes, der an dem Einhängebügel des Einsatzes eingehakt ist. Um diesen Bolzen, der unter Spannung einer Schraubenfeder steht, zu lösen, drückt man auf die obere Schlitzscheibe des Bolzens und verdreht sie dabei so um 90 Grad, daß der klingenförmige Bolzen die Scheibe freigibt.

Jetzt läßt sich der Einsatz so weit herausnehmen, daß der Steckanschluß der Zweifadenlampe, der Masseanschluß (schwarzes Kabel) und die Fassung des Standlichts samt Birnchen abgezogen werden können (dabei muß eventuell mit dem Schraubenzieher in der Weise, wie man – mit Gewalt – ein Weckglas öffnen würde, vorsichtig nachgeholfen werden). Zwei Haltefedern pressen die Zweifadenbirne samt Sockel in ihren Sitz.

An der Unterkante des Sockels der Zweifadenbirne befindet sich eine doppelt hintereinander versetzte Prägung mit zwei Löchern, die wie ein Schlüssel in die Fassung des Scheinwerfereinsatzes paßt. Sie ist zugleich Gewähr dafür, daß die neue Birne richtig mit dem Abblendfaden nach oben eingesetzt wird. Auch der dreipolige Steckanschluß, der bei der Demontage in dem verzinkten Scheinwerfergehäuse an seinen Kabeln zurückblieb, läßt sich nur in einer einzigen Stellung wieder auf die drei Zungen des Birnensockels aufschieben.

Der weitere Zusammenbau verläuft in der umgekehrten Reihenfolge wie eben beschrieben. Dabei ist zu beachten, daß die Stellschrauben der Höhen- und Seiteneinstellung des Scheinwerfers nicht verdreht werden. Es sind dies die beiden kleinen Kreuzschlitzschrauben, die in derselben Ebene der beiden Halterungen, aber am gegenüberliegenden Rand des Einsatzes liegen. Wurden sie bei der Montage nicht berührt, muß die Einstellung des Scheinwerfers weiterhin stimmen.

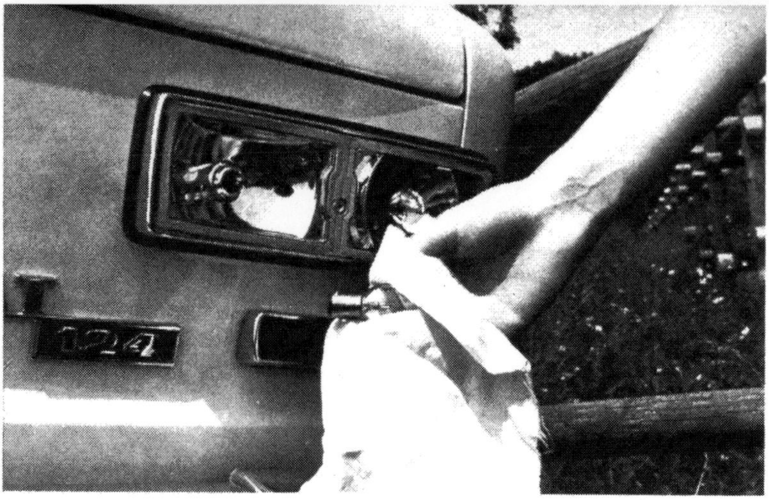

Die Verglasung der Rückleuchten beim Fiat 124 N ist durch eine zentrale Schraube am Mittelsteg zwischen beiden Leuchten befestigt. Die Birnen, die eine Bajonettfassung besitzen, soll man nur mit einem sauberen Tuch anfassen, um – wie bei den Birnen der Hauptscheinwerfer – Dampfniederschlag auch feinster Schweißspuren auf den Reflektorspiegeln zu vermeiden. Ein sinnreicher »Schlüssel« der Birnensockel verhindert falsches Einsetzen derselben.

Hatte man nun schon den Scheinwerfereinsatz herausnehmen müssen, wird man noch schnell das Scheinwerfergehäuse vom eingedrungenen Straßenschmutz reinigen – irgendwo wird man im Wagen ja für derartige Zwecke einen Lappen bereithalten. Denn nicht nur der Schmutz, auch Feuchtigkeit und Spritzwasser dringen hinter den nicht fest anschließenden Zierring und werden vom Schmutz aufgesogen und festgehalten. Wenn dann der erste Rost auftaucht, sind die Mühen zur Beseitigung bestimmt größer.

Fingerzeig: *Die neue Scheinwerferlampe faßt man nicht mit bloßen Händen an, denn auf dem Glaskolben bleiben auch bei sauberen Händen Fingerabdrücke – das sind Schweißabsonderungen – zurück, die bei Einschalten der Lampe durch die Hitze verdampfen und den Scheinwerferspiegel trüben. Ein verschmutzter Glaskolben muß mit einem unbenutzten Taschentuch saubergerieben werden.*

Ebenso darf die Spiegelfläche des Reflektors nicht berührt werden, was durch die zentrale Öffnung für die Zweifadenbirne möglich ist. Die Spiegelschicht ist aufgedampft und wird durch jeden äußeren Einfluß zerstört.

Scheinwerfer einstellen

Gewiß sind Sie schon einmal nachts von einem entgegenkommenden Wagen geblendet worden. Entweder waren dessen Scheinwerfer falsch eingestellt oder das Auto wurde hecklastig überladen, daß dessen Frontpartie in die Höhe ragte und das Abblendlicht nicht mehr im vorschriftsmäßigen Winkel auf die Straße strahlte. Bei etwas Übung sieht man jedoch auch während der Fahrt, wenn die Fahrbahn nicht mehr richtig ausgeleuchtet wird, daß die Scheinwerfereinstellung nicht stimmt. Spätestens merkt man es dann, wenn man von entgegenkommenden Verkehrsteilnehmern angeblinkt wird. Zudem achtet die Polizei auf Fahrzeuge mit falsch eingestellten Scheinwerfern.
Fiat-Vertretungen, Autoelektrik-Werkstätten und viele Tankstellen verfügen über Scheinwerfer-Einstellgeräte, so daß man jederzeit eine Kontrolle oder Neueinstellung vornehmen lassen kann. Will man die Einstellung selbst ausführen, muß zuvor folgendes beachtet werden: Vorgeschriebener Reifenluftdruck, unbeladenes Fahrzeug, völlig ebener Boden. Ferner benötigt man eine senkrechte glatte Wand, die man sich in einer Garage mit beispielsweise ausgefüllten Regalwänden durch ein davorgespanntes Bettuch herstellen kann.
Man rollt den Wagen bis dicht vor die Wand und kennzeichnet auf dieser die Mittelpunkte der Scheinwerfer (beim Special also vier Markierungen). Werden die Punkte durch eine Linie verbunden, muß dieselbe waagerecht sein.

Beim Fiat 124 S sind die drei Befestigungsschrauben der zusammenhängenden Rückleuchtengläser nach Öffnen des Kofferraums zugänglich. Die obere Kunststoffmutter ist im Bild auf ihr Gewinde der abgenommenen Verglasung wieder aufgeschraubt; die Muttern können ohne Werkzeug bedient werden.

Danach schiebt man das Auto 5 m zurück, wobei es auf dem neuen Platz auch noch exakt waagerecht stehen muß.
Beim 124 Normal wird nun das Abblendlicht eingeschaltet. 10 cm unterhalb der vorher eingezeichneten Markierungspunkte sollen sich jetzt die Knickpunkte der durch das asymmetrische Licht erzeugten Hell-Dunkel-Grenze befinden, wie aus der Zeichnung ersichtlich ist. Dabei hat der von den beiden Mittelpunkten nach rechts ansteigende Lichtwinkel etwa 15 Grad zu betragen.
Stimmen die Lichtgrenzen nicht, ist die Stellung der Scheinwerfer entsprechend zu verändern. Dazu müssen die Zierringe abgeschraubt werden. Die obere Kreuzschlitzschraube am Rand des Scheinwerfereinsatzes dient zur Regulierung der Seiteneinstellung, die untere reguliert die Höheneinstellung.
Die Einstellung der äußeren (Abblend-) Scheinwerfer des Fiat 124 Special erfolgt in der gleichen Art, nur liegen hier die Stellschrauben für die Höhenregulierung in der Mitte des oberen Randes und die Seiteneinstellung wird mit der äußeren Stellschraube vorgenommen. Während man beim 124 Normal das Fernlicht nicht gesondert kontrollieren muß, da es von der Einstellung des Abblendlichts abhängig ist, müssen die zusätzlichen inneren Fernlicht-Scheinwerfer des 124 Special besonders überprüft werden. Die Mittelpunkte der Lichtbündel haben 5 cm unterhalb der vorher markierten vier Punkte in einer Ebene zu erscheinen. Zur Einstellung der inneren Scheinwerfer dienen die obere (Höhe) und seitlich innere (Seite) angebrachte Stellschraube.
Ist ein Scheinwerferglas (z. B. durch Steinschlag) gesprungen oder durch andere Einwirkung zerstört, muß der ganze Einsatz ausgewechselt werden. Üblich sind Einsätze der Firma Carello, Typ WA M 9, es kommen aber auch andere Fabrikate vor: Elma und Siem, deren Befestigungs- und Einstellvorrichtungen der hier beschriebenen Carello-Anlage sehr ähnlich sind.

Lampenwechsel

Blinkleuchten

In Italien sind die Blinkleuchten vorn mit dem Standlicht kombiniert, während in Deutschland die Birnen für das Standlicht in den Hauptscheinwerfern untergebracht sind (wie im Abschnitt »Scheinwerferbirnen auswechseln« dargelegt wurde). Zum Auswechseln der Birne einer vorderen Blinkleuchte löst man die beiden Schrauben des Deckglases, zieht dieses ab und dreht die defekte Birne aus ihrer Bajonettfassung.
Die seitlichen Blinkleuchten sind von der Innenseite im vorderen Kotflügel zugänglich. Dazu muß man jedoch die Vorderräder entsprechend einschlagen, um die von einer Gummimanschette geschützte Birnenfassung samt Birne nach innen wegziehen zu können. Auch diese Lampe hat einen Bajonettsockel.

Die rückwärtigen Blinkleuchten sind die äußeren der mit dem Schluß- und Bremslicht verbundenen Kombinationsleuchten. Zum Abnehmen des orangefarbenen Glases ist die Schraube des mittleren Halters herauszudrehen, wonach auch das innere rote Glas der Schluß- und Bremsleuchte abnehmbar ist. Die Kugellampe des Blinkers ist eine gleiche wie im vorderen Blinker. Beim Kombiwagen ist die Kombinationsleuchte senkrecht angeordnet, die entsprechende Halteschraube sitzt an der Oberkante des Leuchtgehäuses, der Blinker ist die obere Leuchte.

Brems- und Schlußlicht

Wie im vorangegangenen Absatz beschrieben, wird zum Auswechseln der Kombinationsleuchte der Halter abgeschraubt und die Zweifadenlampe des Brems- und Schlußlichts ausgetauscht. Zwei in der Höhe verschieden angeordnete Nasen am Birnensockel sorgen dafür, daß die Birne nicht verkehrt eingesetzt wird (also nicht die Birne mit Gewalt in die Fassung drücken, sondern sich zuvor überzeugen, wie sie eingesetzt werden muß).

Nummernschildleuchte

Die Beleuchtungseinrichtung für das hintere Kennzeichen sitzt auf der Stoßstange. Von unten sind zwei Lampenfassungen erreichbar, die zum Auswechseln der Kugelbirnen mit Bajonettverschluß herausgezogen werden müssen. Die Fassungen sind von je einer Gummimanschette umhüllt, die, um die Fassung herauszuziehen, mit ergriffen werden müssen.

Rückfahrscheinwerfer

Eine Möglichkeit, bei Rückwärtsfahrt den Weg auszuleuchten, bietet auch der 124 Normal seit Ende 1970. Diese Einrichtung sitzt unterhalb der Kennzeichenbeleuchtung, ihr weißes Deckglas hat zwei Befestigungsschrauben. In der Leuchte findet man eine seitlich angeordnete Birne mit Bajonettverschluß.
Für die Normalausführung des Fiat 124 kann man sich selbstverständlich den Rückfahrscheinwerfer des Special nachträglich anbauen lassen oder einen ähnlichen selbst montieren. Im Zubehörhandel, in Kaufhäusern und Versandgeschäften gibt es derartige Scheinwerfer bereits ab etwa 10 Mark.
Bei der Montage ist zu beachten, daß Rückfahrscheinwerfer nur brennen dürfen, wenn der Rückwärtsgang eingelegt ist, das erfordert also eine Verbindung des Schalters mit dem Schaltgestänge (Werkstattarbeit). Eine einfachere Lösung stellt die Verwendung des Tachowellenschalters der Firma Hella dar, der als Zwischenstück zwischen Tacho und Tachowelle montiert wird und durch Änderung der Drehrichtung der Tachowelle den elektrischen Kontakt zum Rückfahrscheinwerfer schließt. Der Nachteil dieser Lösung ist, daß man erst etwa 30 cm rückwärts gefahren sein muß, ehe sich der Scheinwerfer einschaltet.

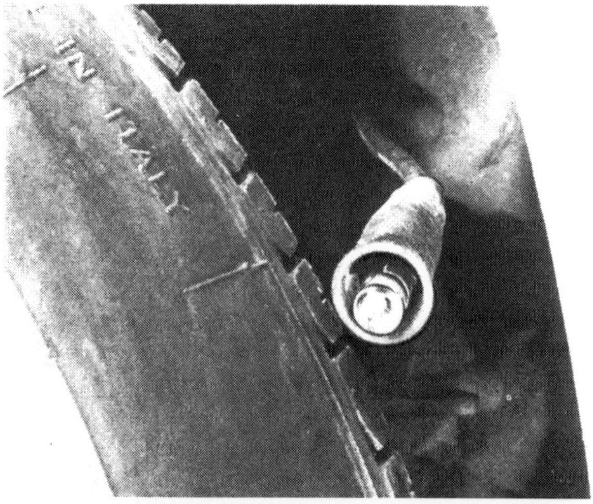

Zum Birnenwechsel der seitlichen Blinker ist die Lenkung auf der betreffenden Seite nach innen einzuschlagen, damit man die nur aufgesteckte Birnenfassung im vorderen Kotflügel nach innen wegziehen kann. Beim Wiederaufstecken soll die Gummikappe so dicht wie möglich die Verbindung zum Karosserieblech abschließen, um zwangsläufige Verschmutzung zu verhindern.

Nebellampen sollen möglichst tief am Wagen montiert werden, damit sie den nicht ganz auf dem Boden aufliegenden Nebel »unterwandern«. Selbstverständlich montiert man, wenn schon, zwei Nebellampen, denn nur mit dieser kompletten Ausstattung darf man ausschließlich mit den Nebellampen bei eingeschaltetem Standlicht fahren. Eine einzige Nebellampe ist am Auto ihr Geld kaum wert. Zudem sollen die Lampen nicht so winzig sein und eine Lichtaustrittsöffnung in der Breite von wenigstens 140 mm aufweisen. Achten Sie darauf, daß Sie Nebellampen für »hängenden Anbau« (Wasserablaufloch gegenüber dem Anschraubzapfen) kaufen. Es sieht zwar sehr eindrucksvoll aus, wenn auch die Nebellampen über der Stoßstange schweben, aber Ihnen wird es ja wohl in erster Linie auf gutes Licht ankommen und darum müssen die Nebellampen unter die Stoßstange. So steinschlaggefährdet, wie man zuerst befürchtet, sind sie dort gar nicht.

Zusätzliche Nebelscheinwerfer

Ob Sie sich für weiße oder gelbe Nebellampen entscheiden, läßt sich durch keine wissenschaftlichen Ergebnisse beeinflussen; beide Arten sind erlaubt. Bosch und Hella führen für Nebellampen eine Reihe von fertig vorgearbeiteten Einbausätzen des Nebellampen-Zubehörs, wie Kabel, Lampenhalter, Relais und Schalter, die für bestimmte Fahrzeugtypen spezialisiert sind und mit einer jeweils genauen Einbauanleitung versehen werden. Man kann ohne weiteres entnehmen, was wie und wo angeschlossen werden muß und kann also zum Selbsteinbau schreiten, wenn man eine Bohrmaschine und etwas Werkzeug hat.

Zusatz-Fernscheinwerfer

Mancher Besitzer eines Fiat 124 wird die gesetzliche Erlaubnis, ein Paar wirkungsvoller Zusatz-Fernscheinwerfer an seinem Auto zu besitzen, ausnutzen wollen. Dies ist für den von Bedeutung, der häufig des Nachts fahren muß, jedoch sei gleich vorausgeschickt: Beim notwendigen Abblenden gewöhnen sich die Augen nur sehr schwer an den krassen Wechsel vom Halogen-Fernlicht zum normalen Abblendlicht.

Wenn Sie an die Anschaffung von Zusatz-Fernscheinwerfern denken, sollten Sie nicht im Zubehörladen irgendwelche Scheinwerfer kaufen, sondern die wirklich wirkungsvollen mit der Halogen-H3-Glühlampe (pro Stück knapp 20 DM) anschaffen und keine veralteten Modelle annehmen.

Kräftiges Licht setzt einen großen Scheinwerfer voraus, der Lichtaustritt des runden Scheinwerfers (für Zusatz-Fernlicht sind viereckige Scheinwerfer witzlos) soll demnach mindestens 130 mm, noch besser 150 mm im Durchmesser haben, zumal die Ersparnis gegenüber kleineren Scheinwerfern nur unwesentlich ist. Außerdem ist darauf zu achten, daß die Zusatz-Fernscheinwerfer mög-

Auch im Rückfahrscheinwerfer des Fiat 124 S (und des Normal-Typs ab Oktober 1970) sitzt eine Sockelbirne. Vor Aufsetzen des Deckglases ist die korrekte Lage des Dichtgummis am Gehäuserand zu beachten, da er sich gerne aus seinem Bett lockert. Beim Zurücksetzen des Wagens sind die tiefe Anordnung des Rückfahrscheinwerfers und die Möglichkeit der Beschädigung zu berücksichtigen.

lichst hoch, also über der Stoßstange, montiert werden sollen. Darum müssen sie für »stehenden Anbau« (Wasserablaufloch beim Schraubzapfen) eingerichtet sein. Beispielsweise sind die Fernscheinwerfertypen von Hella 142 ZFH CC (138 mm Lichtaustritt, Preis pro Stück 38 DM ohne Glühlampe) oder von Bosch Nr. 0 306 504 003 (150 mm Lichtaustritt, Preis pro Stück 37,50 DM) den Ansprüchen gewachsen.

Da die großen Fernscheinwerfer nicht direkt auf der Stoßstange befestigt werden können (sie würden dort »zittern«), sind besondere Verstärkungshalter notwendig, die mit der Stoßstangenhalterung verschraubt werden (Hella Typ 16/363 und Bosch Nr. 1 301 175/176). Auch ein Schaltrelais ist notwendig, das einerseits dafür sorgt, daß der Batterie- und Lichtmaschinenstrom auf kürzestem Weg ohne Spannungsverlust zu den Zusatzscheinwerfern gelangt und andererseits dafür sorgt, daß die Zusatz-Fernscheinwerfer beim Betätigen des Abblendlichts automatisch verlöschen (Hella 91/6–12 Volt oder Bosch Nr. 0 332 003 101). Montageanleitungen und Schaltpläne liegen den Scheinwerfern bei.

Anders als beim »nur« zweiäugigen Normal-124 muß man beim Special verfahren, wenn man dessen Vierfach-Fernlicht noch weiter aufhellen will. Ein drittes Paar Fernscheinwerfer anzubauen ist hier nicht statthaft, doch braucht man auf Halogenlicht trotzdem nicht verzichten.

Zur Nachrüstung für die Doppelscheinwerfer gibt es Halogen-Scheinwerfer für Abblend- und Fernlicht, die nach unseren Erfahrungen ein wesentlich helleres Licht spenden. Der vermehrte Stromverbrauch wird durch die Drehstrom-Lichtmaschine des 124 Special gut verkraftet. Hersteller dieser Nachrüstung ist Carello, in Deutschland vertreten durch Interconti Handelsgesellschaft in Heilbronn, und die Kosten betragen je Paar ca. 110 DM. Hella stellt noch keine passenden Halogen-Einsätze her.

Von Bosch bekommt man aus der Reihe der Umrüstsätze für den Fiat 124 S Scheinwerfereinsätze, bei denen die serienmäßigen Aufnahme- und Verstelleinrichtungen verwendet werden können. Das weiße Abblendlicht hat die Bestellnummer 0 301 303 008 und kostet pro Einsatz etwa 24 Mark, das weiße Fernlicht trägt die Bestellnummer 0 301 303 010 und kostet rund 20 Mark. (beide ohne MWSt).

Grüße an alle

Es gäbe ein heilloses Durcheinander auf den Straßen, wenn die Verkehrsteilnehmer ohne die Möglichkeit auskommen müßten, sich gegenseitig zu verständigen. Die Hupe, älteste Signaleinrichtung des Autos, ist in ihrer Bedeutung gegenüber früheren Sitten zurückgefallen, wurde andererseits aber auch nicht durch die Lichthupe ersetzt. Beide Instrumente sollen nur sparsam und bei wirklicher Veranlassung bedient werden. Serienmäßig gibt es die (vom Gesetzgeber nicht vorgeschriebene) Lichthupe in der Form, daß sie selbsttätig automatisch »hupt«, nicht, sondern man muß den Betätigungshebel für das Licht, beim Fiat 124 links am Lenkrad, in der Richtung zu sich selbst so oft antippen, wie man Blinkzeichen geben will.
Wesentlich wichtiger als die ganze Huperei sind die Blinker und Bremslichter. Als Zeichengeber zur beabsichtigten Richtungsänderung sind die Blinker so oft wie möglich zu bedienen, andererseits – und das wissen Sie bestimmt – ist der eingeschaltete Blinker kein Freibrief für hemmungsloses Ausscheren aus einer Kolonne oder für abruptes Abbiegen von der bisherigen Fahrtrichtung. Zum Einschalten des Blinkers gehört ein vorhergehender Blick in den Rückspiegel; der Blinker soll erkennen lassen, daß man abbiegen möchte.
Kein direkter Einfluß besteht auf das Aufleuchten der Bremslichter, die nur auf dem Weg über die Betätigung des Bremspedals eingeschaltet werden. Sie leuchten also nur auf, wenn tatsächlich gebremst wird.

Das Bremslicht

Um sicher zu sein, daß beide Bremslichter einwandfrei funktionieren, müssen sie regelmäßig kontrolliert werden. Das ist problemlos, denn in der Garage muß die Wand hinter dem Wagenheck rot aufleuchten, wenn Sie das Bremspedal treten. Am Straßenrand zeigen Ihnen die Lichtreflexe auf der Karosserie Ihres Hintermanns die gleiche Wirkung. Brennen die Bremslichter nicht, muß die Sicherung kontrolliert werden, die in der Sicherungsdose unterhalb des Armaturenbretts links von der Lenksäule untergebracht ist. Beim Fiat 124 Normal ist dies die erste Sicherung, beim Special die neunte Sicherung, jeweils von links gezählt. Da auch die Blinker und verschiedene Kontrollampen, beim Normal noch die Scheibenwischer, über diese Sicherung geschaltet sind, ist bei erneutem Durchbrennen der Sicherung eine Überprüfung aller angeschlossenen Leitungen notwendig, was, kann man es nicht selbst machen, auch eine Autoelektrikwerkstatt übernimmt.
In jedem Fall soll man aber Ersatzsicherungen zur Hand haben, wie auch Zweifadenbirnen 25/5 Watt (der 20 Watt-Faden für das Brems-, der 5 Watt-Faden für das Rücklicht) zum Ersatz eventuell durchgebrannter Lampen. Beachten Sie bei der Überprüfung, daß die Zündung eingeschaltet ist, da das Bremslicht sonst nicht brennen kann. Ferner muß berücksichtigt werden, daß das Rücklicht, von der gleichen Birne ausgestrahlt, trotz Ausfall des Bremslichtfadens brennen kann.

An einem krächzenden Signalhorn kann noch ein Stimmversuch vorgenommen werden. Dazu ist die Stimmschraube mit einem Schlitzschraubenzieher am Signalhorn zu drehen, während ein Helfer mit dem Hupenknopf Dauerton drückt. Die Stimmschraube muß nach der Justierung mit einem Lackfarbentropfen oder Sprühwachs wieder gegen selbständiges Verstellen und Feuchtigkeit gesichert werden.

Es ist verhältnismäßig leicht zu kontrollieren, ob der Bremslichtschalter Ursache für den Ausfall der Bremsleuchten ist. Er sitzt direkt über dem Bremspedal im Fußraum, sein Schalterstift berührt – in Ruhestellung des Pedals – den Pedalhebel. Wird das Bremspedal niedergetreten, drückt eine Feder den nun freigegebenen Schalterstift nach und der Stromkreis zu den Bremslichtern ist geschlossen. Es kommt vor, daß der üblicherweise eingefettete Schalterstift schwergängig ist oder klemmt. Man kann das feststellen, indem das Pedal mit Hand niedergedrückt und der Schalterstift mit einem von unten herangeführten Taschenmesser oder Schraubenzieher nach oben geschoben wird. Ein paar Tropfen Öl oder besser eine Messerspitze Fett können das Problem schon lösen.

Brennt das Bremslicht trotz gängigem Schalterstift nicht, muß der Schalter ausgebaut werden. Dazu löst man zuerst die obere Kontermutter SW 19, danach die untere, und kann jetzt, mit noch angeschlossenen Kabeln, die Funktion überprüfen. Um den Schalter zu reinigen, sind die Kabel zu lösen, da man sonst nicht genug Spielraum hat.

Es kommt vor, daß das Bremslicht zu spät anspricht oder überhaupt dauernd brennt. Um das zu beheben, muß der Bremslichtschalter justiert werden. Hierzu werden ebenfalls die beiden Muttern SW 19 gelockert und der Schalter ist so weit nach oben oder nach unten zu versetzen, bis die Schaltpunkte stimmen. Das Aufleuchten der Bremslichter beobachtet am besten ein Helfer, der hinter dem Wagen steht und zuruft, wann die Leuchten zu brennen beginnen.

Das Signalhorn

Links vorne im Motorraum sitzen die beiden Signalhörner, von denen das obere einen hohen Ton, das untere einen tiefen Ton erzeugt. Man kann die Tonhöhe einstellen, wenn man die auf der flachen Rückseite der Hupe befindliche Schlitzschraube mittels Schraubenziehers verdreht (ohne die Hupe aus dem Wagen zu entfernen). Durch Drehen der Tonstellschraube rechts herum nimmt der erzeugte Ton zu (wird heller), Drehen links herum läßt den Ton abfallen.

In gleicher Weise kann ein Horn, das nur noch krächzt, wieder zu einer vernünftigen Tonlage gestimmt werden. Voraussetzung ist natürlich, daß die Hupe nicht durch übergroße Verschmutzung oder andere Einflüsse derart gelitten hat, daß ihre Membrane nicht mehr richtig arbeitet. Reparaturversuche lohnen sich meist nicht mehr, defekte Hupen sind auszutauschen.

Ist die Hupe tonlos, soll zuerst die Sicherung überprüft werden. Beim Fiat 124 Normal handelt es sich um die zweite, beim Special um die erste Sicherung

von links (es ist je eine 16 Ampere-Sicherung im Gegensatz zu den übrigen 8 Ampere-Sicherungen). Außerdem sollen die Steckverbindungen der Kabel an den Hupen auf Korrosion kontrolliert werden.
Der Hupenring und seine Stromschlußverbindung wird nur selten Anlaß zu Mängeln sein. Man zieht die Kunststoffabdeckung des zweispeichigen Hupenrings ab und löst die darunter befindlichen drei Kreuzschlitzschrauben, um deren Schaft je eine Schraubenfeder den Hupenring nach außen drückt. Der innere Kupferring des Hupenrings drückt beim Betätigen der Hupe auf den darunter liegenden Kupferring des Lenkradsockels. Sind diese Ringe oxydiert, müssen sie blankgeschabt werden. Das schwarze Stromkabel kann auf ordnungsgemäßen Anschluß nur geprüft werden, wenn man das Lenkrad abzieht, was normalerweise nur die Werkstatt machen kann.
Beginnen die Hupen unterwegs plötzlich zu tönen und findet man die Ursache nicht, kann man bedenkenlos die oben genannte Sicherung herausnehmen, da an diesem Stromkreis nur noch die Innenbeleuchtung, bei Special zudem der Zigarrenanzünder mit angeschlossen ist, und auf beides kann man bis zum Beheben des Fehlers verzichten. Daheim kann man durch einzelnes Lösen der Kabel ermitteln, wann es nicht mehr hupt; so wird der Fehler eingekreist. Die beiden blauen Kabel an den Hupen führen zum Relais der Signalhörner, das an der linken Seitenwand des Motorraums in der Nähe der Zündspule sitzt. Zwischen Relais und Sicherung liegt ein rotes Kabel (Normal) oder violettes Kabel (Special), das schwarze Kabel führt zum Hupenring am Lenkrad. Erweist sich das Relais als Störenfried, muß es ersetzt werden.
Wissen muß man, daß sowohl die Hupen Masseanschluß haben sollen und daß ein gleicher Massekontakt durch Niederdrücken des Hupenrings hergestellt wird. Die Stromzuführung erfolgt vor der Sicherung über Klemme 30 am Zünd-Anlaßschalter (direkter Batteriestrom).
Wer noch besser oder markanter klingende Hupen, Fanfaren oder lustige Signale – letztere vom Wolfshorn über Melodiehörner zum Stiergebrüll – einbauen möchte und dabei die bestehenden behördlichen Vorschriften beachtet, findet bei Firma Hupen-Schede, 2 Hamburg 13, Rothenbaumchaussee 195, alles, was ihm Nutzen und Spaß verschafft.

Die Blinkanlage

Abgesichert ist die Blinkanlage beim 124 Normal durch die erste, beim Special durch die neunte Sicherung von links. Ihre einzelnen Lampen wurden im Kapitel »Scheinwerfer und Leuchten« beschrieben, die Zuführung der Kabel entnimmt man leicht dem Schaltplan im hinteren Umschlagdeckel dieses Buches. Die Stromzuführung erfolgt über Klemme 15/54 nur bei eingeschalteter

Mit einem Schraubenzieher hebelt man die Platte des Warnlichtschalters aus dem Armaturenbrett (ebenso den rechts davon befindlichen Heizgebläseschalter). Der Vierpolstecker ist abgezogen; durch die Öffnung kann man greifen, um an die rechte Haltefeder des Kombi-Instruments beim Fiat 124 Normal zu gelangen, falls dieses ausgebaut werden soll.

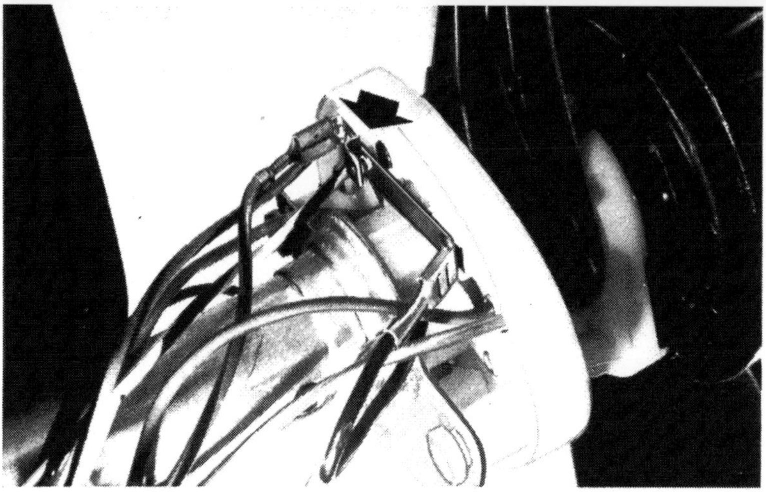

Nachdem die Lenksäulenverkleidung abgenommen ist, lassen sich die Anschlüsse der beiden Bedienungshebel von Fernlicht, Lichthupe und Blinker des Fiat 124 N kontrollieren. Der Pfeil zeigt auf die (geöffneten) Kontakte zur Lichthupe, die bei Anziehen des Hebels geschlossen werden. Sie sollen etwa 2 mm auseinanderstehen, beide Kontaktzungen kann man entsprechend biegen. Oxydierte Kontakte werden mit Sandpapier oder mit feiner Feile blank geschliffen.

Zündung, und zwar über das Blinkerrelais, das sich hinter dem Kombi-Instrument links befindet.

Vom Blinkerrelais (Blinkgeber) führt ein Kabel zum Blinkerschalter (schwarz-weiß) und ein anderes zur Blinker-Kontrolleuchte (Normal: blau; Special: blau-schwarz). Der Blinkerschalter muß erst Verbindung zur Masse herstellen, damit der Stromkreis geschlossen wird und das vorgeschaltete Blinkerrelais arbeiten kann. Vom Blinkerschalter führen zur linken Anlage der Blinker blau-schwarze Kabel und zu den rechten Blinkern blaue Kabel. Die Blinker-Kontrolleuchte ist von den linken und rechten Blinkern unabhängig geschaltet und leuchtet durch ihren Direktanschluß an das Blinkerrelais im Gegentakt zu den eingeschalteten Blinkern auf. Ihr Aufleuchten wird außerdem akustisch unterstützt.

Wenn die Blinker-Kontrollampe beim Einschalten der rechten und linken Blinker in unterschiedlichem Rhythmus aufleuchtet oder im Rhythmus »hinkt«, ist dies ein Zeichen, daß auf der eingeschalteten Seite eine der Blinklampen ausgefallen ist. Auch bei falsch gewählten Blinklampen ist der Schaltrhythmus gestört. Wie die Blinklampen ausgewechselt werden, ist im Kapitel »Scheinwerfer und Leuchten« bereits beschrieben. Bei Störung ist mangelnder Massekontakt auch häufige Ursache. Schalten die Blinklampen auf »Dauerlicht«, ist im Blinkerrelais ein Defekt zu vermuten. Eine Reparatur ist nicht möglich, das Relais muß bei Defekt ausgewechselt werden. In diesem Fall die Halteschraube an der Relaishalterung lösen und auf das neue Relais Kabel um Kabel umstecken, damit die verschiedenen Kabelstecker nicht verwechselt werden.

Ist eine Störung im Blinkerschalter zu vermuten, weil etwa die eine Blinkerseite nicht einschaltet – wenn die andere brennt, ist jedenfalls das Blinkerrelais in Ordnung –, sollten Sie eine Werkstatt aufsuchen, falls Sie die Kabelsteckverbindungen und -anschlüsse störungsfrei gefunden haben.

Allenfalls können Sie feststellen, ob sich die Kontakte des Blinkerschalters richtig berühren. Zu diesem Zweck wird die Kunststoffverschalung der Lenksäule, die von vier Kreuzschlitzschrauben zusammengehalten wird, entfernt. Nun sieht man den freigelegten Blinkerschalter und die beiden Kontakte der Stromzuführung für die linken und rechten Blinker, die beim Umschalten den Stromkreis schließen. Die am Ende des Schalterhebels sitzende Kontaktbrücke wird durch eine kleine Feder nach unten gedrückt und soll für guten Kontaktschluß sorgen. Dehnen der Federwindungen, indem man mit einem schmalen Schraubenzieher dieselben auseinanderwinkelt, und Blankschaben der Kontakte kann zum Beheben des Nichtfunktionierens beitragen.

Neuen Bestimmungen zufolge müssen fabrikneue Automobile mit einer Warnlichtanlage ausgerüstet sein. Bei Einschalten des Warnlichts leuchten in gleichmäßigen Unterbrechungen alle Blinker zugleich auf. Der Schalter mit Kontrolleuchte sitzt seit 1969 serienmäßig im Armaturenbrett rechts von der Lenksäule, bei vorher gebauten Modellen kann er im Raum des rechts der Belüftungshebel befindlichen Zierdeckels untergebracht sein oder an anderer Stelle nach Wahl montiert werden.
Der im Fiat 124 Normal serienmäßige Warnlichtschalter läßt sich samt Kontrolleuchte auf seiner gemeinsamen Platte aus dem Armaturenbrett herausziehen, indem man entweder vorsichtig mit einem Schraubenzieher hinter die Platte dringt oder mit der Hand von unten hinter das Armaturenbrett greift und gegen die Anlage drückt. In der Special-Ausführung sitzt der Schalter an der Unterkante des Armaturenbretts, seine Anschlüsse sind offen zugänglich. Der Schalter hat eine Steckverbindung mit vier Kabelanschlüssen, davon laufen zwei Kabel zur Kontrollampe, ein Kabel kommt vom Blinkerrelais und das vierte sorgt für die Stromzufuhr. Nachträglich angebaute Warnlichtschalter verfügen meist noch über ein zusätzliches Blinkrelais.

Die Lichthupe

Wie eingangs dieses Kapitels erwähnt, muß, um Lichtzeichen zu geben, der Fernlichthebel links am Lenkrad längs zur Lenksäule nach oben getippt werden. Dadurch schließt sich ein Kontakt im Lichtschalter, der mit einem schwarzen Kabel zum Fernlichtanschluß mit dem blau-roten Kabel führt. Diese Zusammenhänge entdeckt man leicht nach Abnehmen der Lenkradverschalung, wie im vorangegangenen Abschnitt über die Blinker beschrieben wurde.
Die stete Stromzufuhr am Abblendhebel rührt von der Verbindung mit der Klemme INT am Zündschloß her, deswegen ist die Lichthupe unabhängig von eingeschalteter Zündung und Beleuchtung und ständig einsatzbereit, was z. B. beim Abgeschlepptwerden von Vorteil ist. Funktioniert die Lichthupe nicht, kann es an dem Schaltkontakt des Abblendhebels, an seinem Anschluß oder am schwarzen Kabel zwischen Zündschloß und Abblendschalter liegen.

Die Hilfstruppe

Alle die Dinge, die in diesem Kapitel besprochen werden, dienen nicht der Fortbewegung an sich, das Auto läuft auch ohne sie. Auch ein Radioapparat spielt ohne Skala, aber denken wir uns die kleinen Helfershelfer fort, die da vor dem Blick des Fahrers im Armaturenbrett untergebracht sind, dann würde die kleinste Ausfahrt zu einem Glücksspiel, jede Tour zu einer Tortur.
Die allerersten Autos kamen noch ohne Tachometer aus. Ging das Benzin zur Neige, merkte man es spätestens, wenn die Kutsche stehen blieb. Scheibenwischer hätten nichts zu wischen gehabt (es gab keine Windschutzscheibe), und ein Heizgerät war noch vor 30 Jahren Luxus. Doch die Bequemlichkeit, die auch von den in Ihrem Fiat installierten Instrumenten und Geräten ausgeht, ist nur von zweitrangiger Bedeutung. Die Sicherheit des Betriebs Ihres Wagens hängt genauso vom richtigen Funktionieren dieser Geräte ab wie Ihr eigenes Wohlergehen. Und darum wollen wir den kleinen Mitarbeitern, die unsere Reise überwachen und unterstützen, die Aufmerksamkeit nicht versagen.

Das Kombi-Instrument

Bei Fiat heißt die gemeinsame Instrumentengruppe, die Tachometer, Kilometerzähler, Kraftstoffanzeiger, Beleuchtungskontrolle usw. vereinigt, Kombi-Instrument. Als längliche Skala mit darunter befindlichen Leuchtkontrollfenstern ist es im 124 Normal ausgebildet, in Form von zwei Rundinstrumenten sind die Anzeigen beim 124 Special angeordnet.
Wir wollen uns gleich merken, daß das Kombi-Instrument (beim 124 Special nur der Kilometerzähler) versiegelt ist, um nicht irgendwelche Manipulationen vornehmen zu können, die den Kilometerstand und damit die Laufzeit des Wagens verfälschen. Ist die Versiegelung beschädigt, erlischt jede Werksgarantie. Dennoch wird man irgendwann einmal an die Rückseite des Kombi-Instruments heran müssen, wenn z. B. eine Birne der Kontrolleuchten durchgebrannt ist.

Kombi-Instrument ausbauen

Der Ausbau der Anzeigeskala beim Fiat 124 Normal wird nur dann gewisse Umstände bereiten, wenn man sehr große, kräftige Hände hat. Denn man muß durch die Öffnung der aus ihrem Sitz gedrückten Warnlicht-Schalterplatte greifen, die links von der Klimabedienung am Armaturenbrett sitzt (bei vor 1969 gebauten Wagen befindet sich an dieser Stelle der Aschenbecher). Dort ertastet man die löffelförmig nach hinten ragende Klemmfeder, in der Mitte der rechten Seite vom Kombi-Instrument, und drückt sie nach rechts außen. So läßt sich das Instrument auf dieser Seite in Richtung Lenkrad schieben und zum Glück weit genug auswinkeln, daß man ohne die Hand eines Babys auskommt, mit der man eigentlich auch die linke Klemmfeder, durch den Sitz des Kombi-Schalters links am Armaturenbrett greifend, betätigen müßte. Hat man nämlich rechts weit genug gedrückt, kommt einem das Instrument entgegen.

Das längliche Rechteck des Kombi-Instruments ist von einem Metallrahmen eingefaßt, der das Instrumentenglas festhält. Um spätere Verrenkungen wenigstens teilweise auszuschalten, falls man nur kontrollieren will, ob eine Birne defekt ist, kann man die drei Halteklammern an der Unterkante des Glasrahmens etwas abbiegen. Dadurch erreicht man, daß auch bei eingebautem Instrument ein Blick auf die Anzeige-Birnen möglich wird, wenn man dann den Rahmen samt Scheibe mit einem Schraubenzieher vorsichtig nach oben winkelt. Uns gelang dies bei einem Neuwagen, dessen Instrument noch nie ausgebaut war. Freilich kann man den Ausbau nicht umgehen, wenn tatsächlich eine Birne ausgewechselt werden muß, was am durchgebrannten Glühfaden erkenntlich ist.
Die Lampen sitzen jeweils in einem Kunststoffuß, der in der Rückplatte des Instruments durch seinen Bajonettverschluß festgeklemmt ist: Durch eine kleine Drehung nach links kann man die Lampenhalterung entnehmen. Die Birnen haben keinen üblichen Sockel, sondern sie sind wie Fotoblitzbirnen mit aus ihrem Glaskolben herausragenden Drahtschlaufen versehen und werden nur in ihren Sitz hineingedrückt.
Das Kombi-Instrument ist völlig abnehmbar, wenn man die Rändelmutter der Tachowelle abdreht und die beiden Kabelstecker der zugeführten Leitungen abzieht. Jedoch ist an dem Gerät selbst nichts zu reparieren und es muß ausgetauscht werden, wenn Schäden am Tachometer oder am Kraftstoffanzeiger auftauchen. Fehler in der gedruckten Schaltung innerhalb der Rückwand (ihr Verlauf läßt sich, da durchscheinend, erkennen) dürften nicht auftreten, deswegen sind bei vermuteten Störungen der Stromzufuhr die Leitungen nur bis zum entsprechenden Instrumentenstecker zu kontrollieren.
Ohne Umstände geht das Herausnehmen des Kombi-Instruments beim Special: In der Mitte der Unterkante befindet sich ein Spalt, durch den man einen Schraubenzieher und somit die Klemmfeder drückt, wobei man gleichzeitig das Instrument herauszieht.

Das Tachometer

Geschwindigkeitsanzeiger und Kilometerzähler sind die beiden Bestandteile des Tachometers, das diese beiden Werte vom Getriebe, über eine biegsame Welle übertragen, erhält. Von einer Getriebewelle angetrieben, wird deren Drehzahl (also nicht die Wegstrecke) in die im Instrument angezeigten Beträge übertragen, und zwar in der Form, daß die biegsame Antriebswelle auf einem ringförmigen Magneten Wirbelströme erzeugt und dadurch eine darüber befindliche Metallglocke mitzieht. Die Glocke hat Verbindung mit dem Zeiger, der die von Ihnen gefahrene Geschwindigkeit angibt. Zugleich wird ein simples

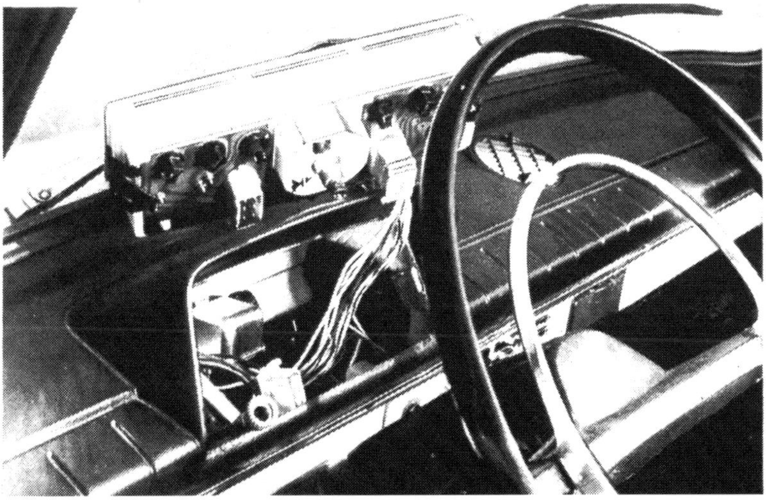

Wie gegenüber im Text beschrieben, läßt sich das Kombi-Instrument des Fiat 124 N ausbauen (vergleiche Bild Seite 145). Die Tachowelle sitzt, mit einer Rändelmutter befestigt, auf dem Anschluß in der Instrumentenmitte, abgeschraubt verbleibt sie in der Öffnung für das Instrument. Beim Aufstecken beider Sechspolstecker dürfen diese nicht verwechselt werden, man fixiert sie möglichst in der ihnen zugehörigen Lage.

Zählwerk in Tätigkeit gesetzt, das die zurückgelegten Kilometer angibt, indem das Rad der Einer-Stelle, sowie es von »9« auf »0« wechselt, durch einen Mitnehmer das Zehner-Rad um eine zehntel Drehung versetzt, und so fort.
Die biegsame Welle ist mit Rändelmuttern an ihren Enden am Tachometer- bzw. Getriebegehäuse angeschraubt. Sie muß ersetzt werden, wenn sie einen scharfen Knick hat, was die Tachonadel zittern läßt. Dieses Zittern kann aber auch vom Verschleiß der schrägverzahnten Antriebswelle im Getriebe herrühren; solch seltener Fall kann nur von der Fiat-Werkstatt in Ordnung gebracht werden.
Wenn außer der Tachometernadel auch der Kilometerzähler ausfällt, liegt die Schuld sicher an der Tachowelle: Kontrollieren, ob die Rändelschrauben gelöst sind, da dann die stiftförmigen Enden der Welle aus ihren Antriebsverbindungen herausrutschen können.
Zeigt die Tachometernadel auf eine unglaubwürdige Geschwindigkeit oder gar nichts an, während der Kilometerzähler weiter rechnet, ist der Fehler im Geschwindigkeitsmesser selbst zu suchen. Das Tachometer kann auch nicht in einer Fiat-Vertretung repariert werden. Es hat deshalb keinen Sinn, dieses Gerät auseinandernehmen zu wollen; es muß ausgetauscht werden. Da andererseits aber das Tachometer als Dokument gewertet wird – es ist ja die wesentlichste Grundlage beim Gebrauchtwagenkauf –, ist es mit einer besonderen Versiegelung am Kombi-Instrument gesichert, es läßt sich also erst nach Verletzung dieser Plombe austauschen. Allerdings schützt keine derartige Vorkehrung vor dem Lösen der Tachowelle am Tachometer und am Getriebe.

Die Öldruck-Kontrolle

Oberhalb des Ölfilters, vorn am Motor, ist ein ausschraubbarer Druckschalter eingebaut, der durch ein graues Kabel mit der roten Kontrollampe im Kombi-Instrument verbunden ist. Dadurch kann bei laufendem Motor dauernd überprüft werden, ob das Motoröl mit dem notwendigen Druck zu allen Schmierstellen gefördert wird.
Bei stehendem Motor oder einem Motoröldruck von weniger als 0,25–0,75 atü sind die Kontakte des Öldruckschalters geschlossen, so daß bei eingeschalteter Zündung die Öldruck-Kontrollampe über Klemme 15/54 des Zündschlosses Strom erhält und der Stromkreis über den Druckschalter zur Masse geschlossen ist. Dann brennt die Kontrollampe. Wenn bei laufendem Motor der Öldruck steigt, öffnen sich die Schalterkontakte und die rote Kontrollampe muß erlöschen.
Der Öldruck ist bei kaltem und daher zähem Motoröl höher, so daß die rote Lampe schon bei geringen Motordrehzahlen erlöscht. Bei heißem, dünnflüssigem Motoröl erlischt die Öldruckkontrolle erst bei höheren Drehzahlen.
Brennt die rote Lampe während der Fahrt, so ist das ein Alarmzeichen. Natürlich kann es auch ganz harmlos sein, weil der Öldruckschalter defekt ist oder weil das graue Kabel zwischen Kontrollampe und Druckschalter irgendwo Kurzschluß zur Masse hat. Aber in der Regel zeigt die Lampe, daß der notwendige Öldruck zur Schmierung aller Motorteile aus irgendeinem Grund nicht aufgebaut wird, manche Teile demnach ohne Schmierung laufen und bei sorgloser Weiterfahrt schwere Schäden am Motor auftreten können. Zuerst soll deshalb beim Aufleuchten der Kontrollampe der Ölstand geprüft werden. Es ist immerhin möglich, daß das Motoröl aus irgendeinem Grund auf den letzten Kilometern Straße verteilt liegt, weil sich beispielsweise die Ölablaßschraube lockerte. Ebenso kann eine Schmierstelle defekt sein, so daß das Motoröl ohne Widerstand aus dem defekten Lager läuft. Der Fehler kann auch in einer schadhaften Ölpumpe liegen, was allerdings ein seltener Fall ist. Wenn sich

der Fehler bei der Suche unterwegs nicht als harmlos herausstellt, ist Abschleppen zur nächsten Werkstatt unvermeidbar, falls kein größerer Motorschaden riskiert werden soll.
Brennt das rote Licht beim Einschalten der Zündung nicht, müssen nacheinander Glühlämpchen, Steckkontakte, Kabel und Druckschalter geprüft werden. Ob Kabel und Lämpchen in Ordnung sind, erfährt man durch Abziehen des grauen Kabels am Druckschalter und Antippen des blanken Steckers an den Zylinderblock bei eingeschalteter Zündung: Das Lämpchen muß aufleuchten.

Störungsbeistand

Die Störung	— ihre Ursache	— ihre Abhilfe
A Lampe leuchtet beim Einschalten der Zündung nicht auf	1 Steck-Kontakte locker? 2 Kontroll-Lampe defekt? 3 Öldruckschalter defekt?	Kabelsteckverbindungen überprüfen Kontroll-Lampe austauschen Öldruckschalter austauschen
B Lampe leuchtet während der Fahrt auf	1 Ölmangel 2 Kurzschluß am Kabel zwischen Lampe und Öldruckschalter? 3 Ölkreislauf unterbrochen? 4 Öldruckschalter undicht?	Motoröl auffüllen Kabel- und Scheuerstellen untersuchen. Anderes Kabel zwischenschalten. Zur Werkstatt abschleppen. Motor wird nicht mehr geschmiert. Schalter auswechseln
C Lampe verlischt erst bei Vollgas	Öldruck zu niedrig? Ölpumpe schadhaft?	Zur nächsten Werkstatt. Untersuchen lassen.
D Lampe leuchtet bei heißem Motor im Leerlauf auf	Ansprechdruck des Öldruckschalters zu hoch?	Heißes, dünnflüssiges Motoröl birgt weniger Druck als kaltes, zähes Öl. Aufleuchten, wie beschrieben, kein Grund zur Sorge

Die Kraftstoffanzeige

Die Benzinuhr im Fiat 124 überwacht den Inhalt des 39 bis 40 Liter fassenden Tanks und durch Aufleuchten des roten Warnlämpchens erfährt man, daß sich der Vorrat auf 5 bis 8 Liter verringert hat. Wie im Kapitel »Vom Tank zur Kraftstoffpumpe« schon erwähnt, kann das Warnlicht in Kurvenfahrt bereits aufflackern, wenn noch etwa 11 Liter im Tank sind, verursacht durch Fliehkraft des nach der Seite gedrückten Kraftstoffs. Um genau zu ermitteln, wieviel Reserve noch im Tank ist, wenn die Lampe auf ebener Bahn das erste Mal aufleuchtete, tankt man jetzt voll und zieht diese Literzahl vom Tankvolumen ab, das Ergebnis ist die Reservemenge.
Fehlerhafte Anzeige des Instruments rührt gewöhnlich von dem Benzinstandgeber her, der mit sechs Muttern SW 7 auf der Tankoberseite befestigt ist. Um ihn auszubauen, löst man zuerst das Masse-Kabel von der Batterie (SW 10) und zieht dann die Kabelstecker der Kraftstoffanzeige und der Reserveanzeige von den Kontakten des Gebers auf dem Tank, nachdem die Gummikappen, die die Stecker schützen, etwas zurückgeschoben wurden. Der Benzinschlauch läßt sich bequemer von der festverlegten Leitung an der Karosserie abziehen, die Schlauchschelle lockert man mittels Kreuzschlitzschraubenzieher.
Nachdem die sechs Haltemuttern nebst Federringen entfernt wurden, zieht

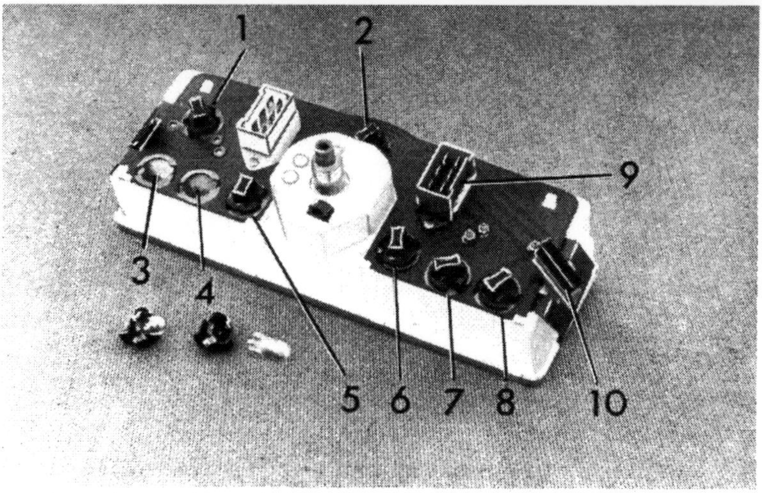

Nach Ausbau des Kombi-Instruments aus dem Fiat 124 Normal (Beschreibung auf Seite 148) bedeutet die Numerierung der Birnensockel: 1 – Kühlwasserthermometer, 2 – Armaturenbeleuchtung, 3 – Fernlichtkontrolle (Sockel mit Birne darunter), 4 – Standlichtkontrolle (Sockel darunter und Birne entnommen), 5 – Blinkerkontrolle, 6 – Ladekontrolle, 7 – Warnlicht für ungenügenden Öldruck, 8 – Warnlicht Kraftstoffreserve. Weiter: 9 – einer der beiden Sechspolsteckkontakte, 10 – seitliche Klemmfeder.

man das schwarze Masse-Kabel ab und kann nun durch mehrmaliges Verwinkeln den in den Tank hineinragenden Benzinstandgeber herausziehen. Über das Rohrende der Benzinleitung ist ein Sieb aus Kupfergeflecht gestülpt, das Verschmutzungen fernhalten soll. Zwei blanke Kontaktschienen verlaufen von den beiden oben erwähnten Kabelanschlüssen in das Kunststoffgehäuse, in dem auf elektrischem Wege der Benzinstand abgetastet wird.

Aus dem Gehäuse ragt – wie ein Pendel – der schwarze Schwimmer an einem Hebel und, auf der Oberfläche des Kraftstoffs schwimmend, gleitet er mit seinem Ende über eine Widerstandswicklung und gibt somit mehr oder weniger Strom frei, was den Zeiger im Kombi-Instrument entsprechend ausschlagen läßt. Senkt sich der Schwimmer ins letzte Viertel seines Weges, berührt ein zweiter Kontakt die in das Widerstandsgehäuse hineinragende Schiene der Reserveanzeige und »kontaktet« sie um so mehr, wie sich der Schwimmerhebel senkt. Man kann diesen Vorgang beobachten, wenn man die Schiebetür am Gehäuse nach oben wegzieht und somit ein Fenster ins Innere erhält.

Mit einer Spitzzange lassen sich beide Schleifkontakte (vorsichtig!) biegen, so daß der Mengenanzeigepunkt mehr gegen die Widerstandswicklung und der Reserveanzeigekontakt gegen die Reserveanzeigezunge geneigt sind. Dies sollte jedoch nur vorgenommen werden, falls wesentliche Abweichungen in der Anzeige auftreten. Genaue Kontrolle der Übereinstimmung zwischen Tankfüllung und Anzeige erreicht man, indem man den völlig entleerten Tank (Kapitel: »Vom Tank zur Kraftstoffpumpe«) mit 20 Liter füllt: Die Anzeige muß auf »½« zeigen.

Die Kühlwasseranzeige

Leider besitzt der Fiat 124 Normal kein Kühlwasser-Fernthermometer mit Zeigerskala, wie es der Special hat. Man ist nur auf die rote Warnlampe angewiesen, die bei Erreichen einer Temperatur von 110 bis 120° C aufleuchten soll. Aber tut sie das auch, wird man bisweilen besorgt fragen. Um eine entsprechende Kontrolle vornehmen zu können, müßte man den thermo-elektrischen Schalter vom Zylinderkopf abmontieren, im Ölbad langsam erwärmen und mit einem Präzisionsthermometer die Reaktion beobachten.

Bei der Selbstpflege gibt es wenigstens einen einfachen Trick, der zeigt, ob der Kabelanschluß funktioniert. Da der thermo-elektrische Schalter nicht direkt die Kühlwassertemperatur im, sondern die Metalltemperatur am Zylinderkopf (hinten links) mißt, ausgelöst durch das Schließen des Bi-Metall-Schalters bei Erhitzung, muß die Zuleitung also das Schließen des Stromkreises auch in anderer Form übermitteln. Dazu Zündung einschalten, Kabelanschluß aus dem

Thermofühler abziehen und mit diesem Ende auf den Motorblock oder – falls zu kurz – auf die Messingfassung des Schalters tippen. Brennt die Lampe dabei nicht, ist sie oder das Zuführungskabel defekt.

Fingerzeig: *Wer feststellen will, ob die Leistung der Lichtmaschine für alle eingeschalteten Verbraucher ausreicht oder ob der Batterie Strom entnommen wird, kann sich zusätzlich ein Amperemeter am Armaturenbrett einbauen. Die VDO Tachometer Werke, Frankfurt W 13, Gräfstraße 103, liefern speziell für den Fiat 124 ein Amperemeter zusammen mit einem leicht verständlichen Schaltplan, mit dem die Installation ohne Schwierigkeiten vorgenommen werden kann.*

Das Heizgerät

Zur Belüftung in der warmen und zum Heizen in der kühlen Jahreszeit ist die Heizung – oft fälschlicherweise Klimaanlage genannt – des Fiat 124 recht gut geeignet, obgleich sie das »Klima« im Wageninneren nur bedingt beeinflussen kann. Ihre optimale Wirkung erreicht sie nur, wenn man die beiden Bedienungshebel am Armaturenbrett den Temperatur- und Frischluftbedürfnissen entsprechend einreguliert, eventuell noch das Gebläse anschaltet und durch Verstellen der Luftdüsen auf dem Armaturenbrett und der Klappe des Gebläses im vorderen Fußraum den Luftstrom zufriedenstellend dosiert. Zudem hat man noch die Möglichkeit, zwei Ausstellfenster und vier Kurbelfenster zu betätigen – Gelegenheiten zum Wohlbefinden sind viele.
Wenn Sie alle Bedienungsgriffe »richtig« vorgenommen haben und das Ergebnis der Klimaleistung weicht dennoch wesentlich von Ihrer Hoffnung ab, kann die Ursache in folgenden Störungen begründet sein:

- Elektroventilator funktioniert nicht.
- Warmwasserhahn schadhaft.
- Wärmetauscher hat Risse.
- Thermostat defekt.

Im Kapitel »Kühlung und Heizung« wurden die Funktion des Thermostats und die Anschlüsse der Klimaanlage bereits beschrieben, daher wird hier nur auf die drei erstgenannten Störquellen eingegangen.

Der Elektroventilator

Springt der Motor des Ventilators beim Einschalten nicht an, ist zuerst die Sicherung links unter dem Armaturenbrett zu kontrollieren: Beim Fiat 124 Normal ist es die erste, beim Special die zweite Sicherung von links. Von hier führt ein gelb-schwarzes Kabel (über Blinkgeber und Bremslichtschalter) zum Schalter des Gebläses am Armaturenbrett. Man kann diesen leicht herausziehen, wenn man mit einem Schraubenzieher am schwarzen Schalterrand nachhilft.
Der Gebläseschalter hat drei Anschlüsse; zum mittleren führt das eben beschriebene Kabel und von hier aus weiter zur Handschuhfachbeleuchtung. Mit dem unteren roten Kabel wird der Befehl zum langsamen Lauf des Motors weitergeleitet (Schalter oben eingedrückt), und durch das obere blau-schwarze Kabel fließt der Strom für den schnellen Lauf des Motors. Erweisen sich auch diese Anschlüsse als korrekt, muß noch der Kabelverlauf zu dem Elektromotor kontrolliert werden.
Löst man die beiden je rechts und links am oberen Rand befindlichen Federklammern am Ventilatorgehäuse (der schwarze Kasten, der über dem Getriebetunnel den rechten Fahrerfuß anpustet), fällt dieser Kasten herunter. In ihm sitzt der Ventilator und der zu diesem gehörende Motor, der ebenfalls mit zwei Schnappklammern in dem Bakelitgehäuse befestigt ist. Vom Motor läuft noch ein schwarzes Masse-Kabel links nach oben zum Wärmetauscher, wo es an einer Befestigungsschraube Verbindung mit der Karosserie hat. Ein

defekter Elektromotor muß ersetzt werden. Wer basteln will, kann höchstens kontrollieren, ob die Kohlebürsten verschlissen oder der Kollektor des Motors abgenutzt sind.

Der Wärmetauscher

So heißt der Heizkörper – ein engmaschiger Radiator – im Sprachgebrauch bei Fiat. Er ist an die Kühlwasserzirkulation angeschlossen und kann, wie schon gesagt, durch Öffnen des Warmwasserhahns (Bedienungshebel nach rechts) mit dem durch den Wagenmotor aufgeheizten Kühlwasser beschickt werden. Sind in dem Radiator Risse oder Beulen aufgetreten, die das Wasser entweichen oder nicht genügend Luft durchströmen lassen, ist der Heizungskörper entweder in einer Werkstatt für Kühlerbau reparieren zu lassen, oder er muß in einer Fiat-Werkstatt ausgetauscht werden.

Um den Radiator auszubauen, muß man die beiden Schlauchzuführungen vom Motor lösen, nachdem man das Kühlwasser (falls mit Frostschutz: Auffangen!) abgelassen hat. Damit das Wasser auch aus der Heizung läuft, ist der untere Bedienungshebel am Armaturenbrett nach rechts zu schieben. Nach Lösen der vier Haltemuttern (Maulschlüssel SW 10) läßt sich die ganze Anlage nun nach unten wegnehmen, wenn man noch den Bowdenzug des Wasserhahns ausgeklinkt hat.

Der Warmwasserhahn

Die Absperrung für den Wasserdurchfluß durch die Heizung befindet sich rechts am Wärmetauscher. Er wird zugänglich, wenn man – wie im vorletzten Abschnitt über den Elektroventilator beschrieben – das untere Bakelitgehäuse der Klimaanlage entfernt hat. Durch Korrosion oder Ermüdung des Materials ist es möglich, daß das Wasser auch bei geschlossener Stellung durchfließt. Eine Reparatur ist nicht möglich. Der Bedienungshebel sollte auch im Sommer ab und zu bewegt werden, um die korrosionsfördernde Wirkung des Kühlwassers zu dämpfen.

Um den Hahn zwecks Austausch auszubauen, ist das Kühlwasser abzulassen und der Bowdenzug an dem Hahn auszuhaken. Die beiden Befestigungsmuttern SW 10, je eine am Einlaß- und am Auslaßflansch, sind abzuschrauben. Um besser hantieren zu können, empfiehlt sich der Ausbau des Handschuhfachbodens. Dazu sind 2 Kreuzschlitzschrauben im Handschuhfach links und 5 Schrauben von außen zu lösen. Beim Einbau achte man auf sorgfältigen Sitz der beiden Gummidichtungen.

Der Scheibenwischer

In der Arbeitsweise des Scheibenwischers unterschieden sich 124 N und S bis 1970 voneinander: beim ersten wischt es in gleichmäßigem Takt nach entsprechendem Schalterdruck, während beim anderen zwei Stellungen des Wischerschalters a) mit Unterbrechungen und b) dauernd eine den Witterungsbedingungen entsprechend bessere Sichtbereinigung darbieten. Beiden Arten ist jedoch der Antrieb durch Elektromotor eigen, der im Prinzip wie der Anlassermotor arbeitet. Am vorderen Ende der Ankerwelle befindet sich ein Schneckenantrieb, der die schnelle Drehung des Ankers entsprechend langsam auf den Zahnradtrieb überträgt, der seinerseits durch einen Kurbelhebel das Scheibenwischergestänge bewegt.

Läuft jedoch der Motor nicht, muß man zuerst die Steckverbindung zwischen Schalter und Wischermotor kontrollieren. Scheint sie in Ordnung, ist der Kabelstecker am Wischerschalter abzuziehen, und man verbindet provisorisch das blau-schwarze Kabel mit dem blauen Kabel zum Wischermotor. Springt der Motor an, liegt der Defekt am Schalter, andernfalls ist der Wischermotor beschädigt und muß ausgetauscht werden.

Den Scheibenwischermotor wechselt man aus, indem man zuerst den linken Wischerarm und dann die beiden Muttern SW 10 an der Halteplatte löst. Der Kabelstecker ist abzuziehen. Danach wird der Verbindungssplint des rechten Gestänges heraus- und der Motor endgültig abgenommen.

Der Scheibenwascher

Die Frontscheibe muß gewaschen werden, wenn die Vorausfahrenden oder der Gegenverkehr sie bespritzen, und wenn kein Regen diese Verschmutzung reinigt. Sie drücken also auf den Knopf ganz links am Armaturenbrett und schalten die Wischer ein – und wenn Sie Pech haben, wäscht es doch nicht.
Haben Sie überhaupt noch Waschlösung in dem Wassersack, der am Karosserieblech links im Motorraum hängt? Ist der Schlauch, der in den Sack hineinragt, weit genug durch den Verschlußdeckel gezogen, damit er möglichst tief in den Beutel hineinragt? Oder sind die Spritzdüsen, die vor den Scheibenwischern auf der Karosserie sitzen, verstopft?
Verschmutzte Düsen reinigt man, indem die Sechskantmuttern mit einem Maulschlüssel SW 9 gelöst werden und der seitliche Schlitz derselben (mit Stecknadel, Draht usw.) sauber gepolkt wird. Zudem kann man mit einem dünnen Stück Draht in die Öffnung des Düsenstocks fahren, aber so weit wird der Schmutz selten dringen. Eher noch ist es möglich, daß das kleine Sieb, das am Anfang des Zuführungsschlauchs in dem Vorratssack sitzt, verschmutzt ist. Eventuell hat der Schlauch kurz hinter der Austrittsöffnung am Verschlußdeckel des Wasserbeutels einen Knick, der den Durchfluß bremst. Bei einem alten Schlauch werden alle Begradigungsversuche scheitern. Nehmen Sie ein 5 cm langes Stück Kunststoffschlauch, nicht zu elastisch, der sich über den alten Schlauch darüberschieben läßt, nachdem das Sieb am Schlauchende entfernt und der Schlauch durch den Deckel gezogen wurde. Der Verstärkungsschlauch wird, über den Knick gezogen, diesen wieder verschwinden lassen.
Als Zusätze von Scheibenreinigungsmitteln dürfen keine scharfen Haushaltsreiniger benutzt werden, da sonst der Lack angegriffen wird, über den die Flüssigkeit schließlich abläuft. Man kann jedoch dem klaren Wasser Spiritus beimengen, was die Schmierschicht beseitigt, die von den leidigen Dieselqualmern auf der Windschutzscheibe hinterlassen wird. Außerdem ist Spiritus bei geringen Minus-Temperaturen auch noch ein Frostschutz. Es kann aber immer nur ein Notbehelf sein, da der Spiritus rasch verdunstet und das Wasser bleibt übrig und gefriert.
Sollten Sie mit der Richtung des Wasserstrahls, der aus der Düse tritt, nicht zufrieden sein, können Sie diese regulieren. Man lockert mit einem Schraubenzieher die Schlitzschraube an der Düse und verdreht die oben erwähnte Sechskantmutter in die gewünschte Richtung. Danach die Schraube wieder festziehen.

Reibe-Kuchen

Motoren, deren Leistung durch hohe Drehzahlen erreicht wird, wie es beim Fiat 124 und dem 124 Special der Fall ist, müssen oft geschaltet und mit etwas höherer Drehzahl angefahren werden. Dennoch sei festgestellt, daß Sie sich um die Kupplung Ihres Fiat keine große Sorge machen müssen. Sie hat sich überdurchschnittlich gut bewährt, und Klagen über vorschnellen Verschleiß sind selten. Auch dichten Großstadtverkehr macht sie mindestens über 40 000 km mit, vernünftige Behandlung und sorgfältige Einstellung natürlich vorausgesetzt.

Was die Kupplung soll

Wozu ist die Kupplung eigentlich da? Sie verbindet den Motor mit dem Getriebe, mit dem Achsantrieb und den Antriebsrädern. Sie hat die Aufgabe, den beim Start laufenden Motor mit den noch stehenden Teilen der Kraftübertragung sanft zu verbinden, zum Schalten der Gänge den Motor abzukuppeln und die unterschiedlichen Drehzahlen von Motor und Kraftübertragung wieder anzugleichen.

Die Kupplung sitzt in Verlängerung der Kurbelwelle zwischen Motor und Getriebe, sie wird durch die Kupplungsglocke (ein Deckel des Getriebegehäuses) und ein Abdeckblech vor Verschmutzung geschützt. Sie besteht aus dem Motorschwungrad, das am Umfang eine Verzahnung trägt, in die das Anlasserritzel beim Starten des Motors eingreift, dem an das Schwungrad angeschraubten Kupplungsträger mit Kupplungsdruckplatte und Scheibenfeder, der Kupplungsscheibe (Mitnehmerscheibe) und dem Ausrücker (Kupplungslager). Die Kraft des Motors (genauer das Drehmoment) wird durch die Reibung zwischen der Mitnehmerscheibe und den Reibflächen von Druckplatte und Schwungrad von der Nabe der Mitnehmerscheibe auf die Getriebewelle übertragen.

Bei den Kupplungen der 124-Baureihen wird also, wie auch im Fiat 850 praktiziert, der Anpreßdruck der Kupplung durch eine strahlenförmig geschlitzte Tellerfeder (Scheibenfeder, auch Lamellenfeder genannt) erzeugt. Im eingekuppelten Zustand drückt die Tellerfeder die Druckplatte und die Mitnehmerscheibe gegen das Schwungrad. Diese Scheibenfeder ersetzt die bei klassischen Kupplungen allgemein gebräuchlichen Ausrück-Schraubenfedern. Der Vorteil der Vereinfachung wirkt sich auf den Betrieb noch insofern aus, daß die Kupplung kaum zum Rutschen neigt, auch wenn die Kupplungsbeläge sehr verschlissen sind, weil der Druck der Mitnehmerscheibe stets gleichbleibend ist. Ferner wird die Kraft, die auf das Kupplungspedal ausgeübt werden muß, nicht mit dem Pedalweg größer.

Das zum Aus- und Einkuppeln notwendige Ausrücklager ist in Längsrichtung verschiebbar, es wird durch die innere Gabelung des Ausrückhebels, der über einen Seilzug mit dem Kupplungspedal verbunden ist, bewegt. Das Ausrücklager trägt einen kugelgelagerten drehbaren Ring, der dauergeschmiert ist, also kaum einer Abnützung unterliegt. Dieser Ring nimmt die Drehbewegung auf, sobald das Ausrücklager gegen ein mit der Druckplatte (und damit den Motor) umlaufendes Druckstück anliegt.

Wie es funktioniert

Die Bewegung des getretenen Kupplungspedals wird durch den (nachstellbaren) Seilzug auf den Ausrückhebel übertragen, der mit seinem anderen, gegabelten Ende das Ausrücklager gegen das Druckstück der Tellerfeder drückt. Das Druckstück übernimmt die Federkraft, die Druckplatte wird entlastet und bei ganz durchgetretenem Kupplungspedal sogar zurückgezogen, so daß die Mitnehmerscheibe (Kupplungsscheibe) nicht nur ohne Anpreßdruck ist, sondern auch ein Raum entsteht, in dem die Mitnehmerscheibe frei umlaufen kann. Es wird also keine Motorkraft mehr übertragen.
Die Kupplung erfüllt ihren Zweck dann einwandfrei, wenn die Reibung so groß ist, daß die Kraft des Motors stets übertragen wird und andererseits beim Auskuppeln die Mitnehmerscheibe vollkommen getrennt ist und nicht mehr mitläuft.
Obwohl die Kupplung zu diesem Zweck ständig getreten wird, ist sie eines der anspruchlosesten Teile im Auto. Allerdings kommt es beim Kuppeln auf das Wie an. Wer sich der Kupplung nur zum Schalten bedient, wird sie sehr lange als äußerst zuverlässiges Teil schätzen. Wer sich aber vor dem Einbiegen in eine Straße oder vor dem Passieren einer Kreuzung oder in einer Kolonne als »Kupplungsfahrer« mit schleifender Kupplung um das Schalten herummogelt, handelt grausam: Die Kupplungsflächen reiben unter starker Hitzeentwicklung aufeinander und verschleißen schnell.

Kupplungs-Unarten

Rutschende Kupplung

Durchrutschen bedeutet, daß die Kupplung nicht mehr die volle Motorkraft übertragen kann, also nicht mehr einwandfrei verbindet. In schlimmen Fällen liegt die Ursache darin, daß durch Motoren- oder Getriebeöl die Reibflächen des Kupplungsbelages verschmutzt sind, oder daß durch übermäßige Hitzeentwicklung – z. B. durch häufige Rennstarts – der Belag verbrannt ist. Dann vermag auch die größte Anpreßkraft nicht genügend Reibung zum Übertragen des Drehmoments erzeugen. Aber auch eine sorgsam behandelte Kupplung kann durch allmählichen Verschleiß so abmagern, daß die Reibpartner einfach

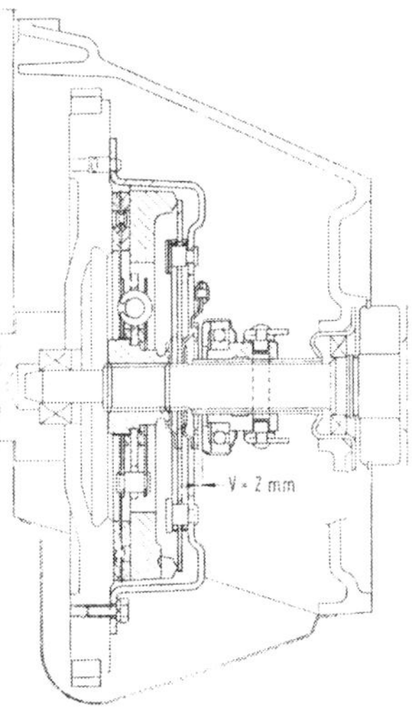

Im Schnittbild der Kupplung bedeutet V = Leerweg der Ausrückmuffe, der 2 mm zu betragen hat, um richtiges Zupacken der Kupplung zu gewährleisten. Dieses Ausrückspiel soll an der Ausrückgabel (siehe Bild nächste Seite) 33 mm, im Höchstfall nach Abnutzung des Belages 48 mm betragen. Der Normalwert äußert sich am Kupplungspedal als Leerweg von etwa 25 mm.
Links von den weit schraffierten Flächen (die Kupplungsdruckplatte) sitzen die – pfeilförmig schraffierten – Beläge, im Bild aufeinandergedrückt, also eingekuppelt. Die Kupplung sitzt am Schwungrad, das links mit der Kurbelwelle verbunden ist, rechts besteht Verbindung zum Getriebe.

nichts mehr zu fassen bekommen – wo keine Anpreßkraft hinkommt, kann auch keine Reibungskraft erzeugt werden. In diesen Fällen wird man die Unarten der Kupplung meist erst bemerken, wenn beim Fahren im schnellsten Gang (in dem die dem Motor abverlangte Leistung am größten ist) der Motor bei Belastung »durchgeht«, d. h. auffallend schneller dreht, als es der Fahrgeschwindigkeit entspricht. Beim Anfahren wird dagegen das Nachlassen der Kupplung weniger auffallen, weil man sich daran gewöhnt.
In diesen schlimmen Fällen muß die Werkstatt helfen. Sie muß schnell helfen, weil »durchgehende« Kupplungen so viel Wärme erzeugen, daß die Schwungscheibe und die Druckplatte Wärmerisse bekommen und dann beim Auswechseln der Kupplungsscheibe auch erneuert werden müssen. Beim Auswechseln einer Mitnehmerscheibe soll auch die Ölabdichtung vom Motor und Getriebeblock zur Kupplung überprüft werden.
Weil durch die Gewöhnung an eine schlechter werdende Kupplung größerer Schaden entstehen kann, empfiehlt es sich, von Zeit zu Zeit die Kupplung zu prüfen. Einwandfreie Kupplungen überstehen rauhe Prüfmethoden:
Handbremse anziehen, 3. Gang einlegen, langsam einkuppeln und Gas geben. Jetzt müßte der Motor abgewürgt werden. Wenn nicht, rutscht die Kupplung. Meistens ruckt aber der Wagen an, weil ihn die Handbremse nicht hält. Das ist ein anderer Schönheitsfehler, den Sie bei Gelegenheit gleich ausmerzen sollten (siehe Kapitel »Bremsen«), besonders wenn Sie fürchten müssen, daß die Handbremse zum Blockieren des Wagens am Gefälle auch nicht mehr sicher reicht. Dieser Test sollte nur gelegentlich und höchstens zweimal hintereinander gemacht werden, weil sonst die Kupplung heiß wird – und dann ohnehin durchrutscht. Besteht die Kupplung diesen Test nicht, dann muß die Ursache nicht gleich beim schlimmsten Fall gesucht werden, in einfachen Fällen liegt es an nicht einwandfreiem Kupplungsspiel. Das läßt sich selbst überprüfen.

Kupplung trennt nicht

Wenn die Kupplung nicht richtig trennt, dann kratzt oder kracht es beim Schalten. Um festzustellen, daß es nicht am Getriebe liegt, müssen Sie die Probe mit einem nicht synchronisierten Gang machen. Das ist bei Ihrem Wagen nur der Rückwärtsgang. Lassen Sie den Motor laufen, kuppeln Sie ganz aus, warten Sie etwa eine Sekunde lang und legen Sie dann den Rückwärtsgang ein. Kratzt es, denn trennt die Kupplung nicht sauber. Ursache ist meist zu großes Kupplungsspiel, in schlimmeren Fällen eine durch Hitze verzogene Mitnehmerscheibe, oder auch ein Kleben des Kupplungsbelages an der Schwungscheibe oder der Druckplatte.

Die Ausrückgabel wird von einer starken Ziehfeder gegen die Einstellmutter des Kupplungsseils gedrückt. Nachdem man die Kontermutter SW 10 gelockert hat, läßt sich die größere Einstellmutter SW 17 so weit anziehen oder lösen, daß im Wagen das Leerspiel des Kupplungspedals 25 mm beträgt. Bei der Arbeit kontrollieren, ob die Kabelführung für das Kupplungsseil (links) unbeschädigt ist.

Sollte auch Neueinstellen des Kupplungsspiels nichts – oder nur kurzzeitig – helfen, dann müssen Kupplungsseil und Konterbefestigung überprüft werden.

Kavalierstart

Eine recht wirksame Methode, die Beläge frühzeitig zu verschließen, ist das Anfahren mit hoher Drehzahl, landläufig als Kavalierstart bekannt. Tatsächlich bringt der Kavalierstart eine höhere Anfahrbeschleunigung, weil die Schwungkraft des Motors mit zur Beschleunigung ausgenützt wird. Sinnvoll ist das aber nur bei sportlichen Veranstaltungen, auch wenn Ihr ja sehr spritziger Fiat öfters dazu verleitet.
Der starke Verschleiß rührt von der höheren Reibungswärme her. Diese Wärme entsteht in einem gewissen Maße immer beim Einkuppeln, denn der Belag schleift ja, bevor die Kupplung fest eingerückt ist. Aber die Hitzeeinwirkungen sind abhängig von der Gaspedalstellung und von der Einkuppelzeit. Bei Vollgas wird im Moment des Anfahrens zunächst nahezu die ganze Leistung des Motors in Wärme umgesetzt, bis schließlich bei fest eingerückter Kupplung keine Wärme mehr entwickelt wird.

Auskuppeln beim Halten?

Die Angewohnheit, vor der roten Ampel mit durchgetretenem Kupplungspedal und 1. Gang zu warten, haben viele Fahrer. Die unbegründete Sorge, bei umspringendem Ampellicht den 1. Gang nicht einlegen zu können, und der von der Tellerfeder ermöglichte geringe Pedaldruck, verleiten viele Autofahrer zu dieser Unart. Zwar entsteht kein direkter oder sofort meßbarer Schaden, aber das Auskuppeln beansprucht das Ausrücklager, was notwendigerweise Verschleiß ergibt. Je länger und öfter das vor den vielen Ampeln geschieht, desto vorzeitiger wird dieses Lager abgenutzt.
Und noch mehr nutzt sich dabei ab: Das Axial-Drucklager der Kurbelwelle (nimmt Druck in Längsrichtung auf) muß den Kupplungsdruck von etwa zwei Zentnern aufnehmen, wodurch allmählich das Axialspiel vergrößert wird, was wiederum die Kolben beeinflußt, weil sie in der Motorlängsrichtung stärker gegen die Zylinderlaufbahnen gedrückt werden. Da die Kupplung im Großstadtverkehr ohnehin stark beansprucht wird, würden wir wenigstens bei stehendem Wagen die Kupplung entlasten.

Schalten ohne Kuppeln

Beispielsweise wird man dann ohne Kupplungsbetätigung auskommen müssen, wenn das Kupplungsseil gerissen ist. Das Herausnehmen eines Ganges ohne zu kuppeln ist leicht: Gas wegnehmen und bei langsam werdender Fahrt oder bei abgebremstem Wagen kurz vor Halt den Gang herausdrücken.
Versierte Fahrer erleichtern sich auf diese Weise das Stadtfahren. Natürlich soll man versuchen, bei einem Kupplungsdefekt möglichst lang in dem Gang zu bleiben, der gerade eingelegt ist.
Gangwechsel ohne zu kuppeln ist möglich, aber nicht einfach: Nach Gaswegnehmen und verlangsamter Fahrt Gang herausnehmen und dann etwas Gas geben, damit die Motordrehzahl erhöht wird. Nun drückt man den Schalthebel in Richtung des neuen Ganges. Wenn die Motordrehzahl richtig dosiert ist, rutscht der neue Gang hinein. Man darf dabei aber nicht zu schnell sein.
Will man ohne Kupplung anfahren, muß man den ersten Gang einlegen und den Anlasser betätigen. Der Wagen ruckt an und setzt sich in Bewegung (der Motor muß natürlich warmgelaufen sein). Will man während der Fahrt nicht schalten, fährt man auf diese Weise im 2. Gang an. Das ist eine ziemlich rohe Methode, aber es liegt ja ein Notfall vor und es ist billiger, als sich abschleppen zu lassen. Und im 2. Gang kommt man zur Not durch jede Großstadt, falls nicht gerade Feierabend ist.

Kupplungs-pedal-Spiel

Um das Nachstellen der Kupplung zu begründen und zu verstehen, muß erst noch das »Spiel« der Kupplung erklärt werden.

Spiel bedeutet in diesem Zusammenhang Abstand innerhalb der Teile der Kupplungsübertragung bei nicht niedergedrücktem Pedal. Dieses Spiel muß sein, weil sonst das Ausrücklager der Kupplung ständig unter einem gewissen Druck steht, der den Verschleiß fördert. Im selben Maß, in dem das Ausrücklager belastet wird, wird aber der Anpreßdruck der Kupplung vermindert, so daß die Gefahr besteht, daß die Kupplung durchrutscht. Andererseits geht etwas vom normalen Kupplungsweg verloren, wenn das Spiel zu groß ist, d. h. die Kupplung wird beim Niederdrücken des Pedals nicht ganz getrennt. Dann besteht Gefahr für das Getriebe, weil dessen Synchronringe (die im Prinzip ja auch kleine Kupplungen sind) nun zusätzlich zum Synchronisieren der Zahnräder auch die viel schwerere Kupplungsscheibe von der Schwungscheibe »losbrechen« müssen.

Die Kupplung ist so konstruiert, daß mit fortschreitender Abnützung des Kupplungsbelages das Spiel kleiner wird (umgekehrt wie bei der Bremse). Durch die verschleißende und dünner werdende Kupplungsscheibe wandert auch die federbelastete Druckplatte nach, das bedeutet, daß sie sich dem Ausrücklager allmählich nähert, bis schließlich die Kupplung durch Rutschen ihre Arbeitsunfähigkeit offenbart.

Kupplungsspiel prüfen

Pflegearbeit
Nr. 32

Zum Einstellen der Kupplungen beider Fiat 124-Modelle werden Wagenheber, zwei Maulschlüssel SW 10 und SW 17 und ein Metermaß benötigt. Zuerst wird das Kupplungspedalspiel überprüft, indem die Trittplatte des Pedals mit der Hand niedergedrückt wird. Der Leerweg des Kupplungspedals soll 25 mm betragen. Erst danach darf ein Widerstand fühlbar sein, wenn nämlich die Kupplung anfängt zu trennen. Je nach größerem oder kleinerem Spiel muß das richtige Maße nachgestellt werden.

Der Fiat wird mit dem Wagenheber links hochgebockt. Die Einstellvorrichtung befindet sich links vorne am Getriebe, wo aus einer rechteckigen Öffnung die Einstellgabel herausragt, in deren Ende einerseits das Kupplungsseil mit zwei Muttern verankert ist, außerdem eine lange Rückzugfeder eingeklinkt ist, die nach rückwärts am Getriebegehäuse befestigt sitzt. Die Sache ist von unten recht gut zugänglich.

Unter Festhalten der Einstellmutter SW 17 wird die kleine Kontermutter SW 10 gelöst, danach kann die Einstellmutter bewegt werden. Sitzt die große Mutter wegen starker Verschmutzung oder Korrosion sehr fest (das Seil verdreht sich mit), dann muß die Seilmuffe mit einer Rohrzange festgehalten werden.

Linksdrehen (zum Motor hin gesehen) bedeutet: Spiel vergrößern, Rechtsdrehen: Spiel verkleinern. Oder anders ausgedrückt: Um das Spiel zu verkleinern, muß das Seil verkürzt werden. Nach der Veränderung muß am Pedal nachgemessen werden, wie sich das Spiel eingestellt hat. Sobald das richtige Spiel erreicht ist, wird mit der Kontermutter die Einstellmutter arretiert, ohne diese zu verändern.

Neue Kupplungsbeläge

Der Kupplungsbelag ist wie ein Bremsbelag dem Verschleiß unterworfen. Je nach Fahrweise – und für »Kupplungsfahrer« recht bald – kommt der Zeitpunkt, daß die Kupplung wegen Abnutzung nicht mehr nachgestellt werden kann. Dann helfen nur neue Kupplungsbeläge.

Als Faustregel gilt: Benzinverbrauch und Kupplungsverschleiß hängen eng zusammen. Wer im Stadtverkehr durch rasantes Anfahren und sehr hohes

Ausdrehen der Gänge mehr Kraftstoff verbraucht, wird auch früher die Kupplung erneuern müssen. Wenn ein neuer Belag fällig ist, lassen Sie sich von der Werkstatt den alten Belag geben (auf Reparaturauftrag vermerken). Ist der alte Belag riefig, rissig, verbrannt oder bis nahe an die Nieten abgenützt, dann war die Erneuerung wirklich notwendig.
Die Kupplungsscheibe kann neu belegt werden, d. h. es wird nur der Reibbelag erneuert. Im allgemeinen wird aber gleich die ganze Mitnehmerscheibe ausgetauscht. Das empfiehlt sich ohnehin, weil die sechs Dämpfungsfedern ermüdet sein können. Diese um die Nabe gruppierten Federn haben die Aufgabe, bei zu heftigem Einkuppeln dämpfend zwischen Motor und Getriebe zu wirken und die Torsionsschwingungen (Drehschwingungen der Kurbelwelle) nicht in das Getriebe weiterzuleiten. Der eventuell nötige Ausbau der Kupplung ist Werkstattsache, weil dazu das Getriebe ausgebaut werden muß.

Störungsbeistand
Kupplung

Die Störung	— ihre Ursache	— ihre Abhilfe
A Kupplung rupft	1 Druckplatte oder Schwungscheibe zu stark abgenutzt (Riefenbildung) oder angerissen	Nachschleifen oder auswechseln
	2 Kupplungsscheibe hat Schlag	Korrigieren, besser auswechseln
	3 Verschmierte Kupplungsscheibe	Auswechseln Dichtungen überprüfen
B Kupplung trennt nicht	1 Zu großes Kupplungsspiel	Korrigieren
	2 Kupplungsscheibe hat Schlag	Richten oder auswechseln
	3 Beläge gerissen	Scheibe auswechseln
	4 Nabe der Kupplungsscheibe zu stramm auf Welle	Gängigmachen oder auswechseln
C Kupplung rutscht	1 Kupplungsspiel zu gering (Beläge zu stark abgenutzt)	Korrigieren, evtl. Scheibe auswechseln
	2 Kupplungsscheibe verschmiert	Scheibe auswechseln, Dichtungen prüfen
	3 Kupplungsseil geht nicht zurück	Gängig machen, Rückholfeder prüfen
D Geräusche bei Pedalbetätigung	1 Defektes oder schlecht geschmiertes Ausrücklager	Auswechseln (nachträgliche Schmierung nicht möglich)
	2 Pedalweg stimmt nicht	Richtig einstellen
	3 Zu schwache oder beschädigte Rückzugfeder an Ausrückwelle oder Gabelhebel an Ausrücker	Auswechseln
	4 Spiel zwischen Nabe der Kupplungsscheibe und Welle zu groß, dadurch Schlagen	Kupplungsscheibe erneuern
	5 Kupplungsscheibe nicht richtig mit Schwungscheibe zentriert	Neu montieren und richtig zentrieren

Getriebe bis Achsantrieb

Zahn um Zahn

Das Getriebe ist eine leidige Notwendigkeit. Der Motor kann seine Leistung nur ab einer bestimmten Drehzahl abgeben, was je nach Fahrbedingung (Beschleunigen, Schnellfahrt, Bergfahren) zu einer Abstimmung auf die Drehzahl der Antriebsräder zwingt. Außerdem ist die Kraft des Motors (das Drehmoment) je nach Drehzahl verschieden. Diese Eigenart überbrückt das Getriebe und wir Autofahrer müssen so lange damit vorliebnehmen, wie nicht eine andere Antriebsart – wie z. B. der Elektromotor – für eine stufenlose Kraftübertragung sorgen kann.

Getriebe, Übertragungswelle (Kardanwelle), Ausgleichsgetriebe (Differential) und Achsantrieb sind Bauteile, die mit sehr genauen Toleranzen hergestellt und zusammengebaut sind. Daher sind alle Arbeiten an diesen Teilen der Werkstatt zu überlassen. Was in diesem Bereich zur Pflege getan werden kann, beschränkt sich im wesentlichen auf die Kontrolle des Ölstandes und auf den Wechsel des Getriebeöls (siehe Kapitel »Schmieren aller Teile«). Dennoch werden einige Erläuterungen und Hinweise nicht verschmäht werden.

Das Schaltgetriebe

Die Motorkraft wird über Kupplung und eine kurze Welle zum Schaltgetriebe geleitet. In diesem Wechselgetriebe greifen verschiedene Zahnradpaare ineinander, die für die jeweils richtige Übersetzung zwischen Motor und Rädern sorgen. Der Fahrer muß also beständig schalten, im Gegensatz zu dem automatischen Getriebe des Special, das 1970 wahlweise zum Einbau kommt und sich den Fahrbedingungen selbsttätig anpaßt. Der Fiat 124 ist jedoch ein lebensfrohes Auto, bei dem die individuelle Beeinflussung der Ganggeschwindigkeiten zur Munterkeit des Autos und seines Chauffeurs beiträgt.

Wie heutzutage üblich, besitzt das Getriebe im Fiat 124 vier geräuschlose (synchronisierte) Vorwärtsgänge und einen geradverzahnten (nicht synchronisierten) Rückwärtsgang. Das bedeutet Schalten ohne Zwischengas und Zwischenkuppeln. Die Zahnräder in Synchrongetrieben sind nicht mehr in Längsnuten verschiebbar, sondern auf der Getriebeausgangs-(Antriebs-)welle sitzen sie frei drehbar in ständigem Eingriff mit den auf der Eingangswelle festsitzenden Gegenrädern. Zum Schalten werden sie über kleine, seitlich mit ihnen verbundenen Kupplungen mit der Welle verbunden oder gelöst.

Synchronisiert wird – vereinfacht ausgedrückt – mit kleinen Reibungskupplungen (Konus und Gegenkonus). Je mehr die Drehzahlen der Antriebswelle (vom Motor) und der Antriebswelle (zu den Antriebsrädern) voneinander abweichen, desto mehr Reibungsarbeit müssen die Synchronisierkupplungen leisten. Das braucht seine Zeit. Gewaltsames Durchreißen des Schalthebels beansprucht die Synchronisation über Gebühr und schadet. Defekte Sychronringe melden sich beim Schalten durch Kratzgeräusche.

Bei den ersten – bis etwa Ende 1966 – ausgelieferten Wagen gab es einige Schwierigkeiten. Herausspringen der Gänge, besonders des 3. Ganges, war

keine Seltenheit. Außerdem litt die Schaltgestängeführung unter Mängeln, wobei besonders die Schaltgabel und die Schiebemuffe im Getriebe Kummer machten. Schon nach 20 000 km konnte die Synchronisation verschlissen sein, was durch zu schnelles Schalten (Durchreißen der Gänge) verursacht wurde.
Bei den Wagen, die ab Mitte 1968 gebaut sind, wurde die Getriebesynchronisation im Hinblick auf den kommenden Special wesentlich verbessert. Fiat sorgte für eine bessere Feinbearbeitung der Zahnräder und verstärkte sie. Trotzdem gilt auch für die neuesten Getriebe im Normal und Special, daß die Langlebigkeit der Synchronisation nur gesichert ist, wenn man sich angewöhnt, exakt zu schalten.

Fingerzeige: *Man schont die Synchronisation des Getriebes, wenn man bei kaltem Öl (nach dem Start und ganz besonders in der kalten Jahreszeit) den Schalthebel nicht durchreißt. Das Getriebeöl, das ja auch zwischen den Teilen der Synchronisierung zirkuliert, ist dann noch zu dickflüssig.*
Die Hand soll nicht auf dem Schalthebel liegen bleiben, weil durch ihr Gewicht Flankendrücke auf die Zahnräder vom Schalthebel her ausgeübt werden können.
Zwischengas ist nur sinnvoll, wenn bei hohen Drehzahlen heruntergeschaltet wird (Notfälle, sportliches Fahren), oder wenn bei kaltem und steifem Getriebeöl geschaltet wird. Allerdings gehört dazu Feingefühl, denn übertriebenes Zwischengas schadet mehr als keines.
Weil das Synchronisieren auf Reibung beruht, sind fremde Ölzusätze für das Getriebeöl nicht angebracht. Diese Zusätze sollen meist die Reibung herabsetzen, was dem Prinzip der Synchronisation genau entgegengesetzt ist. Andererseits können durch Zusätze die Synchronringe verkleben, wodurch ebenfalls das Schalten erschwert wird.
Beim Gebrauchtwagenkauf eines älteren Fiat 124 N sollte auf das eventuell ausgewechselte Getriebe geachtet werden bzw. es ist ein womöglich zu beschaffendes Ersatzgetriebe zu berücksichtigen.

Die Kardanwelle

Zur Kraftübertragung vom Getriebe zur Hinterachse dient eine zweiteilige Gelenkwelle. Der vordere Teil besteht aus einer Rohrwelle, die mit dem Getriebe durch eine Gelenkscheibe verbunden ist. Diese elastische Scheibe ist auf der Getriebewelle starr befestigt und gleitet auf der anderen Seite in ein genutetes Lager der Rohrwelle. Mit der Gelenkscheibe werden Torsionsbelastungen (Drehbelastungen) aufgenommen, während die Muffe auf der

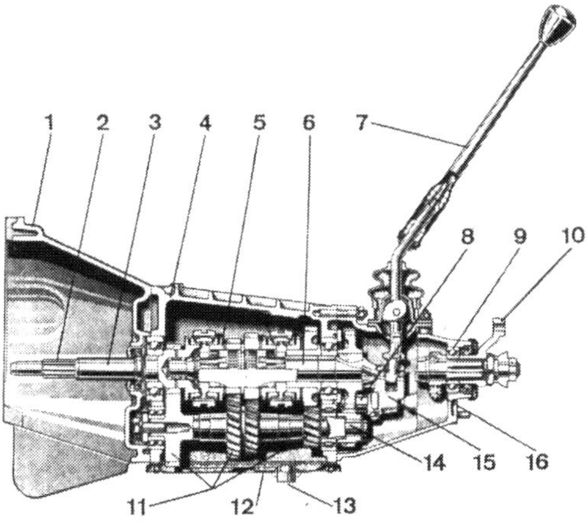

Schnitt durch das vollsynchronisierte Vier-Gang-Getriebe, von links gesehen. Es bedeuten: 1 – Kupplungsgehäuse, 2 – Verzahnung für die Kupplungsscheibe, 3 – Antriebswelle, 4 – Getriebegehäuse, 5 – Synchronring (wird von Synchronkörper und Schaltwelle gegen Gangzahnrad gedrückt), 6 – Hauptwelle, 7 – Schalthebel, 8 – Getriebeschaltwelle (eine von dreien), 9 – hinteres Kugellager, 10 – Verbindungsmuffe für die elastische Gelenkscheibe der Kardanwelle, 11 – Zahnräder im ständigen Eingriff mit der Welle verbunden: 1., 2. und 3. Gang, 12 – unterer Deckel des Getriebegehäuses, 13 – Ölablaßschraube, 14 – Vorgelegewelle, 15 – Schaltgabel, 16 – Tachometerantrieb.

Übertragungswelle (Schmierstelle!) Verschiebungen in Längsrichtung gestattet. Zwischen Rohrwelle und der sich anschließenden Stangenwelle erlaubt ein wartungsfreies Kardangelenk, die Winkeländerungen durch die Federung der Hinterräder auszugleichen. Dahinter wird die zweite Welle von einem elastischen, mit Kugellager versehenem Lager getragen, das am Wagenboden mit vier Schrauben befestigt ist. (Hier findet man auch die Rückzugsfeder des Handbremsseils eingehakt.) Die hintere Welle endet – genutet – in der Muffe, die mit dem Triebling des Ausgleichsgetriebes (Differential) verbunden ist. Dieses hintere Teil war bis Herbst 1968 in einem Schubrohr geführt, das die Geräusche der Hinterachse als lästiges Dröhnen ins Wageninnere übertrug. Bei diesen Wagen hat eine nachträgliche Geräusch-Isolierung mit Terodaem-Platten nur Erfolg, wenn das Material am Karosserieblech sorgfältig verklebt und mit Schaumstoff verstärkt wird.
Die zweiteilige Kardanwelle muß viel leisten. Sie überträgt das durch die Getriebeübersetzung vervielfachte Drehmoment (im 1. Gang fast das 3,8fache) beim Beschleunigen oder beim Befahren großer Steigungen, andererseits muß sie aber auch im direkten (4.) Gang die höchste Motordrehzahl aushalten. Nebenbei erträgt sie noch Schwingungen, die durch die Motoraufhängung, durch den ungleichförmigen Lauf des Motors, durch ihre eigene Durchbiegung und nicht zuletzt durch unwuchtige Schmutzablagerung verursacht werden.
Unrund laufende Gelenkwellen beschädigen die Lagerung des Getriebes und des Achsantriebes. Ein Brummen der Gelenkwelle kann von Schmutzkrusten herrühren, kann aber auch erstes Anzeichen einer Unwucht infolge Durchbiegung (bei Überlastung) sein. Beschädigte Gelenkwellen werden zweckmäßigerweise ausgetauscht, da eine Reparatur nur mit nachträglichem Auswuchten möglich ist, wofür spezielle Wuchtmaschinen benötigt werden.

Der Hinterachsantrieb

Pflegearbeit
Nr. 42

Die in Wagenlängsachse verlaufende Drehbewegung, vom Motor zur Kardanwelle geschickt, muß in der Hinterachse rechtwinklig »um die Ecke« geführt werden. Über Teller- und Kegelrad und über zwei Achswellen wird die Antriebskraft zu den Hinterrädern gelenkt. Der Antrieb gleicht durch seine Übersetzung die höhere Getriebeausgangszahl der kleinsten Drehzahl an. Bei Kurvenfahrt gleicht er die unterschiedlichen Radwege des inneren und äußeren Rades durch ein Differential (Kegelradgetriebe) aus. Um den Gelenkwellentunnel im Wagenboden niedrig zu halten, wird die Gelenkwelle so tief an das Hinterradgetriebe herangeführt, daß die Achse des kleinen Kegelrades (Ritzel) unterhalb der Drehachse des Tellerrades liegt: Hypoidantrieb. Die Hypoidverzahnung setzt Kegel- und Tellerrad hohen Belastungen aus, weshalb die Schmiermittelvorschriften genau einzuhalten sind.
Beim Fiat 124 besteht die Hinterachse aus einem tragenden Achsrohr, direkt mit den Rädern verbunden, in dem rechts und links je eine Achswelle gelagert ist. Dadurch ist sie dem Gewicht des Fahrzeugs und dessen Schwingungen, aber auch den Verwindungsbeanspruchungen der Kraftübertragung ausgesetzt. Die Achswellen werden von den Kegelrädern und außen durch Kugellager des Achsgehäuses getragen, sie enden in den Radnaben.
Im Gehäuse für den Achsantrieb befinden sich zwei Kegelrollenlager, deren Einstellung durch Ringe variabel ist. Dadurch kann erreicht werden, daß das große Tellerrad seitlich versetzt wird, um das Spiel zwischen diesem Rad und dem kleinen Kegelrad (Ritzel) genau einzustellen.
Außer der Kontrolle des Ölstandes im Achsgehäuse und Wechsel desselben (siehe »Schmieren aller Teile«) ist die Hinterachse wartungsfrei, was nicht bedeuten soll, daß sie Generationen überdauert.

Strammer Marschierer

Die Möglichkeiten, an einem Auto die Räder anzubringen, sind so vielseitig wie die Ansprüche, die an das Fahrverhalten und den Federungskomfort gestellt werden können. Größe und Gewicht des Wagens, Belastbarkeit (veränderte Fahreigenschaften bei vollgeladenem Fahrzeug) und Stärke des Motors (erreichbare Geschwindigkeit) sind Bedingungen, auf die man die Radaufhängung abstimmen muß. Außerdem richtet sich der Aufwand nach dem Preis des Autos. Zum Fiat 124 läßt sich sagen, daß das Resultat gut ausgefallen ist.
Wenn man von den Dröhngeräuschen absieht, die bei den vor dem Herbst 1968 gebauten Wagen im Betrieb mit Gürtelreifen auftreten, vermittelt eine sauber geführte Hinterachse auch auf schlechter Straße guten Bodenkontakt. Aber Wunder gibt es nicht. Die gute Straßenlage muß bei einem verhältnismäßig leichten Wagen, wie es der Fiat ist, mit einer etwas strafferen Federung erkauft werden. Die serienmäßigen Stoßdämpfer sind, wie noch beschrieben wird, ein werksseitiger Kompromiß, deren Lebensdauer begrenzt ist.

Die Vorderachse

Jedes Vorderrad ist oben und unten an Querlenkern aufgehängt. Die Verbindung mit dem Achsschenkel besteht jeweils aus einem Kugelgelenk, dessen Gelenkkopf verschalt und mit dem Querlenker durch Niete verbunden ist. Diese Gelenke sind wartungsfrei, brauchen also nicht geschmiert zu werden. Während die oberen Querlenker mittels in Gummibüchsen geführten Bolzen mit dem Aufbau verbunden sind, stützen sich die unteren Querlenker über Gummibuchsen, Bolzen, Schrauben und Muttern auf den am Karosserieboden befestigten Querträger, auf dem zugleich die seitliche Motoraufhängung ruht.
In den unteren Querlenkern stehen leicht nach innen geneigt die Schraubenfedern für die Vorderräder, die sich oben gegen den Fahrzeugaufbau in einen Gummiring stemmen. Jede Feder umschließt einen hydraulischen Stoßdämpfer. Das untere »Auge« des Stoßdämpfers (seine Befestigung, die Schwenkungen beim Federn erlaubt) ragt durch den unteren Querlenker und ist mit ihm durch einen Bolzen verbunden, oben ist der Stoßdämpfer mit der Karosserie verschraubt.
Vor dem Querträger verläuft von Querlenker zu Querlenker ein Stabilisator, der an zwei Punkten mit den Längsträgern der Karosserie verbunden ist. Dieser Querstabilisator verdrillt sich beim Einfedern eines Vorderrades, wodurch die Seitenneigung des Aufbaus in der Kurve vermindert wird. Federn dagegen beide Räder ein, hebt sich die Wirkung des Stabilisators auf.

Die Vorderradlager

Jedes Vorderrad dreht sich auf zwei Kegelrollenlagern, die auf dem Achsschenkelzapfen sitzen. Diese Lager dürfen kein zu großes Spiel haben, was man auf grobe Art prüfen kann, indem man bei aufgebocktem Wagen versucht, das Rad oben und unten hin- und herzukippen. Das Kippspiel darf nicht zu groß sein, nach Werksangabe nur 1,3 mm betragen. Ist das Spiel größer, muß das nicht ausschließlich am Radlager – es könnte auch an angeschlagenen Gelenken liegen. Das läßt sich lokalisieren, indem das Radlager durch Treten der Fußbremse gehemmt wird. Ist jetzt auch noch Spiel vorhanden, stammt es vorwiegend vom Spiel in den Gelenken, die dann unverzüglich überholt werden sollten. Eile ist geboten, weil ein »krankes Teil« einer Vorderachse seine Last den Partnern aufbürdet, die dadurch über Gebühr beansprucht werden und stark verschleißen. Besonders Lenkungsteile leiden unter »Fremdansteckung«. Auch in axialer Richtung (Längsrichtung der Achse, also quer zur Fahrtrichtung) darf kein Spiel vorhanden sein. Diese Prüfung ist allerdings nur möglich, wenn das Rad des gut aufgebockten Fahrzeuges angezogen und weggedrückt wird, was wegen der Fettfüllung und einer gewissen Reibung nur sehr schwer möglich ist.

Bei zu großem Radlagerspiel muß das Radlager neu eingestellt werden. Das macht gewisse Umstände, weil dazu ein Drehmomentschlüssel und eine Spezialzange erforderlich sind. Es wird eine Achsmutter verwendet, deren Krone durch die Spezialzange mit einer Nute verstemmt wird (anstelle der vielfach üblichen Kronenmutter mit Splint). Wenn man die Verstemmung mit Hammer und Dorn entfernt und die Mutter lockert, braucht man jedesmal eine neue Mutter. Auch das Entfernen der Fettkappe, die über dieser Mutter sitzt, ist nicht einfach. Sie muß vorsichtig abgeklopft werden. In der Werkstatt wird dazu ein spezieller Abzieher verwendet. Unsachgemäßes Abziehen, Abklopfen oder Abhebeln kann die Fettkappe so beschädigen, daß sie nicht mehr fettdicht ist. Man müßte also mindestens noch einmal nachprüfen, ob nach Erwärmung des Lagers kein Fett austritt. Daher empfiehlt sich der Besuch der Werkstatt.

Die Vorderradlager sollen alle 20 000 km nachgestellt und geschmiert werden. Zum Schmieren sind etwa 20 g Radlagerfett nötig, das in die Radnabenkappe gefüllt wird. Da auch zum Aufsetzen der Kappe ein Treibdorn benutzt werden muß, sollte man diese Arbeit ruhig der Werkstatt überlassen.

Das Befestigen der Radnabe geschieht in der Werkstatt folgendermaßen:

Die Achsmutter muß mit dem Drehmomentschlüssel zuerst mit 2 mkg angezogen werden, wobei gleichzeitig das aufgesteckte Rad (oder die Radnabe allein) vier- bis fünfmal hin- und hergedreht werden soll, damit das Lager richtig sitzt. Danach wird die Mutter wieder gelockert und mit einem Anzugsmoment von 0,7 mkg angezogen. Aus dieser neuen Lage wird sie nun um 30° zurückgedreht und auf der Beilagescheibe der Mutter soll – in der Mitte einer Sechskantseite – eine Markierung eingeschlagen werden. Anschließend löst

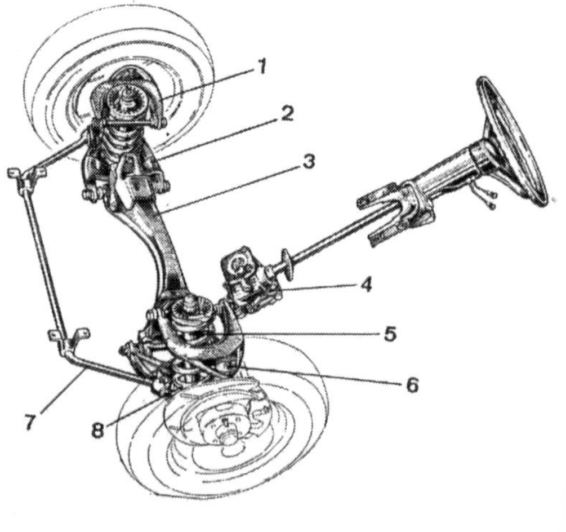

Im Aufbau der Vorderachse erkennt man folgende Bauelemente: 1 – oberer Querlenker, 2 – unterer Querlenker, 3 – Vorderachskörper als Querträger, der auch die beiden seitlichen Motorlager trägt, 4 – Lenkgehäuse, 5 – Stoßdämpfer, 6 – oberer Gelenkkopf des Achsschenkels im Querlenker, 7 – Stabilisator, 8 – Feder.

man die Mutter vorsichtig so weit, daß ihre nächste Kante sich mit der Marke deckt. Nun muß die Mutter in dieser Stellung fixiert werden, indem sie an den Rinnen des Achsschenkels angekörnt oder mit einer Spezialzange gesichert wird. Das Axialspiel kann nur mit Hilfe einer Meßuhr mit Magnetsockel, die an der Bremsscheibe angebracht wird, gemessen werden. Will man die beschriebene Arbeit selbst vornehmen, wird man besonders im ersten Arbeitsgang die Mutter kräftig anziehen müssen. Hat man die folgenden Handgriffe ebenso sorgfältig ausgeführt, muß auch diese Eigenhilfe gelungen sein.

Vorspur und Sturz der Räder nachmessen

Pflegearbeit Nr. 31

Dieser Arbeit gehen verschiedene Kontrollen voraus, die sich auf Reifendruck, Montage der Reifen, Radlagerspiel, Spiel in der Lenkung, Spiel zwischen Achsschenkeln und Gelenkköpfen und auf die Wirksamkeit der Stoßdämpfer beziehen. Die eigentliche Kontrolle von Vorspur und Sturz ist eine reine Werkstattangelegenheit, weil dazu aufwendige Meßgeräte nötig sind.
Was ist überhaupt Vorspur? Damit die Vorderräder nicht in Versuchung kommen, nach außen wegzulaufen (das Fahrzeug in eine Kurve hineinzuziehen), was durch ihren Sturz und die Fahrwiderstände hervorgerufen wird, stellt man sie vorne näher zusammen als hinten. Sie laufen sozusagen aufeinander zu. Das Maß für die Vorspur, den Sturz und die weiteren Daten der Vorderradaufhängung weicht bei den verschiedenen Wagentypen voneinander ab. Allgemein gilt aber: Falsche Vorspur (zu klein oder zu groß) verschleißt die Reifen schneller und wirkt sich ungünstig auf das Lenkverhalten (Radflattern) aus. Daher hat die Kontrolle der Vorspur mehr vorbeugenden Charakter.
Gemessen wird die Vorspur bei genau bestimmter Belastung und richtigem Luftdruck an den Felgenhörnern in Achsmutternhöhe. Die Vorspur soll je nach Belastung 3–7 mm betragen, d. h. um diesen Betrag müssen die Vorderräder vorne näher zueinander stehen als hinten. Die beiden äußeren Spurstangen besitzen je zwei Einstellmuffen, mit der man die Länge der Stangen regulieren kann. Da diese Spurstangen in ihrer Länge in einem Spalt offen sind, setzt sich leicht Schmutz darin an. Um eventuelle Einstellungen zu erleichtern (um die Arbeitszeit zu verkürzen), sollte man ab und zu die Schrauben der Muffen wie auch das Innere der Stangen mit Caramba oder ähnlichen korrosionsverhindernden Mitteln einsprühen.
Mit »Sturz« bezeichnet man die leichte Schrägstellung der Räder. An der Vorderachse stehen sie unten näher zusammen als oben, was bewirken soll, daß die Räder stets am Radlager anlaufen. Der Sturz soll (an der Felge gemessen) einen Winkel von 0° 05′ bei leerem und 0° 30′ bei mit vier Personen und 50 kg beladenem Wagen betragen. Er wird durch Beilagescheiben korrigiert, die zwischen den Lagerbolzen des unteren Querlenkers und dem Querträger eingesetzt werden.

Die Lenkung

Der Fiat 124 besitzt eine Schnecken-Rollenlenkung. Dieses Lenkgetriebe ist links im Motorraum am Längsträger des Wagenkörpers befestigt. Durch die Drehbewegung am Lenkrad wird der auf der Lenkrollenwelle des Getriebes aufgesetzte Lenkhebel in eine Hin- und Herbewegung umgewandelt, die sich auf die mittlere Spurstange überträgt, die am Lenkhebel angebracht ist.
Am Ende des Lenkhebels überträgt die linke seitliche Spurstange die Bewegung zum linken Rad, während die mittlere Spurstange durch einen Zwischenhebel mit der äußeren Spurstange verbunden ist. Der Zwischenhebel rechts ist mit einem hydraulischen Lenkungsdämpfer verbunden, der

So stellt die Werkstatt die Lenkung nach. Die Kontermutter SW 19 der mittleren Schraube wird gelockert, und mit einem großen Schraubenzieher dreht man die Schlitzschraube etwas an. Dabei hat sich der Lenkhebel in Mittelstellung zu befinden, d. h. die Räder sind in Geradeausstellung. In jedem Fall ist zu prüfen, ob die Lenkung nach dem Einstellen nicht schwergängig ist.

Lenkgetriebe wie Lenkrad von Stößen weitgehend freihält. Die Dämpfung erfolgt im Zwischenhebellager, das symmetrisch zum Lenkgetriebe im Motorraum rechts unten angeschraubt ist.
Knapp drei Umdrehungen am Lenkrad bringen die Vorderräder von einem Anschlag in den anderen, so daß die Lenkung sehr direkt untersetzt ist. Manövrieren auf engem Raum kann man leichter, wenn die Räder nicht bei stehendem, sondern bei leicht rollendem Wagen eingeschlagen werden.

Kugelgelenk-Schutzkappen kontrollieren

Pflegearbeit
Nr. 9

Alle Gelenke an den Spurstangen sind wartungsfrei. Dennoch sollen die Gummischutzkappen, von denen die Kugelgelenke verdeckt werden, des öfteren (alle 5000 km) kontrolliert werden. Beschädigte Staubkappen sind für Schmutz und Nässe durchlässig, und die Fettdauerfüllung geht verloren. Die Gummibälge müssen ersetzt werden, wenn sie schadhaft, also nicht vollkommen trocken sind. In diesem Fall müssen auch die entsprechenden Kugelgelenke auf übermäßiges Spiel hin geprüft werden. Durch Fettmangel oder durch eingedrungenen Schmutz beschädigte Gelenke müssen in der Werkstatt ersetzt werden.

Fingerzeig: *Falls die Lenkung eines neuen Wagens noch schwergängig ist (in den Kurven keinen Rücklauf hat) sollte man warten, bis sich die Verbindungen und die Berührstellen der Lenkung und der Radaufhängung »gesetzt« haben. Bei der zweiten kostenlosen Inspektion kann man eine Neuvermessung der Vorderräder mit Neueinstellung verlangen (falls erforderlich). Diese Arbeit darf nicht berechnet werden.*

Lenkungsspiel einstellen

Pflegearbeit
Nr. 8

Im Lenkgehäuse überträgt die Lenkwelle über die mit ihr verbundene Lenkschnecke die Bewegung auf die Lenkrolle, die ihrerseits die Lenkrollenwelle und damit den angeschlossenen Lenkhebel betätigt. Obwohl das Lenkgetriebe eine Ölfüllung enthält, kann durch normalen Verschleiß das Spiel zwischen den einzelnen Teilen zu groß werden. Das macht sich durch den »toten Gang« am Lenkrad bemerkbar. Läßt sich das Lenkrad mehr als drei Fingerbreit bewegen, ohne daß ein Widerstand spürbar wird, muß eine Nachstellung im Lenkgetriebe erfolgen.
Wenn der Verschleiß nicht zu groß ist, kann mit der Einstellschraube oben auf dem Lenkgetriebe-Gehäuse das Spiel nachgestellt werden. Da die Einstellung der Lenkung eine gewisse Routine erfordert und besonders bei älteren Fahrzeugen mit starkem Verschleiß Gefahr besteht, daß durch unsachgemäßes

Verstellen die Lenkung schwergängig wird (Lenkung stellt in der Kurve nicht mehr zurück), sollte man diese Arbeit der Werkstatt überlassen.
Um die Einstellschraube in der Mitte des Getriebegehäuses-Deckels mit einem Schraubenzieher anzuziehen, muß man die Kontermutter (SW 19) lockern. Dadurch wird jedoch nur das Spiel zwischen der Lenkschnecke und der Lenkrolle verringert, indem die Lenkrollenwelle die etwas seitlich versetzte Lenkrolle verschiebt. (Bei dieser Arbeit müssen die Vorderräder in Geradeausfahrt stehen.) Um ein mögliches Spiel im Schneckenrollenlager auszuschalten, müssen im Gehäuse Ausgleichsscheiben entnommen werden, wofür nur die Werkstatt zuständig ist.
Wie die Kontrolle der Ölfüllung des Lenkgetriebes vorgenommen wird, ist im Kapitel »Schmieren aller Teile« beschrieben.

Die Hinterachse

Im Gegensatz zu den einzeln aufgehängten Vorderrädern sind die Hinterräder des Fiat 124 an einer Starrachse befestigt. Die Aufhängung dieser Achse hat im Oktober 1968 ab Fahrgestell-Nr. 466 321 einige Änderungen erfahren, die sich auf die Fahreigenschaften positiv auswirkten und die bis dahin etwas ungünstigen Bedingungen beim Betrieb mit Gürtelreifen annähernd problemlos machten (siehe Kapitel »Die Reifenwahl«).
Die Federung erfolgt – wie vorne – durch Schraubenfedern, die sich am Ende des Achsrohrs auf Federteller aufstützen und in ihren unteren und oberen Lagerungen gegen Gummiringe stemmen. In den Federn arbeiten die hydraulischen Teleskopstoßdämpfer, die oben an der Karosserie und unten an den Federtellern gelagert sind. Am Fahrzeugboden sind über der Hinterachse noch Gummipuffer angebracht, die auf sehr unebener Fahrbahn oder im Falle einer Beschädigung der Aufhängung eventuelles Aufschlagen der Achse gegen die Karosserie verhindern.
Seitlich unter dem Wagenkörper reichen von der Achse rechts und links zwei Längsschubstangen nach vorn. Die in Längsrichtung des Autos auftretenden Beanspruchungen durch Bremsen und Beschleunigen und von längsgerichteten Fahrbahnstößen werden von diesen Längslenkern aufgefangen.
Die eingangs dieses Abschnittes erwähnten Änderungen beziehen sich auf zwei kürzere zusätzliche Längsschubstreben, die weiter zur Achsmitte hin ähnlich wie die zuerst angeführten Streben angebracht sind. Sie dienen einer noch wirksameren Fixierung und Führung des nicht ganz leichten Achskörpers. Der an dieser Stelle bis dahin angebrachte Querstabilisator mit seinen lang angewinkelten Enden fiel weg, und ein gesonderter Drehstabstabilisator wird auch gegen Aufpreis nicht geliefert.

Im Gelenk der linken Spurstange (von vorn) ragt der Kugelbolzen in den Gelenksitz (Pfeilrichtung) und wird von der Kugelpfanne umschlossen, von unten durch eine Spiralfeder gehalten, die gegen die Kugelpfanne drückt. Unten von dem Federteller abgeschlossen, wird das Gelenk oben von einer elastischen Gummihaube geschützt, die eine Dauerschmierung enthält. Die Gummikappen sind Schutzhauben, die vollkommen trocken und unbeschädigt sein müssen.

Schließlich ist noch ein ganz links am Hinterachskörper angebrachter Querlenker zu erwähnen. Sein anderes Ende ist gelenkig mit der Karosserie verbunden. Diese auch als Panhardstab bezeichnete Stange dient zur Führung der Achse in seitlicher Richtung. Das wird oft bei Starrachsen anderer Fabrikate durch Blattfedern (unvollkommen) erreicht. Die Schraubenfedern können eine solche Querführung ohnedies nicht übernehmen.
Die elastischen Buchsen für die Lagerung der Längsschubstangen und des Panhardstabs dürfen nicht ausgeschlagen sein (natürlich auch nicht die des Querstabilisators vorn), was man bei einseitig hochgebocktem Wagen unter dieser angehobenen Seite kontrollieren kann. Beschädigte Gummiteile müssen erneuert werden.
Die gesamte Hinterachse ist im übrigen wartungsfrei. Auch für die Wartung der Hinterradlager macht Fiat keine Vorschriften, was jedoch nicht heißt, daß sie unbegrenzt ihren Dienst tun. Das Prüfen der Lager ist für den Eigenpfleger kaum möglich, zumal die Einstellung der Rollenträger nur in einer Werkstatt vorgenommen werden kann. Ölwechsel im Achsantrieb siehe: Kapitel »Schmieren aller Teile«.

Die Stoßdämpfer

Stoßdämpfer sollen nicht Stöße, sondern die Schwingungen der Federung dämpfen. Ohne diese Dämpfung würden sich die Räder schwingenderweise von der Straße lösen, was katastrophal für das Fahrverhalten wäre.
Die beim Fiat 124 verwendeten Stoßdämpfer der Marke Riv sind entsprechend den unterschiedlichen Federwegen vorne kürzer als hinten. Ihr Hub beträgt vorne 91,5 und hinten 178 mm, entsprechend ist auch ihre enthaltene Ölmenge verschieden groß. Sie sind wartungsfrei, und obwohl man sie theoretisch reparieren kann, tauscht man sie im Bedarfsfalle aus. Bei ruhiger Fahrweise und guten Straßen bereiten sie kaum Schwierigkeiten. Ihre Aufhängung sollte von Zeit zu Zeit geprüft werden, denn die Befestigungsschrauben können sich lockern. Auf Feuchtigkeitsspuren ist zu achten, die in geringem Maße noch unbedenklich, bei größeren Mengen jedoch einen Verlust von Dämpferöl anzeigen, die zum Ersatz des Dämpfers zwingen.
Die verhältnismäßig straffe Federung des Wagens ließ es offenbar nicht zu, wirkungsvollere Stoßdämpfer zu montieren. Die Dämpfer sind etwas unterdimensioniert, damit die Federung nicht zu unkomfortabel erscheint. Bei ständig strammer Fahrweise kommt es vor, daß die Dämpfer – besonders die kleinen vorne – nicht lange halten und schon nach 12 000 bis 15 000 km in der Wirkung nachlassen. Die Ursache ist meistens Verlust von Dämpferflüssigkeit durch Undichtigkeit nach zu starker Erwärmung.

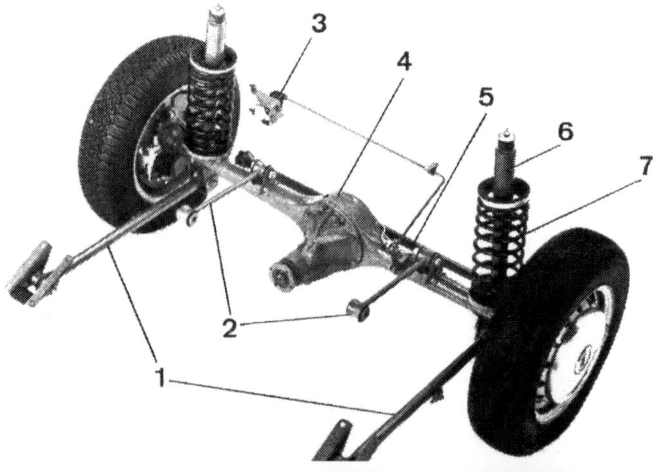

Die Hinterachse, wie sie ab 1969 zum Einbau kommt. 1 – Längsschubstreben, 2 – zusätzliche Längsschubstreben (anstelle des früheren Drehstabstabilisators), 3 – Bremskraftregler, 4 – Differential (Ausgleichsgetriebe), 5 – Panhardstab (Querführungsstange), 6 – Stoßdämpfer, 7 – Feder.

Außerdem kann man manchmal im Winter eine Versteifung der Dämpfer beobachten, so daß die Federung zusätzlich verhärtet. Das Dämpferöl ist auf die bei uns vorkommenden tiefen Temperaturen nicht eingerichtet und auch aus diesem Grunde ist es zweckmäßig, wenigstens beim notwendig werdenden Austausch der Stoßdämpfer auf ein anderes Dämpferfabrikat überzugehen. Hier bieten sich die Gasdruckdämpfer von Bilstein an. Vorne nimmt man den Typ B-46-543 und hinten B-46-553, die im Austausch gegen Seriendämpfer (neu) DM 38,20 bzw. DM 42,50 kosten.

Stoßdämpfer prüfen

Die Gewöhnung an das Federungsverhalten des Fahrzeugs steht meistens einer Prüfung der Stoßdämpfer während der Fahrt im Wege. Es gehört viel Erfahrung und Gefühl dazu, um festzustellen, daß die Federung unruhiger, die Straßenlage auf unebener Straße schlechter wird und das Nicken (»Verbeugen« des Wagens bei aufeinanderfolgenden Unebenheiten) schlimmer wird, weil die Stoßdämpfer nicht schlagartig ausfallen.
Eine einfache Kontrolle im Stand: Wagen am betreffenden Kotflügel von Hand aufschaukeln und plötzlich loslassen. Die Federbewegung müßte sofort gedämpft werden. Schwingt der Wagen weiter und läßt sich gar in der Abwärtsbewegung bis zum Anschlag der Federung durchdrücken, dürfte der betreffende Dämpfer defekt sein.
Das Prüfen eines ausgebauten Dämpfers von Hand gibt nicht unbedingt Aufschluß über dessen Wirksamkeit. Allenfalls läßt sich feststellen, ob er ein Totalausfall ist oder nicht, weil das Betätigen sehr viel Kraft erfordert (auch bei einem defekten Dämpfer). Registriert man anfangs oder am Ende einen toten Gang oder Leerhub, ist der Dämpfer nicht mehr verwendungsfähig. Bei der Prüfung muß der Dämpfer senkrecht stehen (wie in seiner Einbaulage) und darf keinesfalls umgedreht sein.
Defekte Dämpfer verschlechtern die Straßenlage beträchtlich, das betroffene Rad neigt zum Springen. Es kann den Wagen nicht führen, dadurch wird der Wagen unsicher beim Geradeaus- und Kurvenlauf. Defekte Dämpfer sind auch für erhöhten Reifenverschleiß verantwortlich. Besonders kritisch wirken sie sich bei Lenkungsteilen aus, die nun viel stoßartiger beansprucht werden.

Fingerzeige: *Das Absprühen der Wagenunterseite mit Sprühöl ist wegen der vielen Gummiteile (Öl und Gummi vertragen sich schlecht) nicht ratsam oder nur mit Bedacht vorzunehmen. Auch bei der Verwendung rostlösender Mittel ist Vorsicht am Platz. Insbesondere muß Mineralöl (Benzin, Diesel-, Motoröl) von der elastischen, stark beanspruchten Gummikupplung der Antriebswelle ferngehalten werden. Einsprühmittel auf Wachsbasis sind dagegen ungefährlich.*
Ein Ausrollversuch aus nicht zu geringer Geschwindigkeit auf guter Straßenoberfläche bei abgestelltem Motor, Schalthebel auf Neutral, verschafft Aufklärung über den Zustand der hinteren Radlager. Hört man aus Richtung Hinterachse ein mahlendes Geräusch, das zu- oder abnimmt, wenn man leichte Schlangenlinien fährt, können die Radlager verschlissen sein. Schon nach zwei oder drei strengen Wintern mit vielen Fahrten auf Salz und Schneematsch können die Radlager ausgelaufen sein.

Stop-Stellen

Wer glaubt, durch weites Öffnen aller vier Türen den Schwung des Fiat 124 wirkungsvoll verzögern zu können, falls das Vertrauen zur herkömmlichen Bremsanlage gedämpft ist, sollte bei der Gelegenheit unbedingt noch den linken Absatz auf die Fahrbahn stemmen. Denn Luftwiderstand und Reibung tragen wesentlich zur Verzögerung bei, die genannte Methode schont zudem die Bremsbeläge.
Sie schont aber nicht die Nerven. Und die braucht man z. B. bei Notbremsungen, zu denen im Falle drohender Gefahr nicht kopflos aufs Bremspedal getrampelt werden darf. Dann passiert nämlich gerade das, was man nicht beabsichtigt: Der Wagen schlittert unlenkbar dem Hindernis entgegen. Die schwarze Bremsspur auf dem Asphalt, von der arbeitsamen Polizei sorgfältig ausgemessen, bestätigt vielleicht die besonders frühe Reaktion des Fahrers, wird aber fast nie als Fehlreaktion erkannt. Hier wäre oft weniger mehr gewesen.
Üben Sie auf freier, ebener Straße Ihre Bremskunst. Sie werden feststellen, daß Ihr Auto – gleichmäßig ziehende Bremsen vorausgesetzt – dann am besten verzögert, wenn Sie mit der Pedalkraft kurz vor dem Punkt bleiben, an dem die Räder blockieren. Quietschen die Reifen (es sind nicht die Bremsen!), sofort Pedal etwas nachgeben, damit die Räder wieder rollen. Nähert man sich nämlich dem Hindernis trotz »Stotterbremse« immer noch bedrohlich (weil der Abstand ohnehin zu knapp war), erlaubt das nun gemäßigte Tempo oft, unter Loslassen der Bremse – womöglich sogar mit Vollgas – g e l e n k t an dem Gegner vorbeizukommen.
Das Bremsen »auf Raten« hat zugleich auf den Hintermann warnendere Wirkung als ein gleichmäßig leuchtendes Bremslicht: Mehrmaliges Antippen der Bremse lenkt die Aufmerksamkeit eher auf eine Gefahrensituation.

Bremsen prüfen
Pflegearbeit
Nr. 4

Beim Bremsen-Üben kann man auch die Bremsen prüfen. Wenn Sie das eine beherrschen, sollten Sie das andere nicht vernachlässigen. Denn die Bremsen müssen genauso gut eingefahren sein wie der Motor. Bremsscheibe und Bremsbelag müssen sich aneinander gewöhnen und ihre gemeinsame Oberfläche, auf der sie sich berühren, muß möglichst groß sein. Wenn der Belag nur auf wenigen Quadratzentimetern »trägt«, ist die Bremswirkung schlechter und ungleichmäßig. Deshalb empfiehlt es sich, hin und wieder eine scharfe Bremsung einzulegen, vorausgesetzt, man ist allein auf der Straße.
Bremsproben beginnt man, indem zunächst aus mäßiger und dann aus höherer Geschwindigkeit abgebremst wird. Das gleiche wiederholt man mit losgelassenem Lenkrad. Das gibt – auf ebener, nicht gewölbter Straße – Aufschluß darüber, ob der Wagen beim Bremsen einseitig wegzieht. Trotz unbelebter Straße sollte man vor der ersten Bremsung nicht schneller als 60 km/h sein, und erst, wenn man sich über die Verhaltensweise des Autos im klaren ist,

erhöht man zu den Versuchen das Tempo. Vorsicht, wenn Sie das bisher noch nie gemacht haben! Schließlich, nachdem man alle losen Gegenstände im Wagen gut verstaut hat: Ruckartig auf die Bremse treten.
Preisfrage: Wenn der Wagen nach rechts zieht, welche Bremsen sind dann nicht in Ordnung? Natürlich haben sie's gewußt: Die linken.
Ungleichmäßig ziehende Bremsen deuten zumindest auf verschlissene Belagklötze, wenn nicht auf undichte Bremsleitungen, auf klemmenden Bremskolben oder auf verrosteten Schwimmsattel hin. (Auch ungleicher Reifendruck wirkt sich derartig aus.) Verbunden mit der verminderten Bremswirkung ist ein größerer Pedalweg, der normal etwa eine Fingerbreite betragen soll.
Generell sei gesagt, daß alle Reparatur- und Montagearbeiten an der Bremsanlage, insbesondere am hydraulischen Teil (Haupt- und Radbremszylinder, Bremsleitungen), in die Werkstatt gehören. Einige Sicht- und Kontrollarbeiten lassen sich jedoch ohne weiteres selber ausführen.

Bremsflüssigkeitsstand prüfen

Pflegearbeit Nr. 25

Links hinten im Motorraum entdeckt man einen durchsichtigen Behälter, der mit der lebenswichtigen Flüssigkeit für die Bremsanlage gefüllt ist. Tritt man auf das Bremspedal, wird die Bremsflüssigkeit im Hauptbremszylinder – mit dem Bremspedal durch einen Hebel verbunden – zusammengepreßt. Dieser Druck pflanzt sich durch die Leitungen und Schläuche zu den einzelnen Radbremsen weiter fort, wodurch dort über die Bremszylinder die Bremsbeläge gegen die Bremsscheiben gedrückt werden.
Die Flüssigkeit im Behälter dient zur Reserve, falls einmal irgendwo eine Undichtigkeit auftreten sollte. Wenn der Flüssigkeitsspiegel auffallend absinkt, ist also Gefahr im Verzug. Um die undichte Stelle muß sich aber die Werkstatt kümmern. Das Überprüfen der Bremsflüssigkeit – man kann es von außen erkennen – ist eine reine Sichtprüfung, die jeder übernehmen kann und auch sollte. Im Kapitel »Der kleine Wartungsdienst« wurde auf die zumindest alle 10 000 km vorzunehmende Kontrolle bereits hingewiesen.
Eine Eigenart der Scheibenbremsanlage besteht darin, daß die Flüssigkeit stärker absinkt, als man es von einer reinen Trommelbremsanlage her gewohnt ist. Das hängt damit zusammen, daß die im Durchmesser relativ großen Kolben der Scheibenbrems-Radzylinder entsprechend dem Belagverschleiß immer weiter heraustreten, wodurch mehr Flüssigkeit nachfließen muß als bei Trommelbrems-Radzylindern. Ein gewisses Absinken der Bremsflüssigkeit ist bei wachsendem Wagenalter also nicht unbedingt ein Alarmzeichen. Beim Erneuern der Scheibenbremsbeläge müssen übrigens die Kolben zurückgedrückt werden, wodurch der Flüssigkeitsstand wieder ansteigt. Wurde inzwischen zu

Der Bremsflüssigkeitsbehälter des Fiat 124 soll möglichst bis über die Hälfte gefüllt sein. Zu hohe Befüllung ist falsch, da der Behälter bei rückströmender Bremsflüssigkeit (bei heißen Bremsen möglich) überläuft, was zu Verätzungen des benachbarten Motorraums führt. Plötzlicher Mangel von Bremsflüssigkeit ist sofort zu ergründen. Es darf nur Original-Bremsflüssigkeit, niemals Motoröl nachgefüllt werden. Im Deckel sind zwei Luftöffnungen, die nicht verstopft sein dürfen, um die notwendigen Schwankungen im Stand der Flüssigkeit zu ermöglichen.

Teile des Bremsträgers und des Bremssattels bei der Hinterradbremse am Fiat 124: 1 – Feder mit Radialwirkung für die Sattelbefestigung, 2 – Bremsbeläge, 3 – Schutzhaube für Handbremshebel, 4 – Handbremshebel, 5 – Bolzen für die automatische Einstellung, 6 – Dichtring für Bolzen, 7 u. 8 – Scheibenfedern, 9 – Federteller für die Scheibenfedern, 10 – Dichtung für Kolben, 11 – Kolben samt Vorrichtung für die automatische Einstellung, 12 – Schutzhaube für Kolben, 13 – Schutzhaube für Entlüftungsanschluß, 14 – Entlüftungsanschluß, 15 – Bolzen für Handbremshebel, 16 – Bremssattelkörper, 17 – Feder, 18 – Splint, 19 – Gleitstein für die Sattelbefestigung, 20 – Bremsträger.

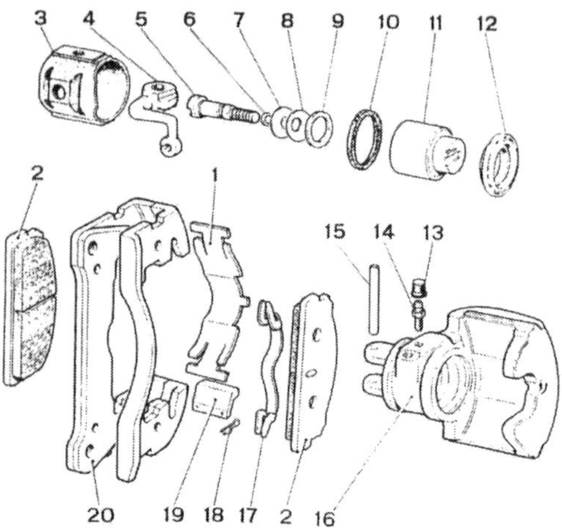

viel nachgefüllt, würde der Behälter auch bei aufgeschraubtem Deckel überlaufen, da sich darin ein Entlüftungsloch befindet. Zum Nachfüllen nur Original-Bremsflüssigkeit (blau) verwenden. Auf keinen Fall, auch nicht als Notbehelf, darf Motoröl verwendet werden. Motoröl zersetzt die Gummiteile. Bremsflüssigkeit ist ein synthetischer Stoff, der auch bei Kälte oder Hitze nicht dick- oder dünnflüssiger werden darf. Sie greift übrigens den Lack an, daher beim Hantieren damit aufpassen. Auch ist sie giftig. Wasser ist unbedingt von der Bremsflüssigkeit fernzuhalten, da sie stark wasseranziehend ist.

Bremsleitungen prüfen

Pflegearbeit
Nr. 7

Verfolgen Sie bei trockener Wagenunterseite (unter den Wagen kriechen, ihn hochbocken) den Verlauf der Bremsleitungen und Schläuche: Sie müssen trocken und dürfen nicht aufgequollen sein. Besonders die Anschluß- und Verbindungsstellen beachten. Die Bremsflüssigkeit kriecht auch durch Schmutz, und wo dieser schwarz wird, kann auf eine undichte Stelle geschlossen werden. Radzylinder können undicht sein, dann soll man auf schnellstem Weg zur Werkstatt.

Die Bremsschläuche dürfen keine Scheuerspuren aufweisen. Bei normal verlegten Schläuchen kommt das nicht vor. Doch wenn sie, eventuell nur leicht verdreht – aufgeschraubt sind, können sie mit Teilen der Radführung in Berührung kommen. Selbst bei scheinbar harmlosen Schleifspuren sind Bremsschläuche in ihrer Stellung zu korrigieren.

Bremsschläuche vertragen kein Benzin, Petroleum, Dieselkraftstoff oder Fett. Sie dürfen auch nicht lackiert werden. Weil Absprühöl natürlich Öl enthält, sollte es von den Bremsschläuchen ferngehalten werden. Das bedeutet praktisch: Wagenunterseite überhaupt nicht einsprühen lassen (auch weil dadurch der serienmäßige Unterbodenschutz leidet). Bremsschläuche und -leitungen sind auch auf Beschädigung durch Steinschlag oder Korrosion zu untersuchen und außen liegende Rohrleitungen besonders auf Verrostung. Die Rohrleitungen sind zwar durch Verzinkung geschützt, doch winterliches Streusalz frißt den Schutz nach einigen Jahren durch.

Wichtiger Hinweis: Man hüte sich davor, bei Undichtigkeit oder bei nicht einwandfreier Lage von Bremsschläuchen oder -leitungen selbst Hand an die Anschlüsse zu legen. In diesem Fall muß der Werkstatt Bescheid gesagt wer-

Die Scheibenbremse, wie sie beim Fiat 124 bis 1968 zur Anwendung kam: 1 – Bremsscheibe, 2 – Bremssattelträger, 3 – Bremsbelag, 4 – Splint, 5 – Gleitstein der Bremssattelbefestigung, 6 – Bremssattel, 7 – Entlüftungsschluß, 8 – Bremsflüssigkeitsleitung, 9 – Spurstangengelenk.

den. Es können Undichtheiten oder Beschädigungen entstehen (z. B. an den Anschlußbördelungen der Leitungen), die sich schon bei der nächsten Bremsung gefährlich auswirken würden.

Die Scheibenbremse

Die Sache ist recht einfach: Parallel mit dem Rad dreht sich eine Stahlscheibe, gegen die von beiden Seiten Reibklötze gepreßt werden. Die Scheibenbremse konnte sich im letzten Jahrzehnt durchsetzen, weil sie der Trommelbremse in verschiedenen Punkten überlegen ist.
Sie läßt sich besser kühlen – und ist deswegen standfester – weil Scheibe und Belag offen im Luftstrom des Fahrtwindes liegen. Bei mehrmaligen Stopbremsungen aus hoher Geschwindigkeit und bei lang anhaltendem Bremsen bei Bergabfahrten hält also die Bremswirkung länger an (kein »fading«). Zweitens ist die Bremswirkung einer Achse gleichmäßiger, d. h. rechte und linke Radbremse haben praktisch die gleiche Wirksamkeit, was bei Trommelbremsen nicht der Fall ist. Diese gleichmäßige Bremswirkung macht sich insbesondere beim Abbremsen aus hoher Geschwindigkeit (Notbremsung) vorteilhaft bemerkbar. Drittens ist die Scheibenbremse selbst nachstellend. Und viertens ist sie auch selbstreinigend, was Belagabrieb oder Schmutz betrifft.
Natürlich hat die Scheibenbremse auch ihre Minuspunkte, die man als Autofahrer ebenfalls kennen sollte: Die Beläge verschleißen schneller (siehe nächsten Pflegeabschnitt), und weil die Scheibe nur durch ein seitliches Schutzblech abgeschirmt ist, können zwischen Beläge und Scheibe leicht Fremdkörper (Sand, Steinchen) eindringen. Letzteres kann zu unangenehmer Quietscherei führen. In diesem Fall sollte die Werkstatt den Belag säubern oder auswechseln. Bremsenquietschen liegt auch daran, daß sich ein Kolben im Zylinder verdreht hat. Ihn auf richtige Stellung zu bringen, ist Werkstattsache, die zu diesem Zweck ein spezielles Kolbendrehwerkzeug hat.
Verschiedentlich kommt es auch vor, daß scheibengebremste Wagen beim Rückwärtsfahren quietschen – »grillen« sagt der Fachmann –, was zwar unangenehm ist, aber keinen Defekt darstellt. In der Werkstatt kann man die Beläge dann etwas glätten.
Hinzuweisen wär auch noch darauf, daß beim Bremsen auf sehr nasser Straße die Bremswirkung wegen der »offenen« Bauweise um einen Sekundenbruchteil

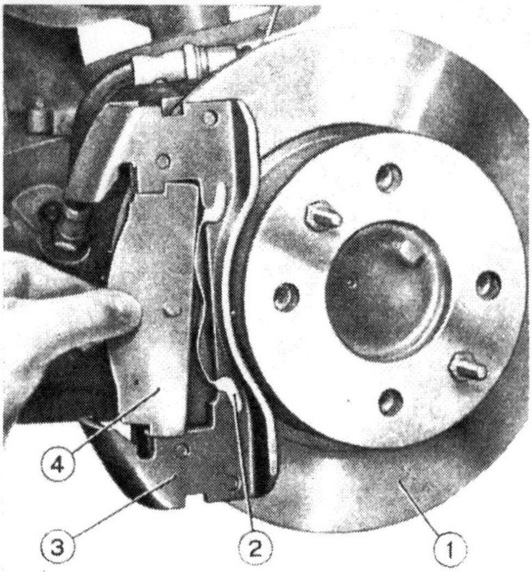

Links: Ausbau des hinteren Bremssattels. 1 – Bremssattel, 2 – Kolben, 3 – Haltefeder des Bremsbelags, 4 – Bremsscheibe, 5 – Bremssattelträger, 6 – Bremsbelag, 7 – Blattfeder mit Radialwirkung für die Befestigung des Bremssattels.
Rechts: Abnehmen des Bremsbelages. 1 – Bremsscheibe, 2 – Haltefeder des Bremsbelags, 3 – Bremssattelträger, 4 – Bremsbelag. (Beide Aufnahmen vom Fiat 124 N bis Baujahr 1968.)

später einsetzen kann, als man es von Trommelbremsen her gewohnt ist: Die zwischen Bremsklotz und Scheibe befindliche Feuchtigkeit wird erst durch den Anpreßdruck der Beläge zum Verdampfen gebracht. Im allgemeinen liegen die Beläge aber so dicht an der Scheibe, daß die Nässe immer gleich »weggewischt« wird. Ein weiterer Nachteil besteht darin, daß Scheibenbremsen nicht »selbstverstärkend« sind wie Trommelbremsen. Bei schwereren Wagen, etwa ab 900–1000 kg, braucht man daher einen Bremskraftverstärker.

Scheibenbremse Belagwechsel

Von den beiden möglichen Arten der Scheibenbremse – Festsattel- und Schwimmsattel-Bremse – wird beim Fiat 124 die zweite verwendet. Das bedeutet, daß der Bremssattel beweglich – schwimmend – angeordnet ist. Bei betätigung des Bremspedals drückt der Kolben vom Radbremszylinder den äußeren Bremsbelag gegen die Bremsscheibe. Der gleichmäßige Druck der Bremsflüssigkeit wirkt im selben Maße auf den Boden des Radbremszylinders und verschiebt seitlich den Bremssattel, wodurch auch der innere Bremsbelag gegen die Scheibe gedrückt wird. Automatisch findet ein Spielausgleich statt, der den Verschleiß der Bremsbeläge berücksichtigt.

An der Scheibenbremse des linken Hinterrades beim Fiat Baujahr 1970 bedeuten: 1 – Bremssattel, 2 – unterer Gleitstein (ohne Splinte), 3 – Bremssattelträger, 4 – Haltefeder, 5 – Bremsbelag, 6 – Bremsscheibe. Die Pfeile zeigen auf beide bereits halb herausgezogenen Gleitsteine.

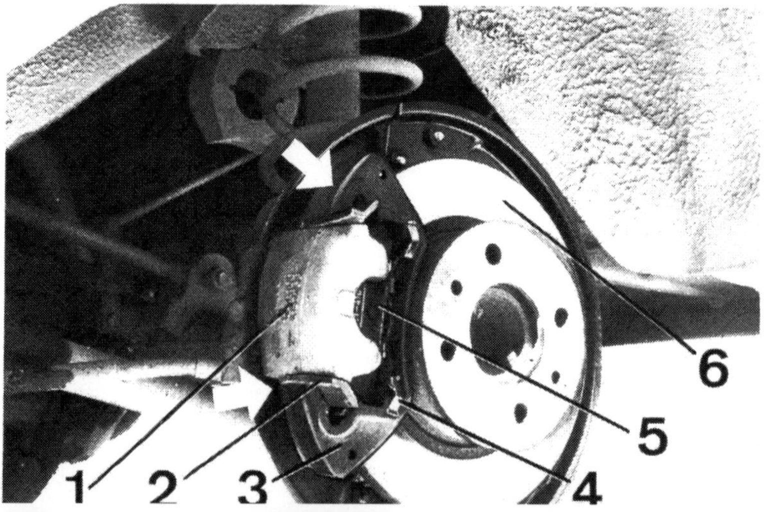

Während bei der Festsattelbremse, wie der Name sagt, der Bremssattel starr angeordnet ist und die beiden Beläge durch eine aufwendigere Bauart direkt vom Kolben betätigt werden, ist die Schwimmsattel-Bremse in der Herstellung billiger. Sie hat den Nachteil, daß diese Beweglichkeit der Bremsklötze von Schmutz beeinträchtigt werden kann, ja, daß sie sogar klemmt. Andererseits ist es möglich, daß sie klappert. Um sicher zu sein, daß die Bremsen immer einwandfrei arbeiten, müssen sie hin und wieder auf übermäßige Verschmutzung kontrolliert werden, wobei man zugleich noch weitere Mängel entdecken kann.

Bremsbeläge prüfen

Pflegearbeit Nr. 6

Im Gegensatz zur Festsattel-Bremse, bei der man die Bremsbelagstärke relativ einfach ohne Ausbau der Beläge feststellen kann, muß zu dieser Prüfung beim Fiat der Bremssattel abgenommen werden. Doch auch diese Arbeit kann von einem praktisch veranlagten Fahrer ausgeführt werden, natürlich mit der Sorgfalt, welche die Verkehrssicherheit unbedingt voraussetzt.
Nach Lockern der Radmuttern wird der Wagen an der betreffenden Seite mit dem Bordwagenheber hochgebockt (Gang einlegen, auf unebenem Boden Steine hinter die übrigen Räder) und das Rad wird abgenommen. Zur Kontrolle an Vorderrädern schlägt man die Lenkung in die dem Rad entgegengesetzte Richtung, damit der Bremssattel besser zugänglich ist. Die Radkappe dient zur Aufnahme der Radbolzen und der anderen noch zu demontierenden Teile.
Ober- und unterhalb am Bremssattel sitzen zwei winklig gebogene Metallplatten, die sogenannten Gleitsteine, die je durch zwei schlauchförmige Splinte gegen seitliches Verrutschen gesichert sind. Seit Ende 1969 greifen diese Splinte durch eine rechteckige Stahlklammer, die den Sitz der Gleitsteine besser garantiert als die frühere Konstruktion, bei der sich die Splinte lediglich gegen den Bremsträger abstützten. Dabei ist es wichtig, den guten Zustand der Splinte (Rost!) festzustellen, da ein gebrochener Splint den Gleitstein bereits herauswandern lassen kann, wonach sich, wie wir gleich sehen werden, der Bremsklotz samt Belag während der Fahrt entfernt. Danach ist die Bremswirkung – zumindest an diesem Rad – gleich Null.
Die vier Splinte lassen sich leicht mit einer Zange herausziehen. Um die Gleitsteine wegnehmen zu können, müssen sie meist mit dem Hammerstiel etwas locker geklopft werden; mit einer Rohrzange gepackt, kann man sie nach vorne wegziehen. Schon bei Herausnahme eines Gleitsteins stellt man fest, daß sich der Bremssattel lockert. Hat man den zweiten Gleitstein herausgezogen, kann man den Bremssattel seitlich wegnehmen. Gleichzeitig

An der linken Vorderradbremse wurde der untere Gleitstein (1) zum Zweck der Demonstration etwas herausgezogen, der linke Splint (2) locker wieder aufgesteckt und der rechte Splint entnommen. Bei den Bremsen ab 1968 sichert die Klammer (3) die Splinte des Gleitsteins, der zwischen Bremsträger (4) und Klammer sitzt und durch den darüber befindlichen, entsprechend winkligen Bremssattelträger geführt wird.

werden die beiden Bremsbeläge frei, die von einer länglichen Blattfeder im Bremssattelträger festgehalten sind. Bei den Vorderrädern kann man den Bremssattel am Bremsschlauch nach unten hängen lassen (besser noch ist es, wenn er oben auf dem Sattelträger liegt.) Der Bremssattel der Hinterräder ist noch mit dem Hebel des Handbremsseils verbunden. Das Seil greift durch eine Gabel am Bremssattel in den Handbremshebel, der in Verlängerung des Bremskolbens in die Schutzkappe mündet, und muß an beiden Stellen ausgeklinkt werden.

Bei der Demontage soll man sich genau die Stellung der Gleitsteine und der im vorletzten Abschnitt erwähnten Stahlklammern einprägen, um den Zusammenbau wieder richtig vornehmen zu können. Notfalls muß man sich bei einem anderen Rad den Zusammenhalt der Teile nochmals ansehen. Wichtig ist es auch, die beiden Bremsklötze nicht zu verwechseln, da sich der Bremsbelag auf die Bremsscheibe eingebremst hat. Als Folge beim falschen Einbau wäre eine quietschende Bremse noch das kleinere Übel, die schlechtere Bremswirkung der an die andere Seite der Bremsscheibe gewöhnten Beläge wäre ein zwangsläufiges Resultat.

Die Bremsbeläge

Die Bremsbeläge bestehen aus der Trägerplatte und dem eigentlichen Belag, die miteinander verklebt sind. Bis zum Herbst 1969 wurden für vorne und hinten Beläge mit einer Stärke von 8,5 mm verwendet, dagegen baut man seitdem vorne 7,5 mm und hinten 12 mm starke Beläge (ohne Platte gemessen) ein. Weniger als 1,5 mm soll die Belagstärke nicht betragen, und schon gar nicht darf das Metall der Platte mit der Bremsscheibe in Berührung kommen. Durch die große Hitzeentwicklung beim Bremsen könnten Platte und Scheibe miteinander verschweißen, was zum Blockieren des Rades führt, zumindest aber wird die Bremsscheibe riefig. Natürlich ist die Bremswirkung in diesem Zustand schon sehr mäßig.

Im Zweifelsfall kann man seitlich Schmutz und Rost wegputzen, um die Stärke des Belags besser zu erkennen. Außerdem verläuft durch die Mitte des Belags eine Nut, die fast bis zum Grund des Belags reicht. Sie soll Belagabrieb und Staub aufnehmen; ist sie nicht mehr vorhanden, muß der Belag erneuert werden.

Sind neue Beläge fällig, sind diese bei der Fiat-Werkstatt oder bei bekannten Belagherstellern (Textar, Jurid usw.) unter Angabe des Fahrzeugtyps nebst Baujahr erhältlich. Es ist ratsam, härtere Beläge einer weicheren Qualität vorzuziehen, da das harte Material eine bessere Bremswirkung aufweist und die Neigung zu leichterem Quietschen oder Pfeifen in Kauf genommen werden

Ein typisches Merkmal, vor allem an den Felgen der Vorderräder, ist der schwärzliche Bremsabrieb, der sich leicht abwischen läßt. Zwar kann besonders starker Abrieb der Beläge an einem Fiat 124 auf eine besonders scharfe Fahrweise seines Lenkers hindeuten, andererseits sollen die guten Bremseigenschaften des Autos auch ausgenutzt werden, tadelloser Zustand der Bremsen vorausgesetzt.

sollte. An allen vier Bremsen darf nur eine Bremsbelagtype verwendet werden; die verschiedenen Typen sind durch unterschiedliche Farbstriche zu erkennen.
In den ersten Jahren hatte man bei Fiat für das 124er-Modell weichere Beläge vorgesehen, die eine größere Abnutzung mit sich brachten. Mit Übernahme der Bremssättel vom Typ 125 – seit Herbst 1969 – kamen auch härtere Beläge in Anwendung. Dennoch ist ein Verschleiß des Bremsbelags schon nach 12 000 bis 15 000 km durchaus möglich, und auch gemäßigte Fahrer kommen selten auf 25 000 km pro Scheibenbremsbelag.
In diesem Zusammenhang sei auf die bei den Fiat-Modellen normalerweise starke Verschmutzung der Felgen durch Bremsbelagabrieb hingewiesen. Scharf gebremste, also auch scharf gefahrene Wagen erkennt man an den schwarzen Felgen, besonders vorne.

Der Zusammenbau

Der Zusammenbau der Bremssattel erfolgt in der umgekehrten Reihenfolge wie eben beschrieben. Werden neue Beläge eingesetzt, muß der Kolben des Bremszylinders, der im Bremssattel sitzt, nach innen gedrückt werden. Er darf nicht verdreht sein: Die Strich-Markierung muß in Richtung des oben sitzenden Entlüftungsnippels zeigen. Alle Teile sind zu reinigen, aber keinesfalls darf Benzin, Petroleum oder irgendein mineralisches Öl verwendet werden. Wasser und Bürste genügen vollauf, und Roststellen sind vorsichtig mit feinem Sandpapier zu glätten. An Tankstellen gibt es blaue ATE-Bremspaste in Tuben, mit der die gesäuberten Teile (außer den Belägen!) eingeschmiert werden können, wodurch sich das Zusammenfügen erleichtert.
Da der Bremssattel auch nach Einschieben des ersten Gleitsteins nach beiden Richtungen etwas seitlich verschoben werden kann, wird der zweite Gleitstein in der günstigsten Position dann eingesetzt, wenn man die Stahlklammer mit einem Schraubenzieher nach der Radmitte hin abhebelt. Mit dem Hammerstiel kann man schwergängige Gleitsteine bis zu ihrer endgültigen Stellung klopfen.

Zustand der Bremsscheibe

Während der Arbeit des Prüfens oder Auswechselns der Belagklötze, aber auch unabhängig davon, sollte der Zustand der Scheibenbremse (bei abgenommenem Rad) kontrolliert werden. Die Bremsscheibe darf keine zu tiefen Rillen aufweisen. Bläuliche Verfärbungen sind unbedenklich. Bei einem Neuwagen beträgt die Stärke der Bremsscheibe 10 mm und darf nach einem einmaligen Abschleifen durch die Werkstatt 9,5 mm betragen. Die Scheibe ist abgenutzt, wenn sie 9 mm erreicht hat. Der Seitenschlag ist bis 0,15 mm zulässig, doch kann dies nur mit einer Meßuhr festgestellt werden.
Gleichzeitig ist zu prüfen, ob am Bremssattel Bremsflüssigkeit austritt, und auf Verschmutzung ist zu achten.

Bremsen entlüften

Wenn sich das Bremspedal zu tief durchtreten läßt, ist Luft in der Bremsleitung (falls die Beläge nicht am Ende sind). Man kann die Luft leicht feststellen, wenn das Pedal beim Betätigen federt oder wenn die richtige Bremswirkung sich erst nach einigem »Pumpen« des Pedals einstellt. Dann muß die Leitung so bald wie möglich entlüftet werden.
Vor dem Entlüften ist zuerst zu kontrollieren, ob der Stand der Bremsflüssigkeit im Behälter an der linken Spritzwand richtig gefüllt ist. Zu tief abgesunkener Stand kann Luft eindringen lassen.
Vor dem Entlüften sollte schierheitshalber noch geprüft werden, ob die sogenannte Bremsdruckstange, die zwischen Bremspedal und Hauptbremszylinder (an der Motorraumabschlußwand) sitzt, ein gewisses Spiel aufweist. Ist dieses

Dieses trommelförmige Gebilde ist die Unterdruck-Servobremse am Fiat 124 Special, wie sie auch beim Normal im Oktober 1970 in Turin vorgestellt wurde. Vorn am Bremshilfsgerät sitzt der Hauptbremszylinder mit den abzweigenden Bremsleitungen. Der Pfeil weist auf den Plastikschlauch zum darüber hängenden Vorratsbehälter der Bremsflüssigkeit; der rechts an dem Servogehäuse angeschlossene dicke Schlauch führt zum Vergaser (vergleiche Bild Seite 88).

Spiel nicht vorhanden, schleifen die Bremsbeläge ständig, was zu Hitzeentwicklung führt oder die Bremse blockiert. Doch darf das Spiel auch nicht zu groß sein: Der zulässige Leerweg am Bremspedal soll ein Viertel bis höchstens ein Drittel des Gesamtweges betragen.

Nun zum Entlüften. Durch diese Maßnahme soll, wie schon der Name verrät, die Luft wieder aus der Bremsanlage herausgebracht werden. Der zweite Mann drückt mit dem Bremspedal pumpenderweise die Flüssigkeit aus den Leitungen, und zwar so lange, bis sie keine Luftbläschen mehr mit sich bringt. Die Reihenfolge für das Entlüften (rechtes Hinterrad, linkes Hinterrad, rechtes Vorderrad, linkes Vorderrad) wird oft von Werkstätten eingehalten, um die Luft aus den längeren Leitungen nach hinten eher entweichen zu lassen; vorn ist es dann meist weniger Aufwand. Im Grunde spielt es aber keine Rolle, in welcher Reihenfolge die Bremsen entlüftet werden.

Dann sieht der Gang der Handlung folgendermaßen aus: Entfernen der Schutzkappe von den dafür vorgeschriebenen Entlüfterventilen (diese vorher mit Lappen von Schmutz säubern) – Schlauch über den Ventilnippel schieben – Schlauchende in Glasgefäß (altes Marmeladenglas, kleinere Flasche) stecken. Das Gefäß muß schon mit Bremsflüssigkeit gefüllt sein, damit beim folgenden »Pedalpumpen« keine Luft in die Leitung zurückgesaugt wird. Das Schlauchende muß also in der Flüssigkeit liegen. – Mit Gabelschlüssel Entlüfterventil etwa eine halbe Umdrehung lösen. – Auf Zuruf des Mannes am Rad fängt der Mann mit dem Bremspedal zu pumpen an (schnell treten, langsam zurückkommen lassen). – Beobachtet der erste Mann, daß mit der Flüssigkeit keine Luftblasen mehr herausgedrückt werden, ruft er »halt!«. – Der zweite Mann hält Pedal in seiner tiefsten Stellung – Der erste schließt das Entlüfterventil – Schlauch abziehen, Staubkappe (gesäubert) wieder aufsetzen.

■ Nach jeder Radentlüftung ist der Bremsflüssigkeits-Vorratsbehälter wieder aufzufüllen. Luft gerät wieder in Leitungen, wenn das Niveau zu weit absinkt.

■ Original-ATE-Bremsflüssigkeit gibt es in der Werkstatt oder in jedem Zubehör-Geschäft zu kaufen, der Liter zu etwa 8,50 DM.

Der Bremsregler

Rechts über der Hinterachse sitzt am Karosserieboden der Bremsdruckregler für die Hinterräder. Er differenziert den vom Hauptbremszylinder (an der Spritzwand im Motorraum) herausgeschickten Bremsdruck, der auf die hinteren Bremsen wirkt, gegenüber dem Bremsdruck an den Vorderrädern. Betätigt wird der Bremsdruckregler durch die Bewegungen der Hinterachse, die über einen mit ihr verbundenen Drehstab einen Kolben bewegt. In dem Regler

befinden sich zwei Kammern, die von der Bremsflüssigkeit durchflossen werden. Ein Kolben ermöglicht je nach Stellung den unterschiedlichen Durchflußquerschnitt in der Kammer für die Hinterradbremsen.
Zwar haben die hinteren Radbremszylinder einen geringeren Durchmesser als die vorderen, was ohnehin eine stärkere Bremswirkung der Vorderräder bewirkt. Aber ein Auto muß vorne wirksamer bremsen als hinten, da sich ein Teil des Wagengewichtes beim Verzögern nach vorn verlagert. Dadurch wird die Hinterachse entlastet, sie kann also »überbremst« werden und den Wagen schleudern lassen, wenn nicht der Bremsdruckregler den Druck nach hinten drosselt. Der Bremsregler ist wenig anfällig und bedarf keiner Wartung. Reparaturen kann nur eine Werkstatt ausführen.

Die Unterdruck-Servobremse

Die Bremsanlage des Fiat 124 Special unterscheidet sich von der Normalanlage (bis Baujahr 1970/71): Der Wagen hat zwischen dem Bremspedalhebel und dem Hauptbremszylinder einen Bremsverstärker (Servobremse). Er verringert den erforderlichen Pedaldruck. Meistens haben schwerere Wagen als der Fiat 124 Special ein Servogerät, doch der Fiat macht hier eine rühmliche Ausnahme.
Dieser Bremsverstärker ist in zwei Kammern aufgeteilt, die jedoch mit der Bremsflüssigkeit nicht direkt in Verbindung kommen. In beiden Kammern – getrennt durch eine Membrane – herrscht normalerweise Unterdruck. Bei Betätigung des Geräts (von der Pedalseite her, wenn also die Bremse getreten wird) strömt in die kleinere Kammer Außenluft, deren Druck sich auf die Membrane fortpflanzt. Die Membrane drückt den luftverdünnten Raum der trommelförmigen großen Kammer, die über eine Leitung mit dem Ansaugrohr des Motors verbunden ist, zusammen und verstärkt dadurch den Druck auf den angeschlossenen Hauptbremszylinder. Die mit Servobremsen ausgerüsteten 124-Modelle haben seit Ende 1970 zudem einen doppelten Bremskreis, der auf einer Umgestaltung des Hauptbremszylinders beruht. Bei Ausfall eines Bremskreises steht dann noch der zweite Bremskreis zur Verfügung.
Bei stehendem Motor liefert der Servo keine (zusätzliche) Bremskraft, deshalb muß man z. B. beim Abschleppen kräftiger aufs Bremspedal treten.
Irgendwelche Mängel an dem Unterdruck-Servobremsgerät kann nur die Fachwerkstatt beheben.

Die Handbremse

Als die Autos noch nicht über die heutigen Leistungen verfügten und die allgemeine Bremsanlage gerade jenem Standard entsprach, war die Handbremse noch eine Betriebsbremse, mit der man auch während der Fahrt bremsen konnte. Leider blieb sie auf ihrer Entwicklungsstufe stehen. Sie gilt

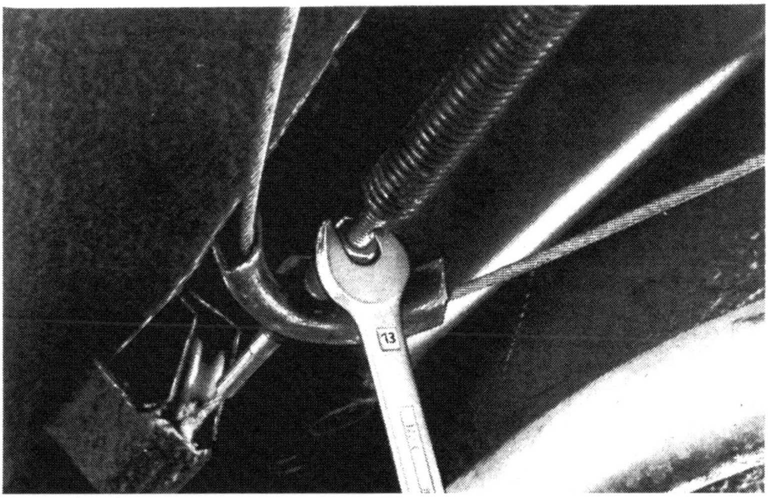

Unter dem Wagenboden, direkt neben der Kardanwelle, läßt sich die Handbremse nachstellen. Dazu sollen die Hinterräder frei hängen, damit durch Drehen an den Rädern die Bremswirkung geprüft werden kann. Nach Lösen der Kontermutter wird die Stellmutter angezogen, wodurch sich die halbkreisförmige Seilführung nach vorne schiebt und das zu beiden Hinterrädern reichende Seil gespannt wird.

im zeitgenössischen Wagen nur noch als Feststell- und als Notbremse, der man freilich keine hohe Beanspruchung zumuten kann. Hinzu kommt, daß die Scheibenbremsen nicht die Selbstverstärkung der Trommelbremsen aufweisen, das heißt, man muß den auf Scheibenbremsen angreifenden Handbremshebel sehr kräftig anziehen, um den Wagen überhaupt zu arretieren. Bei ausgefallener Fußbremse kann diese Handbremse kaum noch als wirkungsvolle Notbremse bezeichnet werden.
Probieren Sie einmal (auf ganz freier Straße), den Wagen aus mäßigem Tempo nur mit der Handbremse zum Stand zu bringen. Sie werden sich zumindest zwei Handbremsen wünschen, wobei der Fiat im Vergleich zu anderen Fabrikaten noch nicht einmal besonders schlecht abschneidet.
Sie werden sich also die vom Gesetzgeber vorgeschriebene zweite Bremse etwas näher ansehen und werden bemerken müssen, daß die Bremse entweder nicht zieht oder daß die Beläge dauernd schleifen, wenn sie zu stramm eingestellt ist. Versuchen wir, einen goldenen Mittelweg zu finden.
Zuerst einmal sollten Sie sich abgewöhnen, bei jedem Verlassen des Wagens die Handbremse anzuziehen. Das dehnt auf die Dauer die Seile. Am Berg legt man zum Feststellen einen kleinen Gang ein, und in der Stadt, auf ebener Straße, sollte man das Auto überhaupt nicht blockieren. Der nachbarliche Verkehrsteilnehmer muß vielleicht noch Parken und Rangieren lernen, und bei einem Stupser rollt Ihr Fiat dann eben ein Stückchen weiter. Es kann aber auch sein, daß es während Ihrer Abwesenheit im Haus, vor dem das Auto steht, brennt: Die Feuerwehr zerrt ohne Ansehen Ihren Wagen fort, was dem bei eingelegtem Gang oder auch nur mit gezogener Handbremse bestimmt mißfällt.

Handbremse einstellen

Pflegearbeit
Nr. 5

Üblicherweise beträgt das Spiel im Handbremshebel fünf Zähne der Einrastung (man kann es hören), ehe die Bremse zieht. Sie soll aber schon ab viertem Zahn ihre feststellende Wirkung haben. Dazu läßt man den Handhebel in der Raste Nr. 3 einklinken und begibt sich unter das hochgebockte Auto.
In der Mitte des Karosseriebodens sieht man das Bremsseil V-förmig in einem Rohrbogen von der nach hinten gerichteten Rückzugfeder und von vorn durch die Zugstange des Handhebels festgehalten. Mutter und Gegenmutter (beide SW 13) auf dem Ende der Zugstange bestimmen die Spannung des Seils, und wenn man die hintere Mutter lockert, läßt sich die andere auf dem Gewinde weiter festdrehen, bis das Seil völlig straff ist. Danach wird die Kontermutter wieder angezogen.
Will man die Handbremse noch strammer einstellen, müssen die Seilenden an den Hebeln der beiden Bremssättel ausgehakt werden. Dann sind die Hebel mit der Hand zu spannen (Vorsicht, damit die Druckbolzen nicht brechen!), und ein zweiter Mann pumpt mit der Fußbremse, wodurch das letztmögliche Spiel in den Bremssätteln ausgeglichen wird. Das Seil ist danach unter gleichzeitigem Anziehen der Stellmuttern wieder einzuhängen.

Fingerzeige: *Scheibenbremsen ziehen erwärmt am besten. Sie sollen also auch während freier Fahrt öfter leicht angetippt werden.*
Wissen Sie, ob das Stopplicht beim Bremsen noch brennt, wenn Sie die Zündung ausgeschaltet haben? Das ist nicht bei allen Wagen gleich. Da es Leute gibt, die zu ihrem Abstellplatz die letzten 100 m mit abgestellter Zündung rollen, sollte man das wissen. Wie ist das bei Ihrem Auto?

Die Störung	— ihre Ursache	— ihre Abhilfe
A Wagen zieht nach rechts oder links beim Bremsen	1 Reifendruck ungleichmäßig	Korrigieren bei kalten Reifen
	2 Bereifung ungleichmäßig abgenutzt	Reifen so untereinander auswechseln, daß auf jede Achse gleichmäßig abgenutzte Reifen kommen.
	3. Verschmierte Beläge	Beläge erneuern, jeweils bei beiden Rädern einer Achse
	4 Schwimmsattel verschmutzt oder festgerostet	Säubern und gängig machen
B Bremsen quietschen	1 Staub und Schmutz am Bremssattel	Mit Preßluft ausblasen und mit Bürste säubern
	2 Federn der Bremsbeläge gebrochen	Federn ersetzen
	3 Bremsscheibe hat Schlag	Erneuern
C Pedalweg zu groß	1 Beläge abgenutzt	Beläge erneuern
	2 Bremsscheibe hat Schlag	Auswechseln
D Pedalweg zu groß und federndes Durchtreten	Luft in Bremsanlage, evtl. Bremsflüssigkeit im Vorratsbehälter zu tief abgesunken	Bremsen entlüften, evtl. Vorratsbehälter auffüllen
E Pedalweg zu groß, trotz Lüftung	Schadhafte Gummidichtungen oder Bremsrohre dehnen sich aus	Beides auswechseln
F Pedalweg läßt sich ganz durchtreten, Bremswirkung läßt nach	1 Undichtigkeit in der Leitung	Anschlüsse kontrollieren, evtl. Leitung auswechseln
	2 Beschädigte Manschette im Haupt- oder Radzylinder	Manschette auswechseln (Werkstatt)
G Schlechte Bremswirkung bei hohem Fußdruck	Gummidichtungen verquollen	Bremsanlage waschen, Gummiteile und Bremsflüssigkeit erneuern, Entlüften
H Bremse zieht von selbst	1 Ausgleichsbohrung im Hauptzylinder verstopft	Hauptbremszylinder überholen (Werkstatt)
	2 Gequollene Manschetten, ungeeignete Bremsflüssigkeit	Bremsanlage spülen, Manschette auswechseln
	3 Bremsscheibe hat Schlag	Bremsscheibe zentrieren (Werkstatt)
I Bremsen schütteln	1 Beläge ungleichmäßig abgenutzt	Beläge auswechseln
	2 Bremsscheibe hat Schlag	Bremsscheibe zentrieren (Werkstatt)

Radiergummi für die Straße

Die Beine von Dolores sollen sehr schön sein. Ob Dolores aber auch Fußpflege treibt und keine Hühneraugen hat, sei dahingestellt. Bei Ihrem Fiat werden Sie sich weniger um das Aussehen, mehr um die Qualität der »Beine des Autos« kümmern müssen. Dazu wird Ihnen die Sorge der Wahl freilich in gewisser Beziehung schon vom Werk aus abgenommen, da serienmäßig eine ganze Reihe von verschiedenen Reifenfabrikaten montiert werden, unter denen Sie auch später die Ihnen am richtigsten erscheinenden aussuchen können.

In der Betriebsanleitung für Ihren Fiat, im Kraftfahrzeugbrief und im Kraftfahrzeugschein und im Kapitel »Technische Daten« dieses Buches steht verbindlich notiert, welche Größe der Reifen vorgeschrieben ist.

Die Reifen-Größen

Wenn Sie einen Fiat 124 kaufen, finden Sie ihn entsprechend nachfolgender Tabelle mit Reifen und Felgen ausgestattet:

Fiat-Modell	Diagonal-Reifen	Radial-Reifen	Felge
124 Normal	6.15 S-13 6.15/155 S 13 5.60 S-13	150 SR 13 155 SR 13	4½ J × 13 4½ J × 13 4½ J × 13
124 Special	— —	150 SR 13 155 SR 13	4½ J × 13 4½ J × 13
124 Kombi	160 SR 13	5.60 S-13	4½ J × 13

Was bedeutet die Reifenbezeichnung

Nach international gültigen Regeln wird die Reifengröße in englischen Zoll, in Millimetern oder gemischt in Zoll und Millimetern angegeben. Die erste Zahl der Größenangabe bezeichnet die Breite – oder besser gesagt, die Dicke des Reifens und läßt den Reifenexperten außerdem noch erkennen, um welchen Reifentyp es sich dabei handelt. Der Reifen 6.15 S – 13 ist also 6 Zoll breit, was genau genommen 152,4 mm wären (1 Zoll = 25,4 mm). Dementsprechend ist der in Millimeter und Zoll angegebene Reifen 155 SR 13 genau 155 mm dick.

Die letzte Zahl der Größenangabe bezeichnet den Innendurchmesser des Reifens und zugleich den Durchmesser der dazu passenden Felge. Außer in der französischen Reifenindustrie erfolgt diese Angabe in Zoll. Der Reifen 5.60 S – 13 hat demnach einen Innendurchmesser von 13 Zoll (Kurzzeichen für Zoll: "), was 330,2 mm entspricht, und die dazu passende 13"-Felge hat an der Auflage für den Reifenwulst ebenfalls 330 mm Durchmesser.

Zur Größenangabe genügen bereits die beiden erläuterten Zahlen, denn alle anderen Abmessungen jeder Reifengröße sind genormt, so daß alle Reifen mit gleicher Bezeichnung ohne Rücksicht auf die Marke darin, von erlaubten Toleranzen (und einigen ausländischen Reifenherstellern) abgesehen, gleich sind.

Unterschiedliche Reifentypen

Allerdings kann man die Reifenbreite nicht so ohne weiteres an seinen eigenen Reifen mit Zentimetermaß oder Abtastzirkel nachmessen, denn die jeweils zuständigen Normblätter geben in Wirklichkeit zumeist etwas abweichende Maße an. Diese »Falschangaben« haben in zahllosen Reifenkonstruktionen der zurückliegenden Jahre ihre Ursache. Da während dieser ganzen Zeit die Art der Größenbezeichnung gleich blieb, mußte man, um Verwechslungen zu vermeiden, vielfach von den wirklichen Reifenbreiten abweichende Angaben machen.

Diese Reifenentwicklung ist durch die Namen »Ballon-Reifen«, »Super-Ballon-Reifen«, »Niederquerschnitt-Reifen« und »Super-Niederquerschnitt-Reifen« gekennzeichnet. Der praktisch vergessene Ballon-Reifen der Vorkriegszeit war im Querschnitt so breit wie hoch, während der nachfolgende Super-Ballon-Reifen schon etwas breiter auf der Straße lag. Der Niederquerschnitt-Reifen hatte nur noch etwa 88 Prozent der Höhe, an der Breite gemessen. So kommt es z. B., daß der Niederquerschnitt-Reifen 6.00 S – 13 trotz der größeren Bezeichnung im Gesamtdurchmesser (601 mm) kleiner als der »kleinere«, noch viel verbreitete Super-Ballon-Reifen 5.90 – 13 (613 mm Gesamtdurchmesser) ist. Der Reifenfachmann kann nun an den Endziffern erkennen, ob es sich um einen Niederquerschnitt-Reifen (.00, .25, .50) oder um einen Super-Ballon-Reifen (.40, .60, .90) handelt. Die letzte Entwicklungsstufe sind die noch »satter« auf der Fahrbahn aufliegenden Super-Niederquerschnitt-Reifen, wie z. B. der Reifen 6.15/155 S 13. Bei diesem Reifen wird die Reifenbreite doppelt, in Zoll und Millimetern, angegeben, woraus einmal in diesem Zahlenwirrwarr erkennbar werden soll, daß es sich um einen Super-Niederquerschnitt-Reifen handelt und andererseits ein Hinweis gegeben ist, welche Gürtel-Reifengröße (die zumeist in Millimetern angegeben wird) statt diesem Reifen verwendet werden kann.

Diagonal- und Gürtel-Reifen

Die eben beschriebenen Reifentypen sind in ihrer Karkasse – das ist der Unterbau des Reifens – gleichartige »Diagonal-Reifen«. Die Fäden der verschiedenen Gewebeeinlagen liegen – sich kreuzend – diagonal zur Reifenachse übereinander. Da sie der althergebrachten Reifenbauweise entsprechen, bezeichnet man sie auch als »konventionelle Reifen«.

Zuerst in Frankreich zur Bedeutung gelangt, haben die Radial- oder Gürtel-Reifen im letzten Jahrzehnt zunehmend Verbreitung gefunden, und die Reifenindustrie sieht in ihnen den Reifen der Zukunft. Im Gegensatz zum schrägen Fadenverlauf in den Diagonal-Reifen hat der Gürtel-Reifen unter seiner Lauffläche einen ziemlich stabilen »Gürtel« aus verschiedenen Lagen feiner Stahl- oder Textilfäden. Diese Lagen können jeweils in verschiedener Fadenrichtung liegen.

Dieser Gürtel kann sich in seinem Durchmesser kaum verändern, so daß sich die Lauffläche nicht, wie bei den Normalreifen, mit wachsender Geschwindigkeit aufbaucht und die Bodenberührungsfläche kleiner wird. Dadurch gibt es in der Lauffläche bei der Berührung der Fahrbahn keine Querbewegungen, wodurch eine besonders gute Bodenhaftung entsteht und der Abrieb sehr gering gehalten wird. Dieser Gürtel-Reifen gibt hauptsächlich in den weichen Reifenflanken nach, so daß die Reifen oft den Eindruck machen, es fehle am richtigen Luftdruck. Trotzdem ist der Rollwiderstand etwas geringer, wodurch der Gürtel-Reifen etwas Benzinersparnis bringt.

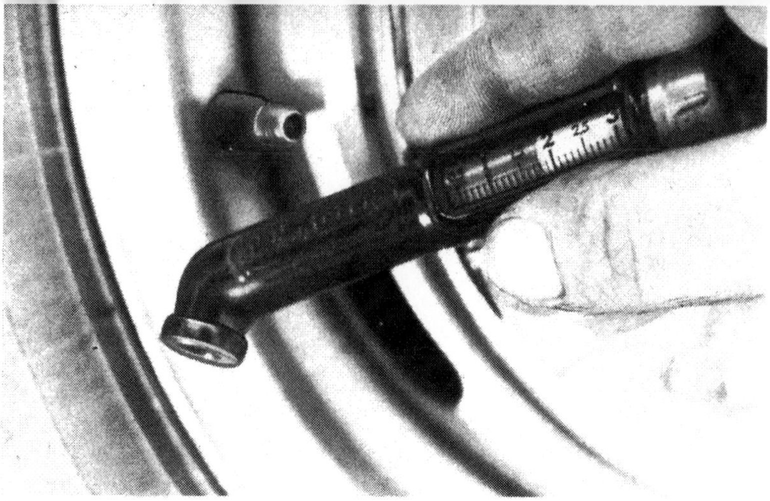

Ein eigener Reifendruckprüfer ist zur Kontrolle des Reifendrucks bei noch kaltem Reifen – vor Antritt der Fahrt – zu empfehlen. Durch Fahrt erwärmte Reifen zeigen höheren Luftdruck, der nicht abgelassen werden darf, aber auch keinen korrekten Vergleich zuläßt. Die Meßgenauigkeit des eigenen Reifendruckprüfers kann man von Zeit zu Zeit an einer gepflegt geführten Tankstelle mit dem großen Reifenfüllmesser durch eine Vergleichsmessung prüfen. Zu wenig Luftdruck schadet den Reifen in jedem Fall, dagegen ist höherer Luftdruck nicht so schädlich wie oft angenommen, da die Autowerke aus Gründen des Fahrkomforts meistens die niedrigen vertretbaren Reifendrücke anraten.

Ferner ist er im Winter wesentlich wirkungsvoller als der Normal-Reifen, so daß er in vielen Fällen die Anschaffung besonderer M + S-Reifen erspart. Vor allem zeichnet er sich durch sehr geringen Abrieb aus, da seine Lauffläche auf der Fahrbahn kaum walkt. So erreicht man mit Gürtel-Reifen wesentlich höhere Kilometerleistungen – sie liegen oft doppelt so hoch wie jene normaler Diagonal-Reifen. Aber einige Reifen haben einen Nachteil, der manchen Autofahrer stört und der auch beim Fiat 124 bemerkt werden kann: Sie dröhnen bei gewissen Geschwindigkeiten auf Kopfsteinpflaster, sind bei niedrigen Geschwindigkeiten lauter als Diagonal-Reifen und lassen querliegende Straßenfugen bis ins Lenkrad spüren. Die einheitlichen Fadenlagen der Karkasse bieten kaum Eigendämpfung.

Streng genommen müßte ein Auto bei Umrüstung auf Radial-Reifen mit strafferen Stoßdämpfern ausgestattet werden. Bis zum Herbst 1968 waren manche Besitzer des 124 Normal mit den montierten Gürtel-Reifen nicht sehr zufrieden, doch bietet die neue Starrachsführung ab Fahrgestell-Nr. 466 321 die Gewähr, auch im Normal-Typ die Vorteile des Gürtel-Reifens wie beim Special, der serienmäßig nur mit solchen Reifen geliefert wird, zu genießen.

Im allgemeinen werden Gürtel-Reifengrößen in Millimetern (und Zoll für die Felgengröße) angegeben. Aber inzwischen gibt es auch Gürtel-Reifen in Zoll-Größen. Um sie ganz eindeutig zu kennzeichnen, tragen sie in der Mitte der Größenangabe anstelle eines Bindestriches ein »R« (= Radial), also beispielsweise 155 SR 13 (die Erläuterung des Buchstabens »S« siehe übernächster Abschnitt).

Die Felgen-Abmessungen

Entsprechend den Reifengrößen findet man an den 124-Typen 13-Zoll-Felgen. Die Größenbezeichnungen der Felgen bedeuten:

4½ = Felgenmaulweite in Zoll, an der Felgenhornbasis quer zur Laufrichtung des Rades gemessen.

J = Formung des Felgenhorns nach Norm-Vorschrift.

x = Zeichen für Tiefbettfelge.

13 = Felgendurchmesser von Wulst zu Wulst, in Zoll gemessen.

Hier haben wir es ebenfalls mit Norm-Bezeichnungen zu tun, jedoch nur die für die Reifengröße wichtigen Felgenabmessungen, nicht aber die Art der Felgenbefestigung betreffend. Die Zahl der Radmuttern, die sogenannte »Schlüsseltiefe« der Felge usw. differieren trotz gleicher Norm-Bezeichnung von Automarke zu Automarke (z. B. hat der Simca 1000 LS ebenfalls 4½ × 13-Felgen). Beim Kauf von neuen Felgen ist also das Autofabrikat mit anzugeben.

Mit dem Umfang der Reifen wird die erreichbare Geschwindigkeit und die Tachometeranzeige beeinflußt. Die Eichung des Tachometers findet bei Benutzung neuer Reifen mit vorgeschriebenem Luftdruck statt. Abgefahrene Reifen haben einen kleineren Rollumfang, die Höchstgeschwindigkeit fällt ab, Anzugsvermögen und Steigfähigkeit können jedoch wegen der nun »günstigeren« Übersetzung durch kleinere Reifen etwas verbessert sein.

Reifenmaß und Geschwindigkeit

Die dünneren Reifen übermitteln dem Tacho eine vorgeschwindelte Wegstrecke, da sie ja schneller rollen müssen. Der erfreute Fahrer glaubt dann hoffentlich an keinen Leistungszuwachs seines Autos, vielmehr muß die höhere Tacho-Anzeige dem von den Reifen zwangsläufig erhöhten Rolltempo zugeschrieben werden. Im Gegensatz dazu können M + S-Reifen, auch die Eis-Reifen, wegen ihrer höheren Profilstollen einen etwas größeren Durchmesser und demzufolge auch einen um 1 bis 2 Prozent größeren Abrollumfang haben.
Nach der Norm-Tabelle sind normale Diagonal-Reifen in der 13-Zoll-Größe für Höchstgeschwindigkeiten bis zu 150 km/h zugelassen. Sie sind an dem Bindestrich zwischen den beiden Zahlen der Größenangabe erkennbar. Für den Fiat 124 Normal, der nur eine amtliche Höchstgeschwindigkeit von 145 km/h hat, wären also Reifen 6.15 – 13 ohne weiteres ausreichend. Wenn Fiat dieses Auto mit 6.15 S – 13-Bereifung ausstattet, so ist das ein zusätzlicher Sicherheitsfaktor.
Denn für schnellere Fahrzeuge mit einer Spitzengeschwindigkeit bis zu 175 km/h sind »Sport-Reifen« vorgeschrieben, die zur besonderen Kennzeichnung ein »S« (= Sport) zwischen den Zahlen tragen. Der dem Normal-Typ in der Geschwindigkeit überlegene Fiat 124 Special hat also in jedem Fall mit »S«-Reifen zu laufen.
Radial- oder Gürtel-Reifen sind schon von Haus aus für höhere Geschwindigkeiten zugelassen. Sie tragen mit Sommerprofil deshalb in der Regel die Kennbuchstaben »SR« und sind bis zu 180 km/h erlaubt, wie z. B. in der Größe 155 SR 13. Wer seinen Fiat auf von der Serie abweichende, höhere Geschwindigkeit frisiert, muß sich selbstverständlich in der Wahl der Reifen auf das gewonnene Ergebnis seiner Kunst abstimmen.

Reifendruck-Vorschriften

Pflegearbeit Nr. 1

Die Tragfähigkeit eines Reifens ist von seinem Reifendruck abhängig. Bei geringerem Luftdruck sinkt die Tragfähigkeit. Natürlich wird man nicht gleich auf den Felgenkanten bei zu niedrigem Reifendruck fahren, aber der Wagen liegt erstens schwammig und unsicher auf der Straße und zweitens geht zu geringer Luftdruck erheblich zu Lasten der Lebensdauer eines Reifens. Das läßt unsere Abbildung der Reifen-»Abdrücke« bei verschiedenem Luftdruck deutlich erkennen.
Als günstigste Kombination zwischen guter Straßenlage, gutem Fahrkomfort und guter Reifenlebensdauer hat Fiat folgende Luftdruckempfehlungen für Diagonal-Reifen ermittelt:

Belastung	Normal		Special		Kombi	
(Druck in atü)	vorne	hinten	vorne	hinten	vorne	hinten
Teilbelastung	1,4	1,6	1,7	1,8	1,5	1,7
Vollbelastung	1,4	1,8	1,7	1,8	1,5	2,2-2,5

Die Luftdruckempfehlungen für Gürtel-Reifen weichen von dieser für die Diagonal-Reifen maßgeblichen Tabelle teilweise etwas ab. Zumeist liegen sie bei den Vorderrädern um 0,2 atü und bei den Hinterrädern um 0,1 atü höher als die Luftdruckempfehlungen für Teilbelastungen. Bei Gürtel-Reifen wird überhaupt in dieser Beziehung kein Unterschied zwischen Teil- und Vollbelastung gemacht. Eine unterschiedliche Luftdruckempfehlung hat Fiat sowieso nur für den Normal und den Kombi gegeben, während für den Special ein einheitlicher Luftdruck vorgeschrieben ist. Für die Normal-Besitzer ist es nun keineswegs notwendig, bei anderer Belastung sofort zur nächsten Tankstelle zu fahren und sich dort den Luftdruck entsprechend herauf- oder heruntersetzen zu lassen, sondern der Luftdruck wird nach der hauptsächlichen Inanspruchnahme gewählt, wobei es kein Fehler ist, wenn stets der höhere Luftdruck gefahren wird. Das hilft überdies ein wenig, die Lebensdauer des Reifens zu verlängern, auch wenn man damit etwas unkomfortabler fährt als mit »weichem« Reifen. Bei flotter Autobahnfahrt soll man sowieso jeweils 0,2 atü höheren Luftdruck fahren und ebenfalls im Winter beim Fahren mit M + S-Reifen. Die Luftdruckerhöhung von 0,2 atü für besondere Fälle ist bei den Luftdruckempfehlungen für Gürtel-Reifen bereits inbegriffen.

Kalte Luft ist maßgebend

Der Reifendruck wird stets am kalten Reifen gemessen. Da der Druck schon nach wenigen Kilometern zügiger Fahrt um 0,2 oder sogar 0,4 atü ansteigen kann, wäre es falsch, beim nächsten Halt an einer Tankstelle den Luftdruck entsprechend zu erniedrigen. Denn diese Druckerhöhung durch Erwärmung ist von den Reifenkonstrukturen bereits einkalkuliert. Um den Reifendruck am kalten Reifen zu messen, ist deshalb der Erwerb eines eigenen Luftdruckmessers überaus empfehlenswert.

Wenn man keinen besonderen Verdacht auf mangelnden Luftdruck hat, ist es keinesfalls notwendig, täglich den Luftdruck zu prüfen. Alle ein oder zwei Wochen genügt es, denn ein moderner Reifen darf in sechs bis acht Wochen nur etwa 0,1 atü verlieren. Schnellerer Druckverlust bedeutet einen Defekt. Das zu häufige Luftdruckprüfen an den Tankstellen hat sogar auf die Dauer einen Nachteil. Bei dieser Tankstellen-Prüfung wird nämlich jedesmal zuerst ein kleiner Luftstoß in den Reifen gegeben. Dadurch wird zwangsläufig Kondenswasserdunst, Schmutznebel und Öldunst aus dem Gerät durch das Reifenventil gepreßt, wodurch auf die Dauer die Ventilnadel eine Schmutzkruste erhält und ihre Dichtfähigkeit nachläßt. Ein zu oft kontrollierter Reifen wird schließlich dauernd etwas Luft verlieren, ohne schadhaft zu sein.

Reifenzustand prüfen

Pflegearbeit Nr. 30

Schaffen Sie sich ein eigenes Luftdruck-Prüfgerät an, es sichert Ihnen stets gleichbleibende Meßgenauigkeit zu. Wenn Sie mit diesem Luftdruckprüfer bei der regelmäßigen wöchentlichen Prüfung Druckverluste an einem Reifen feststellen, müssen Sie sich den Schlauch Ihres Fiat etwas genauer ansehen.

Entweder kann das Ventil undicht geworden sein oder in der Reifendecke sitzt eine Glasscherbe oder ein Nagel, wodurch ein kleines Loch entstanden ist. Jedenfalls muß der Ursache des Druckverlustets nachgespürt werden, es hilft nichts, einfach Luft nachzupumpen. Wenn nämlich darauf nicht geachtet wird, kann die Instandsetzung eines Reifens nach einer Dauerschädigung unmöglich werden. Das würde dann einen neuen Reifen kosten.

Es kann auch nichts schaden, öfter als im Pflegeplan vorgeschrieben nach dem äußeren Zustand der Reifen zu sehen. Die beste Möglichkeit ergibt sich, wenn der Wagen in der Tankstelle zum Ölwechsel oder zu einer Unterwagenwäsche hochgebockt wird. Bei dieser Gelegenheit bohrt man mit einem kleinen Schraubenzieher Fremdkörper aus der Reifendecke und prüft nach, ob sie bereits ernsthaften Schaden gestiftet haben. Im Vordergrund der Reifenprüfung steht natürlich die Beobachtung der Reifenabnutzung. Sie können sehr zu-

Hier wird der Wert des richtigen Reifendruckes sichtbar. Links fehlt es an Luft: Der Reifenabdruck zeigt, daß sich die Profilmitte nach innen wölbt, die Reifenschultern werden vorzeitig verschlissen und der ganze Reifen wird durch übermäßiges Walken strapaziert. In der Mitte stimmt der Luftdruck: Gleichmäßige Auflage über die ganze Reifenbreite. Rechts zu hoher Luftdruck: Der stark gewölbte Reifen berührt nur in der Mitte die Fahrbahn, die Profilmitte wird vorzeitig verschlissen.

frieden sein, wenn jeweils die Reifen einer Achse über den gesamten Reifenumfang und über die gesamte Profilbreite gleichmäßig abgenutzt sind. Zeigt sich jedoch eine einseitige Abnutzung oder hat das Profil wellige Vertiefungen in regelmäßigen Abständen, dann ist am Fahrgestell oder am Rad selbst etwas faul.

In diesem Falle sollten Sie aber einen wirklichen Fachmann zu Rate ziehen, denn nur dieser kann durch die Art der ungleichen Reifenabnutzung erkennen, ob es sich um zu viel oder zu wenig Luftdruck, um unausgewuchtete Räder, um unwirksame Stoßdämpfer, um ausgeschlagene Gelenke, um Fehler in Vorspur oder Radsturz als Ursache handelt. Alle diese zahlreichen Fehlerquellen hinterlassen nämlich ihre individuellen Spuren auf dem Reifenprofil. Unter Umständen müssen dann die Räder abgenommen und neu ausgewuchtet werden oder die betreffende Achse ist zu vermessen. Das sind jedoch Arbeiten, die Ihnen auch mit guten Heimpfleger-Hilfsmitteln nicht möglich sein werden. Die Kosten, die Sie in Ihrer Werkstatt dafür entrichten, haben Sie mit der gewonnenen Reifenersparnis schnell hereingeholt.

Räder nicht austauschen

Fiat ist davon abgekommen, vorzuschreiben, nach gewisser Laufzeit die Räder untereinander auszutauschen, um einen gleichmäßigen Reifenverschleiß zu erzielen. Wir hielten ohnehin nichts davon, denn durch das Auswechseln der Räder werden Fehler der Lenkung, der Stoßdämpfer oder der Gelenke usw. verschleiert. Bestimmte Fehlerquellen haben dann nicht genügend Zeit, ihre Kennmarken auf dem Reifenprofil zu hinterlassen, an denen der Fachmann die Ursache feststellen kann.

Die Räder nicht auszutauschen – gleichmäßigen Abrieb vorausgesetzt – hat auch einen wirtschaftlichen Effekt. Da sich beim Fiat 124 in der Regel die angetriebenen und schwerer belasteten Hinterräder schneller abnutzen, sind diese zuerst zu ersetzen. Zumeist fällt es einem leichter, nur zwei statt vier Reifen auf einmal zahlen zu müssen. Beim ersten Reifenersatz hat man zusätzlich noch den neuwertigen Ersatzreifen, so daß sich die ersten Reifenkosten in beischeidenen Grenzen halten. Anders ist es allerdings, wenn man sein Fahrzeug auf Gürtel-Reifen umrüsten will. Da sich diese Räder mit Normal-Reifen zusammen nicht günstig fahren lassen, ist es besser, wenn der ganze Satz gleichmäßig abgefahren und auf einmal ausgetauscht wird.

Fingerzeige: *Zur pfleglichen Behandlung der Reifen gehört es, daß deren Ventile stets durch Kappen verschlossen sind. Sonst setzt sich dort Schmutz an, der beim nächsten Luftgeben zwischen Ventilnadel und Ventilwand geklemmt wird und zur Undichtigkeit führt.*

Verschmutzte Weißwand-Reifen reinigt man keinesfalls mit Benzin, Dieselkraft-

stoff oder Petroleum. Gummi nimmt solche Behandlung allgemein übel. Seifenwasser und Bürste sind bei Weißwand-Reifen eher angebracht. Noch besser sind die im Handel erhältlichen Weißwandreiniger.

Will man seinen schwarzen Reifen wieder schönen matten Glanz geben, hilft Schuhcreme wenig, denn sie haftet nur schlecht auf Gummi, und außerdem ist Terpentinöl für den Reifengummi schädlich. Besser ist dazu eine der Spezial-Reifenfarben, die man in Autozubehörgeschäften zu kaufen bekommt. Auch die Felgen erwarten gelegentlich einen prüfenden Blick. Anfahren an große Steine oder Bordkanten kann zu Beschädigungen am Felgenhorn (und an der Radaufhängung!) führen. Wenn die Felge nach Höhe und Seite um mehr als 1 mm »eiert«, muß sie ausgetauscht werden.

Radmuttern nachziehen
Pflegearbeit
Nr. 33

Die Radmuttern sollen alle 10 000 km auf ihren festen Sitz kontrolliert werden. Dazu genügt es, wenn man nach Abnahme der Radkappen sich mit einem Kreuzschlüssel (oder gekröpften Ringschlüssel) SW 19 vom festen Sitz der Muttern überzeugt. Sie dürfen nicht noch fester »angeknallt« werden, wenn sie nicht ohne mittlere Gewalt weiterbewegt werden können.

Der Radwechsel

Die Generation heutiger Autofahrer bleibt weitgehend von Reifenpannen verschont, »Plattfüße« haben Seltenheitswert bekommen. Deshalb ist der Umgang mit dem Wagenheber schon oft unbekannt, und festgerostete Radbolzen sind den Herren ein Greuel, für Damen eine Zumutung. Trotzdem muß man, um einen vielleicht noch guten Reifen nicht vollständig zu ruinieren, den Versuch zum Wechseln wagen. Schon nach wenigen hundert Metern Fahrt ist nämlich das Gewebe so verwalkt, daß jede Reparatur des Reifens unmöglich wird. Zur Vorbereitung auf diesen Ernstfall sollten Sie gelegentlich einer gründlichen Fahrzeugreinigung einmal eine Art Notstandsübung mit dem Wagenheber und Radmutterschlüssel vornehmen. Prüfen Sie vor allem öfter, ob Ihr Wagenheber noch leichtgängig ist. Vielleicht hat die Gewindespindel Rost angesetzt, was im Ernstfall keine Freude macht. Um den Wagenheber leichtgängig zu halten, sprühen wir gerne die Gewindespindel mit sogenanntem Unterbodenschutzwachs ein, das es zur Fahrgestellkonservierung in Sprühdosen zu kaufen gibt (Kapitel »Der Winterschutz«). Diese Wachsschicht schützt einerseits die Gewindespindel gegen Rost, ist außerdem so zäh, daß sie im Gegensatz zu dem andernfalls notwendigen dicken Fett bei Berühren keine Flecken gibt und erlaubt schließlich durch ihre Geschmeidigkeit doch eine gewisse Leichtgängigkeit der Gewindespindel. Setzen Sie auch einmal im Rahmen einer solchen Notstandsübung den Wagenheber, wie im Bild Seite 34 gezeigt, an der Karosserie Ihres Fiat 124 richtig an und heben Sie damit den Wagen hoch.

Und schließlich müssen Sie spätestens alle halbe Jahre mit der Radschraubenkurbel Ihres Bordwerkzeuges prüfen, ob Sie damit die Radbolzen an den vier Rädern Ihres Fahrzeugs überhaupt lösen können. Vielleicht sind sie festgerostet oder ein übereifriger Werkstatt-Fachmann hat sie beim letzten Mal mit einem sogenannten Schlagschrauber angedreht. In letzterem Fall sitzen die Radbolzen dann bombenfest und lassen sich mit dem einfachen Steckschlüssel des Bordwerkzeugs überhaupt nicht mehr lösen.

Wenn man auf den Gewindegang der Radbolzen etwas Fett aufträgt, bevor man die Radmuttern aufschraubt, sind Kraftanstrengungen bei späterem Radwechsel nicht mehr nötig.

Einfacher geht es mit einem Radschraubenschlüssel (Kreuzschlüssel), aber auch dessen Hebelarm muß man gelegentlich mit einem aufgeschobenen

Rohrstück verlängern. Der allgemein nicht sehr freudvolle Radwechsel geht nun so vor sich:

- Wagen möglichst auf ebenem und festem Boden anhalten
- Handbremse anziehen, kleinen Gang einlegen
- Räder der anderen Wagenseite mit Steinen oder Holz blockieren
- Radkappe mit einem kräftigen Schraubenzieher abhebeln
- Radbolzen (SW 19) um eine Umdrehung lockern
- Einsteckzapfen des Wagenhebers in die Steckhülse unter dem Wagenboden bis zum Anschlag einsetzen und Ersatzrad bereitlegen
- Fahrzeug hochkurbeln, bis defektes Rad vom Boden abhebt
- Die vier Radbolzen ganz abschrauben, in der Radkappe ablegen
- Rad abnehmen und Ersatzrad aufstecken
- Radbolzen über Kreuz gleichmäßig, zuerst leicht, dann abwechselnd so fest wie möglich anziehen
- Wagen ablassen, Wagenheber herausziehen
- Radbolzen über Kreuz fest anziehen und Radkappe mit Handballenschlag aufdrücken
- Defektes Rad und Wagenheber verstauen.

Entgegen der üblichen Regel halten wir es für besser, die Radschrauben bei noch nicht belastetem Rad fest anzuziehen. Das Rad zentriert sich dann besser, als wenn das Wagengewicht darauf lastet.

Manchmal kann man einen Radwechsel wenigstens zeitlich etwas verschieben, wenn man gewiß ist, daß die Luft nur langsam entweicht (Ventilschaden, poröser Schlauch). Für solche Zwecke kann man sich einen »Transfusionsschlauch« herstellen, der es ermöglicht, aus einem mit etwa doppelt des normalen Drucks aufgepumpten Reifen in den erschlafften Reifen Luft überzuführen. 1 Meter Kompressorenschlauch und zwei Luftschlauch-Klemmundstücke für dessen beide Enden, im Autozubehörhandel erhältlich, lassen sich zu einem hilfespendenden Requisit zusammensetzen und passen in jeden Winkel des Kofferraums.

Für diese Lufttransfusion muß natürlich ein mit wenigstens 4 atü aufgepumpter Reifen zur Verfügung stehen, den man an das mangelhaft aufgeblasene Rad rollt. Dann wird der Verbindungsschlauch mit beiden Mundstücken gleichzeitig auf die beiden Ventile gedrückt, und aus dem Hilfsrad strömt die Luft in den schwach gefüllten Reifen. Das nachlassende und schließlich aufhörende Füllgeräusch zeigt an, wenn der Druck in beiden Reifen gleich und der Pumpvorgang beendet ist. Je nach Defekt des montierten Reifens lassen sich noch mehr oder weniger bequeme Kilometer zurücklegen.

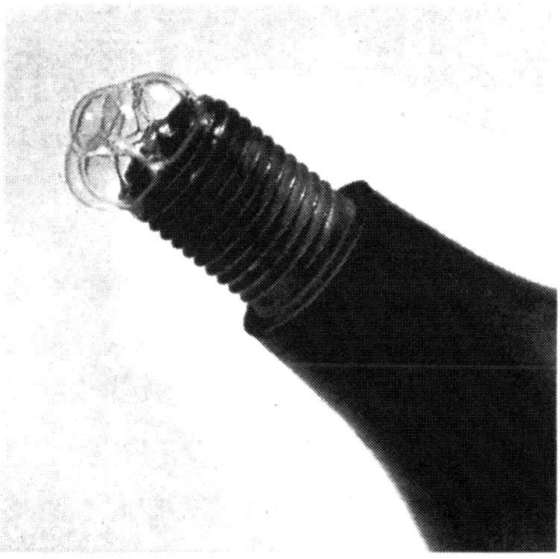

Wenn aus einem Reifen Luft entweicht, muß nicht gleich ein Loch schuld daran sein. Es kann auch am Ventil liegen. Man versucht es deshalb zuerst mit Spucke auf dem Ventil. Treibt es, wie auf unserem Bild, eine kleine Blase, ist das Ventil undicht. Eine neue Ventilnadel muß eingesetzt werden.
Als Ventilkappen sollte man nur solche aus Metall verwenden, die mit innerer Gummidichtung und oben mit gabelförmiger Verlängerung versehen sind, womit der Ventileinsatz herausgeschraubt werden kann.

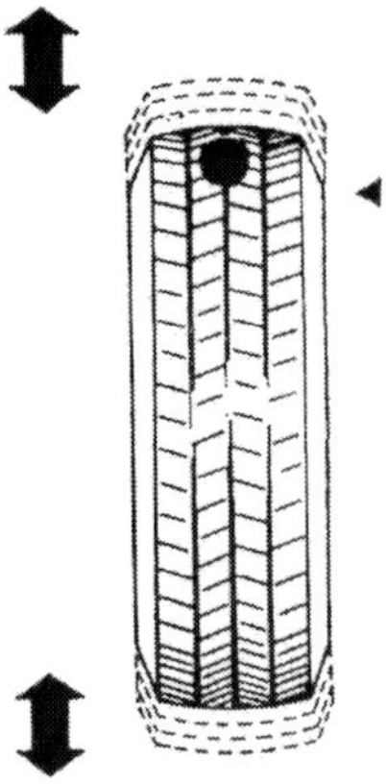

Unsere Skizze erläutert die Auswirkungen der Unwucht:
Die **statische** Unwucht erkennt man, wenn ein freihängendes, drehendes Rad immer mit der gleichen Stelle zu Boden sinkt und sich allmählich auspendelt. Folge: Das Rad hüpft während der Fahrt.

Die **dynamische** Unwucht ist durch Auspendeln des Rades nicht zu erkennen, denn sie liegt irgendwie schräg zur Radachse, so daß das schnellaufende Rad flattert und wackelt. Unausgewuchtete Räder führen zu schnellem Reifenverschleiß, unruhiger Lenkung und vorzeitiger Abnutzung der Radlager.

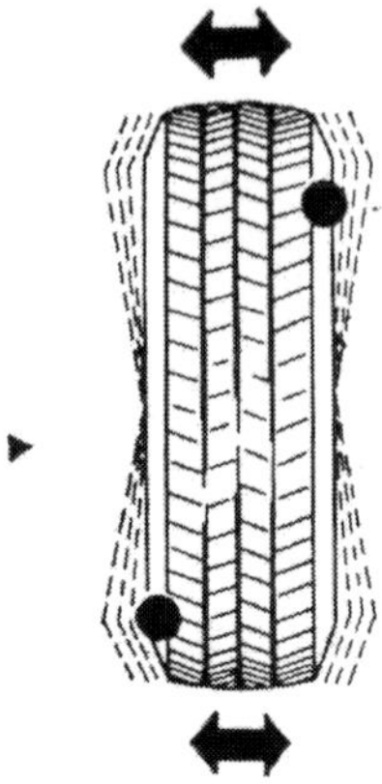

Freilich wird man nicht dauernd mit einem derart prall aufgefüllten Reservereifen herumfahren wollen. Die Methode als solche kann jedoch individuell gehandhabt werden. Vor allem eignet sie sich in dem Fall, wenn bei einem Wagen durch langes Stehen mehrere Räder luftleer geworden sind und wenn man einen Bekannten mit Wagen hat, der an der nächsten Tankstelle beliebig oft Luft »herbeiholen« kann, um in der beschriebenen Art das plattfüßige Auto wieder flottzubekommen.

Unwucht und Auswuchten

Gelegentlich überholt man andere Fahrzeuge, an denen ein Rad oder mehrere ständig wackeln oder springen, obgleich die Fahrbahn eben ist. Das kann seine Ursache an einem defekten Stoßdämpfer haben, der nicht mehr in der Lage ist, das Springen des federnden Rades zu verhindern. Sehr oft liegt dies jedoch an ungleicher Gewichtsverteilung bei dem betreffenden Rad. Diese ungleichmäßige Gewichtsverteilung nennt man Unwucht, von der es zwei Arten gibt: die statische und die dynamische. Die obenstehende Skizze gibt die Erklärung. Die Kräfte, die an unausgewuchteten Rädern auftreten, sind recht beachtlich. Die Kosten für das Auswuchten lohnen sich deshalb auf jeden Fall. Dazu müssen die Räder einzeln abgenommen und auf einer besonderen Auswuchtmaschine ausgewuchtet werden. Diese Maschinensysteme sind sehr unterschiedlich. Trotzdem erkennt man schnell, wie sie eine Unwucht anzeigen und kann durch Zuschauen die Qualität der Auswuchtarbeit unterstützen. In manchen Werkstätten stellt man nämlich die jüngsten Lehrlinge, denen es auf 20 Gramm mehr oder weniger nicht ankommt, an diese Maschine. Achten Sie auch beim Aufspannen des Rades auf die Maschine genau darauf, daß das Rad einwandfrei zentriert ist und mit allen vier Radbolzen – und nicht nur mit zwei oder drei – angeschraubt wird, sonst ergibt sich von vornherein eine Unwucht. Die Notwendigkeit des Nachwuchtens läßt sich mit feinem Fingerspitzengefühl am Vibrieren des Lenkrades erkennen. Wenn die Räder nachgewuchtet werden sollen, reißen manche Mechaniker gerne zuerst die angebrachten Ausgleichsgewichte ab und fangen dann von vorne an. Sie müssen verlangen, daß das Rad erst einmal zur Probe läuft. Vielleicht ist die Auswuchtung noch einwandfrei und Sie können sich einen Teil des Geldes für das Auswuchten – pro Rad zwischen 2,50 und 4 Mark – sparen.
Auch nach jeder Reifenreparatur sollte das betreffende Rad neu ausgewuchtet werden. Ein Flickstopfen im schlauchlosen Reifen verändert bereits die Unwucht. Eine Unsitte mancher Werkstatt ist es übrigens, die Ausgleichsgewichte auf der Felge zu belassen, wenn der Reifen regelrecht ab- und wieder aufmontiert werden muß.

Reifliche Überlegungen

Weder kann man mit Filzpantoffeln tanzen gehen noch mit Sandalen Alpengipfel erklettern. Ganz zu schweigen vom Loch in der Besohlung, das dem Fußwanderer allenfalls Schnupfen, dem Automobilisten aber noch Ernsteres bescheren kann. Schon die Annäherung an die amtlich gerade noch zugelassene 1-mm-Mindestgrenze des Reifenprofils wird außer einem sorgenvollen Blick auf die Haushaltskasse die Frage aufwerfen, welchem Reifentyp der Vorzug gegeben werden soll.

Da die Auswahl groß ist, das Problem der Neuanschaffung aber nicht über Nacht auftaucht (es sei denn, man hatte einen – seltenen! – Reifenplatzer, den man nur einzeln zu ersetzen braucht, und dann bleibt man natürlich beim alten Typ), hat man Muße, die Angebotspalette der Reifenhersteller zu studieren. Für diese oder jene Beanspruchung gibt es eine Reihe verschiedener Bauarten von Reifen, die in die Überlegungen einzubeziehen sind:

- Diagonal-Reifen
- Gürtel-Reifen
- Runderneuerte Reifen
- M + S-Reifen
- Eis-Reifen.

Wie lange müssen Reifen halten?

Wenn Sie wissen wollen, ob die Reifen der Erstausstattung lang genug gehalten haben, dürfen Sie nicht allein die zurückgelegte Kilometerstrecke ermitteln. Bei Reifen gleichen Typs spielen dabei die Unterschiede von Marke zu Marke übrigens keine so große Rolle wie die Entwicklungen des Fahrwerks und vor allem die Sorgfalt des Fahrers.

Wer mit allem Dampf um die Kurven fegt, Gas- und Bremspedal stets bis zum Bodenbrett durchtritt, braucht sich nicht zu wundern, wenn abgeriebene Gummikrümel seine Fahrspur markieren. Noch stärker wirkt sich erhöhter Reifenverschleiß durch zu niedrigen Luftdruck aus. Auch die Außentemperatur macht sich beim Reifenabrieb bemerkbar. Im Hochsommer können sich durch scharfe Fahrt heiß gefahrene Reifen viermal so schnell verschleißen als in gemächlicher Fahrt bei Frostwetter. Schließlich müssen Lenkung, Stoßdämpfer, Sturz, Spur, Nachlauf der Räder in Ordnung sein. Fehler in dieser Beziehung sind am außergewöhnlichen und einseitigen Reifenverschleiß vom Fachmann zu erkennen. Unterschiedliche Kilometerleistungen erbringen auch die verschiedenen Reifentypen. Am schnellsten verschlissen sind die modernen Eis-Reifen für den Winter mit eingesetzten Stahl-Spikes (was besonders unschön ist, weil gerade diese für den Winter so nützlichen Reifen bereits pro Stück wesentlich teurer als Normal-Reifen sind). Danach kommen die winterlichen M + S-Reifen, deren grobe Stollen nicht lange vorhalten.

Die sich nach der Beanspruchung ergebenden, oft sehr unterschiedlichen Kilometerleistungen reichen von 8000 km bis 40 000 km. Wir konnten jedoch einige

Erfahrungswerte für die Haltbarkeit der Reifen ermitteln, die sich auf eine dem Fiat angemessene Fahrweise bezieht. Immerhin ist es möglich, mit dem Fiat 124 Normal unter Verwendung folgender Reifen die angegebenen Strecken zu erreichen:

Diagonal-Reifen 6.15/155 S 13	18 000–25 000 km
Gürtel-Reifen 155 SR 13 (von Ceat, Pirelli, Conti usw.)	20 000–30 000 km
Stahlgürtel-Reifen 150 SR 13 (Michelin zX)	25 000–35 000 km
Stahlgürtel-Reifen 150/155 SR 13 (Michelin X)	28 000–40 000 km

Für den Fiat 124 Kombi liegen diese Werte etwas niedriger, wenn die zulässige Last häufiger ausgenutzt wird.
Der Fiat 24 Special erreicht mit

Textilgürtel-Reifen 155 SR 13 (z. B. Ceat, Pirelli)	20 000–30 000 km
Stahlgürtel-Reifen 150 SR 13 (Michelin zX, Michelin X)	25 000–35 000 km

Hier wie beim Normaltyp unterscheidet sich die Abnutzung der vorderen von den hinteren Reifen erheblich. So hielten von montierten Dunlop-SP-68-Reifen die vordere Garnitur 30 000 km und die hintere 20 000 km, und auch bei Kléber V 10 betrug die Differenz 10 000 km (25 000 : 15 000).
An dieser Stelle muß aber unmißverständlich darauf hingewiesen werden, daß sich die Qualität eines Reifens nicht nur durch seine Kilometerleistung bemerkbar macht. Ein abriebfester Reifengummi ist oftmals »hart« und dadurch in seiner Straßenhaftfähigkeit geringer. Diese ist jedoch beim Kurvenfahren und beim Bremsen, vor allem auf nasser Fahrbahn, von ganz besonderer Bedeutung. Da ist ein »weicher« Gummi besser, der aber andererseits nicht so abriebfest ist. Aus diesen Gegensätzen suchen die Reifenproduzenten den besten Kompromiß herauszuknobeln.
Die längste Haltbarkeit zeigen die Gürtel-Reifen. Man rechnet damit teilweise die doppelte Kilometerstrecke der Normal-Reifen. Das liegt aber in diesem Falle nicht an der Gummimischung, sondern an dem grundsätzlich anderen Aufbau der Gürtel-Reifen, der im letzten Kapitel schon besprochen wurde.

Beste Montagezeit im Herbst

Vielleicht überrascht es Sie, daß neue Reifen (auch frische runderneuerte) eingefahren werden müssen. Sie werden nämlich erst nach rund 500 bis 1000 km wirklich rutschfest, wenn die vorher vom Vulkanisieren sehr glatte Reifenoberfläche angerauht ist. Auch können bei neuen Reifen die noch hohen Profilstollen (bei Rundschulter- und Gürtel-Reifen etwa 8 mm, bei Winter-Reifen etwa 12 mm) unter gewissen Fahrbedingungen »umkippen«, so daß auch hierdurch die Rutschfestigkeit geringer ist.
Die beste Montagezeit ist für alle Reifen der Herbst. Im heißen Hochsommer werden die noch dicken Profilstollen vor allem bei scharfer Fahrt sehr heiß, was sich in erhöhtem Abrieb bemerkbar macht. Im Herbst laufen sich dagegen die Reifen unter günstigen Temperaturbedingungen ein und der erste Abrieb wird durch die Kälte vermindert. Solche Reifen haben bis zu 30 % längere Lebensdauer.

Serienmäßig Reifen mit Schlauch

Auf die Frage: Kann man auf seinen Fiat auch schlauchlose Reifen montieren, antworten wir mit Einschränkung: Ja. Fiat stattet serienmäßig die Wagen nur mit Schlauch aus, was von einer die Sicherheit bevorzugende Zurückhaltung zeugt, weil man nicht garantieren kann, ob die Schweißstellen an den Felgen luftdicht bleiben. Andere Kraftfahrzeughersteller nehmen lieber schlauchlose Reifen, weil deren Montage im Werk kostensparend ist. Dazu sind sie einfacher zu reparieren und brauchen nicht einmal von der Felge abgenommen zu werden, wenn man die Schadenstelle schnell findet.

Nach unserer Erfahrung geht es aber auch mit schlauchlosen Reifen auf Fiat-Wagen, und Sie brauchen keine Bedenken zu haben, wenn Sie bei schnellem Ersatzbedarf nur einen schlauchlosen Reifen passender Größe an der nächsten Tankstelle oder Werkstatt erhalten können. Wir möchten aber ausdrücklich davor warnen, in diesem Falle in den Reifen, der entweder mit »schlauchlos« oder »tubeless« gekennzeichnet ist, zusätzlich einen Schlauch zu montieren. Die Decke ist in diesem Falle zu luftdicht, es bilden sich leicht beim Montieren zwischen Schlauch und Reifen Luftkissen, die den Schlauch in der Decke wandern lassen, zu starker Überhitzung und einem gefährlichen Reifenplatzer führen können.
Gürtel-Reifen sollte man allerdings nicht in schlauchloser Ausführung auf Fiat-Felgen montieren, denn diese schlauchlosen Gürtel-Reifen erfordern eine besondere Felgen-Formung, die sogenannte Hump-Felge, andernfalls können bei zu niedrigem Reifendruck und extremen Fahrbedingungen (z. B. Schleudern bei einem Ausweichmanöver) diese Reifen von der Felge gepreßt werden.

Mitbestimmung des TÜV

Noch eine Frage bewegt viele Autofahrer beim Reifen-Ersatzbedarf: Könnte man nicht sein Auto auf andere Reifengrößen stellen? Man hört da so viel von verbesserter Straßenlage, Benzinersparnis, mehr Kilometern und schnellerer Kurvenflitzerei. Ganz recht, das gibt es, und wir kommen noch in den nachfolgenden Abschnitten auf die einzelnen Möglichkeiten zu sprechen.
Entscheidend ist bei diesem Reifenaustausch aber auch, ob der Technische Überwachungsverein bei der regelmäßigen Fahrzeugüberprüfung damit einverstanden ist. Dort hält man sich seit einiger Zeit mehr oder weniger pingelig an das, was im Kraftfahrzeugschein über die Reifengröße geschrieben steht, und schickt ohne Furcht Autobesitzer nach Hause, die nicht mit der richtigen Reifengröße zum Appell angetreten sind. Auch läßt man sich nur selten auf eine Diskussion über den im Kraftfahrzeugschein gebrauchten Ausdruck »Mindestgröße« des Reifens ein, wenn man mit einer dickeren Reifenschwarte angerollt kommt. »Mindest« ist dort nicht mindest, sondern zugleich »höchstens«. Damit sind andere Reifengrößen aber noch nicht verboten. Nur verlangt man dazu beim TÜV eine technische Unbedenklichkeitsbescheinigung des Kraftfahrzeugherstellers, in diesem Falle also von der entsprechenen Abteilung von Fiat, Heilbronn. Man muß also – am besten, bevor man die Reifen gekauft hat – einen Brief an die Deutsche Fiat AG, Abteilung Kundendienst, 71 Heilbronn, Postfach 270, richten und darin mitteilen, welches 124-Modell man besitzt (Fahrgestell-Nummer angeben!) und auf welche Reifen man es stellen möchte. Dann erhält man, wenn Fiat nichts gegen den Reifenplan

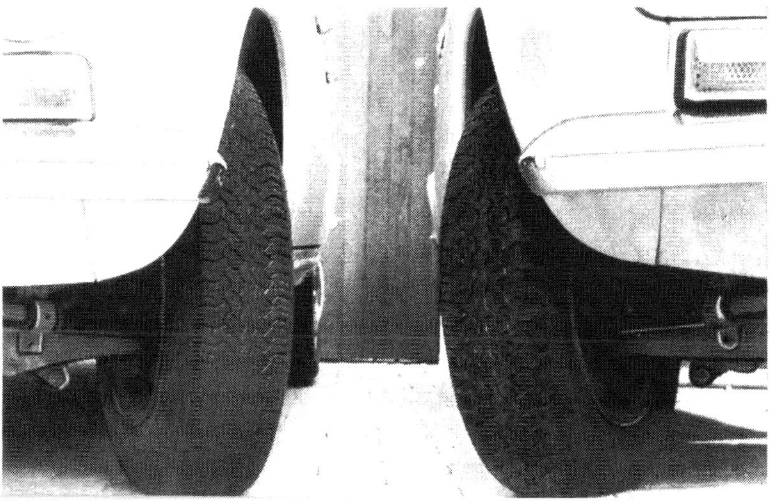

Serienmäßige Ausrüstung am Fiat 124 mit Gürtelreifen, z. B. links beim Normal mit Ceat Drive 155 SR 13, rechts beim Special mit Pirelli Cinturato 150 SR 13. Beide Reifen zeigen nach 10 000 km Fahrtstrecke noch sehr gute Profiltiefe. Ihre Laufeigenschaften sind unter allen Fahrbedingungen als gut und sicher zu bezeichnen.

hat, eine entsprechende Auskunft zur Vorlage beim TÜV. Dort wird dann die neue Reifengröße feierlich in Kraftfahrzeugbrief und -schein eingetragen. Zweifelsohne verbessern sich die Eigenschaften des Fiat 124 durch Reifen stärkerer Dimension, wie etwa mit dem Gürtel-Reifen Kléber V 10 165 SR 13, bei dem sich der größere Abrollumfang wenig auswirkt. Auf Breitfelgen 5 K x 13 montierte Super-Niederquerschnitt-Reifen der Dimension 175 S 13 ergeben sehr verbesserten Komfort, und die Fahreigenschaften wandeln sich positiv.

Diagonal-Reifen

Es wurde bereits gesagt, daß der Normal-124 wahlweise mit Diagonal- oder mit Gürtel-Reifen werksseitig ausgestattet wird, und es ist verständlich, wenn die Wahl wieder auf Diagonal-Reifen fällt, wenn sie für eine gemäßigte Fahrweise ausreichend erscheinen oder weil die Nachteile der Gürtel-Reifen (siehe Abschnitt »Gürtel-Reifen«) nicht in Kauf genommen werden wollen. Es kann ja sein, daß Sie einen der älteren Normaltypen besitzen, die vor Oktober 1968 gebaut und noch mit der Hinterachse ohne (das zweite Paar) Längsschubstreben ausgerüstet sind, die den Betrieb auf Gürtel-Reifen etwas unfreundlicher gestaltet.

Fiat liefert den 124-Normal mit Diagonal-Reifen der Größe 6.15/155 S 13 folgender Fabrikate: Pirelli, Englebert-Uniroyal, Ceat, Semperit, von denen die beiden ersten beim Stand vom Herbst 1970 DM 71,20 + MWSt kosten. Ceat und Semperit sind nicht preisgebunden und können 10 bis 14 Prozent billiger sein. Ferner gibt es diese Reifen zu dem genannten preisgebundenen Betrag von gängigen Herstellern wie Continental, Dunlop, Metzeler usw.; zu allen kostet der entsprechende Schlauch 9,20 Mark plus MWSt.

Wer Weißwand-Reifen haben möchte, wird schlauchlose zum Preis von DM 99,90 nehmen müssen, denn die Weißwand-Reifen mit Schlauch der Dimension 6.15/155 S 13 sind sogenannte Auslaufgrößen, die nicht mehr produziert werden, aber natürlich noch in Lagerbeständen enthalten sein können.

In den gängigen Reifengrößen besteht durch große Produktionskapazität und unbeschränkte Einfuhrmöglichkeiten in den letzten Jahren eine äußerst scharfe Konkurrenz. Zu ihr gesellten sich die sogenannten preisgünstigen Reifen, bei denen die »Er-Fahrungen« keineswegs schlecht abschneiden. Das wäre der Esso-Reifen, bei Ceat gefertigt, der ein unproblematisches Fahrverhalten mit sich bringt, allerdings nur mäßig gute Abriebseigenschaften aufweist und mit 5 bis 20 Prozent Abschlag vom normalem Preis zu haben ist. Von sechs weiteren preisgünstigen Herstellern ist der Phoenix Marathon zu erwähnen, der mit sehr guten Fahrleistungen aufwartet. Auch hierbei kann man mit einem Rabatt rechnen.

Gürtel-Reifen

Im vorangegangenen Kapitel haben wir den unterschiedlichen Reifenaufbau zwischen Diagonal- und Gürtel-Reifen bereits erläutert. In den Fahreigenschaften ist er den Diagonal-Reifen unbedingt überlegen. Durch seinen steifen Gürtel gibt es innerhalb des Profils bei der Fahrbahnberührung keine Querbewegungen wie bei den Diagonal-Reifen, so daß der Gürtel-Reifen viel intensiver auf der Fahrbahn haftet, was besonders bei Kurvenfahrt deutlich zu spüren ist. Diese verhinderte Querbewegung des Profils setzt außerdem den Gummiverschleiß bedeutend herab, so daß man mit diesen Reifen fast die doppelte Kilometerleistung erwarten kann. Auch ist durch den steifen Gürtel der Rollwiderstand etwas geringer, was sich in einer kleinen Erhöhung der Spitzengeschwindigkeit (zum Nachprüfen nicht die Tachometeranzeige, sondern eine Stopuhr benutzen!) bzw. in einer geringen Benzinersparnis bemerkbar macht. Der feste Gürtel bewirkt schließlich noch eine wesentlich bessere Straßenlage auf Glatteis sowie festgefahrenem Schnee, und bei höherem Schnee sind die für den Fiat 124 passenden Gürtel-Reifen annähernd einem M + S-Reifen (außer dem Kléber V 10 mit mäßigen Wintereigenschaften) in ihrer Wirkung gleichzusetzen.

Die Kehrseite der Medaille ist ein stärkeres Abrollgeräusch und ein härteres Durchrütteln des Fahrzeugs, wenn dessen Fahrwerk nicht besonders auf Gürtel-Reifen abgestimmt ist. Für Textilgürtel-Reifen reichen die dem Fiat 124 mitgegebenen Voraussetzungen aus, und sportliche Fahrer werden die Nachteile für forschere Fahrweise in Kauf nehmen, die die Stahlgürtel-Reifen mit sich bringen.

Bei Umrüstung auf harte Gürtel-Reifen empfiehlt sich gleichzeitiger Wechsel der Stoßdämpfer. Beispielsweise bieten Bilstein-Gasdruckdämpfer straffere Dämpfung, die den sportlichen Ambitionen entgegenkommt, und sie vermitteln auf unebener Bahn exaktere Schwingungsdämpfung (Gürtel-Reifen haben weniger »Eigendämpfung«). Der Federungskomfort bleibt gut und Nickbewegungen werden weitgehend eliminiert. Im allgemeinen wird aber ein derartiger Aufwand kaum durchgeführt werden, es sei denn, daß ohnehin neue Stoßdämpfer fällig sind.

Die bei anderen Automarken teilweise hervorstechenderen Besonderheiten von Gürtel-Reifen (im negativen Sinne) hat das Werk nicht davon abgehalten, den 124 N damit auf Wunsch ohne Aufpreis auszustatten, Den 124-Special gibt es ausschließlich nur mit Gürtel-Reifen. Tatsächlich besitzen die Wagen mit Radial-Reifen ab mittlerer Fahrgeschwindigkeit eine bessere Reifenfederung und die Härte auf Kopfsteinpflaster wird nur unbedeutend verstärkt. Wesentlich sind aber die Sicherheitsreserven auf nasser Fahrbahn und bei scharfer Kurvenfahrt, außerdem die bessere Tragfähigkeit. Gürtel-Reifen reichen bei beiden Fiat 124-Typen durchaus für einen milden Winterbetrieb, jedoch ist Ballast im Gepäckraum notwendig (mindestens 30 kg, besser 50 kg). Doch bieten nur einige Fabrikate ausreichende Griffigkeit des Profils, z. B. Conti Ra P 14 und vor allem Michelin X und zX.

Fingerzeige: *Wegen ihrer besonderen Fahreigenschaften, die sich von den Diagonal-Reifen erheblich unterscheiden, sollen Gürtel-Reifen nicht gemischt mit anderen Reifen gefahren werden. Ebensowenig zu empfehlen, ja geradezu gefährlich ist es, wenn auf den Vorderrädern Gürtel-Reifen und auf den Hinterrädern M + S-Reifen montiert würden. Die haftfesten Gürtel-Reifen würden schon unter geringfügig erschwerten Fahrbedingungen das Fahrzeug vorne fest in der Spur halten, während das Heck mit den wenig griffesten M + S-Reifen ausbricht und eine verheerende Schleuderfahrt einleitet. Wer auf Gürtel-Reifen umrüsten will, sollte seine seitherigen Diagonal-Reifen solange untereinander austauschen, bis sie gleichmäßig abgefahren und gleichzeitig ersetzt werden müssen.*

Gürtel-Reifen sind schwerer auszuwuchten als Diagonal-Reifen. Außerdem wirkt sich bei ihnen Unwucht stärker als bei Diagonal-Reifen störend und fahrwerkschädigend aus. Sie müssen also besonders sorgfältig ausgewuchtet werden. Es wird oft behauptet, daß Gürtel-Reifen mit niedrigerem Luftdruck gefahren werden könnten. Das trifft nicht zu, sondern zumeist werden von den Reifenherstellern höhere Luftdrücke empfohlen.

Überhaupt ist es ratsam, den Reifendruck im Zweifelsfalle zu erhöhen, als mit zu niedrigem Druck zu fahren; das trifft für alle Reifentypen zu.

Welche Gürtel-Reifen montiert das Werk?

Maßgebend für die Umrüstung auf Gürtel-Reifen sind folgende Punkte:

■ Der Abrollumfang des Gürtel-Reifens soll jenem des Diagonal-Reifens möglichst nahekommen, damit die Tachoanzeige nicht wesentlich verändert und bei kleinerem Abrollumfang der Motor nicht überdreht wird, was für den hubraumschwächeren 124 Normalmotor eine gewisse Gefahr sein kann. Größerer Umfang schont dagegen den Motor und bringt auf dem fast immer zu eiligen Tachometer echtere Werte. Aber der Wagen verliert durch die schwereren und größeren Reifen etwas an Temperament und die Bremswege werden durch den größeren Hebelarm des Reifens auf die Bremsen länger.

■ Die Straßenlage soll verbessert werden. Das geschieht an sich schon durch den nicht-walkenden Gürtel, zusätzlich bringt der breitere Gürtel-Reifen auch mehr Auflagefläche auf die Fahrbahn. Darin setzt allerdings die Felgenbreite eine Grenze, und nimmt man breitere Felgen, dann ist Schleifen im Radkasten möglich, und für Schneeketten im Winter bleibt wenig Platz.

Man fährt nicht schlecht, wenn man sich an die vom Werk verwendeten Gürtel-Reifen-Fabrikate hält. Allerdings zeigt die nachfolgende Tabelle, daß nicht alle Produzenten Maß nach den Norm-Tabellen halten.

Reifenart	Gesamtdurchmesser mm	Reifenbreite mm	Abroll-Umfang mm
150 SR 13 Michelin zX	580	144	1768
155 SR 13 Ceat Drive	585	155	1772
155 SR 13 Pirelli Cinturato	578	154	1725
155 SR 13 Kléber V 10	576	157	1750
155 SR 13 Dunlop, Conti, Phoenix	582	157	1755

Wie bei den Diagonal-Reifen sind auch die Gürtel-Reifen der deutschen Reifenfabrikanten im Preis einheitlich. Die Angaben der folgenden Tabelle sind nach dem Stand vom 1. Juli 1970 gemacht und gelten ohne Mehrwertsteuer. Die mit »W« bezeichneten Fabrikate werden werksseitig montiert.

Gürtel-Reifen-Preise

Größe	Fabrikat	Typ	Preis
150 SR 13	W Michelin	zX	63,50
150 SR 13	W Veith-Pirelli	CN 53	65,10
155 SR 13	W Ceat	Drive	71,20
155 SR 13	W Continental	Ra P 14 TT[1]	71,20
155 SR 13	Dunlop	SP 57	71,20
155 SR 13	W Dunlop	SP 68/Aquajet SP 73	71,20
155 SR 13	W Firestone-Phoenix	P 100	71,20
155 SR 13	Goodyear	G 800	71,20
155 SR 13	W Kléber	V 10	71,20
155 SR 13	Kléber	GT	86,—
155 SR 13	Michelin	X	Auslaufgröße
155 SR 13	W Michelin	zX	69,60
155 SR 13	W Semperit	M 310	71,20
155 SR 13	Veith-Pirelli	Cinturato	71,20

Auch hierzu kostet ein Schlauch DM 9,20, und wer das Verlangen nach Weißwand-Reifen hat, muß zu den oben angeführten Preisen noch ca. 20 Mark dazulegen.
Wie bei den Diagonal-Reifen gibt es auch Radial-Reifen zu günstigeren Preisen. Der Neckermann Everest kostet in der Dimension 155 SR 13 nur 47,50 Mark, und der PPR Radial, ein runderneuerter Gürtel-Reifen, kostet bei Anlieferung einer Karkasse, die wiederverwendbar sein muß, 46,35 Mark. Verständlich, daß die Eigenschaften des von Peters Pneu Renova gearbeiteten Reifens dem erstgenannten überlegen sind, da PPR die Stahlkarkassen von Michelin zur lohnenden Runderneuerung bevorzugt.

Runderneuerte Reifen

Bei vielen Autofahrern stehen die runderneuerten Reifen in schlechtem Ansehen, und dies zu Unrecht. Es gibt namhafte Betriebe, die sich fabrikmäßig mit der Runderneuerung abgefahrener Reifen befassen und auf diese Arbeit vertrauenswürdige Garantie geben. Solche Großbetriebe sind beispielsweise Reifen-Holert, Peters Pneu Renova, Hammesfahr, Vergölst und Gummi-Mayer sowie Reifen-Reiff in Reutlingen. Die Fachleute guter Runderneuerungsbetriebe nehmen einen Reifen zur Runderneuerung erst nach gründlicher Inspektion an. Wenn Gewebebrüche, bis auf das Gewebe abgefahrene Profile, Durchschläge, größere Verletzungen und mürbe Seitenwände festgestellt werden, lehnen sie die Runderneuerung der Karkasse ab.
Auch wenn mit einem runderneuerten Reifen nicht mehr ganz die Kilometer-Leistung wie zuvor erreicht wird, so rentiert sich das Runderneuern durch den verhältnismäßig niedrigen Preis doch noch. Diese runderneuerten Reifen lassen sich ohne weiteres auf die Vorder- oder Hinterachse montieren und man braucht damit nicht ängstlich zu fahren, wenn die Arbeit in einer vertrauenswürdigen Firma gemacht wurde und Garantie gewährt wird.
Es gibt zwei Verfahren mit entsprechenden Preisunterschieden:

- Runderneuern von Schulter zu Schulter. Über den Laufstreifen hinaus wird bis zur Seitenwand des Reifens neuer Gummi aufvulkanisiert. Dieses Verfahren ermöglicht eine saubere Rundschulter des Reifens, ist aber eine billigere Art der Runderneuerung, bei der man mit etwa 60 Prozent des Basispreises rechnen muß.
- Runderneuern von Wulst zu Wulst. Es ist das teuerste und umfassendste Verfahren, bei welchem der gesamte Reifen eine neue Oberschicht erhält. Alterungsrisse und Scheuerbeschädigungen der Reifenwände werden damit wieder in Ordnung gebracht. Hier kommt man auf etwa 70 Prozent des Basispreises von Markenreifen.

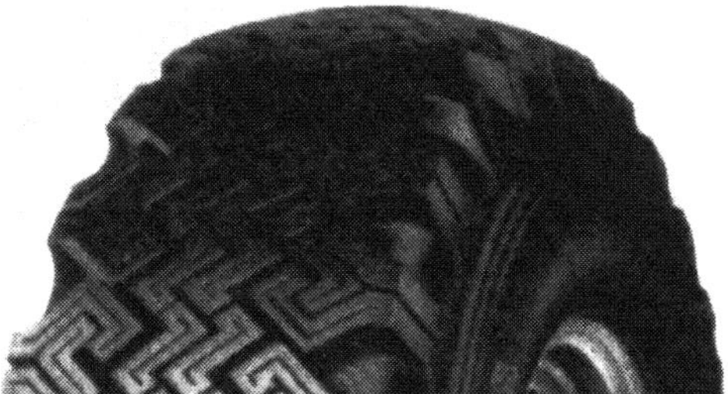

Unter den Profilen der M + S-Reifen reicht die Brauchbarkeit von Flachlandschnee bis zur verschneiten Gebirgsstraße. Das hier gezeigte »Labyrinth«-Profil eignet sich besonders für tiefen Schnee. Auf trockener oder nasser Straße haben M + S-Reifen dagegen schlechtere Fahreigenschaften als »Sommer«-Reifen. Wir halten deshalb nicht viel von M + S-Reifen.

Die richtige (aber auch teure) Winterlösung sind Eis-Reifen auf Gürtel-Reifen-Karkasse. Ihr griffiges Profil treibt im Schnee vorwärts, die Stahl-Spikes (bei diesem Reifen noch nicht »eingeschossen«) krallen sich wirkungsvoll in Glatteis, und auf nasser oder trockener Fahrbahn gibt der Gürtel-Unterbau gute Straßenlage und Bremswirkung.

M + S-Reifen

Im Kapitel »Der Winterschutz« erläutern wir, weshalb die »Matsch- und Schnee-Reifen« für heutige mitteleuropäische Straßenverhältnisse kaum noch Sinn haben. Da hier der Schnee zumeist festgefahren oder vereist ist, schaden sie durch ihren längeren Bremsweg und ihre sogar den Diagonal-Reifen unterlegene Fahrbahnhaftung mehr als sie nützen. Wir können sie deshalb nicht mehr empfehlen. Für jene seltenen Fälle, wo sie noch von Nutzen sind, also auf Nebenstraßen, die wenig Verkehr und keinen Schneepflug im Winter sehen, genügen M + S-Reifen auf der antreibenden Hinterachse. Es hat sich bewährt, M + S-Reifen mit einem um 0,2 atü erhöhten Luftdruck zu fahren.

Selbstverständlich dürfen auf den serienmäßig oder nachträglich mit Gürtel-Reifen ausgerüsteten Fahrzeugen keine M + S-Reifen mit Diagonalkarkasse nur auf die Hinterachse montiert werden. Es ist lebensgefährlich!

Auch hierzu interessieren einige Preisbeispiele, die sich allerdings auf die wirkungsvolleren M + S-Gürtel-Reifen beziehen. Trotz ihres grobstolligen Winterprofils walken sie nicht wie die Diagonal-M + S-Reifen, sind aber auch nicht die beste Winterlösung. In der Größe 155 R 13 kosten ein Firestone-Phoenix P 110 M + S wie der Semperit M + S Gürtel DM 79,20, der Michelin X M + S dagegen 77,90, alle ohne MWSt.

Auch hier gilt, das Herstellungsdatum beim Fiat 124 N zu beachten. Die vor September 1968 gebauten Wagen sollte man möglichst nur mit Diagonal-M + S-Reifen ausrüsten und erst neuere Wagen mit Gürtel-M + S-Reifen versehen.

Wie alle Winter-Reifen dürfen M + S-Reifen wegen ihrer schlechteren Fahreigenschaften auf nasser und trockener Straße nicht so schnell wie Normal-Reifen gefahren werden. Für die M + S-Reifen gelten 130 km/h Höchstgeschwindigkeit. Diese Geschwindigkeitsbegrenzung ist auch der Grund, weshalb es keine derartige Reifen in »S«-Ausrüstung gibt.

Eis-Reifen

Eis-Reifen mit »Zwecken« gab es schon vor 45 Jahren, nur waren sie sehr schnell »zweck-los«. Anders die heutigen Spikes-Reifen, deren Stahlspitzen sich bei sachgemäßer Fahrweise nicht mehr ablösen. Daß der Straßenzustand darunter leidet, und daß die Ausbesserung der Fahrbahnen schließlich zu Lasten des Steuerzahlers geht, wird weniger berücksichtigt. In Gegenden mit überwiegend schneearmen Wintern (Nordrhein-Westfalen) wird man sich ohnehin überlegen, ob sich die zusätzliche Anschaffung lohnt. Außerdem müssen auch die vom Gesetzgeber vorgeschriebenen Benutzungsfristen für Spikes-Reifen eingehalten werden.

Außer Frage steht, daß in schneereichen Landstrichen die Montage von Eis-Reifen mit Stahlspikes die beste Lösung ist, wie man ebenfalls im Kapitel über den Winterschutz nachlesen kann.

Doch sei hier noch einmal besonders betont, daß ein Wagen mit nur zwei Eis-Reifen ausgesprochen gefährlich ist! Es müssen auf alle vier Räder gleichartige Eis-Reifen montiert werden, wenn diese Sorte für den Winterbetrieb gewählt wurde. Sonst können Sie eines Tages auf einer vereisten Straße einmal furchtbar Karussell fahren, weil Sie in ihren Fahreigenschaften so unterschiedliche Reifen auf den Rädern haben.

Eis-Reifen gibt es sowohl in der konventionellen Diagonal- wie auch in der natürlich wirkungsvolleren Gürtel-Bauweise.

Unter den Eis-Reifen in Diagonal-Bauweise gibt es noch ein besonderes Modell mit asymmetrischem Reifenprofil, das von Veith, Metzeler und Fulda neben einem symmetrischen Eis-Reifen angeboten wird. Diese asymmetrischen Eis-Reifen sind ein Kompromiß für die unterschiedlichsten Straßenverhältnisse während der Winterzeit, sie sind auch auf trockener und nasser Straße besser

als andere M + S- und Eis-Reifen. Im Preis sind sie teilweise teurer als andere Eis-Reifen in Diagonal-Bauweise.
Für den Firestone-Phoenix P 110 M + S Eis Größe 155 R 13 hat man 104 Mark zu bezahlen, und auch der sonst etwas billigere Michelin kostet in der X-Eis-Ausführung 104 Mark 10 Pfennig ohne MWSt. Mal vier gerechnet, kommt man zu einer Ausgabe, die man womöglich sehr schnell bereut: Der vor dem Herbst 1968 gebaute Fiat 124 Normal ist für Spikes-Reifen fast ungeeignet. Selbst die für einigermaßen leisen Lauf bekannten Dunlop M + S Eis sind bei älteren 124-Typen eine akustische Zumutung für die Insassen. Erst bei den ab Oktober 1968 hergestellten Normal-Modellen und bei dem 124 Special bleibt die Neigung zum Karosseriedröhnen (Pflasterstraßen) in akzeptablen Grenzen.

Besondere Felgen für den Winter

Wer sich besondere Winter-Reifen zulegt, sollte sich auch gleich die dazu notwendigen zusätzlichen Felgen besorgen. Diese Anschaffung rentiert sich sehr schnell. Sie erspart nicht nur das »kostenpflichtige« Ummontieren der Reifen auf den Felgen vor und nach dem Winter, sondern ohne besondere Schwierigkeit lassen sich während des Winters auch die ganzen Räder am Wagen austauschen, wenn wochenlang weit und breit von Schnee und Eis nichts zu sehen ist. Das erspart den sinnlosen Abrieb der teuren Spikes-Reifen auf eis- und schneefreien Straßen. Die Anschaffung von drei zusätzlichen Felgen genügt bereits, denn als 4. Winter-Reifenfelge kann ohne weiteres die Felge des Ersatzrades benutzt werden. Da Reifenpannen heutzutage ja sowieso selten sind, genügt es im Sommer vollkommen, als Ersatzreifen einen Winterreifen mit sich zu führen, der den kurzen Weg bis zur nächsten Tankstelle dann auch einmal im Hochsommer auf der Vorder- oder Hinterachse laufen kann.

Fingerzeig: *Erfahrungen mit Eis-Reifen haben gezeigt, daß Spikes nicht so leicht verlorengehen, wenn der Reifen immer in der gleichen Drehrichtung läuft. Deshalb beim Montieren der Spikes-Reifen nach der winterlichen Eiszeit mit Ölkreide einen Pfeil auf die Reifenwand malen, der die gehabte Laufrichtung markiert. Dann kommt der Reifen im nächsten Winter wieder auf die gleiche Wagenseite. Zur Erreichung eines gleichmäßigen Abriebes ist natürlich der Austausch des Vorderrades mit dem Hinterrad der gleichen Wagenseite empfehlenswert.*

Verpackungs-Probleme

Es mag sein, daß sich jemand seine Karosserie aus Kunststoff wünscht. Sie rostet nicht, braucht keine Lackpflege und ist leicht reparierbar. Aber da die entsprechende Fertigung noch viel zu unwirtschaftlich ist, werden wir noch lange darauf warten müssen.
Die Karosserie des Fiat 124 ist eine selbsttragende Ganzstahlkonstruktion, wie heute allgemein üblich. Das bedeutet, daß dieser Wagen keinen Rahmen aus Längs- und Querträgern als Rückgrat hat, wie noch alle Lastwagen (als letzte Personenwagen noch der VW-Käfer und VW 1600), sondern daß alle Teile der Karosserie als tragende Teile dienen, einschließlich Dach, Fensterstreben, Spritzwand usw.

Was ist demontierbar?

Jedes Stück an der Karosserie muß also bei der selbsttragenden Bauweise zur Stabilität beitragen. Daher sind die einzelnen Teile nicht miteinander verschraubt, sondern elektrisch punktgeschweißt. Das ist bezüglich der Kotflügel nicht sehr angenehm, denn diese besonders stoßgefährdeten Teile werden bei Blechschäden wegen der teuren Schweißarbeiten recht kostspielig.
Beim Fiat 124 lassen sich praktisch nur die Stoßstangen, die Türen, die beiden Hauben, die Fenster und der Chromzierat ohne Schweißarbeit austauschen. Da diese demontierbaren Teile aber nur selten allein beschädigt werden, sondern bei einem Zusammenstoß zumeist auch die benachbarten Blechteile etwas abbekommen (was oft nicht ohne weiteres erkennbar, sondern erst nach genauem Vermessen festzustellen ist), lohnen sich hausbackene Klempnerarbeiten an der Karosserie zumeist nur nach leichten Schadensfällen. Der fachkundige Mann aus der Werkstatt muß sich dann mit seinen Spezialwerkzeugen und Spezialmeßgeräten der Sache annehmen.

Klappergeräusche

Es braucht jedoch nicht gleich »gekracht« zu haben. Klappergeräusche sind manchmal eine üble Blechmusik, und wenn man nicht weiß, was da klappert, wird man leicht nervös. Haubendeckel und Türen können klappern, aber auch ein Bund Schlüssel im Handschuhkasten und – sogar bei nagelneuen Autos – eine bei der Montage hinter die Verkleidung gerutschte Schraube. Sehr oft ist es ein locker hängendes Kabel, das während der Fahrt irgendwo ans Blech klappert. Deshalb zuerst einmal alle lockeren Kabel in der Geräuschgegend wieder in die Kabelschellen drücken oder mit Klebeband oder notfalls Tesa-Film befestigen.
Wenn irgendwo etwas herumrasselt, ist es vermutlich eine Mutter oder Schraube. Wenn man sie nicht findet, soll man einmal nachprüfen, wo eine solche Befestigung fehlt: In der Nähe wird sich auch der Klappergeist aufhalten. Schon eine verschwundene Befestigung kann Quietschen oder Zirpen der nun gelockerten Teile verursachen, und hat man im Moment keine geeignete Sicherungsmöglichkeit (Schraube, Draht) zur Hand, kann man wenigstens

etwas Öl an die Zwitscherstelle geben (vom Ölmeßstab die Öltropfen an Taschenmesser oder Streichholz abstreifen und auftragen), sofern kein Gummi in der Nähe ist.
Oft ist die Suche nach dem Störenfried ein Geduldsspiel. Denn durch die Geräuschübertragung in der Karosserie, die an manchen Stellen wie ein Resonanzboden wirkt, kann der Klopfgeist ganz woanders sitzen, als wo man ihn sucht. Wer noch stärkere Nerven hat, läßt es klappern!
Vorbeugend gegen Quietschgeräusche (oder versuchsweise) hilft es, alle in der Störgegend erreichbaren gegeneinander scheuernden Teile mit Glyzerin einzureiben oder zu beträufeln. Öl ist in diesem Falle nicht immer ratsam, denn sehr oft sind Gummi- oder Kunststoffzwischenlagen an der Quietscherei mitbeteiligt, denen Öltropfen nicht gut bekommen würde.

Schrauben an Karosserie und Fahrzeugteilen nachziehen

Pflegearbeit
Nr. 38

Eine gute Vorbeugung gegen Klappergeräusche ist natürlich auch das Nachziehen aller Schrauben und Muttern zur Befestigung der verschiedenen Teile an der Karosserie. Dieser nach jeweils 20 000 km Fahrtstrecke empfohlene Wartungsdienst ist allerdings etwas theoretischer Natur, denn einerseits warten Klappergeräusche nicht gerade 20 000 km lang und andererseits wäre es allein eine stundenlange Arbeit, wirklich sämtliche Schrauben und Muttern zu suchen und nachzuziehen. In der Praxis ist es also gescheiter, bei allen Wartungs- und Instandsetzungsarbeiten, die man an diesem oder jenem Teil des Wagens vornimmt, den jeweils passenden Schraubenschlüssel auf die nächsterreichbaren Schrauben und Muttern anzusetzen und mit kurzem Zug zu prüfen, ob sich da etwas gelockert hat; etwa beim Motorölwechsel am unteren Bodenblech des Motorraums, an den Hinterachsstellen usw. Hüten Sie sich dabei jedoch, alle Schrauben nun mit größter Gewalt anziehen zu wollen. Für viele von ihnen sind bestimmte Zugspannungen zum Festdrehen vorgeschrieben, die man nur mit einem sogenannten Drehmoment-Schraubenschlüssel genau befolgen kann und nicht überschreiten darf.

Karosserieschäden

Bei älteren Fiat 124-Modellen kommt es oft zu bösen Verrostungen der Karosserie. Hierbei sind besonders die Schweißkanten unterhalb des Grills und in Verlängerung der Motorhaube und der Gepäckraumhaube anfällig. Auch das hintere Abschlußblech der Karosserie in der Gegend des Auspuffrohrs ist eine kritische Stelle, ebenso wie die überlackierte Schweißnaht, wo die Seitenteile (Kotflügel) angepaßt sind.
Erste Rostansatzpunkte zeigen sich an der Scharnierkante der Motorhaube und an den Felgen, und hinter den Scheinwerfereinsätzen sammelt sich der

Schließt die Motorhaube nicht richtig, läßt sich ihr Schloß seitlich und in der Höhe verschieben, wenn man die beiden Muttern SW 10 lockert. Die beweglichen Schloßteile sind gut mit Fett zu versorgen, und ebenfalls sollte man ab und zu etwas Öl in die Führung des Zugseils träufeln, das vom Bedienungshebel unter dem Armaturenbrett heranführt.

Schmutz, der das eingedrungene Wasser wie ein Schwamm aufsaugt. Das Karosserieblech unterhalb der vorderen Stoßstange ist bei dem Fiat – wie bei fast allen Fabrikaten – dem Aufprall hochgewirbelter Steine ausgesetzt. Man kann jedoch feststellen, daß die Modelle ab Mitte 1967 nicht mehr so stark rostanfällig sind, wobei natürlich die äußeren Einflüsse (Industrieluft, Meeresluft, aber auch die Pflege) eine große Rolle spielen.
Außerdem kam es durch nicht sorgfältige Karosseriebearbeitung und Grundierung zu Lackabplatzern, verursacht durch Schwingungen und Vibrationen. Bei einem solchen Auto ist es zwecklos, jedesmal sich neu abblätternde Lackstellen auszubessern, vielmehr muß in einer Fachwerkstatt die Verwindbarkeit der Karosserie unter die Lupe genommen werden, und erst anschließend kann man daran denken, die Lackschäden zu beheben.
Die Gummiabdichtung der Kofferraumhaube kann sich von dem umgebörtelten Blechrand, über die sie gestülpt ist, lösen. Bei Regen fährt man dann eine Badewanne mit sich herum. Abgelöste (und anschließend verklemmte) Gummiprofile werden mit Pattex wieder festgeklebt, wenn sie nicht überhaupt ersetzt werden müssen.
Manche Fiat-Werkstätten sind nicht immer in der Lage, Lack- und Karosserieschäden ordnungsmäßig zu reparieren. Wenn es sich um keinen Garantiefall handelt, geht man lieber gleich zu einer Spezialwerkstätte (zu der Vertragswerkstätten ohnedies ihre Aufträge »weitergeben«).

Die Motorraumhaube

Die Haube über dem Motorraum ist vorn mit zwei Scharnieren angelenkt. Obwohl die Teile des Motors allgemein sehr gut zugänglich sind, braucht man für eine noch bequemere Hantierung sich nicht zu scheuen, die Haube abzuschrauben. Je zwei Schrauben SW 13 halten die Scharniere an der Karosserie fest, die man vollständig herausdrehen kann, ehe man die Stütze aus ihrer unteren Halterung drückt. Um beim Wiedereinbau eine gleiche und sicher schließende Stellung der Haube einhalten zu können, markiert man vor dem Abschrauben mit einem Filzschreiber die Position der Scharniere.
Eine neue Haube, die ca. 123 Mark kostet, läßt sich gut einpassen und justieren, da die länglichen Scharnierlöcher ein Verschieben der Schrauben zulassen. In gleicher Weise kann man die Verriegelung versetzen, falls sich die Haube zu schwer öffnen läßt. Der Drahtzug, der die Haube entriegelt, kann wegen der Kunststoffummantelung nicht einrosten.

Die Kofferraumhaube

Auf die gleiche Art wie die Motorraumhaube läßt sich der Gepäckraumdeckel abnehmen. Beide Scharniere und die Verriegelung sind mit einem Schraubenschlüssel SW 10 abzuschrauben, und die Haltestütze ist vom selben System wie vorne.
Bei der Montage muß die Haube allseitig in ihren Sitz hineinpassen. Die Ösen in den Scharnieren machen es möglich, die Haube in der gewünschten Stellung zu fixieren. Sollte dann die Kofferraumsperre nicht mehr richtig einrasten oder klemmen, kann man sowohl die Schrauben am Schloß als auch an der Falle lockern, um durch seitliches Verschieben der Teile eine Übereinstimmung zu erzielen. Eine neue Kofferraumhaube kostet 95 Mark.

Die Stoßstangen

Vorne und hinten sind die Stoßstangen aus einem Stück gefertigt, und beide tragen zwei kleine Hörner, in denen je eine Schraube fixiert ist, die zum Festhalten der Stoßstangen an dieser Stelle und zum Befestigen an dem aus der Karosserie ragenden Bügel dient. Die Schrauben der Hörner werden von Muttern SW 13 arretiert.

Ohne besondere Mühe lassen sich beide Stoßstangen abschrauben, wozu man lediglich einen Schraubenschlüssel SW 13 benötigt. Man hat sich zu merken, in welcher Stellung die seitlichen Distanzstücke zwischen Karosserie und Stoßstange angebracht waren. Ohne Stoßstangen zu fahren ist besonders für die Rückleuchten (beim Parken) risikoreich, da sie dann die äußersten Angriffspunkte am Wagen darstellen.

Seitlich ist die vordere Stoßstange noch mit dem hier unterlegten Karosserieblech verschraubt. Der Schraubenkopf SW 13 ist von außen zu lösen, da seine Haltemutter (SW 17) innen aufgeschweißt wurde. Diese seitliche Anbringung ist hinten etwas anders: Hier muß man die Schraube SW 13 vom Kofferraum aus losdrehen, da die Mutter mit der in der Stoßstangenkrümmung liegenden Winkelhalterung verbunden ist. Es genügt, beim Abmontieren eine der seitlichen Schrauben zu lockern, aber man darf nicht vergessen, die Fassungen der Nummernschildbeleuchtung abzuziehen, damit die Kabel nicht beschädigt werden. Die Distanzwinkelstücke, die hinter den Hörnern sitzen, darf man nicht verlieren.
Für eine neue Stoßstange komplett bezahlt man ca. 84 Mark. Die größeren Stoßstangenhörner des Fiat 124 Special am Normal-Typ anzubringen, ist übrigens amtlich nicht zulässig. Man würde dadurch die Gesamtlänge des Fahrzeugs um 22 mm vergrößern und – man wundert sich – die Typprüfungsbestimmungen umgehen. Niemand würde deswegen eine nachträgliche Einzelabnahme beim TÜV auf sich nehmen wollen.

Die Türen

Nur zu Arbeiten nach einer Beschädigung wird man eine Tür ausbauen müssen. Dazu ist ein schwerer Kreuzschlitzschraubenzieher nötig, um die Scharniere von der Karosserie zu lösen. Ferner muß mit einem Schraubenschlüssel SW 10 die Aufhaltevorrichtung aus der Türkante herausgeschraubt werden.
Zu allen anderen Arbeiten an Türschloß, Fensterhebermechanismus usw. braucht die Tür nicht ausgebaut zu werden.

Soll die Fensterkurbel von ihrem verzahnten Sitz abgenommen werden, kann der findige Bastler auch ohne spezielle Federzange auskommen. Das mit Pfeil gekennzeichnete Federende, das nur um 1 mm aus dem Führungsspalt herausragt, kann mit einem schmalen Schraubenzieher seitlich abgehebelt und nach oben gedrückt werden. Beim Aufsetzen ist die Feder mit ihren Einschnürungen auf die oberen Spaltenden zu klemmen und wird erst heruntergedrückt, wenn die Kurbel richtig auf der Welle sitzt.

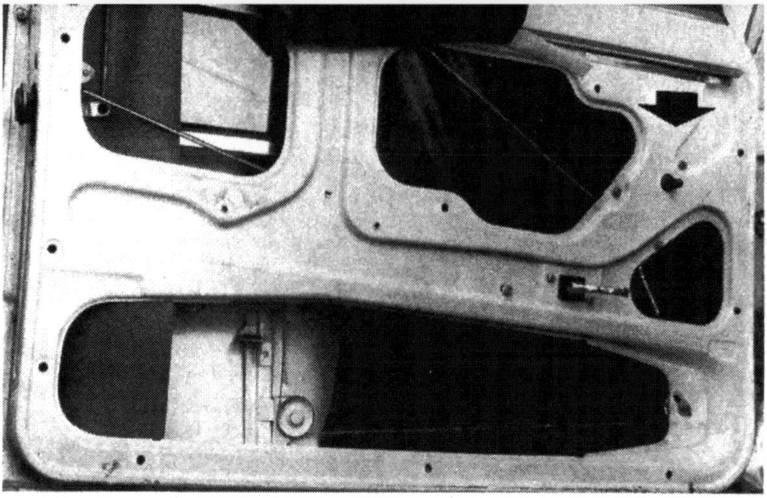

Die linke Vordertür bei abgenommener Innenverkleidung und hochgeklappter Wasserschutzfolie. Der Pfeil zeigt auf die Fensterkurbelwelle. Unten die Seilführungsrolle für das Fensterhebeseil, das rechts unten um eine weitere Rolle mit Spannschraube zur Seilverstellung läuft. Der Türschloßgriff betätigt die zum Schloß führende Stange, die senkrechte Stange kommt vom Schloß-Sperrknopf.

Türen justieren

Liegt eine Tür nach dem Einbau nicht flächenglatt zum vorderen Kotflügel, zur unteren oder oberen Türleiste, dann müssen die Scharnierschrauben noch einmal etwas gelockert und in ihren Bohrungen so weit verschoben werden, bis die geschlossene Tür flächenglatt anliegt. Dieses Heimwerker-Justieren wird allerdings nicht ausreichen, wenn beispielsweise die Tür beim Öffnen auf den Bürgersteig gerammt wurde, sich durch Anprall verschoben hat und nun etwas verkantet im Türausschnitt sitzt. Da sind die speziellen Richtwerkzeuge der erfahrenen Werkstatt notwendig, und die Türschloßeinstellung wird auch verändert werden müssen.

Türschloß-einstellung prüfen

Pflegearbeit Nr. 34

Selbst helfen kann man sich jedoch, wenn bei einwandfreiem Sitz der Tür in ihrem Ausschnitt Klappergeräusche zu hören sind, die vom Türschloß her kommen, oder wenn die Tür nicht bündig zur Schloß-Säule sitzt. Sie brauchen dazu nur einen Kreuzschlitzschraubenzieher oder, wenn Sie einen neueren Fiat 124 besitzen, einen Maul- oder Ringschlüssel SW 10. Damit sind die drei Kreuzschlitzschrauben an der Türschloßfalle auf dem Pfosten der Karosserie, in welchen das Türschloß einrastet, zu lockern und so weit zu verschieben, daß nach dem Wiederfestdrehen der Schrauben das Türschloß nach Höhe und Seite »satt« in die Türschloßfalle einrastet und die geschlossene Tür flächenglatt zur hinteren Karosserieseitenwand liegt. Geht die Tür erst bei starkem Druck zu, muß die Türschloßfalle ein wenig nach außen verschoben oder verdreht werden.

Alle 20 000 km sollen die Türscharniere mit Motoröl eingepinselt werden, bei dieser Gelegenheit wird man auch an das Türschloß etwas Fett bringen müssen. Freilich ist am Schloß mit dem Schmieren nicht zu üppig umzugehen, damit man sich beim Ein- und Aussteigen die Kleidung nicht verdirbt.

Fingerzeige: *Die geschlossenen Türen werden von innen durch einen Sicherungsstift verriegelt. Bei den offenen Vordertüren darf der Sicherungsstift nicht eingedrückt werden, weil das Türschloß dann beim Zuschlagen beschädigt werden könnte.*

Ist bei einem dunkel lackierten Auto die Stellung des Sicherungsstiftes von außen des nachts schlecht zu erkennen, führt ein heller Anstrich des schwarzen Stiftes zu einem wirkungsvolleren Kontrast.

Im Winter sollen die Türdichtleisten öfter mit Glyzerin sparsam eingerieben werden. Das verhindert das Festfrieren bei plötzlichem scharfen Frost. Talkum hält dagegen Gummidichtteile im Sommer geschmeidig.

Türverkleidung ausbauen

Auf der Innenseite der Tür muß die Verkleidung abgenommen werden, wenn Störungen im Schloßgestänge oder im Fensterkurbelmechanismus behoben werden sollen. Als besonderes Werkzeug benötigt man hierzu eine Türfederzange (Hazet-Werkzeug Nr. 799 für rund 8 Mark), mit der man die sogenannte Lyra-Feder ruckartik herausziehen kann, die den Fensterkurbelgriff auf ihrer Achse festhält.

Um keine kleinen Teile bei der Demontage zu verlieren, legt man einen Bogen Papier oder ein Kunststofftuch unter die Tür. Die Armstütze (bei den hinteren Türen zusammen mit dem Aschenbecher) ist mit Kreuzschlitzschrauben befestigt, und der Zierring des inneren Türgriffs wird mit einem Schraubenzieher abgehebelt. Mit der Türfederzange, die in entgegengesetzter Verlängerung des Kurbelarms hinter der Scheibe der Fensterkurbel angesetzt wird, muß man die eben erwähnte Lyra-Feder suchen, um sie dann wegziehen zu können. Die Türverkleidung entfernt man, indem man mit einem lappenumwickelten Schraubenzieher (vermeiden von Lackkratzern) hinter die Bespannung fährt und sie, unter Überwindung der Kraft ihrer Haltefedern, von der Tür wegdrückt.

Der Fensterkurbelmechanismus

Die Fenster, die auf einer verschiebbaren Unterlage sitzen, werden durch ein Seil, das über zwei Rollen läuft, gesenkt und gehoben. Die Seilspannung kann nachlassen und auch der Sitz des Fensterglases verkantet sein. Bei ganz geöffneter Hebevorrichtung muß die Scheibe auf den Stoßfängern am Türblech aufsitzen. Danach spannt man das Seil an der (in Fahrtrichtung) vorderen Seilrolle durch Lösen und Wiederfestdrehen der Schraube SW 10. Eine weitere Regulierung der Fensterhöhe kann durch Lockern der beiden Kreuzschlitzschrauben an der Seilblockierungsplatte unterhalb der als Glasauflage dienenden Hebeschiene vorgenommen werden. Die Rollen an der Kurbel und die beiden Führungsrollen für das gespannte Seil müssen gut mit Fett versorgt sein.

Seitliches Spiel des Fensters kann man beheben, indem man auf der einen Seite einen ganz schmalen Streifen (eine Spur breiter als das Fensterglas dick ist), Resopal (von Resopalplatte vorsichtig absägen) oder sogenanntes Bougierrohr, wie es der Auto-Elektriker verwendet, in die Fensterführung drückt. Ist dadurch die Fensterscheibe schmaler geführt, läuft sie in der Regel glatter.

Türschloß ausbauen

Das Türschloß ist mit drei Kreuzschlitzschrauben und einer Sechskantschraube SW 8 befestigt, der Ausbau macht keine Schwierigkeiten. Auch die durch eine Stange mit dem Schloß verbundene Innenbetätigung ist nur mit einer Schraube festgehalten. Zum Blockierriegel führt über einen Hebel ebenfalls eine – kleinere – Stange nach oben, die in Schraubmuffen sitzt. Durch Drehen dieser Stange läßt sich der Abstand zwischen den Muffen verändern, sofern die Verriegelung schwergängig ist oder klemmt.

Fenster austauschen

Soll ein Schwenkfenster der Tür ausgebaut werden, sind zuerst außen auf der Türrahmenschräge die beiden Kreuzschlitzschrauben des Schwenkfensterrahmens zu lösen. Dann wird die große Türfensterscheibe ganz nach unten gekurbelt und der komplette Schwenkfensterrahmen mit dem Schwenkfenster in Richtung der Türscheibe herausgezogen.

Ist die große Türscheibe auszutauschen oder zu ersetzen, muß zuerst nach Abnahme der Tür-Innenverkleidung die Innenbetätigung des Türschlossses, also Betätigungshebel und Zugstange zum Schloß, demontiert werden. Dann sind im Türrahmen die Seilspannschraube, die Seilbefestigungsplatte an der

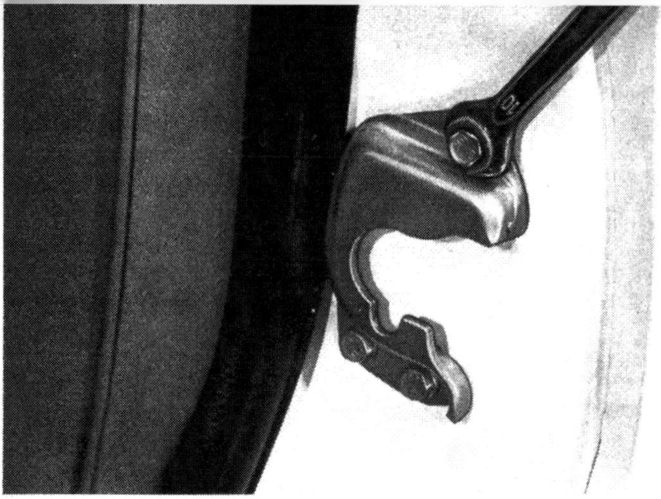

Bei klappernder oder nicht flächenglatt sitzender Tür sind die drei Schrauben SW 10 der Türschloßfalle etwas zu lockern und die Türschloßfalle entsprechend zu verschieben, so daß nach Wiederfestdrehen der Schrauben das Türschloß nach Höhe und Seite »satt« in die Falle einrastet und die geschlossene Tür flächenglatt zur hinteren Karosserieseitenwand liegt.

heruntergekurbelten Fenster-Hebeschiene und das Hebeseil zu lösen, der Fensterkurbelapparat auszubauen und das Fenster mit dessen Hebeschiene nach unten aus dem Türrahmen zu ziehen.

Beim Einbau der Türfensterscheibe müssen Sie darauf achten, daß das Hebeseil sauber auf die Rolle des Kurbelapparates aufgewickelt wird und nicht die einzelnen Windungen sich überdecken. Um das Hebeseil nach dem Einbau straff spannen zu können, ist die Seilspannschraube entsprechend in ihrem Montageschlitz zu versetzen und festzuziehen.

Ansonsten möchten wir vor dem Einsetzen neuer Scheiben, also Windschutzscheibe und Heckscheibe warnen. Erstens brechen bei ungeschickter Handhabung die Scheiben leicht. Dann hat man nur noch höhere Kosten, denn die Scheiben sind teurer als die Einbauarbeit. (Windschutzscheibe 109 Mark, Heckscheibe 78 Mark.) Wenn dagegen dem Mann in der Werkstatt beim Einsetzen eine Windschutzscheibe bricht, war es seine Schuld. Zweitens muß nach dem Einbau jeder Scheibe oft mit einer besonderen Druckpresse Dichtungsmasse zwischen Gummifassung der Scheibe und den Karosserierand gedrückt werden. Da diese Dichtungsmasse nicht eintrocknet, kann man sich empfindlich das Wageninnere verschmieren.

Diese Dichtungsmasse ist übrigens werksseitig vergessen oder nicht in genügender Menge eingepreßt, wenn bei Regen Wasser in den Wagen eindringt.

Die Innenraumpflege

Die Gummi-Bodenmatten sollten vor jeder Wagenwäsche mit einem feuchten Schwamm abgerieben werden, wozu etwa eingelegte Fußmatten natürlich herausgenommen und abgewaschen oder ausgeklopft werden müssen. Die Innenreinigung nimmt man besser vor, ehe man sich der Außenseite des Autos widmet, da es unvermeidlich ist, daß Wasser und Schmutz – zumindest unterhalb der Türen – an der Karosserie zurückbleiben.

Wenn nach längerer Winter- oder Regenzeit wieder warmes und trockenes Wetter herrscht, kann es auch nichts schaden, die Gummi-Bodenmatte herauszunehmen oder wenigstens hochzuklappen, damit ihre naß gewordene Unterseite und der Wagenboden gut trocknen kann. Der nasse Schmutz wird dabei von der dort aufgeklebten Filzmasse gewischt und der Boden kritisch inspiziert: Roststellen? Dann bald, bevor der Schaden größer wird, die betreffenden Stellen schleifen, mit Rostumwandler (Bostik Antirost, Aral Rostentferner, Caltex Anti-Rost oder ähnliches) behandeln und am nächsten Tag mit Unterbodenschutz (Tectyl, Teroson Rostokal, Esso Rust-Ban 396 oder dergleichen) dick übersprühen.

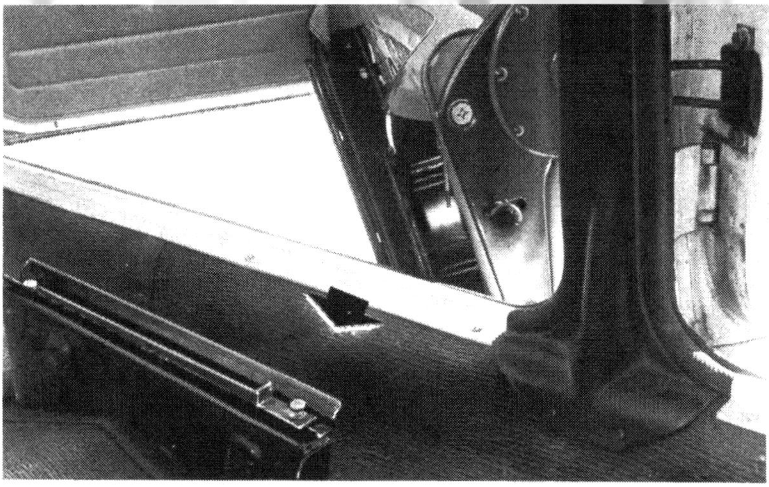

Will man einen Vordersitz ausbauen, ist das Winkelstück mittels Kreuzschlitzschraubenzieher abzuschrauben, das auf der Sitzschiene ein zu weites Verschieben des Sitzes nach hinten verhindert (Pfeil). Klappergeräusche bei unbenutztem Beifahrersitz können von gelockerten Schienenschrauben herrühren. Die Schienen sollen leicht eingefettet sein, damit sich die Sitze ohne Mühe verstellen lassen.

Die Sitze oder die Seitenverkleidungen reinigt man auf keinen Fall mit Benzin oder Fleckenwasser, denn damit lösen sich viele Kunststoffarten auf, so daß es nicht mehr reparierbare Flecken und Schäden gibt. Statt dessen versucht man es erst einmal mit einem feuchten Schwamm und etwas Seifenschaum. Noch schneller und intensiver geht es mit einem Plastik-Reiniger, den es von verschiedenen guten Pflegemittelfirmen gibt, beispielsweise Pyrmofix Plastoclean (kleine Blechflasche mit 250 Gramm Inhalt kostet mit kleinem Spezialschwamm 4,50 DM). Auch die Seitenverkleidungen werden damit gereinigt.

Sitze ausbauen

Die vorderen Sitze kann man aus dem Wagen nehmen, um die Führungsschienen zur Verstellung in Längsrichtung zu fetten oder, um beispielsweise durch Entfernen des Beifahrersitzes einen größeren Transportraum zu erhalten. Dazu muß der Sitz zuerst so weit nach vorne geschoben werden, daß man das auf der äußeren Führungsschiene sitzende Winkelstück mit einem Kreuzschlitzschraubenzieher abschrauben kann. Danach läßt sich der Sitz völlig nach hinten verschieben und herausnehmen.

Beim hinteren Rücksitz hebt man zuerst das Polster der Sitzbank hoch, das von zwei Zapfen im Karosserieboden gehalten wird. Die Rücklehne hängt in ihren unteren Ecken in zwei Blechschlaufen an den Radkästen, die man mit einem Schraubenzieher nach oben hebeln muß. Danach kann man das Polster unten etwas nach vorne winkeln und nach oben drücken, so daß es mit den beiden am oberen Polsterrand angebrachten Laschen aus den entsprechenden Führungen an der Vorderkante der Heckfensterablage ausklinkt.

Auf diese Weise kommt man auch von innen an den Kofferraum, falls einmal die Jacke mit dem Wagenschlüssel dort blieb, als man unbedacht die Kofferraumhaube schloß. Jetzt muß noch die mit einer Kunststoffolie überzogene Trennwand, die ebenfalls von Blechlaschen festgehalten wird, abgenommen werden. Mit einem geeigneten Angelwerkzeug ist es nun möglich, das Schlüsselbund ins Wageninnere zu ziehen. Hoffentlich ist der ganze Kofferraum nicht voller Gepäck, denn dieses läßt sich durch die Karosserieverstrebung zwischen Fahrgastzelle und Kofferraum nicht hindurchzwängen.

Armaturenbrettverkleidung ausbauen

Wenn man das ganze Armaturenbrett herausnehmen möchte, muß vorher das Kombi-Instrument ausgebaut werden. Wie das beim Fiat 124 Normal und beim Special geschieht, ist im Kapitel »Instrumente und Geräte« erklärt. Anschließend löst man die beiden Befestigungsschrauben der seitlichen Windschutzscheibenverkleidung und nimmt alle Schalter und den Aschenbecher heraus.

Wenn man das Kabel der Handschuhfachbeleuchtung abgeklemmt und die Leitung der Scheibenwaschanlage gelöst hat, schraubt man an der Unterkante der Armaturenbrettverkleidung die vier Halteschrauben ab. Um weitere Haltemuttern unterhalb der Windschutzscheibe zu erreichen, langt man durch die Öffnung für das ausgebaute Kombi-Instrument, wo zwei Muttern loszuschrauben sind, und zwei Muttern findet man hinter dem Handschuhfach. Schließlich sind noch zwei Schrauben vom Handschuhfach selber zu lösen, und dann kann man die Verkleidung abheben, nachdem man die Betätigungsseile von den Hebeln der Heizungsanlage ausgeklinkt hat.

Einbau von Sicherheitsgurten

Mit großer Scheu verschweigen die meisten Autoproduzenten, daß es an ihren Wagen irgendwo Befestigungspunkte zum Einbau von Sicherheitsgurten gibt. Man glaubt, der Autofahrer werde gleich an seinen Tod erinnert – und das möge er nicht –, wenn man von Sicherheitsgurten spricht. Nicht so bei Fiat. Dort erwähnt man durchaus in der Betriebsanleitung auf einer besonderen Bildtafel, wo die entsprechenden Löcher für die Sicherheitsgurtverschraubungen zu finden sind.
Wenn Sie sich Sicherheitsgurte für Ihren Fiat 124 anschaffen wollten, sollten es möglichst Dreipunktgurte, allenfalls auch Schrägschultergurte sein. Vor Bekkengurten, bei welchen nur ein Gurt über den Unterleib geht, möchten wir jedoch unbedingt warnen. Bei einem Zusammenstoß fliegt der nicht gehaltene Oberkörper im sogenannten »Taschenmesser-Effekt« nach vorne – es gibt schwere Kopfverletzungen. Schrägschultergurte, die man in Schweden auch »Ordensband« nennt, halten dagegen gerade den Oberkörper. Die Knie sind aber noch gefährdet. Den besten Schutz bietet also eine Kombination aus Bekken- und Schultergurt, der Dreipunktgurt. Die namhaften Sicherheitsgurt-Hersteller liefern für den Fiat 124 speziell ausgestattete Einbausätze, so daß die gelieferten Beschläge und Schrauben in diese Muttern passen.
Sonstige Einzelheiten über die Montage sind allen für den Fiat 124 vorgesehenen Sicherheitsgurten beigegeben. Und daß man sich nur solche anschafft, versteht sich von selbst, weil schließlich einmal das Leben davon abhängt, » . . . denn du hast nur einen«, sagen die Amerikaner über den durch solche Maßnahmen bei Gefahr zu schützenden Kopf. Man gebrauche ihn bereits beim Gurteinkauf und Einbau.

Der Schlüssel im verschlossenen Wagen

Der Fall, daß die Wagenschlüssel im verschlossenen Wagen geblieben sind, kann eigentlich nur vorkommen, wenn die vorderen Türen bereits versperrt sind und im Fondraum noch etwas erledigt wurde, wonach man den Schlüssel liegen läßt und auch die Hintertür – verriegelt – schließt. Jetzt hilft nur eins: Man muß versuchen, mit zwei genügend langen Stahldrähten einmal unter die Gummidichtung des vorderen Ausstellfensters zu gelangen, um von innen die Verriegelung zu lösen. Das wird nur gelingen, wenn man von außen Maß nimmt und den Draht entsprechend biegt, wobei er vor allem einen mehrmals gewundenen »Griff« erhalten muß, mit dem man das in das Innere reichende Ende kräftig führen und drehen kann. Oder man versucht, damit die Fensterkurbel zu betätigen. Mit dem anderen – längeren – Draht wird man dann nach dem Schlüssel angeln müssen. Bitte, probieren Sie das alles aber nur an Ihrem eigenen Auto aus!

Wasserspiele

Verständlich, daß der frischgebackene Autobesitzer seinen jungen Schatz stets im vollen Glanz zur Schau stellen möchte. Noch ehe er die ersten zaghaften Erkundungen in das Innenleben seines Gefährts unternommen hat, wacht er mit Eifer über den Galazustand seiner Karosse in dem Glauben, nur das Beste zu tun. Und gerade hierbei kann zu Anfang viel verdorben werden. Nicht sachkundig ausgeführte Wagenpflege schadet mehr als sie nutzt, darum sollten auch so leicht erscheinende Arbeiten wie Waschen und Polieren im Hinblick darauf unternommen werden, den Lack des Autos nicht zu Tode zu pflegen. Und besteht einmal keine ausreichende Gelegenheit, das verschmutzte Auto zu reinigen, bietet solche vorübergehende Äußerlichkeit wenig Anlaß zu Minderwertigkeitsgefühlen. Wer sein Auto liebt, reinigt es mit Bedacht.

Viel Wasser

Von allen Möglichkeiten der Wagenwäsche ist die mit fließendem Wasser aus dem Schlauch die beste. Der ununterbrochene Fluß des Wassers weicht den Schmutz auf und schwemmt ihn zum Teil schon weg, ohne den Lack zu beschädigen. Es ist nämlich falsch, den Schmutz abzureiben, vielmehr hat der Wasserstrom den Schmutz zu lockern, allenfalls unterstützt von Schlauchbürste oder Schwamm. Reibt man dagegen den Schmutz mit zu wenig Wasser weg, schmirgelt man zugleich die Staub- und Sandkörnchen über den Lack, die ihn zerkratzen und schließlich zerstören. Das wird nach dem ersten oder zweiten Mal noch nicht sichtbar, aber nach einer Reihe solcher Torturen offenbart es sich: Die Oberfläche des Lacks ist angegriffen. Deutlich sieht man bei schräg auffallendem Sonnenlicht in Streifen und Kreisen verlaufende Schleifspuren, feiner zwar als die Rillen einer Schallplatte, aber auch unerfreulicher. Wie der Tankwart Ihren Wagen nur mit dem Wasserschlauch wäscht und wie auch in der automatischen Waschanlage Unmengen von Wasser auf das Auto niederströmen, sollten auch Sie nicht mit Wasser sparen.
Übrigens: mit Wasser spült man auch Ablagerungen auf dem Lack weg, die aus der chemischen Verunreinigung (Industrieabgase) stammen, auch winterliche Auftausalze müssen entfernt werden.

Waschen mit dem Schlauch

Nun braucht die Schlauchwäsche nicht zu einer Prozedur zu werden, die zur Überschwemmung der Umgebung führt. Der harte Wasserstrahl würde das besorgen, was wir gerade vermeiden wollen: Schmirgelspuren auf dem Lack. Mit mäßigem Wasserstrom wird der Schmutz zuerst »eingeweicht«, und nur, wenn Sie auch der Unterseite Ihres Fiat zu Leibe rücken und die Radkästen von der Dreckkruste befreien wollen, ist der Wasserhahn mehr aufzudrehen.
Die eigentliche Wäsche erledigt nun die Schlauchbürste, der Waschhandschuh oder der Schwamm. Am einfachsten ist eine weiche Schlauchbürste mit langen Borstenhaaren, die ständig von frischem Wasser durchflossen wird.

Doch wäscht ein Schwamm in der Regel sauberer, als es mit den Borsten einer Waschbürste möglich ist.
Sehr praktisch ist ein Waschhandschuh, den man sich selbst aus einem langhaarigen Stück Pelz schneidern kann, oder den es auch als langhaarigen Perlon-Waschhandschuh für etwa 8 DM zu kaufen gibt. Dieser Wasch-Fausthandschuh wird über die Hand gestülpt, die andere Hand hält den Schlauch mit dem sanft fließenden Wasser. Beide Hände ziehen gemeinsam leicht über den Lack, alles starke Reiben wird vermieden.
Wohl am üblichsten ist es, diese Arbeit mit einem Schwamm zu verrichten. Hierbei ist ein Schwamm mit großen Poren von Vorteil, weil feinporige Schwämme den Schmutz eher festhalten und schmirgeln, während die groberen den Durchfluß des Wassers besser ermöglichen. Großporige Naturschwämme gibt es ab 10 DM, sie erfüllen ihren Zweck am besten. Auch großporige Viskoseschwämme sind geeignet (sie kosten etwa 3 DM), nur muß man beim Kauf beachten, daß ihre Struktur nicht zu steif ist.

Die Eimerwäsche

Nicht jeder Autobesitzer kann in Hof, Garten oder Garagenvorplatz einfach einen Schlauch an die Wasserleitung anschließen. Manche müssen ihren Bedarf an Wasser im Eimer herbeischleppen, und in diesem Fall sind zwei Eimer besser als einer, weil die Waschbrühe schneller, als einem lieb ist, trübe wird. So oft wie möglich muß das alte Wasser durch neues ersetzt werden, denn der im Schmutzwasser treibende Staub und Sand wird immer wieder kratzend über den Lack gewischt. Auch nimmt man am besten Kunststoffeimer und keine aus Metall, um nicht gleich Kratzer oder Beulen im Wagen zu haben, wenn man versehentlich einmal anstößt.
Zuerst wird das ganze Auto mit Wasser aus dem Eimer übergossen, damit der Schmutz aufweicht. Auf keinen Fall mit dem nassen Schwamm auf dem trokkenen Schmutz herumwischen! Wie bei der Wäsche mit dem Schlauch soll genügend Wasser verbraucht werden, dazu läßt man den Schwamm im Eimer sich stets vollsaugen. Hartnäckiger Schmutz an Stoßstangen und Felgen kann mit normaler Wurzelbürste entfernt werden, doch ist die Berührung mit angrenzenden Lackflächen zu vermeiden.
Verboten ist es, das Auto an einem Fluß oder Bach zu waschen. Dadurch soll die Verschmutzung der Gewässer verhindert werden, von denen einige freilich in dieser Beziehung kaum noch wesentlich beeinträchtigt werden können. Von Industrieabwässern verseuchte Flußläufe sind übrigens auf den Lack des Autos von üblem Einfluß, und auch wenn die Polizei an diesen Orten ein Auge zudrückt, wäscht man dort besser nicht.

Mit Eimer, Schwamm und Leder, und natürlich mit viel Wasser, haben schon unsere Großväter ihre Autos saubergehalten. Das ist auch eine gute Methode, aber etwas mühselig, weil man dauernd frisches Wasser herbeischleppen muß. Denn der Schwamm soll jedesmal richtig ausgespült und mit frischem Wasser getränkt werden, damit man bei späterer Lackpflege Zeit und Geld spart. Man braucht also wenigstens zwei Eimer zu dieser Prozedur.

Ist der Schmutz restlos beseitigt, kommt als nächster Arbeitsgang das Trocknen des Wagens mit dem Waschleder. Nichts anderes ist zum Trocknen des Wagens besser geeignet als ein großflächiges Ziegen- oder Rehleder. Und in diesem Fall müssen Sie einmal tüchtig in den Geldbeutel greifen, denn ein echtes Ziegenleder kostet mindestens 12 DM! Sie können sich statt eines teuren Waschhandschuhes einen billigen Viskoseschwamm kaufen, aber am Waschleder ist nichts zu sparen; alle Kunst- und Ersatz-Fensterleder taugen nicht viel. Sie sind auch zu klein, denn Ihr Waschleder soll mindestens 50 auf 50 cm groß sein. Nehmen Sie's auf die Haushaltskasse, denn die Hausfrau wird schnell dahinterkommen, daß sich mit solch einem echten Fensterleder auch die Wohnungsfenster viel leichter und besser putzen lassen.

Wagen abledern

Das Trocknen des Wagen laßt sich nur bei Regenwetter sparen, denn das von der Luft angetrocknete Waschwasser würde mit der Zeit unvermeidbar einen grauen Film oder Tropfenflecken auf den Lack bringen. Das ist besonders ärgerlich bei dunklem Lack. Es liegt daran, daß im Leitungswasser immer mehr oder weniger Kalk enthalten ist, der sich auf dem Lack absetzt.

Wenn man nicht waschen darf

Das Waschen in der Sonne ist in jedem Fall zu unterlassen. Harmlos sind noch die Wasserflecke, die sich durch Kalk- und Schmutzrückstände im Leitungswasser bilden. So schnell, wie auf dem heißen Karosserieblech die Sonnenstrahlung alles Wasser wegtrocknet, so rasch kann niemand sein Auto abledern. Schlimmer jedoch sind Verfärbungen im Lack, die durch Brennglaswirkung einzelner Wassertropfen entstehen. Diese blassen Stellen lassen sich nur mit Polieren wieder entfernen. Also: die Sonne meiden!

Waschen Sie nie Ihr Auto im Freien bei Temperaturen um 0 Grad oder darunter! Sollten Sie wirklich den Wagen sauber bekommen haben, dann nutzt auch ein anschließendes Abledern zum Trocknen wenig. Das Wasser dringt in Fugen und Karosserienähte, verkriecht sich hinter Zierleisten und Gummidichtungen und beginnt sein zerstörerisches Werk, sobald es gefriert. Eis nimmt mehr Raum ein als Wasser und entwickelt bei dieser Ausdehnung eine Kraft, die den unterwanderten Karosserieteilen schlecht bekommt. Wenn das Wasser in leichte Lackschäden gedrungen ist, die noch verhältnismäßig harmlos waren, greift es die Umgebung an – äußerliches Abtrocknen nutzt dann nichts. Bei Temperaturen um den Gefrierpunkt verdunstet Wasser nicht so schnell, wie es Schaden stiftet, und diese Auswirkungen sind spätestens im Frühjahr zu sehen.

Wenn Ihr Auto dennoch im Winter – besonders von den Auftausalzen – gereinigt werden muß, sorgen Sie nach der Wäsche für ein warmes Plätzchen, auf dem der Wagen richtig durchtrocknen kann. Die übrigen Vorkehrungen, die vor den Folgen der kalten Witterung schützen, ersehen Sie aus dem Kapitel über den Winterschutz

Waschen ohne Wasser?

Selbstverständlich bekommt man sein Auto auch ohne das natürliche Naß sauber. Die Wundermittel-Industrie versucht den Glauben zu nähren, daß ihre Produkte den Gebrauch des Wasser wesentlich einschränken könnten. Nur auf den Wagen sprühen und wegwischen – so lautet die Devise. Sicher: fast mühelos ist der Lack wieder blank geworden. Daß aber trotzdem die schon beschriebenen Rillen nun die Oberfläche zieren, vorerst aber von dem in dem Mittel enthaltenen Wachs tückisch verschlossen sind, stellt man fest, wenn es zu spät ist.

Alle Alchemisten-Säfte, die den vernünftigen Waschvorgang ersetzen sollen, halte man von seinem Auto fern. Sie führen immer wieder zu der verderblichen

Die Wagenwäsche mit Schlauch ist bequemer, und sie kann auch lustiger sein. Wie man sich hier gegenseitig spritzt, so soll das Auto aber nicht »bestrahlt« werden, denn zu harter Wasserstrahl treibt die Schmutzteilchen über den Lack und zerkratzt ihn. Dagegen kann man Felgen und Radkästen mit kräftigem Strahl bearbeiten, um den Schmutz zu entfernen.

Schmirgelei, und vor allem die nach Regen auf dem Lack fest haftenden Staubkörnchen lassen sich gefahrlos eben nur mit Wasser abspülen.
Allenfalls mag es ausnahmsweise erlaubt sein, trockenen Staub mit einem eigens dazu präparierten Mop wegzuwischen. Das mag in Gegenden nötig sein, wo wegen Wassermangels das Waschen von Autos verboten ist. Die Methode kann nur ein Behelf sein und gilt nur für leicht verstaubte Karosserien, deren Verschmutzung nicht in Verbindung mit Regen entstand. Der Automop, dessen dicke weiche Wollfäden von den Herstellern mit einer Flüssigkeit präpariert wurden, nimmt durch leichtes Wischen den Staub auf und poliert gleichzeitig etwas den Lack. Taxifahrer und Direktionschauffeure bedienen sich des Reinigungsgeräts, wenn die frisch gewaschenen Wagen nach einigen Stunden doch wieder verstaubt sind. Allein durch vorsichtiges Wedeln wird der trockene Staub verjagt.

Motorwäsche mit Vorsicht

Hat das Auto die Bemühungen um Sauberkeit seiner äußeren Hülle gut überstanden, liegt das Waschen der Teile, die unter der Motorhaube verborgen sind, nahe. Auch Ihr Fiat wird bald einen verschmutzten Motorraum haben, weil er aus Gründen zusätzlicher Kühlung wie üblich unten offen ist. Doch ist hier von übermäßigen Wässerungsprozeduren abzuraten, da die meist mit Öl und Fett versetzten Schmutzschichten mit klarem Wasser kaum beseitigt werden können und die Feuchtigkeit der Isolierung elektrischer Leitungen abträglich ist.
Um Störungen an der Zündanlage aus dem Wege zu gehen, die beim Auswaschen mit Wasser häufig auftreten, verwendet man die besser geeigneten Motor-Reiniger, die beispielsweise von Mineralölgesellschaften an Tankstellen zu erhalten sind. Der Inhalt dieser Sprühdosen reicht für mehrere Säuberungsaktionen und wird lediglich auf die verschmutzten Teile gesprüht. Anschließend kann mit schwachem Wasserstrahl die ganze Sache weggespült werden. Allerdings sollten zuvor wichtige Teile der elektrischen Anlage wie Verteiler und Kerzenstecker mit Lappen abgedeckt werden, damit das nachfolgende Starten des Motors nicht im Versuch erstickt. Besonders gerne dringt Wasserdampf in den Verteilerdeckel und sorgt für eine Umleitung des Zündfünkchens durch Niederschlag an der Innenwand des Gehäuses. In diesem Fall hilft meist Auswischen des Deckels mit einem Papiertaschentuch. Müheloser fördern die notwendige Funkbahnen trotz eingetretener Feuchtigkeit Chromschutzspray von Polifac oder das spezielle Kontakt-Sprühmittel »Intact« von Aral.

Ein bißchen Kosmetik

Alle Salben und Tinkturen können nur Tünche sein, und wo vielleicht noch etwas künstliche Schönheit hingezaubert wird, ist die jugendliche Frische doch bald verloren. Das ist nicht nur bei Frauen so, sondern auch beim Auto. Darum ist die Wagenwäsche mit viel Wasser die beste Lackpflege (vielleicht lesen Sie das vorangegangene Kapitel doch besser noch einmal?).
Solange das Wasser in kleinen Tropfen über den Lack perlt und nicht »teigig« zerrinnt, ist die Wäsche mit reinem Wasser noch lange gut. Aber auch, wenn Sie Petroleum oder Motoröl über den Lack gießen sollten, perlen die Wassertropfen anschließend ab. Mit dem Einpinseln von Karosserienähten und den Berührungsstellen zwischen Zierleisten und Karosserie mit ungebrauchtem Motoröl hat man wohl die Garantie, daß sich an diesen Stellen nie Rost bilden wird, den Lack kann man mit dieser Methode aber nicht konservieren.

Wenn der Lack »altert«

Was muß Autolack alles aushalten: Sengende Sonne, strömenden Regen, arktische Kälte, tropische Hitze, grobkörnigen Schmutz und spritzendes Salzwasser bei Wintermatsch. Er darf, trotz nur hauchdünner Schicht, den Lackuntergrund nicht durchschimmern lassen, muß sich allen Bewegungen und Vibrationen des Autobleches geschmeidig anpassen und soll auch noch einigermaßen schlagfest sein. Aber auch der beste Lack hält die ihm zugemuteten Strapazen nur eine gewisse Zeitlang aus, wenn man ihm nicht die notwendige Pflege zukommen läßt. Ungepflegter Lack verliert mit der Zeit seine Elastizität, er »altert«, indem sich die Poren erweitern, Feuchtigkeit eindringt und die Farbschicht von innen zermürbt. Der im Kunstharzlack enthaltene »Weichmacher«, der ihm seine Elastizität verleiht, verflüchtigt sich allmählich, und die einzelnen Farbkörnchen liegen nicht mehr eingebettet im Lack, sondern stehen spröde ab, wodurch er ein stumpfes Aussehen erhält.

Nicht zu Tode pflegen

Erst wenn die Wäsche mit klarem Wasser nichts mehr ausrichtet, wenn die Oberfläche stumpf bleibt, soll die eigentliche Lackpflege beginnen. Besorgte Heimpfleger tun da meist zuviel des Guten. Wer immer wieder mit einem Poliermittel an seinem Auto herumfummelt, wird sich immer öfter dazu veranlaßt sehen, und eines Tages ist die hauchdünne Lackschicht durchpoliert. Deshalb gilt bei der Lackpflege der Grundsatz, daß man an seinem Lack um so länger Freude hat, je sparsamer man mit Pflegemitteln umgeht und stets nur jenes nimmt, das gerade noch die angestrebte Wirkung zeigt.

Kein Haushaltspülmittel verwenden

Es ist grundverkehrt, eins der im Haushalt (praktischen und bewährten) alles reinigenden Spülmittel im Wagenwaschwasser zu verwenden, auch wenn auf dem Etikett nebenbei etwas von Autopflege steht und auch, wenn Ihr Wagen im ersten Moment dadurch prachtvoll aussehen würde. Was nämlich zur Reinigung von Kacheln, Glas und Eßbestecken sehr wirkungsvoll ist, ist für den stets porösen Autolack Gift. Die Oberflächen von Glas und Porzellan sind hart und selbst für scharfe Reinigungsmittel unangreifbar. Nicht so der Lack.

Frage nach der Qualität ist wichtig

Es ist nicht leicht, die Auswahl unter den speziellen Autopflegemitteln zu treffen. Es gibt auch kleine, weniger bekannte, aber strebsame Betriebe, die ausgezeichnete Autopflegemittel herstellen, weil sie mit deren Qualität ins Geschäft kommen wollen. Aber wenn man sich in solchem Falle nicht auf den Rat eines fachkundigen Tankwarts oder eines routinierten Selbstpflegers stützen kann, sollte man sich besser an die bekannten Marken dieser Branche halten, die einen Namen zu verlieren hätten, wenn sie Schund verkaufen würden. Wir denken dabei an die Marken

■ 1-Z (lies: »eins-zett«) ■ Teroson ■ Pingo ■ Polifac

Auch die Aral-, Shell- und Esso-Tankstellen bieten unter ihren Benzinmarken ein reichhaltiges Programm von Pflegemitteln für Selbstpfleger an, wobei die Verkaufsprogramme von Esso und Aral praktisch alles umfassen, was man für sein Auto gebrauchen kann und die Gebrauchsanweisungen auf jeder Packung der Aral-Autopflegemittel wegen ihrer sachlichen und klaren Verständlichkeit hervorzuheben sind. Ebenfalls achten die führenden Kaufhäuser und Versandfirmen darauf, daß die von ihnen vertriebenen Autopflegemittel von guter Qualität sind.

Fingerzeige: *Kaufen Sie keine sogenannten Universal-Lackpflegemittel, mit denen sich angeblich sowohl neue wie alte Lacke gleichermaßen gut pflegen lassen sollen! Leider gibt es auch unter guten Markennamen solche abzulehnenden Universalmittel. Die können einfach nicht funktionieren, denn was für neuen Lack gut ist, taugt für alten nicht mehr, und umgekehrt sind Pflegemittel für verwitterten Lack auf jungem Lack viel zu scharf.*

Lassen Sie sich kein Autopflegemittel verkaufen, für das mit dem Hinweis »in USA millionenfach bewährt« geworben wird. Wir treiben da keinen antiamerikanischen Nationalismus, sondern es geht einfach darum, daß die USA-Autos heutzutage mit Acrylharzlacken lackiert sind, die wesentlich aggressivere Lackpflegemittel vertragen, welche jedoch sehr oft für die hiesigen Kunstharzlacke schädlich sind.

Lackpflege von Stufe zu Stufe

Es kommt auf den Zustand und das Alter des Lackes an, mit welchen Lackpflegemitteln man seinem Auto zu Leibe rückt. Nicht allein die Qualität des Mittels ist von Ausschlag, die man beim Kauf an der Tankstelle oder im Autozubehörladen in dem Glauben hervorhebt, daß damit alle Probleme gelöst werden. Der fachkundige Verkäufer wird durch Fragen den tatsächlichen Bedarf einkreisen, aber ohne ihn sind Sie auf ziemlich verwirrende Begriffe angewiesen – die selbst von den Pflegemittelherstellern verwendet werden –, die wir in diesem Abschnitt versuchen zu erklären.

Auto-Shampoo

Schon zusammen mit der Wagenwäsche gibt es Mittel, die der Lackpflege dienen: die Auto-Shampoos. Sie sollen Schmutz, der sich mit reinem Wasser nicht ohne weiteres entfernen läßt, lösen, dürfen aber nicht scharf fettlösend sein, sonst »magern« sie den Lack aus, der dadurch auf die Dauer spröde wird. Dagegen soll ein gutes Auto-Shampoo, das stets alkalifrei sein muß, dem Lack gewisse »Nährstoffe« zuführen, die ihn frisch und elastisch erhalten; es soll, wie die Experten sagen, »rückfettend« sein. Das geht so vor sich: Ein gutes Auto-Shampoo muß in die feinen Poren und Ritzen des Lackes eindringen, den darin sitzenden Schmutz herauslösen, der dann durch die rückfetten-

den Substanzen des Shampoos ersetzt wird. So werden die feinen Poren mit schmutzabweisenden Teilchen ausgefüllt und die einzelnen Farbpartikelchen stehen wieder elastisch zueinander.
Um die rückfettenden Wirkstoffe eines guten Auto-Shampoos nicht zu verschwenden und sinnlos in den Ausguß zu schütten, soll es nicht, wie oft von den Herstellern empfohlen, im Eimer angerührt und dann auf den Wagen verteilt werden, sondern es ist rationeller, wenn es nur wenig verdünnt mit dem feuchten Schwamm direkt auf den nassen Wagen aufgetragen wird, nachdem das Fahrzeug durch die Vorwäsche vom groben Schmutz gereinigt ist. Das Auftragen geht am besten mit einem kleinporigen Schwamm, wobei sich die preiswerten Viskoseschwämme besonders bewähren. Hier ist also der großporige Naturschwamm, der sonst für die Wagenwäsche so gut geeignet ist, nicht am Platze. Bei dieser Direktauftragung mit dem Schwamm wird mancher den wunderschönen Schaum vermissen, der sich beim Anrühren im Eimer in dicken Flocken zeigt. Aber dieser Schaum ist im wahrsten Sinne des Wortes Schaumschlägerei, die vielen Autofahrern sehr eindrucksvoll vorkommt, aber für den Lack ganz uninteressant ist. Die Werbesprüche, die Schaumflocken hielten die Schmutzteilchen in der Schwebe, halten einer wissenschaftlichen Nachprüfung nicht stand. Oder kann man sich mit der prachtvoll schäumenden Rasiercreme etwa wirkungsvoll die Hände waschen?
Sehr viel Wasser ist anschließend zum Abschwemmen des Shampoos notwendig, um so mehr, je älter der Lack ist, damit auch wirklich alle fettlösenden Anteile aus den Ritzen und Poren herausgeschwemmt werden.
Auto-Shampoos benutzt man nicht zu jeder Wagenwäsche – der Lack soll nicht ständig entfettet und gefettet werden, auch das strapaziert ihn.

Waschkonservierer und Waschpolitur

Bei manchen Fabrikaten ist ein Waschkonservierer mit Auto-Shampoo kombiniert. Das Mittel dient sowohl zur Wäsche wie auch der Beschichtung des Lackes mit einem schützenden Wachsfilm. Eigentlich soll der Waschkonservierer erst angewendet werden, nachdem der Wagen ganz normal mit klarem Wasser gewaschen und sauber ist.
Auf einen kleinen Eimer Wasser gibt man zumeist einen Meßbecher Waschkonservierer und überwäscht den Wagen noch einmal mit dem Schwamm – er wird »abgeschwammt«, sagt der Wagenpfleger. Danach wird der Wagen, je nach der Gebrauchanweisung des einzelnen Präparates, im nassen Zustand abgeledert (z. B. bei »alwi«-Waschkonservierer) oder man läßt ihn von der Luft trocknen (z. B. bei Polifac). Zuletzt mit Poliertuch oder Polierwatte nachreiben. Es bleibt eine feine Wachsschutzschicht auf dem Lack zurück. Diese

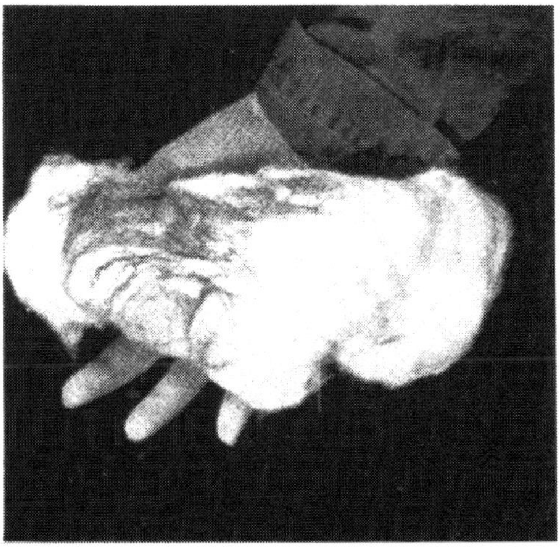

Bei den zahlreichen Lackpflegemitteln laufen die Bezeichnungen oft verwirrend durcheinander. Ihre schwersten Geschütze, die Poliermittel mit schleifender Wirkung, sollen nur sehr selten angewandt werden. Ob ein Lackpflegemittel den Lack schleifend angreift, läßt sich auf dem polierenden Wattebausch erkennen: Wenn der Lack auf ihm »abfärbt«, handelt es sich um ein Poliermittel mit schleifender Wirkung. Bei geringer Abfärbung ist es zumindest ein intensiv wirkender Lackreiniger.

Waschkonservierung ist bei gesundem Lack angebracht. Wird sie zu oft, etwa bei jeder Wagenwäsche, ohne andere Lackpflege wiederholt, zeigt sich der Lack nach unseren Erfahrungen nach einiger Zeit milchig-trübe. Dann ist die Wachsschicht mit der Zeit zusammen mit feinstem Staub »zu dick« geworden. Das schadet dem Lack darunter an sich nichts, aber die Schicht sollte zwischendurch mit einem milden Lackreiniger wieder heruntergeputzt werden.

Fingerzeig: *Bei den sogenannten automatischen Waschanlagen in Tankstellen und anderen Betrieben werden oft sehr billige und scharfe Auto-Shampoos benutzt, da es schnell gehen soll und nicht viel kosten darf. Das bekommt dem Lack auf die Dauer nicht gut.*

Spezialwaschmittel

Wenn Sie vom ganzen Sommer die Insektensammlung auf der Frontpartie Ihres Fiat 124 sitzen haben, werden Sie mit Auto-Shampoo noch keinen vollen Erfolg haben. Es gibt dafür Spezial-Waschmittel, die besonders hartnäckigen Schmutz auflösen, die Flugrost oder Zementstaub beseitigen und der Korrosion auf und unter dem Lack Einhalt gebieten. Sie sind im Gegensatz zum Auto-Shampoo säurehaltig.
Wir kennen »Bostik wie neu« (Bostik, Oberursel) und den Spezial-Autolackreiniger »abomar« (Loba-Chemie, Wien). Diese Mittel sollte man nur anwenden, wenn man sehr viel fließendes Wasser – also einen Schlauch – zur Verfügung hat. Mit Eimern kann man so viel Wasser gar nicht heranschleppen, wie zum Abschwemmen der Waschmittel benötigt wird, die etwa 10 Minuten einwirken müssen.
Selbstverständlich gilt hier ganz besonders: Auto-Kosmetik ohne Sonne! Es kann verheerende Lackverfleckungen geben, wenn das Karosserieblech nicht kühl bleibt. Praktisch sind das also Lackreinigungsmittel, die nur an regentrüben Tagen und nur bei wirklich hartnäckiger Lackverschmutzung angewendet werden sollten. Dann sind sie allerdings überraschend wirkungsvoll. Man nimmt zum Auftragen dieser Mittel am besten eine breite, weiche Bürste. Zum Schluß darf nicht versäumt werden, den sorgfältig abgelederten Lack mit einem Lackkonservierungsmittel (siehe folgenden Abschnitt) zu pflegen.

Lack-Konservierungsmittel

Ist der Lack Ihres Autos noch einwandfrei und gesund und wollen Sie ihm zu einer schützenden Wachsschicht (und vielleicht zu etwas frischerem Glanz) verhelfen, dann greift man zweckmäßigerweise zu Lackkonservierungsmitteln, die zumeist unter den Bezeichnungen »Hartglanz«, »Autowachs« und »Sprühwachs« (z. B. von Fiat) bekannt sind. Auch manche »Auto-Polish«, die dem Namen nach eigentlich zu den polierenden Lackpflegemitteln gehören, sind in Wirklichkeit Lackkonservierer.
Die Wirkung ist ähnlich wie beim Waschkonservierer, jedoch ohne milchige Trübung nach mehrmaliger Anwendung. Es gibt die Lackkonservierer als Paste oder helle Flüssigkeit und (teuer, aber leicht zu handhaben) in Spraydosen. Nach dem Auftragen je nach Gebrauchsanweisung wird die Wachsschicht blankgerieben – wir sagen bewußt nicht »poliert«, denn das ist etwas anderes und eine Stufe weiter. Beim Blankreiben darf die Watte nichts von der Lackfarbe annehmen, sonst ist es kein echtes Konservierungsmittel, sondern es enthält schleifende oder lacklösende Bestandteile, die in einen Konservierer nicht hineingehören und bei gesundem Lack völlig fehl am Platze sind.
In den Lackkonservierern ist durchweg Silikon drin. An sich ist Silikon auf der Windschutzscheibe, wo es von dem Autoblech her unvermeidlich hingerät und bei Regen zur sichtstörenden Schlierenbildung führt, gar nicht erwünscht.

Auch der Lackierer hat es auf dem Lack nicht gern, wenn ein Lackschaden ausgebessert werden muß.
Aber Silikon ist ein sehr wirkungsvolles Konservierungsmittel und die Pflegemittelhersteller wollen darauf nicht verzichten. Wegen des Silikons auf der Windschutzscheibe preisen sie daher spezielle Scheibenwascher-Zusatzmittel an, die sie natürlich auch selbst herstellen. Falls in einem Lackpflegemittel tatsächlich kein Silikon enthalten ist, findet sich der Hinweis »ohne Silikon« auf der Verpackung. Als bestimmt silikonfreien Lackkonservierer kennen wir derzeit nur das »Autowachs DS 70–10« von Dupli Color (große Sprühdose zu 6,65 DM).

Lackpolitur und Schleifpolierpaste

Das sind die schwersten Geschütze, die nur bei stark verwitterten Lacken und nur sehr selten angewendet werden dürfen. Vor allem Schleifpolierpaste, die fast schon so »grob« wie Handwaschpaste aussieht und von den meisten Lackpflegemittelherstellern gar nicht für Selbstpfleger angeboten wird, sollte nur zum Auspolieren von Schrammen und nach einer Streifberührung mit einem fremden Fahrzeug zum Wegpolieren des fremden Lackes benutzt werden. An der starken Farbe, die in der Watte hängen bleibt, können Sie die schnelle und scharfe Wirkung erkennen, die manchen Autopfleger – auch die Wagenpfleger an manchen Tankstellen – verlockt, schon bei geringerem Anlaß zu dieser Brisanzgranate zu greifen. Das ist aber falsch, denn der Kunstharzlack hält dies nur ein paarmal aus. Vor allem nimmt Schleifpolierpaste die härteste oberste Schicht des Lackes weg; darunter ist der Lack »weicher« und weniger widerstandsfähig, so daß er nach einigen Schleifpoliturbehandlungen immer wieder nach Politur »schreit«. Bis die Grundierung herausschaut. Wenn es aber doch sein muß: Fachleute schätzen z. B. die Unus-Schleif-Polierpaste (grün) von Ferdinand Kuhn, 8033 Planegg. Auch Polifac bietet Polier-Schleifpaste (Dose mit 220 Gramm zu 3,30 DM) an. Sie sollten aber nicht vergessen, daß auch bei dieser Arbeit die Sonne auf keinen Fall zuschauen darf.

Fingerzeig: *Bei der Anpreisung von Lackpflegemitteln wird gerne das Wort »mühelos« verwendet. Glauben Sie bloß die Hälfte. Und das ist meist noch zu viel. Lackpflege kostet nämlich Schweiß, beim einen Mittel mehr, beim anderen weniger. Aber ganz ohne Mühe geht es nicht. Geht es doch, war eine Lackpflege noch gar nicht nötig.*

Poliermaschine hat Tücken

Vielleicht besitzen Sie in Ihrer Hobbywerkstatt eine der Allround-Bohrmaschinen. Verschonen Sie damit Ihren Fiat, und wenn die Lammfellscheibe noch so weich ist, die Sie da aufstecken können. Was Sie nämlich pfeiferauchend polieren, entpuppt sich anschließend als übel zugerichtete und womöglich zerkratzte Fläche, der die Bezeichnung »Lack« nur noch mit Einschränkungen zukommt.
Diese Universalmaschinen drehen so schnell, daß zwischen der Polierscheibe und dem Lack eine hohe Reibungswärme entsteht, die das Poliermittel zersetzen oder gar festbrennen lassen kann. Kratzer sind dann unvermeidlich. Umgeht man die Reibungswärme, indem man weniger drückt, gelangt das Poliermittel nicht in die Lackporen. Auch der »Langsam-Gang« einer solchen Maschine kann Sand und Staub, der zwischen Scheibe und Lack gerät, zu kreisförmigen Schrammen zwingen, ehe Sie es richtig merken. Versierte Tankwarte und Wagenpfleger strengen sich lieber mit der Hand an – von der Poliermaschine wollen Sie nichts wissen. Das Ergebnis Ihres Schweißes macht Sie in jedem Falle stolzer.

Lackpflege im Winter

Dem Lack muß man auch im Winter erhöhte Aufmerksamkeit schenken, wenn er im kommenden Frühjahr noch richtig glänzen soll. Vor der Lackpflege steht allerdings die Wagenwäsche, die aber bei hartem Frost nicht möglich ist, sonst frieren Türen, Schlösser und Hauben zu. Deshalb muß im Winter frostfreies Wetter abgewartet, aber dann möglichst bald der mit Auftausalzen vermischte Schmutz gründlich und mit viel Wasser abgewaschen werden. Der Wagen wird im Winter besonders viel an seiner Schönheit verlieren, wenn man sich mit dem Gedanken tröstet, die Wagenpflege sei nicht so wichtig, weil der Wagen nach einem Tag schon wieder schmutzig sei. Öfter als im Sommer soll im Winter auch der Lack mit Konservierungsmitteln gepflegt werden. Lackreiniger und polierende, d. h. schleifende Lackpflegemittel verwendet man dagegen im Winter nicht und wartet mit der Aufarbeitung des Lackes bis zum Frühjahr.

Chrompflege

Die galvanisch aufgetragene Verchromung leidet genauso unter Witterungseinflüssen wie Lack. Zwar ist Chrom sehr hart, aber oft auch sehr dünn (und auf qualitativ unterschiedlich vorbehandelten Grundflächen) aufgetragen. Eigentlich sollte man Chromteile in gleicher Weise waschen wie das ganze Auto – aber wer reibt nicht schnell einmal mit einem trockenen Lappen über die Radkappen? Und schon sind die feinen Kratzer da, die den Rost begünstigen.

Chromschutzmittel gibt es ebenfalls in Massen. Nach der Wäsche muß man sie auftragen und mit einem weichen Lappen oder mit Polierwatte blankreiben. Sind schon die ersten Rostpusteln vorhanden, nutzen diese Mittel auch nicht mehr viel. Die ersten Rostspuren müssen unbedingt bekämpft werden, sonst frißt der Rost weiter. Am besten eignet sich dazu Lackreiniger, wie der an den meisten Tankstellen erhältliche »1-Z« (grüne Dreieckflasche).

Wenn man viel Geduld hat, kann man die – meist sehr kleinen – Roststellen mit Rostentferner betupfen. Nach wenigstens 24 Stunden Wartezeit (in der das Auto nicht mit Wasser in Berührung gekommen sein darf, sonst wird das Mittel abgespült) trägt man auf den sauberen und fettfreien Chrom einfach Zapon-Lack mit einem weichen Pinsel auf. Schnell und nicht zu dünn aufgestrichen, hinterläßt der Lack kaum Pinselspuren und ist außerdem für die glänzenden Effekte des Chroms völlig durchlässig, da er farblos ist. Somit schafft man sich zugleich einen passablen Winterschutz, denn gerade in der kalten und »salzhaltigen« Jahreszeit erhält die Chrompflege einen besonderen Akzent. Darüber mehr im Kapitel »Winterschutz«.

Teerspritzer und Insekten

Bei der Fahrt über frisch asphaltierte Straßen hinterläßt der hochgespritzte Splitt kleine schwarze Teerflecke auf dem Lack. Völlig falsch ist es, sie mit dem Messer oder auch mit einem Holz abschaben zu wollen. Das gibt Kratzer im Lack, die nicht weniger schäbig als die Teerflecken aussehen. Sie müssen chemisch aufgelöst werden. Das geht mit Petroleum oder einem speziellen Teerentferner. Billiger ist die Petroleumanwendung, jedoch muß nachher der Lack noch nachbehandelt werden. Bei den Spezial-Teerentfernern ist dies nicht immer notwendig, z. B. bei dem sehr vielseitig anwendbaren (Flecken aus Stoffen, Motorteilereinigung) Pingo-Teerentferner (Sprayflasche zu 4,50 DM).

Insektenleichen, die die Wagenvorderseite im Sommer zu Tausenden auffängt, können den Lack verätzen, wenn sie nicht rechtzeitig beseitigt werden. Auch hier ist Herumkratzen nur schädlich. Ebenso falsch ist es, jedesmal mit scharfem Lackreiniger an diesen Stellen zu arbeiten. Die Insektenleichen gehen zwar davon weg, aber der Lack auch. Das mildeste Mittel ist eine dicke patschnasse Schicht Zeitungspapier auf die Insektenoberfläche, die dort über Nacht liegenbleibt und den Fliegenschmutz dabei aufweicht. Und bei der Wagenwäsche selbst hilft der kleine Insekten-Spezialschwamm, wie ihn beispielsweise Polifac anbietet. Das ist ein rauher und grobporiger Kunststoffschwamm, der sehr wirkungsvoll ist, den Lack aber nicht zerkratzt.

Ausbessern von Lackschäden

In Zeitungsanzeigen oder auf Plakaten in den Schaufenstern von Farbgeschäften sieht man gelegentlich adrette Damen oder Herren, die im Cocktailkleid oder Smoking mit einer Spraydose auf ihr Auto zielen. Sie bessern schnell noch einen Lackschaden aus, heißt es im Werbetext. Ganz so leicht, gewissermaßen auf dem Weg ins Kino oder Theater, geht es doch nicht, wenn es nach etwas aussehen soll. Obgleich die dort propagierten Farbsprühdosen auch nach unseren Erfahrungen sehr gut und brauchbar sind. Aber die Lackierung muß kunstgerecht »aufgebaut« werden, damit sie wirklich haltbar ist. Dazu

■ beschädigte Karosserieteile zuerst mit Gummihammer, Handfaust und Schlichthammer sorgfältig ausbeulen, leicht überfeilen, mit Schleifpapier trocken alle alten Lack-, Grundierungs- und Spachtelreste von der schadhaften Stelle entfernen, mit Plastik-Füllmasse (aus kleinen Tuben zu 1,30 DM) spachteln, nach Trocknungszeit alle Unebenheiten abschleifen (mit Schleifpapier, das über ein handgroßes, völlig planes Brettstück gespannt ist), Grundierung aufpinseln oder aufsprühen, mit feinem Schleifpapier naß nachschleifen, angrenzende Karosserieteile sorgfältig abdecken und Lackfarbe aus Sprühdose aufsprühen. Übrigens: Die Grundierung darf auf keinen Fall gespart und direkt auf das blank geschliffene Metall mit Lackfarbe gesprüht werden. Das »deckt« nicht und das Metall schimmert durch die wolkige Farbe. Haftgrund muß immer dazwischen sein!

■ Neue unlackierte Karosserieteile (etwa eine Motorhaube) gründlich mit reinem Benzin oder »Washprimer« entfetten (selbst Fingerspuren vom Transport würden sonst später durch die Lackierung schlagen), eventuelle Transportschäden (auch kleinste) mit Spachtel und Grundierung beseitigen und erst dann Lackfarbe sprühen.

■ Roststellen (auch unter dem Lack) bis aufs blanke Blech abschleifen, mit Nitro-Verdünnung sorgfältig entfetten und anschließend mit Zinkchromat-Grundierung (zur Verhinderung weiteren Rostens) überziehen, eventuelle Unebenheiten spachteln, grundieren; naß schleifen und nach sorgfältiger Trocknung lackieren (nur sinnvoll, wenn das Blech noch nicht durchgerostet ist).

Fiat vertreibt Sprühdosen mit Original-Lacken, die man auch über Farbengeschäfte beziehen kann. Beim Kauf muß man auf die Lack-Nummer achten; die üblichen kleinen Dosen kosten 5,65 DM, die Ein-Liter-Dose 18,50 DM.

Das Arbeitsgerät zum Ausbessern von Lackschäden: Schleifpapier verschiedener Körnung zum Naß-Schleifen, Wassertopf zum Anfeuchten des Schleifpapiers, glatt gehobeltes Holzstück als Schleifunterlage, Metallsägeblatt zum Aufrauhen, Sprühdosen mit Haftgrund und Lackfarbe. Zwei-Komponenten-Plastik-Spachtel, Spachtelwerkzeuge.

Mit eiskaltem Verstand

Autofahren im Winter konnte früher zu einem Abenteuer werden, und die weniger hart Gesottenen meldeten beim ersten Rauhreif ihren Wagen ab, bockten ihn kunstvoll hoch – damit die Reifen entlastet waren – und schraubten die Nummernschilder erst kurz vor Ostern wieder an.
Der zweimalige Weg zur Zulassungsstelle ist heute lästiger geworden als die Unbilden eines Winters. Wagenheizung und verschlossenes Kühlsystem mit Dauerfrostschutz wurden zu wesentlichen Erleichterungen, doch zeigt der Winterbetrieb auch Probleme, die man ehedem nicht kannte. So wirkt Streusalz auf unsere Autos wie Opium: Es beseitigt die erschwerenden Bedingungen und verleiht den Insassen die von eisfreien Zeiten gewohnte Sicherheit, aber die Wagen werden davon aufgefressen. Den Wert seines Autos über den Winter zu erhalten, macht also einige Vorkehrungen erforderlich.

Kühlflüssigkeit frostfest?

Pflegearbeit Nr. 27

Bei manchen anderen Fabrikaten muß man, wenn es sich nicht gerade um einen Fiat 500 oder den VW oder einen anderen Luftgekühlten handelt, vor dem ersten Frost das Kühlwasser auf Frostfestigkeit einrichten. Nicht so beim Fiat 124: Sein Überdruck-Kühlsystem, das sich – solange der Vorrat reicht – mit Hilfe des Ausdehnungsgefäßes selbst versorgt, enthält eine Flüssigkeit, die auf jeden Fall bis —35° C frostfest ist. Vorausgesetzt, man hat kein klares Wasser nachgefüllt. Wer sich jedoch über den Inhalt im Kühlsystem klar ist, braucht nur noch einmal einen Blick auf das Ausdehnungsgefäß zu werfen, ob sich der Flüssigkeitsstand über der Minimum-Marke befindet.
Nach Fiat-Empfehlung soll die ganze Kühlflüssigkeit nach 60 000 km Fahrtstrecke oder – was vielleicht zuerst erreicht ist – nach zwei Jahren gewechselt werden. Es ist nicht schlecht, diese Arbeit, die im Kapitel »Kühlung und Heizung« beschrieben ist, vor Beginn der Frostperiode zu erledigen, denn das in der Kühlflüssigkeit enthaltene Frostschutzmittel »altert« mit der Zeit und verliert vor allem seine Schutzeigenschaften gegen Korrosion und Oxydation.

Frostschutz für den Scheibenwascher

Immerhin kann gefrorenes Wasser auch im Fiat 124 zum Ärger werden, wenn beim Druck auf den Scheibenwascherknopf nichts passiert, weil das Wasser über Nacht im Behälter eingefroren ist. Da dieser Wasserbeutel im Motorraum hängt, ist während der Fahrt die Frostgefahr noch nicht einmal so groß, aber bei Außentemperaturen unter 0° kann das Wasser durch den Fahrtwind sofort gefrieren, und die Sicht durch die Windschutzscheibe ist gestört.
Die Ein-Liter-Füllung kann durch 50prozentigen Zusatz von »Fiat-Waschlösung DP 1« bis zu —10° Außentemperatur frostsicher gemacht werden, und wird es noch kälter, nimmt man dieses Mittel ohne Wasser. Daneben gibt es an Tankstellen eine Fülle von Spezialmitteln, die dem Scheibenwaschwasser beigemischt werden können. Einige von ihnen lösen zudem noch den Öldunst vorausgefahrener Qualmer auf der Windschutzscheibe auf.

Ein billiges Mittel ist Brennspiritus, den man dem Wasser beimischt. Es genügt ein Verhältnis von ⅓ Spiritus. Bei einem Verhältnis von 1 : 1 kann man bis −35° sorglos sein. Wasser und Spiritus müssen gut gemischt sein (Kneten des Beutels), sonst trennen sich die beiden Flüssigkeiten und das Wasser gefriert doch. Man darf aber nicht überrascht sein, wenn es im Wagen »komisch« riecht. Dann ist Spiritusdunst durch die Belüftung eingedrungen. Man sollte allerdings die Wirkung von Spiritus auf den Lack beobachten, da es Lacksorten gibt, denen die Sonne durch den angetrockneten Spiritus Verfärbungen beibringt. Rechtzeitige Lackpflege beseitigt solche entstandenen Flecken und man wird etwas anderes für die Waschlösung nehmen müssen.

Reifen im Winter

Im Kapitel über »Die Reifenwahl« wurde schon über die Bedeutung und Nützlichkeit einzelner Reifen-Typen gesprochen. Um die Fortschritte in der Reifenentwicklung in bezug auf Wintereigenschaften erkennen zu können, sei hier das derzeitige Angebot noch einmal unter winterlichen Gesichtspunkten beleuchtet.

Rundschulter-Reifen reichen kaum aus

Mit den serienmäßigen Diagonal-Reifen, die nicht umsonst auch Sommer-Reifen heißen, wird man sich bei Eis und Schnee mit dem Fiat 124 in oft heikle Situationen bringen. Durch den Frontmotor sind die angetriebenen Hinterräder nicht so belastet wie bei einem Wagen mit Heckmotor. Daher ein wichtiger Winter-Tip: Stets den Kofferraum gut belastet halten, auch wenn man Winterreifen fährt. Gut geeignet sind kleine Sandsäckchen. Irgend etwas »Gewichtiges« wird sich wohl immer finden.
Auf hartgefrorenem Schnee und Glatteis ist das Kurvenfahren, Bremsen und Anfahren keine reine Freude, obwohl es Leute mit langjähriger Praxis gibt, die sich mit Routine und einiger Vorsicht auf Sommer-Reifen fortbewegen. Aber schon an geringen Steigungen wird alle Fahrkunst problematisch, und viele vergebliche Mühen, bergan zu kommen, werden erst mit Unterlegmatten oder Sand (der hoffentlich am Straßenrand liegt, den man besser mitführt) zum Ziel führen.

Gürtel-Reifen sind im Winter besser

Da die Gürtel- oder Radial-Reifen durch ihren stabilen Laufgürtel nicht in ihrer Auflagefläche auf der Fahrbahn walken, haben sie auf Schnee und Glatteis eine bessere Haftfähigkeit als die normalen Rundschulter-Reifen. Das macht sich in den Fahreigenschaften aller Autos im Winter bemerkbar.
Verschneite Steigungen oder Glatteis (letzteres, wenn man sein Auftreten mit Bedacht beobachtet) verlieren ihre akute Bedrohung, besonders wenn das Profil ein wenig grobstollig ist.
Nach eigenen Erfahrungen ist der Michelin X ein ausgezeichneter Winter-Reifen, der sich allerdings in der Größe 155 SR 13 am Ende der Produktion befindet. Doch auch der von der gleichen Firma gelieferte Typ »zX« ist gut wintertauglich. Außerdem sind die Michelin-Reifen etwas billiger als andere Fabrikate. Schneeketten lassen sich natürlich auch auf Gürtel-Reifen montieren, doch sollte man wegen der weicheren Reifenflanken die Fahrweise etwas schonender einrichten.

M + S-Reifen nur bedingt zu empfehlen

Eine Reihe von Autofahrern glaubt noch, daß sie mit der Anschaffung von M + S-Reifen (M + S = Matsch + Schnee) alles Notwendige für den Winter getan hätten. Diese Reifen sind durch die schnelle Reifenentwicklung und die heutigen Straßenverhältnisse bereits praktisch überholt. Zwar sind sie im tiefen und noch nicht hartgefahrenen Schnee sehr wirksam, aber sowohl auf nasser wie auf vereister Fahrbahn rutschen sie leichter als die normalen Rundschulter-Reifen und erst recht leichter als Gürtel-Reifen. Da sind also Ihre Bremswege erheblich länger als die der Sommer-Reifen! Auf unseren Straßen ist, von Gebirgs- und Feldwegen abgesehen, frischer und lockerer Schnee aber selten und nur von kurzer Dauer. Vereister Matsch, festgefahrener Schnee und vor allem Glatteis sind häufiger. Dafür sind M + S-Reifen aber, wie gesagt, sehr ungeeignet. Wenn also Winter-Reifen, dann gleich M + S-Reifen mit Spikes. Auch wenn es hart ins Geld geht.

Übrigens: Wer sich auf Grund einer besonderen Situation oder als Besitzer eines Fiat 124 Normal vom Baujahr bis Herbst 1968, bei dem Gürtel- und Spikes-Reifen laute akustische Probleme mit sich bringen, doch zwei M + S-Reifen auf die Hinterräder montiert, darf dann auf keinen Fall zugleich auf den Vorderrädern Gürtel-Reifen fahren. Das kann auf nasser oder vereister Straße lebensgefährlich werden, denn die Fahreigenschaften sind extrem unterschiedlich.

M + S-Eis-Reifen gute Lösung

Allen winterlichen Bedingungen, mit Ausnahme von besonders hohem Schnee, sind M + S-Eis-Reifen am besten gewachsen. Ihre spitzen Stacheln, die Stahl-Spikes, krallen sich in das Glatteis und verkürzen den Bremsweg gerade um jene Meter, auf die es bei den üblichen Massenkollisionen ankommt, um den Wagen vor dem Auffahren zu schützen. Auf weichem, frischen Schnee sowie im Matsch haben sie beim Anfahren die gleiche Wirkung wie die eben genannten M + S-Reifen.

Wie im Kapitel »Die Reifenwahl« schon angeführt wurde, empfiehlt sich für den Fiat 124 Normal die Bestückung mit Spikes-Reifen erst ab Baujahr Oktober 1968, der mit der gleichen Hinterachse wie der Special von Dröhngeräuschen verschont bleibt. Da die vor September 1968 gebauten Normal-Modelle auch für Gürtel-Reifen nicht ausgesprochen qualifiziert sind, muß man notgedrungen auf die weniger zuträglichen M + S-Reifen zurückgreifen, oder aber Schneeketten montieren.

Die Preise für die M + S-Eis-Reifen sind allerdings recht hoch, und sie vermehren sich noch dadurch, daß man auf jeden Fall vier gleichwertige Reifen montieren muß und nicht, wie bei den M + S-Reifen, mit zwei Reifen auf der Antriebsachse auskommt. Da die Fahreigenschaften dieser Reifen beträchtlich von jenen der anderen Reifen abweichen, hätte man bei nur zwei Eis-Reifen ein Fahrzeug mit völlig verschiedenen Bremseigenschaften auf der Vorder- und der Hinterachse. Die Vorderräder ohne Spikes würden beim Bremsen auf Glatteis sofort blockieren und außerhalb jeder Lenkungskontrolle irgendwohin rutschen, während die mit Stahl-Spikes versehenen Hinterräder nur geringe Bremskraft hätten. Wem es nicht zu viel Geld ist, der hat dafür aber eine ordentliche Portion zusätzlicher Sicherheit erworben.

Eine andere (preiswertere) Lösung sind ein Satz runderneuerter Reifen mit M + S-Profil und Stahl-Spikes. Ohne weiteres kann man dazu einen Satz abgefahrener, aber im Unterbau noch brauchbarer Sommer-Reifen zum Runderneuerungsbetrieb anliefern.

Reifendruck im Winter

Im Winter wird durch etwa 0,2 atü Luftdruckerhöhung der Reifen versteift, die Aufstandfläche verkleinert und somit die Last, die pro Quadratzentimeter auf den Boden, auf Schnee und Eis drückt, erhöht. Dadurch können die Profilstollen und Kanten besser greifen. Die für Autobahnfahrer auch im Sommer empfohlene Luftdruckerhöhung um 0,2 atü ist dann bereits inbegriffen; 0,4 atü mehr für Winter-Reifen auf der Autobahn wären zuviel des Guten.

Gleitschutzketten

Die beste Waffe gegen Eis und Schnee sind »Schneeketten«, die, wenn alle anderen Reifen-Typen versagen, auch bei Hochgebirgsfahrten und Alpenpässen noch weiterhelfen. Bei Fachgesprächen ist der Ausdruck »Schneeketten« nicht korrekt, denn diese Ketten sind nicht nur für Schnee das letzte Mittel, sondern auch auf Glatteis und vereistem Schnee den besten Eis-Reifen vorzuziehen. Deshalb heißen sie offiziell Gleitschutzketten.

Obwohl ihre Eigenschaften von vielen Autofahrern erkannt sind, sind sie letzten Endes recht unbeliebt, weil sie je nach Straßenzustand auf- und abmontiert werden müssen. Das ist mit frostklammen Fingern kein Vergnügen, muß aber geschehen, weil schon nach wenigen Kilometern Fahrt auf trockener Bahn die ersten Fetzen davonfliegen. Schneller als 40–60 km/h wird man auch mit den besten Gleitschutzketten nicht fahren, denn auch die können sich auf trockener Straße schnell durchschleifen, und dazu sind sie zu teuer.

Das Montieren kann man sich jedoch, da der Fiat nur ein Paar Gleitschutzketten für die Hinterräder braucht, durch eine 6. Felge einfacher machen. Unter der Kofferhaube stecken dann zwei mit Normal-Reifen und fertig montierten Ketten bestückte Räder, die bei Bedarf gegen die Hinterräder ausgetauscht werden. Dieses Ummontieren ist nicht so unangenehm, wie das Aufmontieren der Gleitschutzketten im Schneematsch. Allerdings muß dabei der Wagen ganz besonders gut gegen Wegrutschen des Wagenhebers gesichert sein.

Bei dem Hinweis auf das Ummontieren der Hinter-Reifen ist es bereits angedeutet: Gleitschutzketten montiert man besser nicht auf M + S-Reifen. Die Ketten müssen nämlich locker auf den Reifen montiert werden, daß sie während der Fahrt darauf »wandern« können. Sonst gibt es derartig einseitige Spannungen in den Kettenteilen, daß diese reißen oder den Reifen beschädigen. Wegen der hohen Profilstollen der M + S-Reifen können die Ketten aber auf dieser Reifensorte nicht wandern, sondern sie verklemmen sich darin und reißen unter Umständen ganze Profilstollen weg.

Am Fiat 124 dürfen keine Gleitschutzketten angebracht werden, die an der Radscheibe oder – beim Special – durch die Lochfelgen befestigt werden müßten. Ferner ist darauf zu achten, daß die Ketten mehr zur Fahrzeugaußenseite hin montiert und gespannt werden, damit sie weder mit der Karosserie noch mit der Achsaufhängung in Berührung kommen.

Sie müssen sich demnach Schneeketten mit Spannringen kleineren Durchmessers für die Radaußenseite anschaffen, und dazu sollten es die tatsächlich feingliedrigeren Spurketten sein, wenn Sie an eine solche Anschaffung denken. Für ein Paar, das auf die Reifengröße des Fiat 124 paßt, zahlt man z. B. 164 DM. Es sind hochwirksame Kantenspurketten, die von Erlau, Nordland, RUD und Ruhrketten hergestellt werden. Es gibt auch billigere Spurkranzketten, auch billigere andere Ketten (z. B. »Leiter-Ketten« für 74 DM), doch sind alle anderen als Spurkreuzketten, wie »Leiter-«, »Zickzack«- oder »Gummikreuz-Ketten«, veraltet, ja gefährlich. Gummikreuz-Ketten haben kaum mehr Wirkung als M + S-Reifen und sind wenigstens ebenso teuer wie diese.

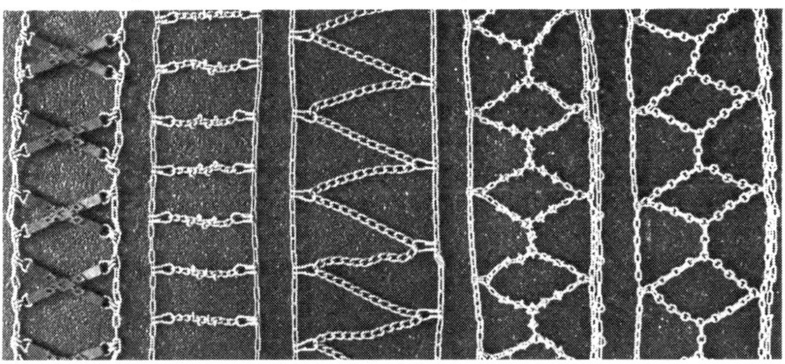

Von den hier gezeigten Schneeketten sind nur die beiden rechts außen gezeigten Spurkreuzketten echte Gleitschutzketten, die sowohl bei Schnee wie bei Glatteis echte Sicherheit bieten und Wirkung zeigen. Ganz rechts die Erlau-Europa-Kette mit senkrecht stehenden Flachstegen, die besonders gut im Schnee greifen. Die drei anderen Kettenarten – Gummikreuzkette, Leiterkette und Zickzack-Kette – sind abzulehnen, weil ihre ungleichmäßige Kettenauflage auf Glatteis bei einer Notbremsung den Wagen unkontrolliert rutschen läßt. Die Gummikreuzketten, deren Querstege aus Gummistreifen bestehen, haben nur M + S-Reifen-Effekt, aber kaum Wirkung auf Glatteis.

Bei den Leiter- bzw. Zickzack-Ketten liegt nicht ununterbrochen ein Kettenteil auf dem Boden. So kann es beim plötzlichen Bremsen auf Glatteis oder vereistem Schnee vorkommen, daß das eine Rad ungebremst Schlitten fährt, während das andere mit gerade aufliegender Kette gehemmt wird. Das ist der Anfang zu einer blitzartigen Karussellfahrt auf dem Eis, von der man nicht weiß, ob sie noch auf der Straße endet. Genauso ist es bei den Zickzack-Ketten, deren aufliegende Kettenseite stets schräg zur Fahrtrichtung des Wagens auf dem Boden liegen und ihn beim Bremsen in die dementsprechende Richtung ziehen.

Zu Gleitschutzketten gehört – von den Herstellern zumeist verschwiegen – als unvermeidbares Hilfsmittel eine Kombizange und eine Rolle besonders zäher Draht. Denn unterwegs passiert es leicht, daß etwa losgerissene Kettenglieder wieder einhängt oder ersetzt werden müssen.

Praktische Hilfen unterwegs

Der kluge Autofahrer nimmt für Fahrten im Winter noch einige Utensilien mit, die unterwegs eine Hilfe sein können. Als da sind:

- Eis-Schaber, um vereiste Scheiben zu reinigen. Er muß aus Kunststoff sein, damit die Scheiben nicht zerkratzt werden. Man kann so ein Ding auch als »Teig-Schaber« – für die Kuchenteigschüssel braucht ihn die Hausfrau – im Haushaltswarengeschäft kaufen.
- Sandsäckchen, um an vereister Steigung eine Fahrbahn zum Anfahren streuen zu können. Am besten sind dichte Leinen- oder Kunststoffsäckchen mit möglichst scharfem Sand oder feinem Kies.
- Schneeschaufel, um sich bei starkem Schneefall einen Weg bahnen zu können. Damit es ein auch wirklich brauchbares Gerät ist, kein kleines Handschäufelchen mitnehmen, sondern möglichst eine breite Kohlenschaufel mit kurzem, abnehmbarem Stiel, damit man sich auch durch eine hohe Schneewehe graben kann.
- Anti-Beschlagtuch, mit dem die von innen beschlagene Windschutzscheibe und Heckscheibe abgerieben werden kann. Die Imprägnierung, die das Beschlagen etwa für eine Woche verhindert, reicht in dem Tuch für eine Saison. Dann wird das Tuch ausgewaschen und als normales Staubtuch verwendet.
- 2 alte Teppichstreifen, jeweils etwa einen halben Meter breit und mindestens 1,5 m lang aus einem alten Teppich oder Kokosläufer. Diese Stücke kann man zum Anfahren unter die Hinterräder legen, wenn es auf Glatteis nicht mehr weitergeht. Was für diesen Zweck im Zubehörhandel an Gummimatten usw. angeboten wird, taugt dagegen nicht viel. Wichtig ist, daß an beiden Stücken jeweils eine starke Schnur befestigt ist. Damit wird der

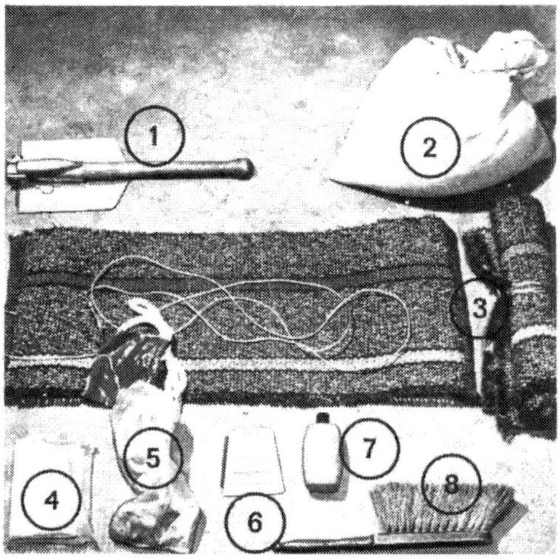

Für alle Winterfälle gerüstet und nicht kostspielig: zusammenklappbarer Grab-Spaten, Sandsack, Unterlegmatten aus alten Kokosläufern, Anti-Beschlagtuch, Abschleppseil, Eis-Schaber, Kunststoff-Flasche mit Brennspiritus und Handfeger. Am besten verstaut man alles in einem festen Karton, damit es nicht im Kofferraum des Wagens umherpoltert.

Teppichstreifen auf der für ihn zuständigen Wagenseite an die hintere Stoßstange angehängt, bevor man ihn vor den antreibenden Hinterrädern ausbreitet.

■ Sprühdose mit Klarsichtmittel gegen vereiste Windschutzscheiben. Es wird aufgesprüht, das Eis löst sich schnell auf, die Scheibenwischer besorgen den Rest. Klarsichtmittel in der Sprühdose sind allerdings teuer; billiger und nahezu genauso wirkungsvoll geht es mit einfachem Brennspiritus, den man sich in eine kleine Plastikflasche füllt.

Dünneres Motoröl bei Frost

Bei länger anhaltenden Temperaturen unter – 15° C empfiehlt Fiat Motoröl der Viskosität SAE 10 W, bei mildem Winter mit Temperaturen zwischen 0 und –15° C ein solches der Viskosität SAE 20 W. Diese Winteröle sind Einbereichsöle; in der milden Winterzeit kommt noch das Mehrbereichsöl 10 W – 30 in Betracht, anstelle des Sommeröls 20 W – 40.

Das dünnflüssige Motoröl hat im Winter den Vorteil, den kältestarren Motor vom Anlasser durchdrehen zu lassen. Da das Öl im Winter, besonders bei vielen Stadtfahrten, stark beansprucht wird, sollte man im zeitigen Frühjahr bald an den Ölwechsel denken. Dieser ist im Kapitel »Schmieren aller Teile« beschrieben.

Chromglanz auch im Winter

Für Lack, Metall und besonders Chrom sind die Auftausalze reines Gift. Der salzige Schneematsch dringt durch die feinsten Poren der Verchromung, unterwandert sie und frißt das Metall von innen heraus an. Die Folge sind jene häßlichen Rostblüten, die den Chrom in die Höhe drücken.

Der Chromschmuck läßt sich auch im Winter gegen das angriffsfreudige Salzwasser schützen. Reine, säurefreie Vaseline ist das einfachste Mittel, aber sie macht durch klebenbleibende Verschmutzung den Chromglanz trübe, und hart anprallendes Spritzwasser verdrängt mit der Zeit die fette Schicht. Besser ist dann ein wachsartiges Unterbodenschutzmittel, wie etwa Tectyl.

Verständlich ist es, daß mancher Autofahrer seinen Chromschmuck auch im Winter glänzen lassen möchte. Dazu gibt es Sprühdosen mit glasklarem Chromschutzspray (von Polifac für 4,20 DM, auch von BP, Aral, Shell und Teroson). Diese Chromschutzmittel »unterwandern« vorhandene Feuchtigkeit und bieten, wenn die verhältnismäßig einfache Arbeit etwa alle 14 Tage einmal wiederholt wird, einen sehr guten Schutz. Gar nicht bewährt hat sich dagegen der überall angepriesene, oft farbige Chromschutzlack, da vor dessen Aufsprühen das Metall auch in den Poren restlos trocken sein muß. Das ist es aber in der feuchten Herbst- und Winterluft praktisch nie, so daß der Rost unter dem luftabschließenden Lack weiterwirkt. Um so größer ist dann im Frühjahr die unangenehme Überraschung. Genauso wenig taugt nach unserer Erfahrung »Chromschutz-Folienlack«, den man im Frühjahr vollständig vom Chrom abziehen können soll. Das funktioniert nur selten und die dann notwendige Reinigungsarbeit ist äußerst mühselig und nur selten ein voller Erfolg.

Schutz für die Wagen-Unterseite

Mit maßlosem Erschrecken hat sich schon manch Autobesitzer die Unterseite seines Wagens angesehen, als der Winter vorbei war. Karosserieboden und Radaufhängungen befanden sich ungeschützt im Sandstrahlgebläse vom aufgeschleuderten Splitt, und das von den Auftausalzen durchsetzte Schmelzwasser tat sein grausames Werk. Schnell war der schützende Lack verschwunden und das blanke Metall allen Rostangriffen preisgegeben. Eine wirksame Konservierung des Fahrwerks und der Bodengruppe ist deshalb – noch vor Beginn des Winters – kein Luxus. Zwar haben beide Fiat 124-Modelle von

Haus aus einen Unterbodenschutz mit auf den Weg bekommen, doch muß man sich nach dem ersten Betriebsjahr die Schicht, die da noch schützen soll, einmal genauer ansehen. Allgemein ist damit zu rechnen, daß dieser serienmäßige Schutz etwa 25 000 km hält.
Man kann vier verschiedene Verfahren unterscheiden, deren Wirksamkeit von einem knappen Monat bis zu einem vollen Jahr reicht. Wenn man sich die Konservierung an einer Tankstelle machen läßt, steigen jeweils die Preise mit der Wirksamkeit.

Sprühöl nicht empfehlenswert

Das Einsprühen mit Spezialsprühöl ist das einfachste Mittel gegen Rost. Da Öl aber Gummi und Kunststoff angreift, ist das Einsprühen mit diesem Öl nicht zu empfehlen. Die Haltbarkeit ist auch nur von kurzer Dauer, je nach Witterung bis zu einem Monat. Eine weitere Gefahr besteht bei dieser Fahrgestellkonservierung darin, daß manche Tankstellen nicht das teure Spezialsprühöl, sondern Dieselöl oder gar Altöl zum Einsprühen der Fahrgestelle benutzen oder das Sprühöl damit strecken. Dieselöl ist nämlich praktisch nutzlos, denn es verdunstet innerhalb weniger Stunden. Und Altöl ist schlimmer als gar kein Öl, denn es enthält zumeist rostfördernde Säuren.

Sprühmittel auf Wachsbasis

Wesentlich wirksamer sind Sprühmittel auf Wachsbasis, sie halten etwa sechs Monate oder auch etwas mehr. Die Wachsbasis dieser Sprühmittel ist in besonderen Lösungsmitteln sprühfähig gemacht. Das Lösungsmittel verdunstet nach der Verarbeitung ziemlich bald, so daß nur noch eine zähe Wachsschicht übrig bleibt, die auf dem Metall einen dichten Film bildet. Zuvor muß allerdings das Fahrgestell einwandfrei gesäubert und getrocknet sein.
An der Tankstelle wird für das Einsprühen mit einem Sprühwachs zwischen 25 und 45 DM gefordert. Einige Sprühmittel auf Wachsbasis gibt es auch in Sprühflaschen zu kaufen (Tectyl von Valvoline, Rostokal von Teroson, Esso Rust-Ban 396 Spray, Aral Unterbodenschutz, Bostik 6000 M + S; etwa 400 bis 600 ccm Inhalt für 5 bis 6 DM). Diese Sprühflaschen sind zwar zum Selbstsprühen zu teuer – der ganze Wagen würde dann nicht viel weniger kosten als das, was an der Tankstelle dafür zu zahlen ist –, aber solch eine Sprühflasche sollte in der Bastelecke nicht fehlen, um die besonders rostgefährdeten Stellen von Zeit zu Zeit nachsprühen zu können.

Sprühmittel auf Bitumenbasis

Zäher als Wachs und daher noch wirkungsvoller ist Bitumen, also Asphalt im landläufigen Sinne. Mit einem asphaltierten Wagen fährt man etwa ein halbes Jahr geschützt gegen Rost. Eventuell muß man gelegentlich die Stellen, welche der Spritzwirkung des mit Sand, Splitt und Salz durchsetzten Schneematsches besonders ausgesetzt sind, nacharbeiten. Die Verarbeitung ist ähnlich wie bei den Sprühmitteln auf Wachsbasis, aber das Reinigen der Sprühgeräte und der Pflegehalle ist wesentlich mühevoller, weshalb an der Tankstelle die Konservierung mit einem Sprühmittel auf Bitumenbasis mindestens 50 DM kosten wird. Die Selbstverarbeitung ohne entsprechende Sprühpistole und Luftkompressor ist nicht empfehlenswert.
Als Sprühmittel auf Bitumenbasis haben sich bewährt:
- Texacoat von Caltex
- Caramba W 35/B.

Dauerschutz auf Kautschukbasis

Die höchste Stufe der wirkungsvollen Fahrgestellkonservierung ist der Kautschuk-Unterbodenschutz. Er wird gleich mehrere Millimeter dick aufgesprüht, wirkt zugleich als Antidröhnmasse, hängt aber dem Fahrgestell auch ein zusätzliches Gewicht von etwa 10 bis 12 kg an. Soviel braucht man nämlich etwa bei Dauerbodenunterschutz auf Kautschukbasis. Voraussetzung für die Dauerwirkung dieses Unterbodenschutzes ist allerdings, daß das Fahrgestell nicht nur einwandfrei sauber gespritzt, sondern auch restlos von allen Öl- und Fettspuren gereinigt wurde. Selbst geringe Öl- und Fettspuren weichen den gummiartigen Überzug nämlich an den betreffenden Stellen auf. Auch alle Roststellen müssen entfernt und blank geschliffen werden, bevor der Unterbodenschutz aufgebracht wird. Entsprechend teuer ist diese Arbeit. Zumeist befassen sich nur bestimmte Tankstellen und Werkstätten damit. Das kostet dann zwischen 120 und 150 Mark, hält aber länger als ein Jahr, wenn kein Öl oder Fett daran kommt. Unterschutz Teroson ist das derzeit bekannteste Mittel auf Kautschukbasis.

Bremsprobe nach dem Einsprühen

Auf jeden Fall muß man damit rechnen, daß nach dem Einsprühen der Wagenunterseite die Bremsen nicht mehr wirken. Auch nach der Wagenwäsche ist schon manch einer unbedacht auf ein Hindernis geprallt, weil die feuchten Bremsen nicht funktionierten, und eingesprühte Bremsen wirken erst recht wie geschmiert. Wenn die Scheibenbremsen Ihres Fiat auch gut abgedeckt wurden, kriecht der Sprühnebel doch in alle Ecken.
Stellen Sie sofort durch kräftiges Treten bei vorsichtiger Fahrt fest, ob die Bremsen zupacken. Ist das nicht der Fall, müssen Sie den linken Fuß so lange auf der Bremse lassen (damit die Bremsklötze schleifen), bis Feuchtigkeit und Sprühmittel verdunstet sind.

Fingerzeige: *Der Batterie muß man im Winter sein besonderes Augenmerk widmen. Sie wird beim Starten besonders stark beansprucht und kann nach völliger Entladung – weil über Nacht versehentlich eine Reihe Stromverbraucher eingeschaltet waren – bereits bei mittlerem Frost einfrieren. Das gibt Batterie-Totalschaden! Muß eine stark entladene Batterie durch ein Schnellladegerät wieder aufgeputscht werden, dürfen auf gar keinen Fall während dieses Ladevorganges die Kabel des Bordnetzes (also Plus- und Minus-Kabel) an der Batterie angeschlossen bleiben, wenn der Wagen eine Drehstrom-Lichtmaschine hat. Der hohe Ladestrom würde, da er bei dieser Schaltung auch in die Lichtmaschine fließt, diese schwer schädigen.*
Die Gummileisten um die Türen reibt man intensiv mit Glyzerin oder auch mit Talkum ein. Dann können sie nicht einfrieren. Festgefrorene und aufgerissene Dichtleisten müssen in der Regel ersetzt werden.
Das eingefrorene Türschloß öffnet man mit dem erhitzten Schlüssel, dessen Spitze über die Flamme des Feuerzeugs gehalten wurde. Das Festfrieren der Türschlösser verhindert Frostschutzmittel, das man an einem dünnen Draht hineinlaufen läßt, wenn man keine alte Injektionsspritze vom Hausarzt hat. Gleiche Dienste leistet Knochenöl, das die Sperren des Schlosses nicht verklebt. Bei der winterlichen Wagenwäsche überdeckt man das Schloß mit einem Streifen Tesa-Film.
Bei Frostwetter soll man am abgestellten Wagen nicht die Handbremse anziehen, weil sich in den Schläuchen des Bremsseils Spritzwasser angesammelt haben kann. Ein festgefrorenes Bremsseil kann man nur mit Wärme auftauen (heißes Wasser; in der Garage keinen Elektroofen mit offener Heizspirale benutzen!), notfalls muß man die Bremsseile bis zum Auftauen an den Bremssätteln ausklinken.
Eine mäßig geheizte Garage schadet im Winter mehr als eine solche ohne Heizung. Schmelzwasser und Luftfeuchtigkeit fördern die Korrosion; nutzen kann höchstens ein »überheizter« Abstellplatz.

Am seidenen Faden

Haben Sie schon einmal hämisch gelächelt, als Sie zwei Wagen überholten, von denen der hintere am Seil hing? Die Situation ist für alle Beteiligten nicht erfreulich, keinesfalls für den, dem das Malheur passierte, auch nicht für den freundlichen Helfer, der da vorne zieht, und auch nicht für die übrigen Straßenbenutzer, die nicht ohne weiteres erkennen können, daß da ein manövrierbeschränktes Gespann entlangrollt.
Jeder Autobesitzer kann einmal in die Bedrängnis kommen, daß sein Wagen beim besten Willen nicht mehr weiter will. Natürlich kann man einen Abschleppdienst herbeirufen, darf sich dann aber nicht über die gepfefferte Rechnung wundern. Billiger ist es, wenn man einen mildtätigen Zeitgenossen findet, der einen mit seinem Wagen ins Schlepp nimmt. Laden Sie ihn anschließend zu einem Essen ein, haben Sie immer noch Geld gespart. Voraussetzung allerdings ist es, daß Sie – oder zumindest der barmherzige Samariter – ein Tau mit sich führen; am besten, man hat sein eigenes dabei.

Das eigene Seil

Mit seinem zulässigen Gesamtgewicht von 1255 kg (Kombi 1400, Special 1320 kg) gehört der Fiat 124 noch zu den Mittelgewichten, trotzdem sollte man sich keinen Bindfaden als Schleppseil zulegen. Vielleicht hegen Sie selbst Hilfsabsichten und müßten damit rechnen, daß Sie einen dicken »Dampfer« wegzuzerren haben. Es sollte also etwas Stabiles, wenn auch kein Schiffstau sein. Der Zubehörhandel bietet ein reichhaltiges Sortiment an preiswerten Abschleppseilen aus Perlon, Hanf oder Stahl an. Jede dieser Sorten hat ihre Vor- und Nachteile.
Perlonseile dehnen sich beim Anschleppen, verhüten also am besten, daß beim Anrucken an den beiden Fahrzeugen etwas verbogen wird. Dafür sind Perlonseile scheuer- und hitzeempfindlich. Wenn sie an einer Karosseriekante oder Stoßstange schaben oder an den heißen Auspuff kommen, sind sie schnell hin. Deshalb muß ein Perlonseil unbedingt verschiebbare Ledermanschetten haben, die es vor scharfen Kanten und heißem Auspuff schützen. Hanfseile sind besonders preiswert, aber dick, so daß man sie nur schwer – schon gar nicht mit Knoten – durch die Ösen an den Stoßstangen des Fiat 124 hindurchziehen kann, da deren ovale Öffnung nur 2 x 2,5 cm mißt.
Stahlseile sind ziemlich spröde zu handhaben und besonders wenig nachgiebig. Wenn man diese Sorte ins Auge faßt, dann unbedingt mit »Ruckdämpfer«. Das ist ein Gummistück, das aus der Seilmitte eine dehnfähige Schlinge bildet. Stahlseile haben andererseits den Vorteil, daß man mit ihnen auch einen Wagen aus dem Graben zerren kann. Perlonseile halten so etwas in der Regel nicht aus.
Beachtlich ist es immerhin, daß man bei Fiat nicht überheblich tut und Vorkehrungen getroffen hat, abgeschleppt werden zu können oder einen anderen Wagen anzuhängen. Das ist nicht bei allen Autofabrikaten selbstverständlich.

Wie schon gesagt, sind die Ösen unterhalb der Gummipuffer beider Stoßstangen nicht sehr groß geraten. Darum kann man auch nicht die Schließvorrichtungen hindurchfädeln, die bei den meisten Schleppseilen eine Verknotung ersparen, also sehr praktisch sind. Da nach Fiat-Vorschrift nur an diesen Lochhaken geschleppt werden darf – alle Versuche, ein Seil am Fahrwerk zu befestigen, führen zu Schäden –, wird man ohne ein zusätzliches Hilfsmittel selten auskommen.

Im Schlepptau

Ein Stahlhaken in Form eines Fleischerhakens eignet sich gut als Zwischenstück, aber man muß dann aufpassen, daß sich während des Schleppvorgangs das Seil nicht ausklinkt, wenn man einmal zu dicht aufrollt. Besser noch dürfte ein Stahlseil-Fahrradschloß sein, bei dem ein Ende durch die Schleppöse hindurchpaßt, das Schloß wird eingerastet und durch die nun entstandene Schlaufe läßt sich jedes Seil ziehen. Nur muß man natürlich das eine oder das andere im Kofferraum haben.

Stahl- oder Perlonseile, bei denen ein Ende aus schmaler Schlaufe besteht, lassen sich derart befestigen, daß die Schlaufe durch die Öse am Wagen gezwängt und das andere danach durch die Schlaufe gezogen wird. Nur wenn es sich nicht umgehen läßt, kann man das Seil um die Stoßstange schlingen, aber dann direkt an ihrer Halterung, außerdem muß die Stoßstange durch Ledermanschetten am Seil oder wenigstens mit Lappen, notfalls mit einem Kissen, geschützt werden. Trotzdem werden sich Beschädigungen an der Stoßstange oft nicht vermeiden lassen.

Denn abgeschleppt zu fahren, ist auch eine Kunst. Der Ziehende muß vordringlich den Verkehrsablauf beobachten und kann nur durch vorsichtige Fahrweise auf sein Anhängsel Rücksicht nehmen. Im geschleppten Wagen müssen Sie jedoch ebenfalls die vor Ihrem Zugwagen wechselnden Situationen beobachten, ja beinahe vorausahnen: Sie müssen eher bremsen als Ihr Helfer vorn, damit das Seil immer straff bleibt, ihn also praktisch mitbremsen. Jedes Anfahren mit lockerem, über die Straße schleifendem Seil beansprucht die Haltepunkte des Seils an beiden Wagen, denn der Vordermann kann es meist nicht sehen, wenn die Verbindung zu seinem Anhänger nicht stramm spannt. Zieht er dann wieder los, gibt es einen gewaltigen Ruck durch beide Autos.

Um an dem Schleppwagen vorbei gute Sicht voraus zu haben, wird das Seil bei diesem hinten links, beim geschleppten Fiat vorne rechts angeknüpft. So kann die Zugmaschine scharf rechts fahren und der Geschleppte lenkt leicht versetzt zur Fahrbahnmitte hin.

Die hinter diesem Geleitzug fahrenden Verkehrsteilnehmer müssen sehen können, wann Sie bremsen. Also: Zündung einschalten, sonst leuchten die

Ein Stahlseil läßt sich nur schwer durch die Ösen unterhalb der Stoßstangenhörner hindurchfädeln. Es hat jedoch den Vorteil der besseren Haltbarkeit, da ein Perlonseil wenigstens mit Ledermanschetten versehen sein sollte, um an der scharfkantigen Halterung nicht zerrissen zu werden.

Bremslichter nicht auf. Haben Sie jedoch einen längeren Weg in dieser für Sie benzinsparenden Weise des Autofahrens vor sich, dann ist es ratsam, das blau-schwarze Kabel an der Zündspule zu lösen, damit sie sich nicht aufheizt und Schaden nimmt. Eingeschaltete Zündung verhindert zudem das Einrasten des Lenkschlosses, wodurch schon häufig Unfälle passierten. Zumindest also den Schlüssel auf Stellung »Garage«. Wenn Sie jetzt noch das Warnlicht einschalten, das in Intervallen alle Blinker aufleuchten läßt, können Sie ihrem Vordermann das Zeichen zum Start geben.

Einen anderen abschleppen

Sinngemäß gilt hier das Vorangesagte. Mit Ihrem Fiat 124 haben Sie es leicht, auch einem anderen einmal zu helfen, da an dem Auto hinten die gleichen Vorrichtungen angebracht sind wie vorne.
Hoffentlich beherrscht der, der da liegenblieb und von Ihnen weggezogen werden will, die primitivsten Regeln der Abschleppkunst. Verabreden Sie mit ihm Handzeichen und Lichtsignale und denken Sie daran: Er muß bremsen. Bei einer Notbremsung versuchen Sie, aus der alten Fahrspur herauszukommen, vielleicht reicht dann der Bremsweg des Hintermannes, daß er noch etwas an Ihnen vorbeikommen kann und nicht auf Sie aufbrummt.
Man schaltet im Schleppwagen erst dann in den nächsthöheren Gang, wenn man voraussichtlich eine Weile darin bleiben wird, weil der Leistungsabfall nach dem Gangwechsel ohnehin erheblich ist und die Geschwindigkeit nur langsam gesteigert werden kann. Außerdem läßt man, wenn möglich, die Beifahrer des abzuschleppenden Fahrzeugs in den Zugwagen umsteigen.
Am besten funktioniert die Abschlepperei mit einer Schleppstange, aber wer fährt schon so etwas mit sich herum und hat außerdem noch die Möglichkeit am Wagen, sie richtig zu befestigen?

Abschleppen nach Gesetz

Das Seil zwischen den beiden Fahrzeugen darf eine lichte Weite von 5 m nicht überschreiten, und schon bei einem längeren Abstand als 2,75 m ist die Schleppvorrichtung (z. B. mit einem roten Lappen) in ihrer Mitte zu kennzeichnen. Nur der Halter des abschleppenden Wagens haftet für alle auftretenden Schäden.
Darüber hinaus ist das Abschleppen nach den Gesetzen eine Notmaßnahme. Es darf nur dazu dienen, einen aus eigener Kraft nicht fahrfähigen Wagen in die nächste zumutbare Werkstatt oder an seinen nahe gelegenen Heimatort zu bringen. Die Autobahn muß bei der nächsten Abfahrt verlassen werden. Der Fahrer des abgeschleppten Fahrzeuges braucht nicht einmal einen Führerschein zu haben und für den Fahrer des schleppenden Wagens ist keineswegs Führerschein Klasse 2 erforderlich, ihm genügt Klasse 3. Lassen Sie sich durch anderslautende irrige Meinung nicht verwirren.
Wer sich über eine größere Entfernung als bis zur nächsten zumutbaren Werkstatt abschleppen lassen möchte, muß im Besitz einer Sondergenehmigung sein, die das zuständige Straßenverkehrsamt erteilen kann. Nur schwerwiegende Gründe werden eine solche, mit Auflagen und Paragraphen gespickte Ausnahme rechtfertigen, die Gebühr beträgt 5 Mark. Auch dann darf nicht die Autobahn benutzt werden, allerdings braucht das Fahrzeug nicht mehr zugelassen zu sein, es muß jedoch haftpflichtversichert sein.

Anhängerbetrieb

Am Fiat 124 darf man unbedenklich nur Leichtgewichte hinter sich herziehen. Die Anhängelast beträgt bei gebremsten Anhängern 740 kg (Special 790 kg), bei ungebremsten 460 kg (480 kg). Wohnwagenfreunde werden deshalb bei der Wahl strenge Maßstäbe an Größe und Ausstattung desselben legen müssen.

Der Steckbrief

Wie bei der Personenbeschreibung z. B. Größe und Haarfarbe von Bedeutung sind, umfassen »Technische Daten« bei den Autos nicht nur aus Messungen resultierende Zahlen, sondern auch Kurzbeschreibungen der einzelnen Teile von Motor und Wagen. Diese Angaben, die eines Tages für Sie von Interesse sein können, sind nachfolgend für den Fiat 124 Normal und für den Fiat 124 Special aufgeführt.

Motor

Fiat-Typ	124 Normal ab 3. 1966	124 Special ab 9. 1969
Bauart	wassergekühlter 4-Zylinder-Viertakt-Ottomotor, Zylinder in Reihe	
Aufhängung	Dreipunkt, gummigelagert	
Bohrung	73 mm	80 mm
Hub	71,5 mm	71,5 mm
Hubraum	1197 ccm	1438 ccm
Verdichtung	8,8 : 1	9 : 1
Höchstleistung	60 PS	70 PS
bei	5600 U/min 65 SAE-PS	5400 U/min 76 SAE-PS
Mittlere Kolbengeschwindigkeit	12,8 m/sec	12,9 m/sec
Literleistung	50,1 PS	48,7 PS
Höchstes Drehmoment	8,9 mkg	11,2 mkg
bei	3400 U/min	3200 U/min
Motorgewicht	104 kg	105 kg
Zylinderblock	Grauguß mit Zylinderlaufbüchsen und eingelassenen Ventilsitzen	
Kurbelwelle	fünffach gelagert, rechtsdrehend	
Ventile	hängend, über Stößel, Stößelstangen und Kipphebel von Nockenwelle angetrieben	
Ventilspiel bei kaltem Motor		
Einlaß	0,15 mm	0,20 mm
Auslaß	0,15 mm	0,20 mm
Ventilsteuerung		
Einlaß öffnet	25° v. OT	19° v. OT
schließt	59° n. UT	48° n. UT
Auslaß öffnet	65° v. UT	59° v. UT
schließt	19° n. OT	8° n. OT
	ab 1969 mit Fallstromvergaser wie Special	
Nockenwelle	im Kurbelgehäuse, Antrieb durch Doppelkette	
Einlaß	5,7 mm	6,0 mm
Auslaß	5,7 mm	6,0 mm
Schmierung	Druckumlaufschmierung durch Zahnradpumpe, mit Saugkorb und Hauptstromfilter	
Kühlung	Wasserumlaufkühlung mit Flügelradpumpe, thermostatisch geregelt, Dauerflüssigkeit mit Frostschutz bis -35° C, Ausdehnungsgefäß	
Kühlerinhalt	7,5 Ltr.	7,5 Ltr.

Kraftstoffanlage

Vergaserausstattung	Fiat 124 Normal bis Motor-Nr. 759 049: Weber 32 DCOF oder Solex C 32 PHH/6 oder ab Motor-Nr. 759 049: Weber oder Holley 32 DHS 2 oder 32 DHS 10 oder Solex C 32 EIES 2 oder C 32 EIES 5	Fiat 124 Special Weber oder Holley 32 DHS 1 oder 32 DHS 3 oder 32 DHS 11 oder Solex C 32 EIES 4

Vergaser	Solex C 32 PHH/6	Solex C 32 EIES	Weber 32 DCOF	Weber 32 DHS 2	Weber 32 DHS 3
Lufttrichter	23/23	23/23	23/23	23/23	23/23
Hauptdüse	1,15/1,15	1,30/1,20	1,10/1,10	1,30/1,30	1,30/1,35
Leerlaufdüse	0,50/0,50	0,45/0,80	0,45/0,45	0,45/0,80	0,45/0,80
Pumpendüse	0,60/0,60	0,45	0,40/0,40	0,40/—	0,40/—
Mischrohr	—	—	F 30/F 30	F 15/F 15	F 15/F 15

Luftfilter	Trockenfilter mit Papiereinsatz u. Ansauggeräuschdämpfer, für Sommer- u. Winterbetrieb einstellbar	
Tank	im Kofferraum rechts eingebaut	
Inhalt	39 Liter	39 Liter

Kraftstoffpumpe	mechanische Membranpumpe, von Nockenwelle angetrieben

Elektrische Anlage

Netzspannung	12 Volt	12 Volt
Batteriekapazität	48 Ah	48 Ah
Lichtmaschine	D 90/12/16/3 E	A 12 M 124/12/42 M Drehstrom
Dauerleistung	230 Watt	600 Watt
Höchstleistung	320 Watt	770 Watt
Einschaltdrehzahl	1710–1790 U/min	950–1050 U/min
Höchstdrehzahl	9000 U/min	13 000 U/min
Drehsinn (von Antriebsseite)	rechtsdrehend	rechtsdrehend
Übersetzung Kurbelwelle : Lichtmaschine	1,86	2
Reglerschalter	GN 2/12/16	RC 1/12 B
Anlasser	E 84–0,8/12	E 84–0,8/12
Nennleistung	0,8 kW	0,8 kW
Einschaltung	elektromagnetisch	
Stromverbrauch	160 A	
Zündspule	Marelli oder Bosch oder Martinetti BE 200 B TK 12 A 17 G 52 S	
Zündfolge	1 - 3 - 4 - 2	
Zündverteiler	Marelli	
Zündzeitpunktverstellung durch	Fliehkraft	
Zündzeitpunkt-Grundeinstellung	10°	
Zündverstellung durch Fliehkraft bis	30°	
Vorzündung insgesamt bis	30°	
Unterbrecherkontaktabstand	0,42–0,48 mm	
Schließwinkel	60° ± 3	
Zündkerzen	bis 1968 serienmäßig: Marelli CW 240 L oder Champion N 4, Elektrodenabstand 0,6–0,7 mm ab 1969 serienmäßig: Marelli CW 240 LP oder Champion N 9 Y oder Bosch W 200 T 30, Elektrodenabstand 0,5–0,6 mm gleichwertig: AC 43 XLS, Autolite AG 32, Beru 240/14 LU 2, KLG FB 65 P, Lodge HLNY	

Kerzengewinde	14 x 1,25 mm
Beleuchtung	Fernlicht 45 Watt asymmetr. Abblendlicht 40 Watt

Kraftübertragung

Kupplung	Einscheiben-Trockenkupplung mit Ausrückscheibenfeder, elastischer Nabe und Dämpfungsringen, mechanisch betätigt	
Getriebe	Mechanisches Viergang-Wechselgetriebe, vollsynchronisiert, mit Mittelschalthebel (Special: auf Wunsch automatisches Dreiganggetriebe)	
Antrieb	auf Hinterräder über zweiteilige Kardanwelle, Hypoidkegelräder mit Spiralverzahung im Differential und durch damit verbundene Halbwellen	
Schaltgetriebeübersetzung		
1. Gang	3,75	3,797
2. Gang	2,30	2,175
3. Gang	1,49	1,410
4. Gang	1	1
Rückwärtsgang	3,87	3,655
Hinterachsuntersetzung	10/43 (Kombi 9/40)	10/41

Fahrwerk

Vorderräder	Einzelradaufhängung an Querlenkern mit Schraubenfedern und hydraulischen Teleskopstoßdämpfern und Querstabilisator
Hinterräder	Starrachse mit Schraubenfedern und hydraulischen Teleskopstoßdämpfern, zwei Längsstreben und eine Querstrebe (Panhardstab) und Stabilisator; ab Okt. 1968 ohne Stabilisator, mit 2 zusätzl. Längsstreben
Lenkung	Lenkschnecke und Rolle, für jedes Rad symmetrische Lenkspurstangen mit Verbindungsstange, Übersetzung 1 : 16,4; von Anschlag zu Anschlag knapp 3 Lenkradumdrehungen

Radeinstellung		
Vorspur vorne	6–8 mm	6–8 mm
Sturz	0° 15′ ± 20′	0° 15′ ± 20′
Nachlauf	2° 20′ - 3°	2° 20′ - 3°
Wendekreis	10,7 m	10,7 m
Bremsen	Hydraulische Vierrad-Scheibenbremsen, schwimmende Bremszangen mit je einem Bremszylinder, Hinterräder mit Bremsdruckregler,	
Servohilfe	Special. Normal ab 1970	
Durchmesser der Bremsscheiben	227 mm	227 mm
Nennstärke	10 mm	10 mm
Mindeststärke	9 mm	9 mm
Handbremse	Mechanisch auf Gleitbacken der Hinterräder wirkend	
Felgen	4½ J - 13	4½ J - 13
Reifen	150 S - 13 oder 155 SR - 13 od. 6,15 S - 13	150 SR - 13 oder 155 SR - 13
Reifendruck		
Teilbelastung vorne	1,4 atü	1,7 atü
Vollbelastung vorne	1,4 atü	1,7 atü
Teilbelastung hinten	1,6 atü	1,8 atü
Vollbelastung hinten	1,8 atü	1,8 atü
Kombiwagen vorne	1,5 atü	
Kombiwagen hinten	1,7-2,5 atü	

Karosserie

Bauart	Selbsttragende Ganzstahlkarosserie, viertürig. Kombiwagen mit zusätzlicher Hecktür
Sitze	5
Sitzbreite vorne	580 mm
hinten	1270 mm
Sitztiefe vorne	490 mm
hinten	495 mm
Kopffreiheit vorne	915 mm
hinten	855 mm
Kombi Ladefläche	1300 x 1270 mm
Ladehöhe	840 mm
Türbreite vorne	876 mm
hinten	888 mm
Kombiwagen Hecktür	oben 1040 mm, unten 1150 mm

Füllmengen

Tankinhalt	39 l, ab Dez. 69: 40 l, Kombi: 46 l	
Kühlsystem	7,3 l	7,5 l
Ölwanne Motor	4,3 l	4,3 l
Getriebe	1,35 l	1,35 l
Differential	1,55 l; ab Nr. 449 744: 1,35 l	1,30 l
Lenkgehäuse	0,215 l	0,215 l

Maße und Gewichte

	Normal	Kombi	Special
Länge über alles	4030 mm	4030 mm	4053 mm
Breite über alles	1611 mm	1625 mm	1611 mm
Höhe (unbelastet)	1420 mm	1370 mm	1420 mm
Radstand	2420 mm	2420 mm	2420 mm
Spurweite vorne	1330 mm	1330 mm	1330 mm
hinten	1300 mm	1300 mm	1300 mm
Bodenfreiheit	205 mm	205 mm	205 mm
Leergewicht	855 kg	985 kg	920 kg
Zul. Gesamtgewicht	1255 kg	1400 kg	1320 kg
Zul. Achslast vorne	600 kg	550 kg	600 kg
hinten	700 kg	850 kg	720 kg
Zul. Anhängelast			
gebremst	740 kg	740 kg	790 kg
ungebremst	460 kg	460 kg	480 kg

Fahrwerte (Werksangaben)

Höchstgeschwindigkeit	145 km/h	145 km/h	üb. 150 km/h
Beschleunigung			
0– 40 km/h	3,0 sec	3,0 sec	2,5 sec
0– 60 km/h	6,0 sec	6,0 sec	5,3 sec
0– 80 km/h	10,1 sec	10,1 sec	8,4 sec
0–100 km/h	17,0 sec	17,0 sec	13,0 sec
Höchstzulässige Geschwindigkeit			
im 1. Gang	35 km/h	35 km/h	40 km/h
im 2. Gang	60 km/h	60 km/h	70 km/h
im 3. Gang	95 km/h	95 km/h	110 km/h
im 4. Gang	140 km/h +	140 km/h +	150 km/h +
Steigvermögen bei Vollbelastung			
im 1. Gang	36 %	35 %	40 %
im 2. Gang	20 %	19 %	21 %
im 3. Gang	11,5 %	11 %	13 %
im 4. Gang	6,5 %	6,5 %	8 %
Kraftstoffverbrauch im Durchschnitt 100 km	9,8 Liter	11,0 Liter	9,6 Liter

Entwicklungsjahre

Die folgende Aufstellung zeigt, daß wegen neuer Gesichtspunkte in der Entwicklung und nach Praxiserfahrungen im Laufe der Produktionsjahre Änderungen durchgeführt wurden. Außerdem kam zu dem ursprünglichen Modell ein Typ mit größerem Motor hinzu. Diese Übersicht ist nicht nur aus chronologischen Gründen interessant, sondern auch Gebrauchtwagenhändler und Bastler erhalten damit wertvolle Anhaltspunkte. Ausführlichere technische Daten sind dem vorangegangenen Kapitel zu entnehmen.

1966

Der im März der Öffentlichkeit vorgestellte Fiat 124 Normal kommt im Herbst in Deutschland zur Auslieferung.
Interne Werksbezeichnung: 124 A.
Völlig neu konstruierter Motor, Radaufhängung und Karosserie.
Leistung 60 PS bei 5400 U/min,
Größtes Drehmoment 9,6 mkg bei 3600 U/min,
Fünffach gelagerte Kurbelwelle,
Flachstrom-Doppelvergaser Solex C 32 PHH/6, später auch Weber 32 DCOF,

Herbst: Gasgestänge durch Kunststoffgelenke geändert, Seilzug zwischen Pedal- und Vergasergestänge verhindert Übertragung von Fahrwerksvibrationen.

1967

Gleichmäßigere Kühlung durch By-pass-Thermostat ab Motor-Nr. 176 339.
Neue Signalhorntypen mit veränderlichem Ton, geänderter Anbringung,
Fernschalter und 16 Ampere-Sicherung ab Fahrgest.-Nr. 180 643, auch bei einigen zwischen Nr. 179 037 und 180 642.
Luftfilter mit Versteifungsrippen und verbesserter Ansauggeräuschdämpfung.

März: Auslieferung in Deutschland des im November 1966 erschienenen Kombiwagens »Familiare«, Typ 124 AF.
Abweichende Daten:
Hinterachsuntersetzung 9/40,
Um 0,5 mm verstärkte Schraubenfedern,
Stoßdämpfer mit geändertem Hub (vorne 1 mm geringer, hinten 8 mm vergrößert),
Reifengröße 5,60 S - 13,
Tank unter Ladefläche,
Fassungsvermögen 47 Liter,
Hecktür, Ladefläche bei nach vorn geklappter Rücklehne 144 x 125 cm,
Bedingte Änderung der Rückleuchten, geänderte Schaltung bei Innenraumleuchten, Kraftstoffstandgeber, Schluß-, Brems- und Kennzeichenleuchten,
Höchstgeschwindigkeit ca. 143 km/h.

1968

Getriebe mit verbesserter Feinbearbeitung und teilweise verstärkter Dimensionierung der Zahnräder,
Synchronisation verbessert.

Oktober: Ab Fahrgest.-Nr. 644 321 geänderte Hinterachsführung mit zwei zusätzlichen Reaktionsstäben (Längslenker),
Fortfall des Drehstab-Stabilisators.
Wegfall des Kardanwellen-Schubrohrs der hinteren Welle vermindert Karosseriedröhnen,
Kreuzgelenk zwischen Kardanwelle und Differential anstelle von Verbindungsmuffe.

1969

Neues Modell in Deutschland: Fiat 124 Special, der im Oktober 1968 in Turin erschien. Motor des Fiat 124 Coupé Spiders, jedoch ohne dessen Zylinderkopf mit obenliegender Nockenwelle, sondern Stoßstangen und Kipphebel,
Kolben aus Aluminium-Legierung,
verändertes Ansaugsystem,
Fallstrom-Doppelvergaser Weber 32 DHS 1, auch 32 DHS 3, oder Solex C 32 EIES.
Leistung 70 PS bei 5400 U/min,
Verstärkte Kupplung,
Verbesserte Synchronisierung des Getriebes,
Servo-Bremse,
Gürtel-Reifen serienmäßig,
Drehstrom-Lichtmaschine,
Doppelscheinwerfer,
Rundinstrumente mit Fernthermometer,
Karosserie des 124 Normal mit neuen Rückleuchten, stärkeren Stoßstangen, abgewandelte Türgriffe, Radkappen und Lochfelgen,
Rückfahrscheinwerfer serienmäßig.
Höchstgeschwindigkeit ca. 154 km/h.

Änderungen beim Normaltyp als Übereinstimmung einzelner Merkmale des Special-Modells, ab Motor-Nr. 759 049:
Ventilspiel (bei kaltem Motor) E und A 0,15 mm (vorher 0,20 mm),
Neue Kerzentypen mit Elektrodenabstand 0,5–0,6 mm (vorher 0,6–0,7 mm),
Fallstrom-Doppelvergaser Weber 32 DHS 2 oder 32 DHS 10, oder Solex C 32 EIES 2 oder C 32 EIES 5,
Beim Fallstromvergaser entsprechende Ansaugkanäle,
Wahlweise Ausrüstung mit Gürtel-Reifen,

Herbst: Härtere Bremsbeläge,
Bremssättel mit sicherer Arretierung der Gleitsteine.
Die Lieferung von Wagen mit Schiebedach – auf Käuferwunsch ab Werk Heilbronn möglich – kann zeitweise unterbrochen sein.

1970

Auf dem Turiner Salon im Oktober vorgestellt: 124 Normal mit neuem Kühlergrill, neuen Heckleuchten und Stoßstangen. Rückfahrscheinwerfer.
Servobremse (wie Special) mit doppeltem Bremskreis.
Drehstromlichtmaschine;
intermittierende Scheibenwischer.

124 Special mit neuen Scheinwerfern und Heckleuchten, mit anderen Stoßstangen und veränderter Inneneinrichtung. Wahlweise mit automatischem Dreigang-Getriebe lieferbar.

Neues Modell: 124 ST mit 80 PS-Motor mit zwei obenliegenden Nockenwellen und anderer Vergaserbestückung, sonst dem neuen Special ähnlich.
Automatik-Getriebe wahlweise,
Drehzahlmesser serienmäßig.

Stichwortverzeichnis

Erläuterungen zum Schaltplan in der hinteren Buchklappe

Lassen Sie sich von dem buntgedruckten Kabelgewirr unserer Zeichnung nicht erschrecken. Die Farben und die jeweiligen Breiten der Linien entsprechen den Kabelfarben und -stärken des Fiat 124. Der Schaltplan entspricht damit den deutschen Schaltungsvorschriften und weicht dadurch etwas vom Schaltplan (nach italienischen Vorschriften) in der Betriebsanleitung Ihres Wagens ab. Die Buchstaben und Ziffern der nachfolgenden Tabellen sollen Ihnen im Schaltplan zu weiterer Übersicht verhelfen. Siehe auch das Kapitel »Elektrische Leitungen«.

A — Anlasser
B — Batterie
C — Lichtmaschine
C_1 — Reglerschalter
C_2 — Ladeanzeigeleuchte
D — Zündschloß
E — Sicherungskasten
F — Blinker-Relais
F_1 — Blinkleuchte vorne rechts
F_2 — Blinkleuchte vorne links
F_3 — Blinkleuchte außen rechts
F_4 — Blinkleuchte außen links
F_5 — Blinkleuchte hinten rechts
F_6 — Blinkleuchte hinten links
F_7 — Blinkerhebel
F_8 — Blinker-Kontrolleuchte
G — Gebläsemotor
G_1 — Gebläseschalter
H — Signalhorn
H_1 — Druckring für Signalhorn
H_2 — Relais für Signalhorn
J — Innenraumleuchte rechts
J_1 — Innenraumleuchte links
J_2 — Zwei Türkontaktschalter rechts
J_3 — Zwei Türkontaktschalter links
K — Kraftstoffanzeige-Geber
K_1 — Kraftstoffanzeige
K_2 — Kraftstoffreservelampe
L — Hauptlichtschalter
L_1 — Scheinwerfer rechts
L_2 — Scheinwerfer links
L_3 — Abblendschalter, Lichthupe
L_4 — Fernlichtkontrolle
L_5 — Beleuchtungskontrolle
L_6 — Schalter für Instrumentenbel.
L_7 — Instrumentenbeleuchtung
M — Motorraumleuchte mit Schalter
N — Nummernschildleuchten
O — Öldruckschalter
O_1 — Öldruck-Kontrollampe
P — Bremslichtschalter
P_1 — Brems-Schlußlicht rechts
P_2 — Brems-Schlußlicht links
R — Gepäckraumleuchte
S — Scheibenwischermotor
S_1 — Scheibenwischerschalter
U — Handschuhfachbeleuchtung
W — Kühlwasserfühler
W_1 — Kühlwasser-Kontrollampe
Y — Kombi-Instrument
Y_1 — Kabelstecker zu Y
Z_1 — Zündspule
Z_2 — Zündverteiler
Z_3 — Zündkerzen

Genormte Klemmenbezeichnungen im Schaltplan

Die nachstehenden Klemmenbezeichnungen sind sowohl im umseitigen Schaltplan an den betreffenden Stellen eingedruckt als auch meist auf den entsprechenden Bauteilen im Auto eingeprägt. Sie entsprechen den deutschen DIN-Normbezeichnungen, die auch in Italien, mit wenigen Abweichungen (in nachfolgender Tabelle in Klammern gesetzt) im Kraftfahrzeug üblich sind.

Klemme	Kabel zwischen
1	Zündspule - Unterbrecher
(2)	Blinkerschalter - linke Blinkleuchten
(5)	Blinkerschalter - rechte Blinkleuchten
15	Zündstrom bei eingeschalteter Zündung: Zündschloß - Zündspule (Klemme B)
15/54	Zündschloß - Kombi-Instrument - Sicherung 1 - Kontrollampen Sicherung 1 - Scheibenwischer - Instrumentenbeleuchtung Sicherung 1 - Blinker-Relais - Bremslicht - Gebläse
30	Stets stromführende Leitungen: Batterie (+-Pol) - Zündschloß Batterie (+-Pol) - Anlasser - Reglerschalter Zündschloß, Klemme 30 - Sicherung 2 - Signalhorn Sicherung 2 - Innenraumleuchte
(30)	Stromführend bei eingeschaltetem Lichtschalter: Lichtschalter - Abblendhebel, Klemme 30 (Scheinwerferlicht)
31	Normbezeichnung für Masse-Anschlüsse: Reglerschalter - Masse-Anschluß Scheibenwischermotor - Blinker-Relais - Masse
50	Strom für Anlasserschaltung: Zündschloß - Magnetschalter des Anlassers
51	Lichtmaschine (+-Pol) - Reglerschalter - Ladeanzeige

Klemme	Kabel zwischen
56	Scheinwerferstrom: Zündschloß, Klemme INT - Hauptlichtschalter - Abblendhebel, Klemme 30
56 a	Abblendhebel - Sicherungen 5/6 - Fernlicht Sicherung 5 - Fernlicht-Kontrollampe
56 b	Abblendhebel - Sicherungen 3/4 - Abblendlicht
58	Standlichtstrom: Hauptlichtschalter - Sicherungen 7/8 - Standlichter vorne und Schlußlichter hinten Sicherung 7 - Beleuchtungskontrollampe
67	Lichtmaschine (Minus-Pol) - Reglerschalter
(B)	= deutsche Norm 15
(C)	Scheibenwischerschalter - Scheibenwischermotor
(D)	= deutsche Norm 1
(F)	Scheibenwischerschalter - Wischermotor
(INT)	italienische Norm für Schalteranschlüsse: Zündschloß - Hauptlichtschalter Zündschloß - Abblendhebel (Lichthupe) Scheibenwischerschalter - Wischermotor
(L)	Blinker-Relais - Blinkerschalter
(P)	Blinker-Relais - Blinkerkontrollampe
(T)	Kraftstoffanzeigegerät - Geber der Kraftstoffanzeige
(W)	Kraftstoffwarnlampe - Geber der Kraftstoffanzeige

Der Schaltplan des Fiat 124 Special

Durch zusätzliche Einrichtungen und Aggregate unterscheidet sich der Fiat 124 Special vom Normaltyp auch im Bild des Schaltplans und durch andere Kabelfarben. Grundsätzlich ist die Verdrahtung des Special mit der Normalanlage vergleichbar. Nachfolgend sind die Abweichungen verzeichnet, die bei einer eventuellen Fehlersuche unter Zuhilfenahme des in der hinteren Buchklappe befindlichen Normalschaltplans zur Einkreisung der Störquelle dienen sollen.

Bauteil	Kabelanschluß	Kabelfarbe	führt zu
Drehstrom-Lichtmaschine	Klemme 30	braun	Plus-Pol Batterie
	Klemme 30	braun	Zünd-Anlaß-Schalter
	Klemme 67	grau	Spannungsregler
	Klemme 85	gelb	Ladekontrollrelais
Spannungsregler	Klemme 15	orange	Sicherung 10
	Klemme 67	grau	Lichtmaschine
Anlasser	Klemme 30	schwarz	Plus-Pol Batterie
	Klemme 30	schwarz	Fernlichtrelais Klemme 87
	Klemme 30	schwarz	Sicherung 1 – Zünd-Anlaß-Schalter
	Klemme 50	rot	Zünd-Anlaß-Schalter
Relais für Fernlicht	Klemme 30/51	braun	Sicherung 3
	Klemme 85	blau	Abblendschalter
	Klemme 86	schwarz	Masse
	Klemme 87	schwarz	Anlasser Klemme 30
Relais für beheizte Heckscheibe	Klemme 30/51	schwarz	Sondersicherung – Sicherung 1
	Klemme 85	rosa	Schalter
	Klemme 86	schwarz	Masse
	Klemme 86	schwarz	Kontrollampe
	Klemme 87	braun	Heckscheibe
Kontaktgeber für Scheibenwischer-Intervalle	Klemme F	blau-weiß	Scheibenwischermotor Klemme F
	Klemme —	gelb	Schalter Klemme o
	Klemme +	rot	Schalter Klemme n
	Klemme P	grau	Schalter Klemme p
	Klemme P	blau	Scheibenwischermotor Klemme INT
Gebläsemotor mit zwei Schaltstufen		rot	Vorwiderstand – Schalter Klemme V
		blau-schwarz	Schalter Klemme H
		schwarz	Masse
Rückfahrscheinwerfer		weiß	Schalter – Kabel blau-weiß – Sicherung 8
Zigarrenanzünder mit Beleuchtung		gelb-schwarz	Beleuchtung – Schalter der Instrumentenbeleuchtung
		violett	Sicherung 1
		schwarz	Masse
Seitliche Blinker; Blink-, Schluß- und Bremsleuchten		schwarz	eigene Massekabel
10 Sicherungen			Anschlüsse siehe Seite 118

Erläuterungen im Schaltplan Seite 239

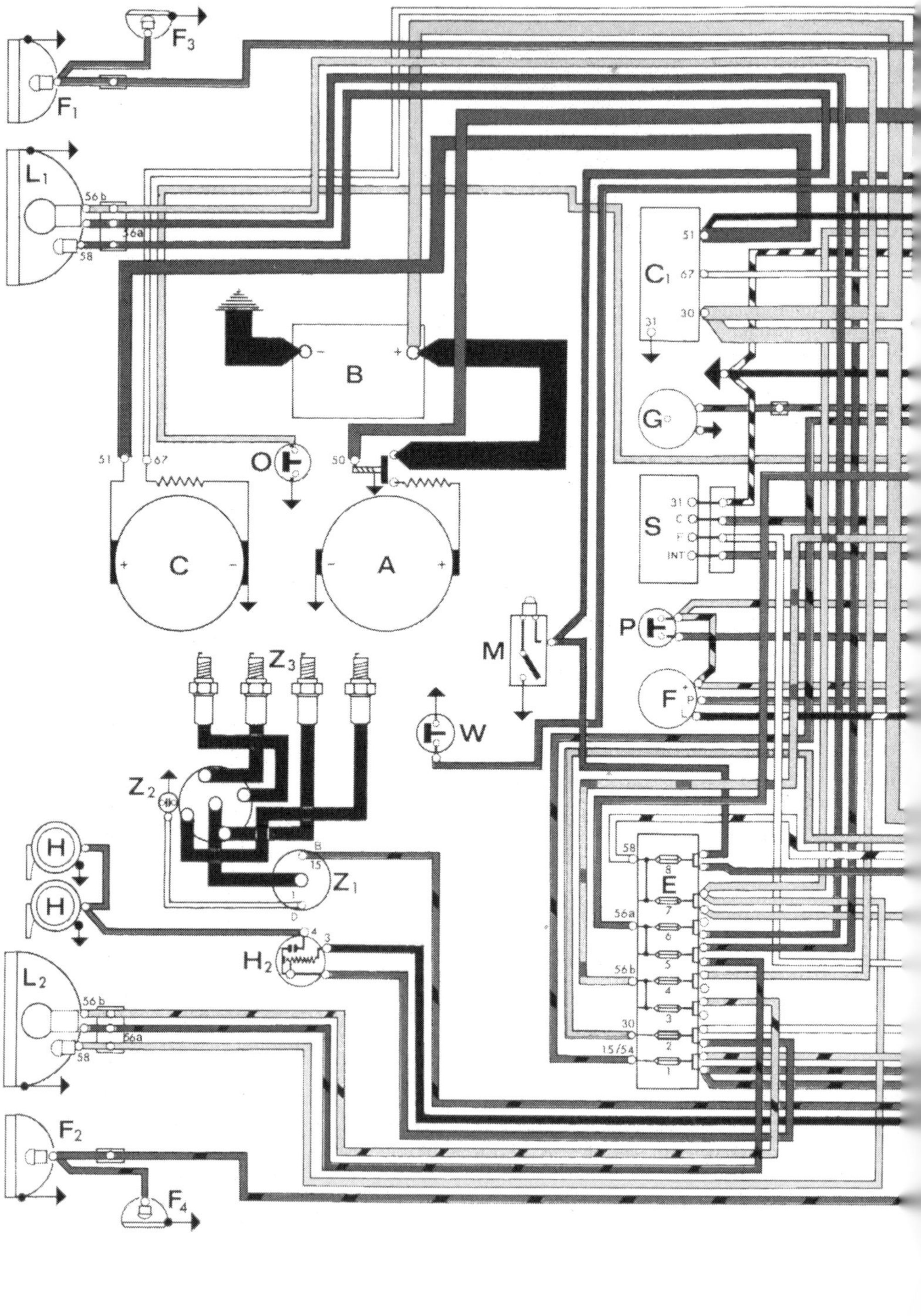

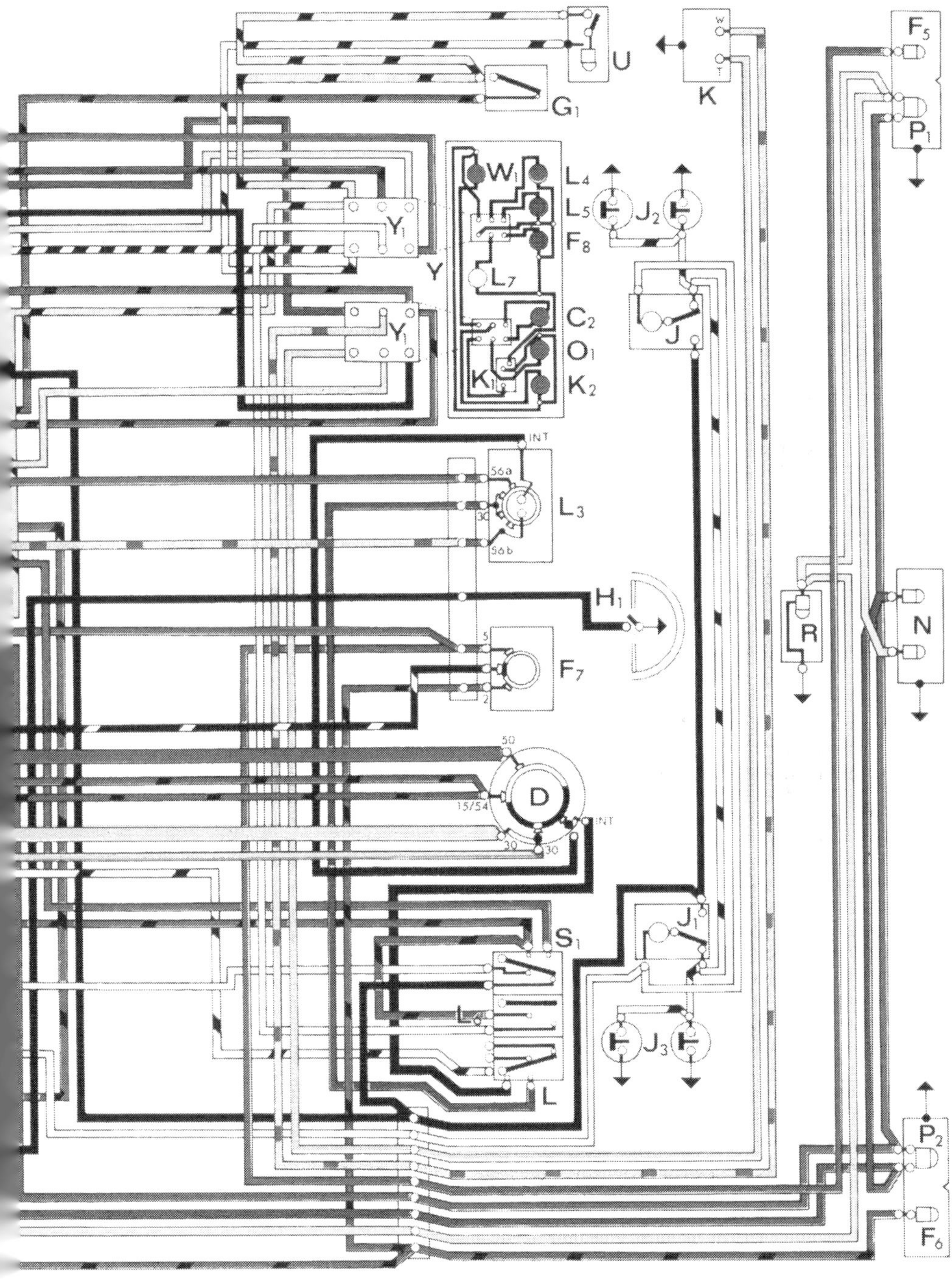

U
K
W
T
F5
P1
G1
W1
L4
L5
F8
J2
Y1
Y
L7
J
C2
O1
K1
K2
INT
56a
30
56b
L3
H1
R
N
5
F7
2
50
D
15/54
30
S1
J1
L6
J3
L
P2
F6